CNC 선반, 머시닝센터 프로그램 해독 및 조작 기술

박승식 지음

PREFACE

최근 산업사회는 수요자의 다양한 요구에 따라 하루가 다르게 급속도로 변화하고 있으며 "우물을 파도 한 우물만 파면 먹고 살 수 있다."는 옛 어르신들의 말이 무색할 정도로 다기능, 복합형, 융합형 기술을 요구하는 시대에 살고 있다. 이에 기계분야 기술을 익혀 이 분야에서 종사하고자 하는 기능인에게도 많은 변화가 일어나고 있다. 기계과에서 정밀기계과로 변화하여 현재는 컴퓨터응용기계과로 명칭과 기술 내용도 지속적으로 변화를 요구하고 있으며 산업현장의 기술수요 또한 하루가 다르게 변화를 요구하고 있으며, 복합기능을 요구하고 있다. 이에 기계분야 종사자를 위하여 국가기술자격 준비 및 실무능력 배양에 적합하도록 프로그램 해독능력과 기종별 장비의 조작능력 향상에 중점을 두었으며 혼자서도 프로그램 작성 연습을 할 수 있도록 부록으로 CNC 선반 및 머시닝센터 초, 중, 고급 프로그램 연습도면을 수록하였으므로 언제든지 본인의 프로그램능력을 확인할 수 있으며 관련분야 이론과 실기를 겸할 수 있는 실무 지침서로 활용 할 수 있도록 최대한 노력하였다.

본 도서가 나오기까지 힘써주신 도서출판 구민사 조규백 대표님과 직원분들께 깊은 감사를 드린다.

저자 올림

※ 이 책의 주요 특징

1. CNC 선반 프로그램 해독, 머시닝센터 프로그램 해독, CNC 선반 장비 조작, 머시닝센터 장비조작 기술을 스스로 습득 할 수 있게 해당 기종의 장비 사진 및 조작 설명서를 순서대로 따라하여 혼자서 장비조작 및 프로그램작성 기술을 습득하여 반복 학습이 가능하도록 하였다.

2. 컴퓨터응용기계학과 관련분야 종사자들의 국가기술자격 이론 및 실기시험 대비가 자연스럽게 가능하도록 하였으며 실기 중 특히 CNC분야 프로그램 해독 및 기계조작은 현업에서도 활용이 가능하도록 직접 장비의 사진을 보고 기종별 운전 순서를 제시하여 여러 기종의 기계조작에 활용할 수 있는 조작순서 등을 나열하여 실기검정 대비와 더불어 현장에서도 활용이 가능하도록 하였다.

3. 자격증 시험에만 합격하면 쓸모없는 책이 아니라 CNC 선반 프로그램 해독 및 장비조작, 머시닝센터 프로그램 해독 및 장비 조작은 물론 일반 공작기계의 조작방법 등 컴퓨터응용기계학과 관련 실기분야 교재로 활용이 가능하며 이론, 실기, 필답형 실기, 기술사 서술형 실기, 현장작업 실무 활용 등 옆에 두고 필요할 때 활용할 수 있는 소중한 지침서가 되기를 바란다.

4. CNC 선반 및 머시닝센터 초, 중, 고급 프로그램 연습도면을 수록하였으므로 언제든지 본인의 프로그램능력을 확인할 수 있다. 중요 도면에는 프로그램 풀이를 넣어 본인이 연습한 프로그램이 맞는지 확인 할 수 있으며, 현장이나 학교에서 자기가 작성한 프로그램을 기계장치에 입력하여 시뮬레이션으로 확인하는데 도움이 되도록 하였다. 관련분야 이론과 실기를 겸할 수 있는 실무 지침서로 활용할 수 있도록 최대한 노력하였다.

CONTENTS

CNC 제품 제작법

CHAPTER 2 CNC 제작 안전관리

CHAPTER 3 CNC 선반 프로그램 해독 및 조작기술

CONTENTS

CHAPTER 4 머시닝센터 프로그램 해독 및 조작기술

CHAPTER 5 일반 공작기계 조작기술[밀링, 선반]

CHAPTER 6 기계가공 조립기술

APPENDIX 부록

CNC 선반, 머시닝센터 프로그램 해독 및 조작 기술

CHAPTER 1

CNC 제품 제작법

CHAPTER 1

CNC 제품 제작법

01 CNC 공작기계

1 NC와 CNC의 정의

1) NC

① NC(Numerical Control)의 약자로 수치제어를 뜻한다.

② 공작물에 대한 공구의 위치를 대응하는 수치정보로 지령하는 제어의 의미로 해석할 수 있다.

따라서 NC(Numerical Control)의 약자로서 수치제어란 뜻으로 KS B 0125에 규정되어 있으며, 숫자나 기호로써 구성된 정보를 매개수단으로 하여 기계의 운전을 자동으로 제어하는 것을 말한다. 즉, NC 파트 프로그램을 컴퓨터 또는 수동 펀칭기를 사용, NC 테이프에 천공하여 NC 테이프의 수치정보를 정보처리 회로에서 읽어 지령 펄스열(pulse data)로 변환하고, 이 지령 펄스에 따라 서보(servo) 기구를 작동시켜 NC 기계가 자동적으로 가동하도록 한 것이다.

따라서 NC 공작기계의 출현으로 작업자가 손으로 움직였던 기계의 조작이 자동화됨은 물론이고, 손 조작으로는 불가능했던 헬리콥터 날개와 같이 형상이 복잡한 부품도 가공할 수 있고, 정밀도 및 제작 능률을 더욱 높일 수 있게 되었다.

종래의 보통 선반이나 밀링 작업에서 작업자가 도면을 해독하여 절삭 조건과 공구의 경로 등을 머릿속에서 생각한 후 수동 또는 자동 조작으로 공작물과 공구를 상대 운동시켜 부품을 가공하던 것을 NC 공작기계에서는 작업자는 도면을 해독하여 제품의 치수와 가공 조건 등을 정해진 약속에 따라 정보 처리 회로에 입력만 시켜주면 그 다음은 자동적으로 기계가 가공을 완료하게 된다.

2) CNC 정의

① CNC(Computerized Numerical Control)의 약자로 컴퓨터를 이용한 수치제어를 뜻한다.
② Computer를 내장한 NC이다.
③ NC와의 구분은 모니터의 유무에 따라 구별이 가능하다.

따라서 CNC(Computer Numerical Control)란 컴퓨터가 내장된 수치제어란 의미로 컴퓨터를 내장함으로써 기능은 대폭 향상되었으나 초기에는 가격이 비싼 관계로 실용화에 어려움이 있었다.
그러나 마이크로프로세서(Microprocessor)의 발전에 힘입어 RAM(Random Access Memory)과 ROM(Read Only Memory)의 대량 생산으로 급격한 발전을 이루게 되었다.

② NC 공작기계의 역사

최초의 NC는 프랑스의 쟈코드(Joseph M. Jacquard)에 의해 1807년 펀치 카드 시스템을 발명하여 직물기계를 도입하였다.
그 후 제품의 대량생산과 가공의 어려움 등으로 혁신적인 공작기계의 개발이 절실하게 요망되어 1947년 미국의 파슨즈(John C. Parsons)가 헬리콥터 날개 제작 중 착안하여 기초연구를 시작하다가 1949년 MIT와 공동으로 NC시스템을 개발하였으며, 1952년 MIT NC 밀링 머신의 시제품이 완성되었다.

③ 대표적인 CNC 공작기계의 종류

CNC 선반, NC 밀링, 머시닝센터, CNC 와이어 컷팅, CNC 연삭기, CNC 방전기 등이 있으며 오늘날 NC는 기계 가공을 비롯한 산업의 각 분야에서 널리 사용되고 있는데, NC 공작기계의 초창기 목적은 복잡한 형상의 제품을 높은 정밀도로 가공하기 위해서였다.
최근에는 생산성 향상을 목적으로 NC 공작기계를 사용하는 경우가 많아졌다. 기계 가공에 있어서는 선반(lathe), 밀링(milling), 머시닝센터(machiningcenter), 와이어 컷팅(wire cut electrical discharge machine), 드릴링(drilling), 보링(boaring), 그라인딩(grinding) 등의 작업에 이용할 수 있다.

4 NC 4단계별 발달과정

① **1단계** : NC(Numerical Control) → 수치 제어
  - 공작기계 1대를 NC 1대로 단순 제어

② **2단계** : CNC(Computer Numerical Control) → Micro Processor 내장(비교, 판단, 검수, 연산, 에러(error) 검출)
  - 공작기계 1대를 NC 1대로 제어하며 복합기능 수행

③ **3단계** : DNC(Direct Numerical Control)
  - 여러 대의 공작기계를 컴퓨터 1대로 제어

④ **4단계** : FMS(Flexible Manufacturing System) → 무인 자동화시스템
  - 여러 대의 공작기계를 컴퓨터 1대로 제어하는 생산관리 수행

5 CNC 공작기계의 특징

① 제품의 균일성 유지
② 생산성 향상
③ 제조원가 및 인건비 절감
④ 특수 공구제작 불필요로 공구 관리비 절감
⑤ 작업장의 피로 감소
⑥ 가공성 증대
⑦ 무인가공이 가능

6 NC 공작기계의 5단계 발전과정

단계	발전과정	비고
제1단계	공작기계 1대를 NC 1대로 단순 제어하는 단계	NC
제2단계	공작기계 1대를 NC 1대로 제어하는 복합기능 수행단계	CNC
제3단계	여러 대의 공작기계를 컴퓨터 1대로 제어하는 단계	DNC
제4단계	여러 대의 공작기계를 컴퓨터 1대로 제어하는 생산관리 수행단계	FMS
제5단계	여러 대의 공작기계를 컴퓨터 1대로 제어하며 FMS를 포함한 무인화 단계	CIMS

7 NC 공작기계의 적합한 특성

NC 공작기계가 적합한 업무가 있는 반면에 적합하지 않는 업무도 있는데 NC 공작기계로 수행하기 적합한 작업의 특성은 다음과 같다.

① 부품이 다품종 소량 생산이며 빈번히 가공되어야 한다.
② 부품 형상이 복잡하고 부품에 많은 작업이 수행되어야 한다.
③ 제품의 설계가 비슷하게 변경되는 가공물이어야 한다.
④ 가공물의 공차 범위가 적어야 하고 부품이 비싸서 가공물의 오차가 허용이 되지 않는 가공물이어야 한다.
⑤ 부품의 완전한 검사를 필요로 하는 가공물이어야 한다.

어떠한 작업에 NC 공작기계의 사용을 결정하기 위해서는 그 작업이 위의 모든 특성을 갖추어야 되는 것은 아니고 위의 사항 중에서 몇 가지 특성만 갖추어도 NC 공작기계를 이용한 작업이 될 수 있다.

02 CNC의 구성

1 시스템의 구성

① **하드웨어(Hard-Ware)** : 본체, 제어장치, 서보가구, 검출기구, 주변장치, 인터페이스 등
② **소프트웨어(Soft-Ware)** : 공작기계를 운전하기 위한 NC 테이프 작성에 관한 모든 사항이다. 부품의 가공도면을 NC 장치가 이해할 수 있는 내용으로 변화 시켜주는 과정(NC 테이프, 자기 테이프, 플로피 디스크)

NC 시스템은 크게 하드웨어(Hardware)와 소프트웨어(Software)로 구성되어 있다. 하드웨어는 NC 공작기계 본체와 제어장치, 주변장치 등의 구성부품을 말하며 일반적으로 본체와 서보(Servo)기구, 검출기구, 제어용 컴퓨터, 인터페이스(Interface)회로 등이 해당된다. 이에 대하여 소프트웨어는 NC 공작기계를 운전하기 위해 필요로 하는 NC 테이프의 작성에 관한 모든 사항을 포함하여 특히 프로그래밍 기술과 자동 프로그래밍용 컴퓨터 시스템을 지칭하기도 한다.

② NC의 경제적 효과

설계된 도면이 NC 기계 가공을 하기 위한 계획도를 말하며 이 도면은 단순한 설계도이지 NC 기계 가공을 위한 도면이 아니므로 NC 가공을 하기 위하여 약간의 수정이 필요하다. 이렇게 수정된 도면을 부품 도면이라고 한다.

③ 가공 계획

부품의 도면이 주워졌을 때 제일 먼저 필요한 것이 가공 계획이다. 이것은 NC 프로그램을 작성할 때 필요한 조건을 미리 결정하여 놓는 것이며 다음과 같다.

① NC 기계로 가공하는 범위와 사용 기계 선정
② 가공물을 기계에 고정시키는 방법 및 필요한 치공구의 선정
③ 가공 순서 결정(공정의 분할, 공구 출발점, 황삭과 정삭의 절입량과 공구경로)
④ 가공할 공구, Tool Holder의 선정 및 Chucking 방법의 결정
⑤ 절삭조건의 결정(주축 회전속도, 이송속도, 절삭유의 사용 유무 등)
⑥ 프로그램의 작성

④ 파트 프로그래밍

NC 공작기계를 운전하려면 부품 도면을 NC 공작기계가 알 수 있도록 정보를 제공하여야 하는데 이 역할에는 NC 테이프, 플로피 디스크(floppy disk) 등을 사용하여 정보를 제공한다.

① **수동 프로그래밍** : 공구위치, 부품 도면의 좌표 등을 사람이 직접 계산하여 프로그래밍하는 방법으로 작업이 비교적 간단한 경우에 사용한다.
② **자동 프로그래밍** : 공구위치, 부품 도면의 좌표 등을 컴퓨터를 이용하여 프로그래밍하는 방법이다. 가공 형상이 복잡하고 공구의 위치를 정의하기 어려운 3차원 곡면 가공에 사용한다.

⑤ 지령 테이프(NC 테이프)

프로그래밍한 것을 NC 공작기계에 입력시키기 위한 하나의 수단으로 일종의 종이테이프이다. 지령 테이프에는 공구의 경로, 이송속도, 준비기능, 보조기능 등이 코드(code)화되어 천공된다.

⑥ 컨트롤러(controller)

컨트롤러는 NC 테이프에 기록된 언어 즉, 정보를 받아서 펄스(pulse)화 시킨다. 이 펄스화된 정보는 서보기구에 전달되어 여러 가지 제어 역할을 한다.

⑦ 서보기구와 서보모터

마이크로(micro) 컴퓨터에서 번역 연산된 정보는 다시 인터페이스 회로를 거쳐서 펄스화되고, 이 펄스화된 정보는 서보기구에 전달되어 서보모터를 작동시킨다. 서보모터는 펄스에 의한 지령에 의하여 각각의 대응하는 회전 운동을 한다.

⑧ 볼 스크류(ball screw)

① 회전운동을 직선운동으로 바꿀 때 사용한다.
② 수나사와 암나사 사이에 강구를 넣어 구를 수 있게 한 것으로 나사를 2회 반 정도 돌다 튜브 속을 통해 시작점으로 되돌아오는 것을 반복한다.
③ **백레쉬(Black-Lash)** : 더블너트 방식의 경우는 볼 스크류 자체의 백레쉬를 줄일 수 있다. 조정용 칼라의 두께를 정밀하게 조정하여 볼 스크류의 너트를 인장으로 밀착시켜 정, 역회전할 때 발생하는 백레쉬를 제거한다.

볼 스크류는 서보모터에 연결되어 있어 서보모터의 회전 운동을 받아 NC 공작기계의 테이블을 직선 운동시키는 일종의 나사이다. NC 공작기계에서는 높은 정밀도가 요구되는데 보통의 스크류와 너트는 면과 면의 접촉으로 이루어지기 때문에 마찰이 커지고 회전 시 큰 힘이 필요하다. 따라서 부하에 따른 마찰열에 의해 열팽창이 크게 되므로 정밀도가 떨어진다. 이러한 단점을 해소하기 위하여 개발된 볼 스크류는 마찰이 적고 너트를 조정함으로써 백레쉬(backlash)를 거의 0에 가깝도록 할 수 있다.

⑨ 리졸버(resolver)

리졸버는 NC 공작기계의 움직임을 전기적인 신호로 표시하는 일종의 회전 피드 백(feed back) 장치이다.

⑩ 서보기구 구성 및 형식

1) 서보기구

① 사람에 손과 발에 해당된다.
② 사람의 머리에 비유되는 정보처리 회로로부터 보내진 명령에 의하여 공작기계의 테이블을 움직이게 하는 기구이다.
③ NC의 속도, 정밀도, 안전성, 신뢰성, 가격 등이 좋아야 한다.

따라서 서보(Servo)기구는 CNC 기계의 속도와 위치를 동시에 제어하는 역할을 한다.

2) 엔 코터

① 서보모터는 저속에서도 큰 토크와 가속성, 응답성이 우수한 모터로서 속도와 위치를 동시에 제어한다.
② 속도제어와 위치검출을 하는 장치이다.

3) 서보모터의 특징

① 큰 출력을 낼 수 있어야 한다.
② 가감속 및 응답성이 좋아야 한다.
③ 연속 운전 이외에 빈번한 가감속을 할 수 있어야 한다.
④ 온도상승이 적고 내열성이 좋아야 한다.
⑤ 진동이 적고 소형이며 견고해야 한다.

4) 개방회로 방식

피드백 장치 없이 스태핑 모터 사용하며 피드백 장치가 없어 정밀도에 지장을 초래하여 현재 거의 사용하지 않는다.

위치지령
지령 펄스
정보처리 회 로
AC 서보모터
테이블
볼 스크류

5) 반 폐쇄회로방식

모터에 내장된 타코 제너레이터에서 속도를 검출하고 엔코더에서 위치를 검출하여 피드백하는 제어방식으로 볼 스크류의 정밀도 향상으로 일반 CNC 공작기계에 가장 많이 사용하고 있다.

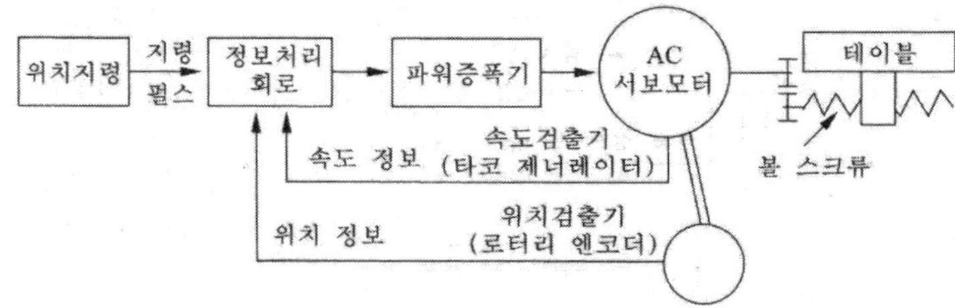

6) 폐쇄회로 방식

모터에 내장된 타코 제너레이터에서 속도를 검출하고 기계의 테이블에 부착한 스케일에서 위치를 검출하여 피드백 시키는 방식으로 변형 등이 발생하는 대형기계 및 정밀 고속 복합가공기에 사용하고 있다.

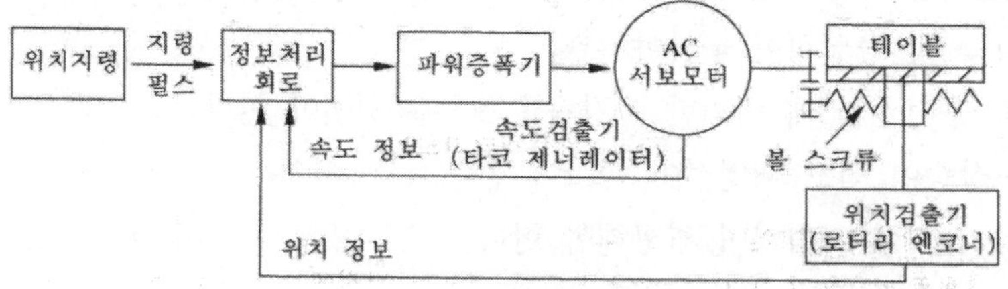

7) 복합회로방식

하이브리드 방식이라고 하며 반 폐쇄회로 방식과 폐쇄회로 방식을 결합하여 고정밀도를 제어하는 방식으로 가격이 고가이며 고정밀도를 요구하는 기계에 사용된다.

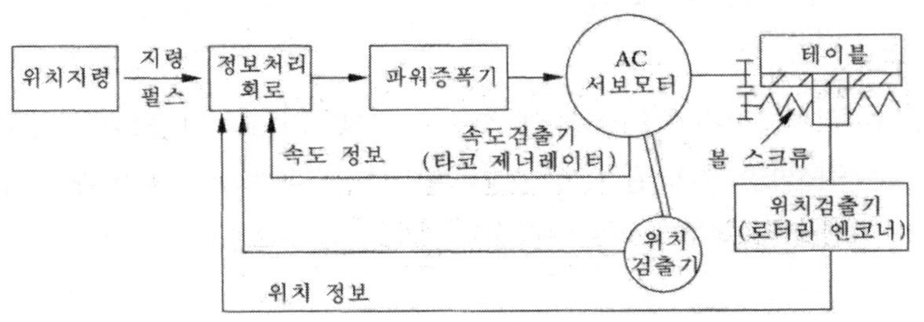

03 CNC의 3대 제어 방식

1 위치결정 제어

- 간단한 제어 방식
- 가공물의 위치만을 찾아내어 제어하므로 정보처리가 간단하다.
- PTP(Point To Point) : 이동 중 가공되지 않기 때문에 주의를 요한다.
- 드릴링, 스폿 용접기

공구의 최후 위치만을 제어하는 것으로 도중의 경로는 무시하고 다음 위치까지 얼마나 빠르고, 정확하게 이동 시킬 수 있는가 하는 것이 문제가 된다. 정보처리 회로는 간단하고 프로그램이 지령하는 이동거리 기억회로와 테이블의 현재 위치 기억회로, 그리고 이 두 가지를 비교하는 회로로 구성되어 있다.

② 직선절삭 제어

- 이동 중에 절삭을 행하는 제어
- 직선 절삭 외에는 할 수 없다.
- 선반, 밀링, 보링 등

위치 결정 NC와 비슷하지만 이동 중에 소재를 절삭하기 때문에 도중의 경로가 문제 된다. 단, 그 경로는 직선에만 해당된다. 공구 치수의 보정, 주축의 속도 변화, 공구의 선택 등과 같은 기능이 추가되기 때문에 정보처리회로는 위치 결정 NC보다 복잡하기 구성되어 있다.

③ 윤곽절삭 제어

- S자형 경로나 크랭크경로 등 어떠한 경로라도 자유자재로 공구를 이동시켜 연속절삭을 한다.
- 가감산 및 승, 제산까지 할 수 있다.
- 3차원 제어가공(밀링작업)이 가능하다.

S자형 경로나 크랭크형 경로 등 어떠한 경로라도 자유자재로 공구를 이동시켜 연속절삭을 한다. 위치 결정 NC, 직선절삭 NC의 정보처리회로는 가감산을 할 수 있는 회로에 불과하지만 연속절삭 NC는 가감산은 물론 승재산까지 할 수 있는 회로를 갖추고 있다.

04 프로그래밍

① CNC 프로그램

프로그래밍(Programming)이란 사람이 이해하기 쉽도록 되어 있는 도면 등 NC 장치가 이해 할 수 있도록 NC 언어(G00, G01, M02, T0101 등)를 이용하여 표현 방식을 바꾸어 주는 작업을 말한다.

2 가공 계획순서

① 가공 범위와 공작기계 선정
② 소재 고정 방법 및 필요한 지그 선정
③ 공정순서
④ 공구선정
⑤ 절삭조건 선정
⑥ 프로그램 작성

3 프로그래밍의 순서

부품도면 → 가공계획 → 프로그래밍 → Test가공 → 완성가공
↑ ↓
← 수정 ←

4 좌표계 설정

1) CNC 선반

① **Z축** : 주축의 방향과 심압대 쪽과 평행한 축(회전축)
② **X축** : Z축과 직교한 축

2) 머시닝센터

① **Z축** : 주축 방향(공구 방향)과 평행한 축(회전축)
② **X축** : 기계 정면에서 Z축과 직교한 축
③ **Y축** : X축과 평면상에서 90° 회전된 축

05 CNC 선반

① CNC 선반의 구성

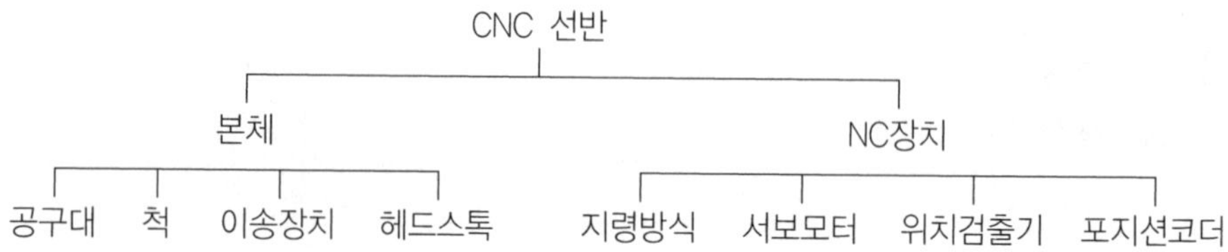

② 척(Chuck)의 특징 및 종류

1) 특징

① 유압식으로 되어 있으며 공작물 착, 탈이 쉬워 생산능률 향상
② 소프트 조(Soft-Jaw)를 사용하기 때문에 가공 정밀도를 높일 수 있다.
③ 지름경이 큰 공작물도 용이하게 척에 물릴 수 있다.
④ 파이프 및 두께가 얇은 공작물은 가공할 수가 없다.

2) 척의 종류

① **하드 조(Hard-Jaw)** : 열처리된 조이며 황삭 가공에 사용하고 가공(성형)할 수 없다. 정밀하고 청결하게 관리하여 장착하면 0.02mm 정도의 동심도를 낼 수 있다.
② **소프트 조(Soft-Jaw)** : 연질 조로서 45C재질을 사용하여 2차 가공할 때 공작물 찍힘 방지나 동심도, 직각도를 좋게 한다. 조를 가공할 수 있으며, 재질과 특수한 형상을 설계하여 척킹 시스템을 만들 수 있다.
③ **기타** : 콜릿 척, 2조 척, 인덱싱 척, 핑거 척이 있다.

③ 공구대 종류

① **형상** : 드럼형 공구대, 데스크형 공구대, 수평형 공구대, 빗형 공구대, 왕관형 공구대 등이 있다.

- 드럼형 공구대 : 여러 개의 공구를 장착하여 자동교환 하면서 가공할 수 있으며 주로 많이 사용한다.

② **분활** : 정밀도가 높고(5 μ) 강성이 큰 초정밀 커플링에 의해 이루어져 있다.

④ 베드(Bed)의 특징

① 30°, 45°, 60°의 슬랫트 형의 경사진 베드로 되어 있다.

② **경사진 베드** : 냉각수 및 칩의 흐름에 용이, 공작물 착탈 및 공구 교환 용이

③ **베이스와 베드의 특징** : 강성이 뛰어나 충격, 진동, 변형을 흡수하여 절삭력에 대한 공구대와 균형을 이루고 있다.

06 CNC 프로그램

① 프로그래밍(Programming)

사람이 이해하기 쉽도록 되어있는 도면을 CNC가 이해할 수 있는 언어(G01 X100. Z100. M08)로 바꾸어 주는 작업을 프로그래밍(Programming)이라 한다.

② 프로그램 작성 방식

- **작성 시 구성** : 프로그램 작성 시 주로 아래와 같은 3파트(Part)로 구분하여 프로그램을 작성한다.

PROGRAM 조건 설정부	※ 가공에 필요한 조건 설정 • 좌표계 설정 • 공구 설정 • 주축 속도일정제어 • 보조 기능 • 절삭유 ON/OFF	G28 U0.0 W0.0 G50 S1500 T0101 G96 S180 M03 M08	➡ ➡ ➡ ➡ ➡ ➡	초기조건 척 옵셋 공구설정 주축 최고 회전수 절삭속도 정 회전 절삭유 ON
가공실행부	NC기능을 사용하여 가공실행	G00 G01 G02	➡ ➡ ➡	위치 결정 제어 직선 보간 원호 보간
조건취소부	가공 조건을 취소	G45 T0100 M02	➡ ➡ ➡	척 옵셋 취소 공구옵셋 취소 프로그램 끝

07 준비기능

1 준비기능(G기능)

① 어드레스 “G” 이하 2단위의 수치로서 구성되어 그 블록의 명령이나 어떤 의미를 지시한다.

② **G코드의 사용방법**

구분	의미	구별
One Shot G-코드	지령된 블록에 한해서만 유효한 기능	“00” 그룹
Modal G-코드	동일 그룹의 다른 G-코드가 나올 때까지 유효한 기능	“00” 이외의 그룹

• One Shot G기능와 Modal G기능의 사용법

```
G01 X100. F0.25 ;  ┐
    Z-50. ;        │ 이 범위에서는 G01 유효
    X150. Z-100. ; ┘
G00 X200. Z200. ; → G00 유효
G04 X4. ; → 이 블록에서만 G04 유효(One Shot G-기능)
    X100.0 Z10.0 ; → G00을 지령하지 않아도 G00 상태이다.
```

FANUC 시스템 및 SENTROL 시스템 공통사용 주요 G코드 기능

G코드	기능	그룹
G00	위치결정(급속 이송)	01
G01	직선보간(절삭 이송)	
G02	원호보간 CW(시계 방향)	
G03	원호보간 CCW(반 시계 방향)	
G04	휴지시간(이송 일시정지)	00 One shot G코드
G09	정위치 정지	
G10	데이터 설정	
G20	Inch 입력	06
G21	Metric 입력	
G22	금지영역 설정 ON	04
G23	금지영역 설정 OFF	
G27	원점 복귀 Check	00 One shot G코드
G28	자동 원점 복귀	
G29	원점으로부터 복귀	
G30	제2 원점 복귀	
G31	생략(Skip)기능	
G32	나사절삭	01
G34	가변 리드나사 절삭	
G36	자동 공구 보정(X축)	00 One shot G코드
G37	자동 공구 보정(Y축)	
G40	공구인선 보정 취소	07
G41	공구인선 좌측보정	
G42	공구인선 우측보정	
G50	공작물 좌표계 설정, 최고 회전수 지정	00 One shot G코드
G52	지역 좌표계 설정	
G53	기계 좌표계 선택	
G65	Macro 호출	
G66	Macro modal 호출	12
G67	Macro modal 호출 취소	
G68	대형 공구대 좌표 ON	04
G69	대형 공구대 좌표 OFF	

G코드	기능	그룹
G70	복합 정삭 사이클	00 One shot G코드
G71	복합 내·외경 황삭 사이클	
G72	복합 단면 황삭 사이클	
G73	복합 형상반복 사이클	
G74	복합 Z방향 펙 드릴링 사이클	
G75	복합 X방향 홈 가공 사이클	
G76	복합 나사절삭 사이클	
G90	내·외경 절삭 사이클	01
G92	나사절삭 사이클	
G94	단면 절삭 사이클	
G96	주축속도 일정제어(mm/min)	02
G97	주축 회전수 일정제어(rpm)	
G98	분당 이송 지정(mm/min)	03
G99	회전당 이송 지정(mm/rev)	

※ 00그룹은 지령된 블록에서만 유효하는 One shot G코드이며 00외의 그룹은 Modal G코드이다.

<참고용> 한국산전 시스템 G코드 기능〈FANUC 시스템과 차이가 있으므로 주의할 것〉

G코드	기능	비고
G00	위치결정(급속 이송)	CNC 선반 및 머시닝센터 공통 Code
△G01	직선보간(절삭 이송)	
G02	원호보간 CW(시계 방향)	
G03	원호보간 CCW(반 시계 방향)	
G04	휴지시간(이송 일시정지)	
G05	원호접점 자동계산(복합원호접점)	CNC 선반 Code
G07	기계 원점 자동 복귀	
G08	제2 원점 복귀	
G09	원점으로부터 복귀	
G10	공구수명시간 Reset	
G11	공구수명시간 설정	
G12	그래픽 제어	CNC 선반 및 머시닝센터 공통 Code
△G20	직경지정 프로그램	
G21	반경지정 프로그램	
G29	바로 전에 취소한 자동사이클 호출	
△G30	미러 이미지 기능 취소	
G31	미러 이미지 기능 설정	

G코드	기능	비고
G33	나사가공	CNC 선반 Code
G34	증가 가변리드 나사가공	
G35	감소 가변리드 나사가공	
G37	나사 가공사이클	
△G40	공구인선반경 보정 취소	CNC 선반 및 머시닝센터 공통 Code
G41	공구인선반경 왼쪽 보정	
G42	공구인선반경 오른쪽 보정	
G45	척 옵셋	
G66	내 · 외경 복합 반복주기 사이클	CNC 선반 Code
G67	단면 복합 사이클	
G68	유형 복합 사이클	
G70	인치 지령모드	CNC 선반 및 머시닝센터 공통 Code
△G71	미터 지령모드	
G73	인포지션 확인	
G77	단순 내 · 외경 황삭사이클	CNC 선반 Code
G78	단순 단면 황삭사이클	
△G80	자동사이클 취소	CNC 선반 및 머시닝센터 공통 Code
G81	드릴사이클	머시닝센터 Code
G82	카운터 보링사이클	
G83	팩 드릴사이클	
G84	태핑사이클	
△G90	절대 지령방식	CNC 선반 및 머시닝센터 공통 Code
G91	증분 지령방식	
G92	프로그램 좌표계 설정, 주축 최고 회전수 설정	CNC 선반 Code
G94	분당 이송속도(mm/min)	CNC 선반 및 머시닝센터 공통 Code
△G95	회전당 이송속도(mm/Rev)	
G96	주속 일정제어	CNC 선반 Code
△G97	주축 회전수 지정(rev/min)	CNC 선반 및 머시닝센터 공통 Code
G99	초기 조건설정모드	

※ △표시의 지령은 초기 전원 투입시 유효한 초기상태 모달 지령이다.

보조기능의 상세 설명

기능	내용	비고
M00	프로그램 정지(Program Stop) : 프로그램의 일단 정지이며 여기까지의 모달정보는 보존(주축회전 절삭유 ON/OFF)된다. 자동 개시를 누르면 자동운전을 재개한다.	
M01	Optional Program Stop : M01스위치가 ON상태일 때만 정지하고 M01 스위치가 OFF일 때는 통과한다(정지할 때는 M00상태와 동일하다.)	
M02	프로그램 종료(Program End) : 모달 정보의 기능이 말소되며 프로그램이 종료된다.	
M03	주축 정회전(Spindle Rotation CW)	
M04	주축 역회전(Spindle Rotation CCW)	
M05	주축 정지(Spindle Stop)	
M06	공구 교환(Tool Change)	
M08	절삭유 토출(Coolant On)	
M09	절삭유 정지(Coolant OFF / Air Blast OFF)	
M10	Rotary Table Clamp	
M11	Rotary Table Unclamp	
M16	스핀들에 있는 공구를 메거진에 입력	
M17	Air Blast ON	
M18	매거진 원점 복귀	
M19	주축 한방향 정지(Spindle Orientation) : 공구 교환 및 고정 사이클의 Shift 방향에 이용	
M23	Magazine Tool Swing Up : 매거진 공구 포트 Up	
M24	Magazine Tool Swing Down : 매거진 공구 포트 Down	
M27	Oil Mist Coolant(절삭유를 Air로 분사한다)	
M29	Rigid Tapping Mode	
M30	Program Rewind & Restart : 프로그램의 종료 후 선두로 되돌리는 기능과 선두에서 다시 실행하는 두 가지 기능이 있다.	
M40	Spindle Gear Neutral Position : 스핀들 기어 중립	
M41	Spindle Gear Low Position : 스핀들 기어 저속	
M42	Spindle Gear Middle Position : 스핀들 기어 중속	
M43	Spindle Gear High Position : 스핀들 기어 고속	
M48	Spindle Overeide Cancel OFF : 스핀들 속도 변환을 시킬 수 있다.	
M49	Spindle Overeide Cancel ON : 스핀들 속도 변환을 시킬 수 있다.	

08 CNC의 주요 기능

1 급속 이송(G00)

X, Z에 지령된 위치(종점)를 향해 급속 속도로 이동한다.

- **지령방법** : G00 X_____ Z_____ ;

방법 ① N01 G00 X50. ;
N02 Z0. ;
: X축 이동 후 Z축 이동경로를 일반적으로 많이 사용한다.

방법 ② N01 G00 X50. Z0. ;
: X, Z축 동시이동

2 직선 가공(G01)

지령된 종점으로 F의 이송속도에 따라 직선(테이퍼, 면취)절삭 가공도 직선 보간에 적용된다.

- **지령방법** : G01 X___ Z___ F___ ;

예 G95 G01 X40. F0.25 ; → 주축 1회전당 0.25mm 이동 지령
G94 G01 X40. F120 ; → 1분 동안 120mm 이동하는 속도

3 원호 가공(G02/G03)

① 지령된 시점에서 종료까지 반경 R크기로 시계 방향(Clock Wise)과 반 시계 방향(Counter Clock Wise)으로 원호 가공한다.

② **가공 방향**

- G02 : 시계 방향(Clock Wise) 원호 가공
- G03 : 반 시계 방향(Counter Clock Wise) 원호 가공

③ **지령방법**

G02 / G03 X __ Z_ _ R__ / (I_, K)__ F__ ;

※ 반경 R의 지령범위는 180° 이하이다. 180° 이상의 원호 가공에는 I, K로 지령한다.

09 CNC 좌표계

1 기계 좌표계

① 기계의 원점을 기준으로 한 좌표계
② 전원 투입 후 원점 복귀 완료시 이루어진다.
③ 기계에 고정되어 있는 좌표계이며 좌표 치는 X0. Z0. 이다.
④ 공구의 현재의 위치와 기계 원점과의 거리를 알려고 할 때

2 절대 좌표계(공작물 좌표계)

① 가공 프로그램을 작성하기 위하여 공작물 센터(중심) 임의의 점을 원점으로 정한 좌표계이다.
② 좌표 어는 X, Z로 표시한다.
③ G50코드로 설정한다.
④ 소재의 좌측 또는 우측단면에 설정하고 통상 우측단면을 기준으로 한다.

3 절대지령 및 증분지령

1) 절대지령(Absolute)

공구의 이동경로를 좌표 원점을 기준으로 하여 형성되는 좌표계

2) 증분지령(Incremental)

현재 위치에서 다음 지점까지 거리와 방향으로 형성되는 좌표계
※ 프로그램 작성 시 1블록 내에서 절대, 증분지령을 혼용하여 사용할 수 있다.

4 반경지령 및 직경지령

1) 의미

범용선반의 경우 공작물의 직경 가공에서 핸들의 눈금을 2mm를 절입 하면 직경으로 4mm가 가공된다. NC 선반에 적용하면 직경 40mm를 가공하기 위하여 X20mm를 지령해야 한다. 따라서 반경치수 계산은 복잡하므로 NC 선반에서는 직경지령으로 많이 사용하고 있다.

2) 반경지령

공구경로를 프로그램 시 X축 좌표 치를 공작물에 반경치수로 지정을 하는 방법이다. 공구이동량의 2배로 공작물직경에 영향을 준다.

3) 직경지령

회전체를 가공하기 때문에 실제 공구 이동 량의 2배로 X축 좌표를 지정한다.
공작물 직경 값 그대로 지령하는 방식이다.
최근 CNC 공작기계는 출고 시 직경지정으로 설정되어 있으며 사이클 기능에는 요소에 따라 반경 값으로 지정하는 요소들이 있으므로 숙지하여야 한다.

10 주축 기능

1 좌표계 설정 및 최고 회전수 제한(G50)

1) 좌표계 설정

① 프로그램 작성 시 도면이나 제품의 기준점을 설정하여 그 기준점으로부터 가공위치를 지령한다.

② 공작물의 기준점을 NC기계에 알려주는 기능

③ **지령방법** : G50 X__ Z__ ;

X, Z : 설정 하고자 하는 절대 좌표(공작물 좌표)의 현재위치

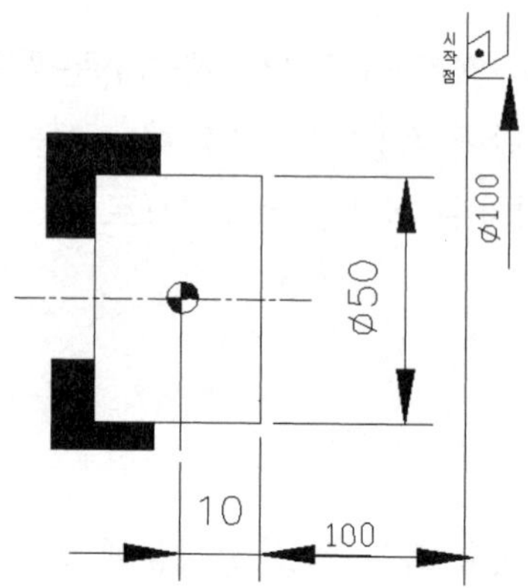

2) 주축 최고회전수 지정

① **의미** : 주속일정제어(G96)사용 시 회전지령의 S값은 절삭속도를 의미하기 때문에 소재의 직경이 작을수록 회전수는 상대적으로 증가한다.

② **지령방법** : G50 S____ ;

예 G50 S400 ; → 최고회전수 400rpm 지정

T0101 ;

G96 S100 M03 ;

G00 X120. Z5. M8 ; → 265rpm

X70. ; → 454rpm(고정400rpm으로 회전)

- Max rpm이 400rpm이기 때문에 X70.에서도 400rpm 이상은 회전하지 않는다.

2 주속 일정제어(G96)

① 의미

- 효과적인 절삭가공을 위해 X축 위치에 따라서 주축속도(회전수)를 변화시켜 절삭속도를 일정하게 유지하여 공구수명을 길게, 절삭시간을 단축시킬 수 있다.
- 공구직경에서의 직경변화에 따른 지정된 주속이 되도록 제어한다.
- 공작물의 가공 부 지경에 따라 자동적으로 전압제어 되어 정확한 주속을 제어한다.

② 지령방법 : G96 S_____ ;
S : 절삭속도(단위 : m/min)

❸ 주속 일정제어 취소(G97)

① 의미
- 나사가공과 같은 공작물 직경에 따라 회전수가 변하지 않는 가공에 사용
- 보통 나사가공 및 홈 가공 시에 사용한다.

② 지령방법 : G97 S_____ ;
S : 주축 회전수(단위 : rpm 또는 rev/min)
N01 G50 S1000 ;
N02 G96 S100 M03 ;
N03 G00 X50. ; → 절삭속도가 100m/min으로 주축이 회전한다.
N04 G97 S1000 ;
N05 G01 X20. F0.2 ; → 주속(G96)이 취소되고 1분간 1000rpm으로 주축이 회전하고 1회전당 0.2mm 이동한다.

11 공구 기능

❶ 공구 번호 및 공구 보정 번호 지령

① 의미
- 공구대(Turret)에 장착된 공구를 자동적으로 교환시키는 기능이다.
- T 이하 4단 지령으로 선택 → 앞쪽 2단 : 공구 선택 번호
→ 뒤쪽 2단 : 공구 보정 번호

② 지령방법 : T □□ ○○ ;
↓ ↓
공구 선택 번호 공구 보정 번호

12 공구인선 보정기능

① 공구인선 보정기능 활용

보통의 공구는 공구선단에 인선(Nose)R이 있는데 이 인선 R이 없다고 생각하고 프로그램을 작성하고 가공한다. 이때 발생되는 문제점은 공구선단의 치핑과 마모현상이 발생하여 바른 가공을 할 수 없다.

특히 테이퍼 가공이나 원호 가공 시에 실제제품과 오차가 생긴다. 그러나 90° 직각이나 180°직선가공은 문제가 없다. 인선반경은 0.2, 0.4, 0.8, 1.2mm 등이 있다.

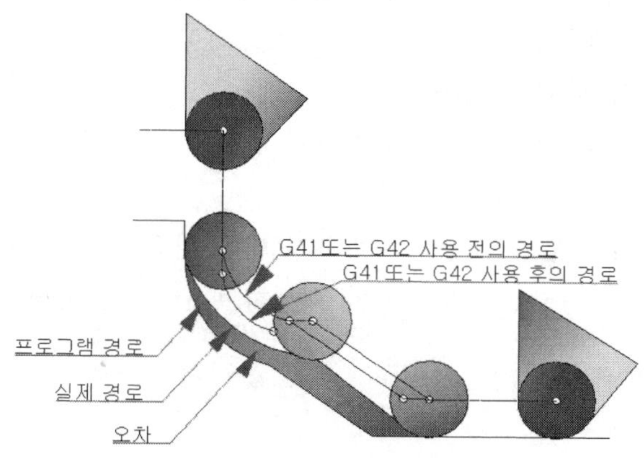

② 인선 R보정 관련기능(G40 / G41 / G42)

① **의미**

- 공구의 날 끝이 인선(R)로 되어 있어 테이퍼 및 원호절삭에서 과소 또는 과대 절삭이 발생한다.
- 인선(R) 때문에 발생하는 오차를 자동으로 보정하는 기능으로 정밀 가공에서는 필히 적용되어야 하는 기능이다.

② **지령방법**

G40
G41 X(U)_____ Z(W)_____ _;
G42

G40 : 공구인선 R보정 무시
G41 : 공구인선 R보정 좌측
G42 : 공구인선 R보정 우측

공구의 인선은 둥글기를 가지고 있어 테이퍼 절삭이나 원호절삭의 경우 인선 반지름에 의한 오차가 발생하게 된다. 이러한 임의의 인선 반지름을 가지는 공구의 인선 반지름에 의한 가공 경로의 오차를 CNC 장치에서 자동적으로 보정하는 기능을 인선 반지름 보정 이라고 한다. 이와 같이 공구인선 보정을 하려면 사용공구에 대한 가상인선 번호를 부여하여 공구하면의 입력하여 사용공구에 대한 가상인선번호를 입력한다. 가상인선이란 공작물을 가공할 경우 프로그램의 경로를 따라가는 공구의 기준점을 설정하여야 한다. 이 기준점을 공구 인선의 중심에 일치시키는 것은 매우 어려우므로 인선 반지름이 없는 것으로 가상하여 가상인선을 정해 놓고 이 점을 기준점으로 나타낸 것을 가상인선이라고 한다.
가상인선 번호는 공구가 CNC 선반에 설치된 상태에서 인선 반지름의 중심에서 본 가상인선의 방향을 번호로 나타내며 외경가공의 경우 가상인선 번호는 3번이 해당된다.

13 복합형 사이클

CNC 선반 가공에서 거친 절삭 또는 나사절삭 등은 1회의 절삭으로 불가능하므로 여러 반복 동작을 해야 한다. 사이클 가공은 이와 같이 반복되는 동작의 프로그램을 한 블록 또는 두 블록으로 프로그램을 간단히 할 수 있도록 만든 G코드를 말한다.
사이클에는 변경된 수치만 반복하여 지령하는 단일형 고정 사이클과 한 개의 블록 또는 두 개의 블록으로 지령하는 복합형 반복 사이클이 있으며 최근 가장 많이 사용하는 복합형 고정 사이클의 지령방법을 설명하고자 한다.

1 G70 복합 정삭 사이클

G71, G72, G73 고정 사이클로 거친 가공한 후 정삭 절삭하는 사이클이다.

- **지령형식** G70 P_p_ Q_q_ F_f_;
- **지령의미** P(p) : 고정 사이클의 구역을 지정하는 첫 번째 블록의 시퀀스 번호
  Q(q) : 고정 사이클의 구역을 지정하는 마지막 블록의 시퀀스 번호
  F : 이송속도(Feed) 지정

② G71 복합 황삭 사이클

내·외경 거친 절삭 가공을 하는 복합형 고정 사이클로서 최종형상과 절삭조건 등을 지정해주면 공구경로는 자동적으로 결정되면서 정삭여유를 남기고 시작점으로 복귀한다.

• **지령형식(0T의 경우)** G71 U_d_ R_r_ ;

G71 P_p_ Q_q_ U_u_ W_w_ F_f_ ;

N p G00 X__;

↓

↓

N q G00 X__;

• **지령의미** U(d) : 1회 절입량

R(r) : X축 후퇴량

P(p) : 고정 사이클의 구역을 지정하는 첫 번째 블록의 시퀀스 번호

Q(q) : 고정 사이클의 구역을 지정하는 마지막 블록의 시퀀스 번호

U(u) : X축 방향 정삭여유(직경값으로 지정)

W(w) : Z축 방향 정삭여유

F : 이송속도(Feed) 지정

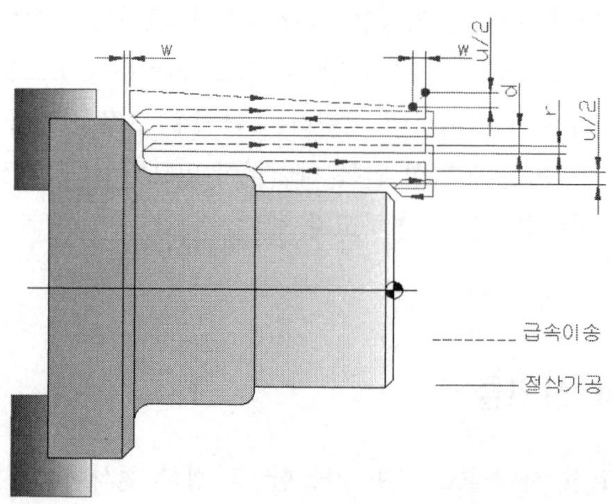

주1) G71 위쪽 블록에서의 U지령과 G71 아래 블록에서의 U지령의 구분은 P와 Q가 지령된 블록을 보고 판단할 수 있다.

주2) G71 사이클을 시작하는 최초의 블록에서는 Z를 지령할 수 없다.

주3) 고정 사이클 지령 최후의 블록에는 자동 면취 및 코너 R지령을 할 수 없다.

주4) 고정 사이클 실행 도중에 보조 프로그램(Sub Program) 지령은 할 수 없다.

1) G71 복합 황삭 사이클 상세 지령방법

- **지령형식(11T의 경우)** G71 P_ Q_ U_ W_ D(F_);
  - P : 정삭형상 프로그램의 첫 블록의 번호
  - Q : 정삭형상 프로그램의 최종 블록의 번호
  - U : X축 방향의 정삭여유(직경치)
  - W : Z축 방향의 정삭여유
  - D : 1회 절입량(반경치)
  - F : 황삭 시 이송속도
- **지령형식(0T의 경우)** G71 U_ R_ ;
  - G71 P_ Q_ U_ W(F_);
  - U : 1회 절입량, R : 도피량
  - P, Q, U, W : 11T와 동일하게 지정한다.

가) G71 지령 시 주의사항

① 화낙 0T방식에서 복합 고정 사이클 G71 지령방식인 G71을 2개의 블록으로 지령하는 방식을 사용한다.

② G71 사이클 구역 안(P-Q)에 지령된 F, S, T는 황삭 사이클 실행 중에는 무시되고 정삭 사이클에서만 실행한다.

③ G71 사이클 시작하는 최초의 블록에서는 Z를 지령 할 수 없다. 최초 블록에 G00 X를 지령하면 X축 절입이 급속이송 되고 G01 X 지령을 하면 X축 절입이 절삭이송이 된다.

④ G71은 황삭 사이클이지만 정삭 여유를 지령하지 않으면 완성 치수로 가공할 수 있다.

⑤ F, S, T를 지령하지 않으면 이전 블록에서 지령된 F, S, T가 유효하다.

③ G04 휴지(Dwell)기능

지령된 시간 동안 이송축의 진행을 정지시키는 기능으로, 일반적으로 홈 가공 바닥면을 절삭할 때 많이 사용한다.

- **지령형식** G04 X2.0 ;
- **지령의미** X, U : 정지 시간을 지령(소수점 사용 가능)
  P : 정지 시간을 지령(소수점 사용 불가능)
- **정지시간과 회전수 관계식**

$$정지시간(초) = \frac{60}{rpm} \times 회전수(스핀들 : 주축)$$

④ G32 나사 가공

- **지령형식** G32 X(U)___ Z(W)__(Q__) F___ ;
- **지령방법** X(U), Z(W) : 나사 가공의 종점 좌표(일반적인 평행 나사는Z(W)__ 좌표값만 사용되나, 테이퍼 나사의 경우는 X(U)__ Z(W)__ 2축이 동시에 지령되어야 한다.
  Q : 다줄 나사 가공 시 절입 각도이며, 1줄 나사는 생략한다.
  F : 나사의 리드(Lead)로 1줄 나사일 때는 피치(Pitch)와 같다.

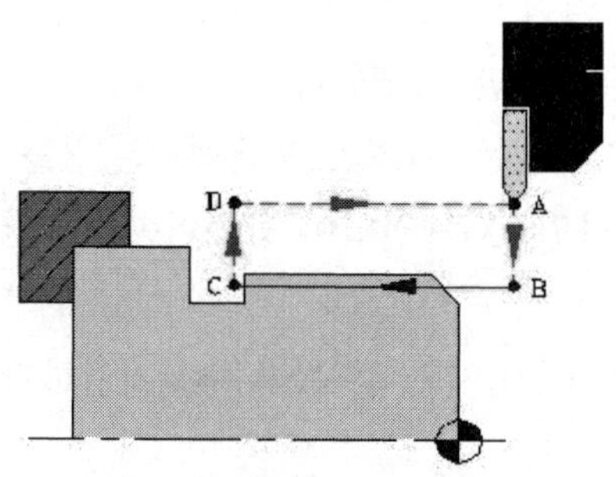

- G32로 나사가공은 각 구간별로 매번 지령을 해주어야 하므로 프로그램이 피치에 따라 차이는 나지만 프로그램이 길어진다. 그러므로 G32는 거의 사용하지 않고, G92와 G76를 주로 많이 사용한다.

❺ G92 단일 나사 사이클

- **지령형식** G92 X(U)___ Z(W)___ R___ F___ ;
- **지령방법** X(U) : 1회 절입시 나사의 골경(직경값)
  Z(W) : 나사 가공 길이
  (불완전 나사부(Chamfering 부분)를 포함한 좌표값)
  R : 테이퍼 나사 절삭시 X축 기울기 양
  F : 나사의 리드(Lead)

❻ G76 복합 나사 사이클(0T 설명)

- **지령형식** G76 P(m)(r)(a) Q(Dmin) R d ;
  G76 X(U) u Z(W) w P p Q q(R i) F f ;
- **지령방법** P(m)(r)(a)
  m : 정삭 반복 횟수(01 ~ 99까지)
  r : 모따기량(r = 10일 경우 45° 각도로 모따기)
  a : 나사산의 각도 지령(나사 바이트의 절입 각도에 해당)
  예 P011060 : 1회 정삭, 모따기량 1피치, 나사산의 각도 60°
  Dmin : 최소 절입량(이 사이클에서는 골지름과 최초 절입량을 지정하면 가공 횟수에 따라 자동으로 절입량이 작아지나 이 값보다 더 작아지지는 않는다.)
  d : 정삭 여유
  u : 나사의 최종 골지름
  w : 나사 가공 길이 지정(모따기 부분을 합한 길이)
  p : 나사산의 높이를 반지름값으로 지령
  q : 최초 절입량. 반지름값으로 지령(나사의 피치에 따른 절입량으로 처음 절입량을 지령한다. 이 값에 따라 가공 회수와 시간이 차이가 난다)
  I : 테이퍼 나사 가공시 기울기 양의 부호는 G90의 테이퍼 절삭시와 동일함. 평행 나사는 기울기 0이므로 생략한다.
  F : 나사의 리드로 1줄 나사는 피치와 동일하다.

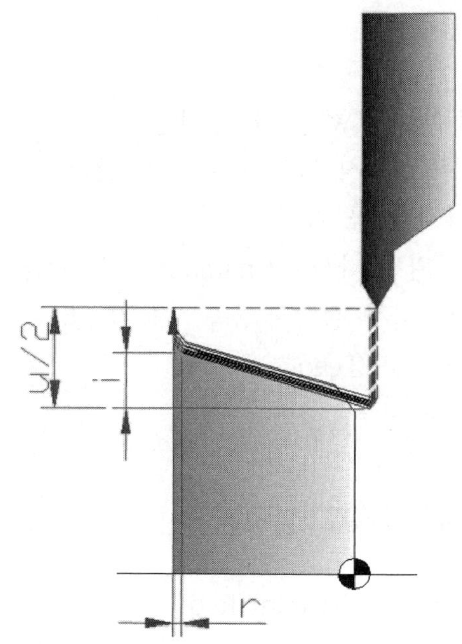

• 나사가공 시 Feed Hold 버튼을 ON 했을 경우 나사가공을 완성하고 다음 블록에서 정지한다.

1) G76 복합 나사 사이클(11T 설명)

• **지령형식** G76 X_ Z_ K_ D_ F_ A_ ;

X : 나사의 최종 골지름

Z : 나사의 가공 길이

K : 나사산의 높이(반지름지정, 나사절삭 데이터의 절입깊이와 동일하며 소수점 입력)

D : 최초 절입량(피치에 따른 절입량으로 나사절삭 데이터의 1회 절입량과 동일, 소수점 불가)

F : 나사의 리드(한줄 나사인 경우 피치와 동일)

A : 나사산의 각도(일반적으로 60°)

2) G76 복합 나사 사이클(0T 설명)

• **지령형식** G76 P_ _ _ Q_ R_ ;

G76 X_ Z_ P_ Q_ F_ ;

P : 정삭반복횟수(01) _ 모따기량(10) _ 나사산각도(60°)
Q : 최소 절입량(50)
R : 정삭여유(20)
X : 나사의 최종 골지름
Z : 나사의 가공 길이
P : 나사산높이(반지름 지정, 절삭 데이터의 절입 깊이와 동일하며 소수점 불가)
Q : 최초 절입량(피치에 따른 절입량, 나사절삭 데이터의 1회 절입량과 동일, 소숫점 불가)
F : 나사의 리드(한줄 나사인 경우 피치와 동일)
A : 나사산의 각도(일반적으로 60°)

3) G92 단일 나사 사이클

• **지령형식** G92 X_ Z_ F_ ;

X : 나사의 초기 1회 절입한 깊이의 지름
Z : 나사의 가공 길이
F : 나사의 리드(한줄 나사인 경우 피치와 동일)

⑦ CNC 선반 나사절삭 데이터

피치	P	1.0		1.5		2.0	
		반경	직경	반경	직경	반경	직경
절입깊이	H	0.60	1.20	0.89	1.78	1.19	2.38
나사절삭 횟수	1	0.25	0.50	0.35	0.70	0.35	0.70
	2	0.20	0.40	0.20	0.40	0.25	0.50
	3	0.10	0.20	0.14	0.28	0.19	0.38
	4	0.05	0.10	0.10	0.20	0.12	0.24
	5			0.05	0.10	0.10	0.20
	6			0.05	0.10	0.08	0.16
	7					0.05	0.10
	8					0.05	0.10

1) 피치 1.5 나사를 G76(11T방식)으로 프로그램 한 예

가) 지령방식

G76 X23.22 Z-22.0 K0.89 D350 F1.5;	나사 복합사이클 지정 블록
	G76 ☞ 내·외경 복합 나사 사이클
	X23.22 ☞ 최종 골지름
	Z-22.0 ☞ 나사 길이
	K0.89 ☞ 절입 깊이(반경치)
	D350 ☞ 첫 번째 절입 깊이
	F1.5; ☞ 나사 리드

나) 프로그램 사례(M25×1.5 나사가공)

G28 U0.0 W0.0;(나사가공)	나사가공을 위하여 자동 원점 복귀
T0700;	7번 공구선택(G97사용으로 G50사용하지 않음)
G97 S500 M03;	500 RPM으로 고정하여 주축 정회전
G00 X30.0 Z2.0 T0707 M08;	나사가공 위치로 이동, 절삭유 자동 ON
G76 X23.22 Z-22.0 K0.89 D350 F1.5;	나사 복합사이클 지정 블록
G00 X150.0 Z150.0 M09;	절삭유 자동 OFF, 임의의 지점으로 후퇴
M05;	주축정지
M30;	프로그램 종료

8 보조기능의 주요기능 요약

보조기능(M : miscellaneous function)주축의 시동, 정지, 프로그램의 스톱, 절삭유의 ON/OFF 등의 기계의 동작을 보조해주는 기능이다.

보조 기능에 대해서는 KS로 규정되어 있다.

M기능	의미	비고
M00	Program Stop	
M01	Optional Program Stop	
M02	Program End(Reset)	
M03	주축 정회전(CW)	
M04	주축 역회전(CCW)	

M기능	의미	비고
M05	주축 정지	
M06	공구 교환	
M08	절삭유 ON	
M09	절삭유 OFF	
M16	Tool Into Magazine	
M19	주축Orientation Stop	
M28	Magazine 원점 복귀	
M30	Program End(Reset) & Rewind	
M48	Spindle Override Cancel OFF	
M49	Spindle Override Cancel ON	
M60	APC 사이클 Start	
M80	Index테이블 정회전	
M81	Index테이블 역회전	
M98	Sub-Program 호출	
M99	End of Sub-Program	

9 주요 재질에 따른 절삭 조건표

재질	구분	절삭속도 V (m/min)	절삭깊이 D (mm)	이송속도 F (mm/rev)	공구재질
탄소강 60kg/mm^2 (인장강도)	거친절삭	130 ~ 160	3 ~ 5	0.3 ~ 0.4	P10 ~ 20
	다듬절삭	170 ~ 220	0.2 ~ 0.5	0.1 ~ 0.2	P01 ~ 10
	나사	100 ~ 120	–	–	P10 ~ 20
	홈가공	90 ~ 110	–	0.08 ~ 0.2	P10 ~ 20
	센타드릴	1000 ~ 1600rpm	–	0.08 ~ 0.15	SKH2
	드릴	~ 25	–	0.1 ~ 0.2	SKH9
합금강 140kg/mm^2 (인장강도)	거친절삭	100 ~ 140	3 ~ 4	0.3 ~ 0.4	P10 ~ 20
	다듬절삭	140 ~ 180	0.2 ~ 0.5	0.1 ~ 0.2	P10 ~ 20
	홈가공	70 ~ 100	–	0.08 ~ 0.2	P10 ~ 20
주철	거친절삭	120 ~ 150	3 ~ 5	0.3 ~ 0.5	P10 ~ 20
	다듬절삭	140 ~ 180	0.2 ~ 0.5	0.1 ~ 0.2	P01 ~ 10
	나사	90 ~ 110	–	–	P10 ~ 20
	홈가공	80 ~ 110	–	0.06 ~ 0.15	P10 ~ 20
	센타드릴	1400 ~ 2000rpm	–	0.08 ~ 0.15	HSS
	드릴	25	–	~ 0.2	HSS

재질	구분	절삭속도 *V* (m/min)	절삭깊이 *D* (mm)	이송속도 *F* (mm/rev)	공구재질
알루미늄	거친절삭	400 ~ 1000	2 ~ 4	0.2 ~ 0.4	K10
	다듬절삭	700 ~ 1600	0.2 ~ 0.5	0.1 ~ 0.2	K10
	홈가공	350 ~ 1000	–	0.08 ~ 0.2	K10
청동 황동	거친절삭	150 ~ 300	3 ~ 5	0.2 ~ 0.4	K10
	다듬절삭	200 ~ 500	0.2 ~ 0.5	0.1 ~ 0.2	K10
	홈가공	150 ~ 200	–	0.1 ~ 0.2	K10
스텐리스강	거친절삭	90 ~ 130	2 ~ 3	0.2 ~ 0.35	P10 ~ 20
	다듬절삭	140 ~ 180	0.2 ~ 0.5	0. ~ 0.2	P01 ~ 10
	홈가공	60 ~ 90	–	0.08 ~ 0.15	P10 ~ 20

※ 프로그램 작성 시 절삭속도(G96 S 값) 과 이송속도(F값) 지정 시에 재질에 따라 참고하여 적용에 활용한다.

14 CNC 선반 프로그램작성 해독

① 프로그램의 기초 작업

KS규칙에 의하여 이해하기 쉽도록 되어 있는 도면을 NC 장치가 이해할 수 있도록 NC언어(G00, G01, G03, G04, G71, G72, G73, M02, T0101, F0.2 등)를 이용하여 표현 방식을 바꾸어 주는 작업을 CNC 프로그래밍 이라고 한다.

올바른 프로그램 작성을 위해서는 먼저 공정계획(가공계획)과 프로그래밍(Programming)의 순서를 알아야 하며 공정계획은 아래와 같은 순서로 공정계획을 정한다.

① 가공 범위와 공작기계를 선정한다.

② 소재의 고정방법 및 지그 등을 선정한다.

③ 절삭순서 결정(공구의 시작점, 황삭, 정삭 절입량과 공구경로 등)한다.

④ 절삭공구 선택(Tool Holder 선정, Chucking방법 결정, Toolling Sheet의 작성 등)

⑤ 절삭조건의 결정(주축속도, 이송속도, 절삭유의 사용 유무)한다.

⑥ 프로그램을 작성한다.

• Progamming 순서

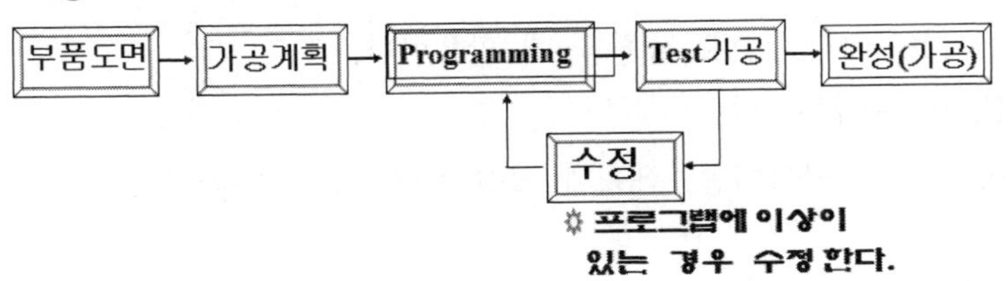

1) 좌표계의 종류 익히기

가) 기계 좌표계

① 기계의 원점을 기준으로 정한 좌표계이다.

② 기계좌표의 설정은 전원 투입 후 원점 복귀 완료 시 이루어진다.

③ 기계에 고정되어 있는 좌표계이고 금지영역(Stored Stroke Limit Over Tarvel, 제2 원점)등의 설정 기준이 되며 기계 원점에서 기계 좌표값은 X0. Z0. 이다.

④ 공구의 현재 위치와 기계 원점과의 거리를 알려고 할 때 사용할 수 있다.

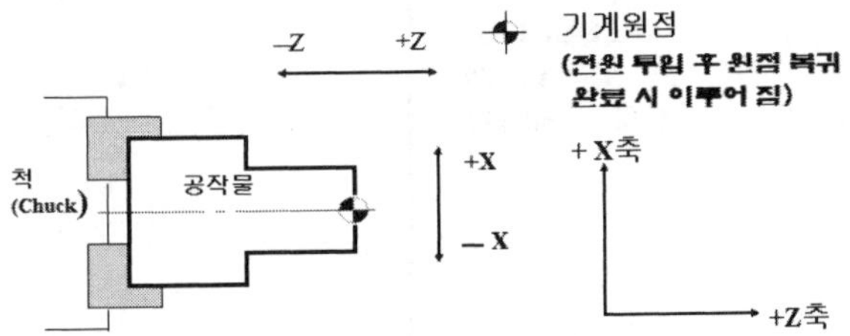

나) 공작물 좌표계

① 가공프로그램을 쉽게 작성하기 위하여 공작물 센터(중심)임의 의 점을 원점으로 정한 좌표계이다.

② 좌표어는 X, Z 표시한다.

③ G50을 이용하여 각 공작물 마다 설정할 수 있다.

④ 소재의 좌측 끝단 또는 우측 끝단에 설정하지만 통상 우측끝단을 X0. Z0. 으로 설정한다.

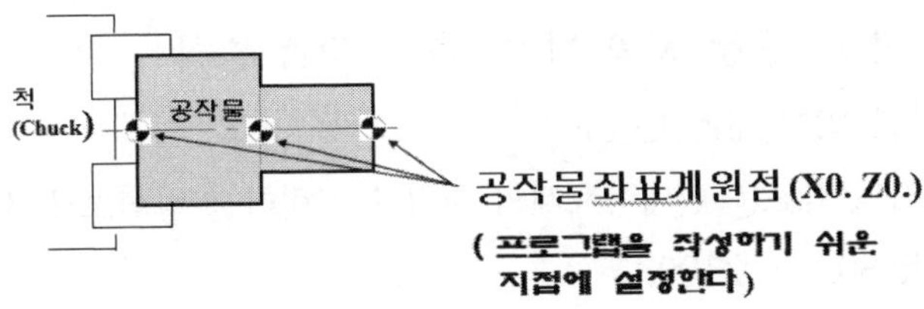

다) 상대 좌표계

① 일시적으로 좌표를 0(Zero)로 설정할 때 활용한다.

② 좌표어는 U, W를 사용한다.

③ 공구Setting, 간단한 핸들이송, 좌표계 설정 등에 이용 가능하다.

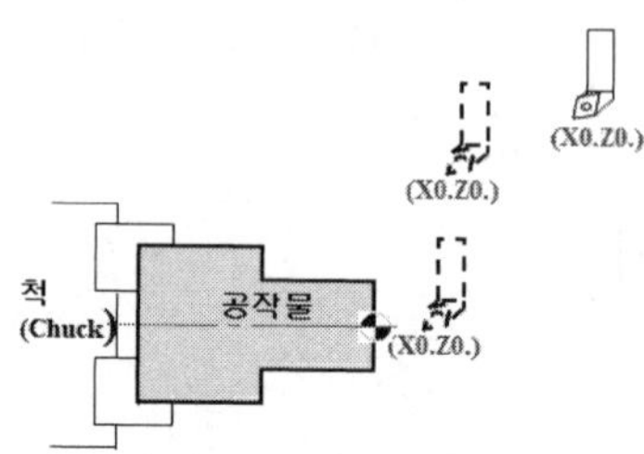

2) 좌표계의 화면 익히기

```
ACTUAL  POSITION              O1000  N1000

 (RELATIVE)                  (ABSOLUTE)
 U     -253.677              X       43.759
 W       31.800              Z       50.674

 (MACHINE)
 X      -87.244
 Z     -152.365

                                 S   O T
                            MPG
  ABS    REL    ALL
```

- RELATIVE(상대좌표)
- ABSOLUTE(절대좌표)
- MACHINE(기계좌표)
- ABS, REL의 좌표는 Soft Key를 누르면 좌표가 크게 표시된다.

3) 지령방법 활용

가) 절대 지령 방식 / 증분 지령 방식 / 혼합 지령 방식

① 절대 지령 방식(Absolute)

이동 종점의 좌표를 절대좌표계의 위치로 지령하는 방식으로 지령하는 좌표어 X, Z

- G00 X 80.   Z100.;

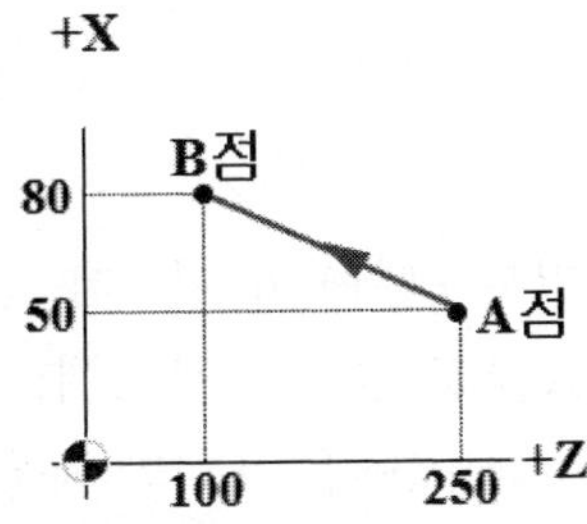

② 증분 지령 방식(Incremental)

이동시점부터 종점까지의 이동량으로 지령하는 방식으로 지령하는 좌표어 U, W

- G00 U30. W-150.;

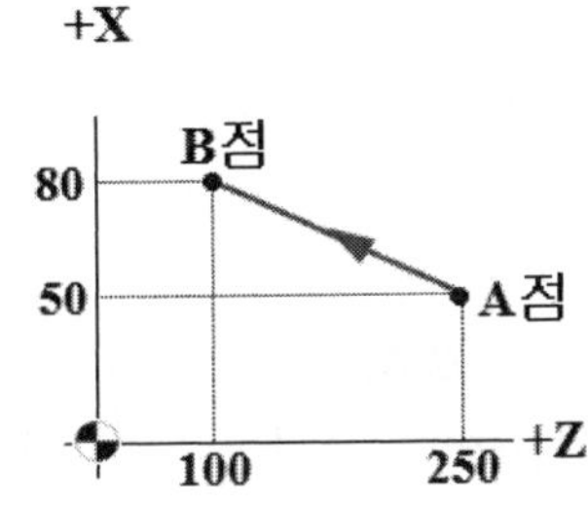

③ 혼합 지령 방식

- G00 U30. Z100. ;
- G00 X80. W-150. ;

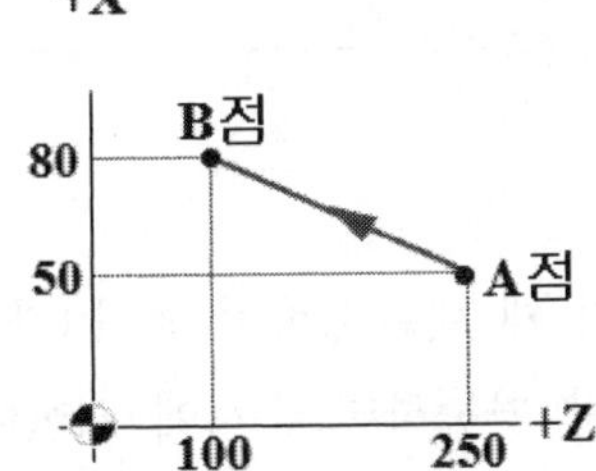

④ 지령 및 지정 방법의 구분

- 절대지령 : 좌표값을 대문자 X, Y, Z로 지령한다.(예 • G00 X 80. Z100.;)
- 증분지령 : 좌표값을 X를 U, Y를 V, Z를 W로 지령한다.
  (예 • G00 U30. W-150.;)
- 혼합지령 : 좌표값을 X, W또는 U, Z 등을 혼용하여 지령한다.
  (예 • G00 U30. Z100.;)
- 직경지정 : 파라미터에 이미 지정 되어 있으며 X50. 은 직경 50mm를 뜻한다.
- 반경지정 : 파라미터에 이미 지정 되어 있으며 X50. 은 직경 100mm를 뜻한다.

4) 프로그램의 기본 구성

가) Word(문자)의 구성

Word는 NC Program의 기본 단위이며 어드레스(Address)와 수치(data)로 구성되며, 어드레스(Address)는 Alphabet(A ~ Z)중 1개로 하고 다음에 수치를 지령한다. Word의 선두에는 대문자 Alphabet을 하나만 사용할 수 있다. Alphabet 소문자나 Alphabet 2개 이상을 지령하면 알람이 발생하며 특수문자는 하나의 Word로 인식한다.

┌Word ┐
X 200.
Address + 수치

나) 프로그램 Block의 구성

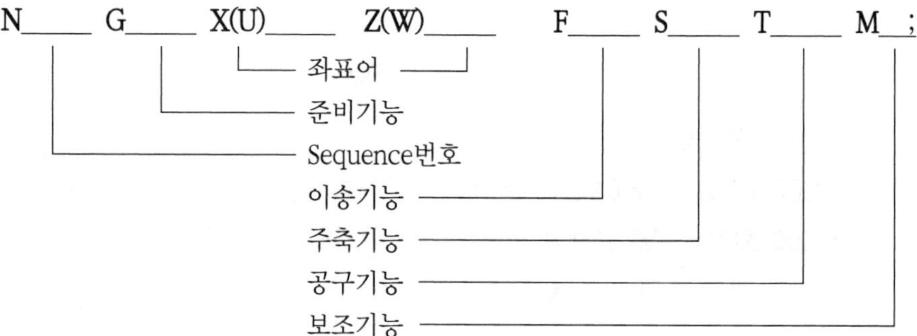

다) 블록 작성 시 주의사항

① 한 Block에서 Word의 개수는 제한이 없다.(가변 Word방식)

② Sequence 번호는 생략 가능하며 순서에 제한이 없다.

③ 한 Block내에서 같은 내용의 Word를 2개 이상 지령하면 앞의 Word는 무시되며 뒤에 Word가 유효하다.

④ 프로그램을 작성할 때 위의 "(2) 프로그램 Block의 구성"에 나열한 Word순으로 프로그램을 작성하게 되면 Word를 누락하는 경우가 적고, 다음에 수정 할 때 정확하게 수정할 수 있다.

⑤ 기타 사용하는 R, I, K, C, Q등의 Word는 적당한 위치(Z와 F사이)에 입력 할 수 있다.

라) 주소와 데이터의 정확한 이해

```
N01   G28   U0.    W0. ;
N01   G50   X150.   Z200.   S2000   T0100 ;
N03   G96   S180   M03
N04   G00   X  60.   Z2.   T0100   M08
```

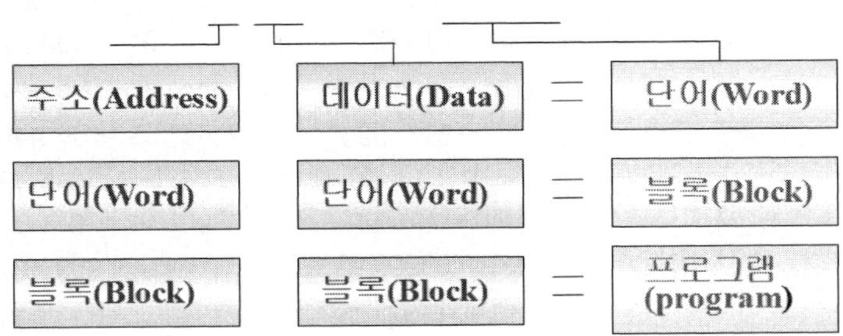

마) 프로그램 작성 시 주의사항

① Program은 Block 단위의 순차적인 실행 순으로 작성한다.

② 하나의 Program은 Address “O_____”부터 “M02”까지 이며 Block의 개수는 제한이 없다.

③ Program 마지막에는 M02를 사용하지만 M30이나 M99를 사용할 수 있다. (단, Sub Program의 마지막에는 M99 이외는 사용불가)

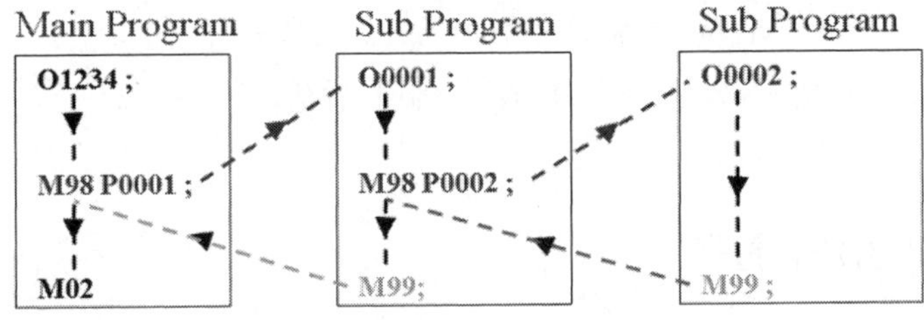

④ Sub Program의 끝엔 항상 M99가 필요하며 없으면 알람이 발생한다.

⑤ Sub Program에서 Sub Program을 호출할 수 있으며 역순으로 주 프로그램으로 귀환한다.

⑥ 각 주소(Address)의 기능 및 입력 단위별 지정 범위는 아래와 같다.

기능	Address	mm입력단위(G21)	inch입력단위(G20)
프로그램번호	O	0001 ~ 999	0001 ~ 9999
Sequence번호	N	1 ~ 9999	1 ~ 9999
준비기능	G	00 ~ 99	00 ~ 99
좌표어	X, Z, U, W, R, I, K, C	99999.99mm	9999.9999inch
분당이송	F	1 ~ 100000mm/min	0.01 ~ 400.00inch/min
회전당이송	F	0.01 ~ 500.000mm/rev	0.0001 ~ 9.9999inch/rev
주축기능	S	0 ~ 999	0 ~ 9999
공구기능	T	0 ~ 99	0 ~ 99
보조기능	M	0 ~ 99	0 ~ 99
Dwell	X, U, P	0 ~ 99999.999sec	0 ~ 99999.999sec
고정 사이클 Sequence번호	P, Q	1 ~ 9999	1 ~ 9999

⑦ **소숫점 사용 주소의 구분**

CNC 선반 프로그램에서 소수점을 사용할 수 있는 주소(Address)는 다음과 같다. X, Z, U, W, I, K, R, C, F이다.(이들 이외에는 소수점을 사용하면 알람이 발생한다.)

※ 소수점 사용 예

X10. → 10mm

Z100 → 0.1mm(최소 지령단위가 0.001mm이므로 소수점이 없으면 뒤쪽에서 3번째 앞에 소수점이 있는 것으로 간주)

S2000. → 알람 발생(소수점 입력 에러 발생)

5) 준비기능(G기능)의 활용

가) 준비기능(G기능)

CNC 장치의 기능을 동작하기 위한 주니를 하는 기능으로 영문자 “G”와 두 자리의 숫자로 구성되어 있다.

나) 준비기능(G기능)의 구분

구분	의미	그룹 표기
1회 유효 G기능	지령된 블록에서만 유효한 기능	“00” 그룹
연속 유효 G기능	동일 그룹의 다른 G코드가 지령 될 때 까지 유효한 기능	“00” 이외의 그룹

6) 보조기능(M기능)

준비기능에 없는 기능으로 CNC를 가동 할 때 보조적으로 필요한 기능이다.

보조기능	기능	보조기능	기능
M00 M01 M02 M30	Program Stop Optional Program Stop Program End Program Rewriend & Restart	M03 M04 M05	Spindle Rotation(C, W) Spindle Rotation(C, C, W) Spindle Stop
		M98 M99	Sub Program 호출 Main Program 호출
M08 M09	Coolant ON Coolant OFF	M14 M15	Tail Stock Extend Tail Stock Retract

7) CNC의 3대 제어방식

CNC에서는 위치결정(G00), 직선절삭(G01), 원호보간(G02, G03)의 3대 제어 방식으로 운용되고 있다.

가) 3대 제어방식이 적용된 프로그램의 경로

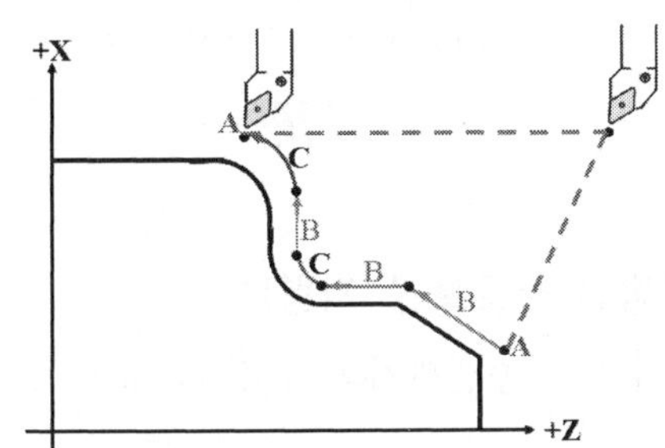

- A : 위치결정 또는 급속이송(G00)
- B : 직선절삭(G01)
- C : 원호보간(G02, G03)

나) G00(위치결정 또는 급속이송)의 지령방법

- **의미** : X(U), Z(W)에 지령된 종점을 향해 급속으로 이동
- **지령방법** : G00 X(U)_____ Z(W)_____ ;

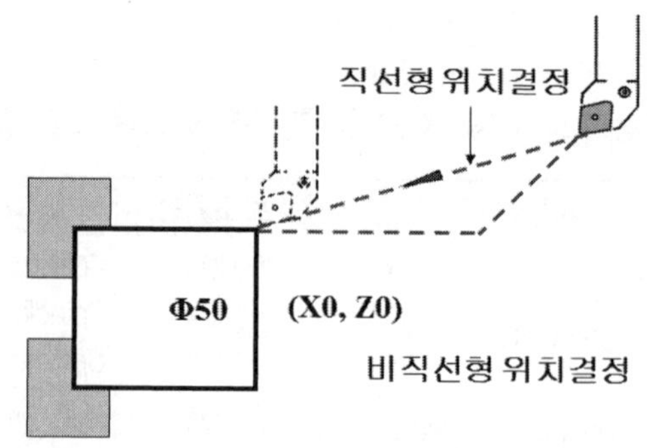

다) G01(직선절삭)의 지령방법

- **의미** : 지령된 종점으로 F의 속도에 따라 직선으로 가공(테이퍼, 면취도직선에 포함된다.)
- **지령방법** : G01　X(U)_____　Z(F)_____　;

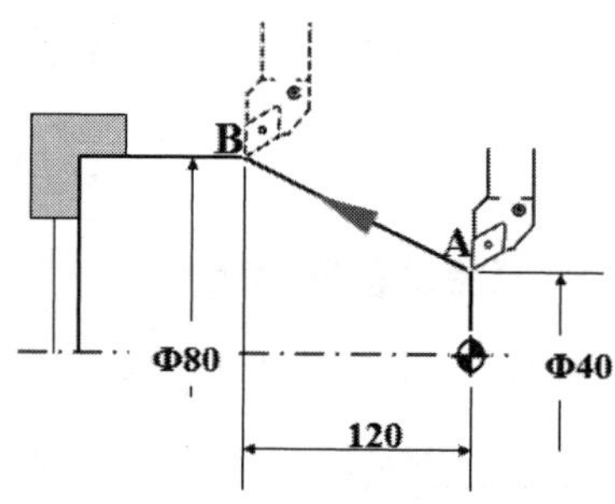

라) G02, G03의 지령방법(원호보간 지령)

- **의미** : 지령된 시점에서 종점까지의 반경 R 크기로 원호 가공
- **지령방법** : G02 / G03 } X(U)_____　Z(W)_____ { R____ / I____　K____　F____　;
- **가공 방향** : G02(C.W) 시계 방향 원호 가공(Clock Wise)
  G03(C.C.W) 반 시계 방향(Counter Clock Wise)

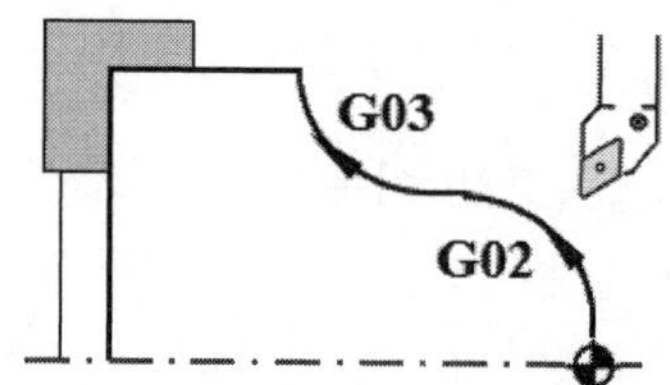

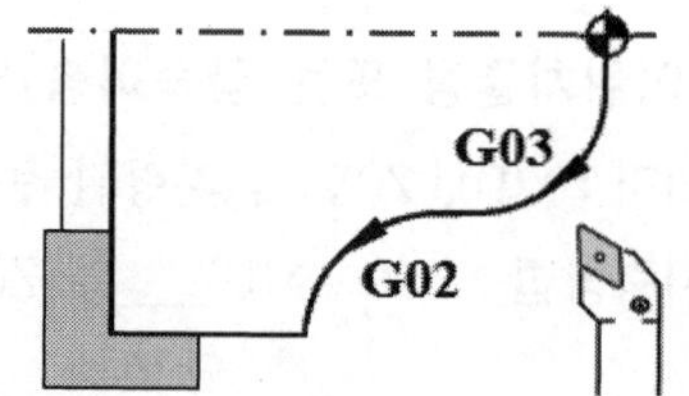

- R지령은 시점에서 종점까지를 반경 R량 만큼 연결시켜 주는 가공이며 I, K지령은 시점과 종점 및 원호의 중심점을 서로 연결하여 원호가 성립하는지를 판별하여 가공하는 방법
- **I, K의 값을 정하는 방법** : 시작점에서 원호의 중심까지 거리의 값

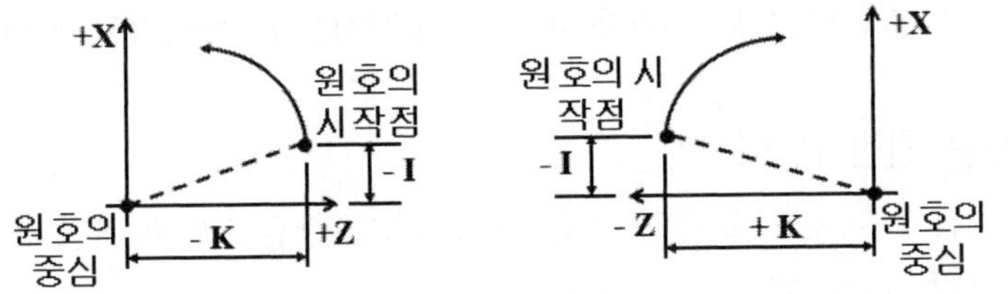

8) 주요 G 기능의 활용 방법

가) G04(Dwell Time)

- **의미** : 지령된 시간동안 Program을 정지시키는 기능
- **지령방법** :

$$G04 \left\{ \begin{array}{l} X\_\_\_\_\_\_ ; \\ U\_\_\_\_\_\_ ; \\ P\_\_\_\_\_\_ ; \end{array} \right\} \text{3개 중 선택}$$

- **지령 WORD의 의미**
  - X,U, → 정지 시간을 지정 소수점 사용 가능
  - P → 정지 시간을 지정 소수점 사용을 할 수 없다.

  (예 2초간 Program을 정지시킬 경우 X2. 또는 U2. 또는 P2000)

나) G20, G21(Inch, Metric변환)

- **의미** : 도면 전체의 치수가 Inch 또는 Metric로 되어 있을 때 기계의 이동단위를 Inch, Metric으로 변환하여 Programming 할 수 있다.
- **지령방법** :
  - G20 ; ---Inch 입력
  - G21 ; ---Metric 입력
- **최소설정단위**

G-Code	단위계	최소설정단위
G20	Inch	0.0001inch
G21	Metric	0.001mm

다) G27(원점 복귀CHECK)

- **의미** : 기계 원점에 복귀하도록 작성된 Program이 정확하게 기계 원점에 복귀 했는지 CHECK하는 기능이다.
- **지령방법** : G27 X(U)_____ Z(W)_____ ;

※ X(U), Z(W) : 원점 복귀를 하는데 중간점으로 복귀하고자 하는 좌표점이다.

라) G28(자동 원점 복귀)

- **의미** : 급속 이송으로 중간 점을 경유 기계 원점까지 복귀한다.
- **지령방법** : G28 X(U)_____ Z(W)_____ ;

※ 일반적으로 공정과 공정사이에 자동 원점 복귀를 하여 공구교환 및 절삭조건 지정 등을 한다. "G28 U0 W0"을 지정하여 현 위치에서 자동으로 원점 복귀 하라는 지령을 많이 사용한다.

마) G30(제2 원점 복귀)

- **의미** : 중간점을 경유하여 Parameter에 설정된 제2 원점으로 복귀
- **지령방법** : G30 P_____ X(U)_____ Z(W)_____ ;

※ "P"를 생략하면 제2 원점 복귀를 의미한다.

바) G50(공작물(Work) 좌표계 설정 및 최고 회전수 제한)

- **의미** : 제품의 기준을 설정하여 프로그램을 간단하게 작성할 수 있도록 제품의 기준점을 알려주는 기능
- **지령방법** : G50 X_____ Z_____ ;

* 설정하고자 하는 절대좌표의 현재의 위치이다.

현재는 "G28 U0 W0"을사용 할 경우 지령하지 않아도 기계의 원점 복귀로 좌표계의 위치를 스스로 인식하여 현재 프로그램에서는 G50을 최고회전수 제한 지령 기능으로만 사용한다.

- **지령방법** : G50 S2000 ;

\- 최고회전수를 2000rpm까지 제한하라는 뜻이다.

사) G96(주속일정제어 ON)

- **의미** : X축의 위치에 따라 주축속도(회전수)를 변화시켜, 절삭속도를 일정하게 유지하는 기능이며 주축의 회전수는 소재 가공 부위의 직경에 따라 자동으로 변화된다.

• **지령방법** : G96 S ____ {M03 / M04} ;

* 절삭속도 : 공구와 공작물(소재)의 상대속도(m/min)

아) G97(주속일정제어 OFF)

• **의미** : 나사가공 등 직경의 차이가 크지 않는 축 가공 시 직경에 관계없이 일정한 회전수로 가공 할 때 홈 가공 및 나사 가공 등 직경에 따라 회전수가 변화하면 공구에 지장을 초래하는 가공에 지령한다.

• **지령방법** : G97 S ____ {M03 / M04} ;

* S는 최고회전수(rpm)

자) G40, G41, G42(공구인선R 보정)

• **의미** : 바이트 끝에 있는 공구인선R 때문에 대각선 및 원호 가공 시 인선R이 없는 것처럼 이동되므로 자동으로 인선R 만큼 보정하여 과대 절삭과 과소 절삭이 발생되지 않도록 보정해 주는 기능이다.

• **지령방법** : {G40 / G41 / G42} X(U)____ Z(W)____ ;

G기능	의미	공구기능 설명
G40	공구인선R 보정 취소	보정 없이 프로그램 경로
G41	공구인선R 왼쪽 보정	공구 진행 방향에서 왼쪽 보정
G42	공구인선R 오른쪽 보정	공구 진행 방향에서 오른쪽 보정

① 공구의 이동경로 적용

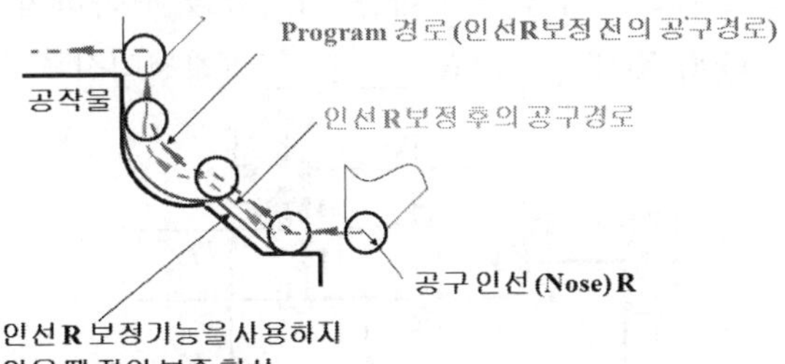

• G40 : 프로그램경로(공구인선 보정 전 경로)
• G41 : 인선R 보정 후 의 공구경로(내경가공 시)
• G42 : 인선R 보정 후 의 공구경로(외경가공 시)

② 가상인선 번호 및 방향 적용

공구의 종류(가공하는 방향)에 따라서 인선R 중심을 기준으로 가상인선의 번호가 결정되며, 그 번호를 해당공구 보정번호의 끝(T) 항목에 가상인선 번호와 공구의 인선R 값을 입력하여야 하며 외경은 3번 내경은 2번을 입력한다.

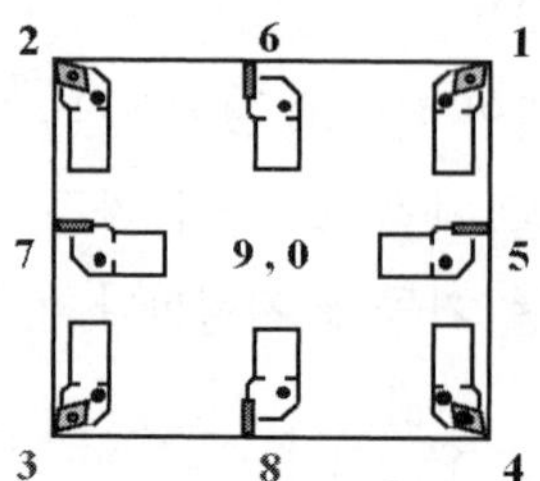

차) T(공구기능)기능

공구대(Turret)가 장착된 NC기계에서 Program에서 자동으로 공구를 교환(호출)시키는 기능이며 공구기능과 공구보정 기능을 같이 지령하여 사용하며 T■■▲▲ (예 T0101)앞의 두 자리는 공구번호이며 뒤의 두 자리는 공구 보정 번호를 의미한다.

- **지령방법** : □□ △△ ;
  - △△ — 공구보장(Offset)번호
  - □□ — 공구선택번호
- **의미** : T 이하 4단 지령(공구선택 번호 2단, 공구보정 번호 2단)으로 공구대에 장착된 공구를 자동으로 교환시키는 공구번호 기능

카) 사이클 기능을 이용한 프로그램 지령방법

① G90(단일형 내·외경 사이클)

- 의미 : 아래와 같은 1 → 2 → 3 → 4 의 경로를 1사이클로 가공 초기점 A에서 시작하고 A점으로 자동 복귀하는 사이클을 반복하여 가공한다.
- 지령방법 : G90 X(U)___ Z(W)___ F___ ;(직선절삭)

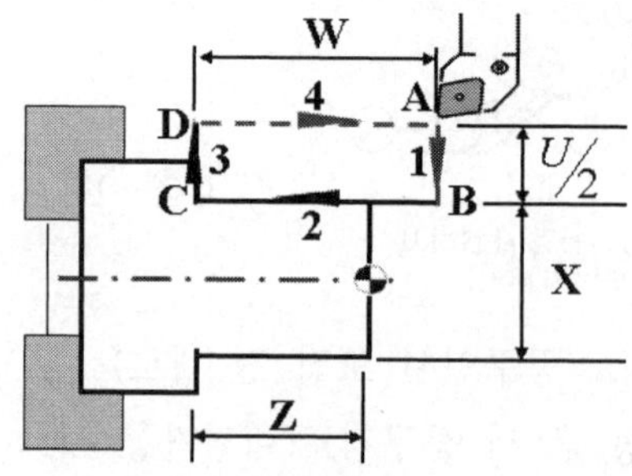

*상기 1 → 2 → 3 → 4 의 사이클을 반복한다.

- G90의 테이퍼 가공 적용 방법
- 지령방법 : G90 X(U)___ Z(W)___ I(R)___ F___ ;(테이퍼)

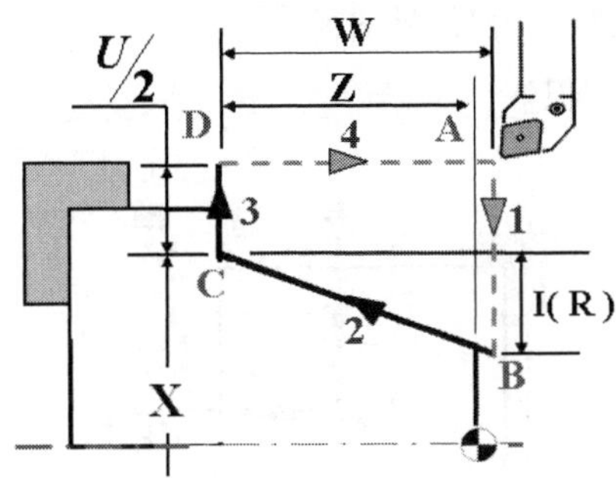

*외경 가공은 I(R)에 -부호를 붙여 지령한다.(내경 가공에는 부호 생략)

② **G92(단일형 나사절삭 사이클)**

- 의미 : 공구경로가 1 → 2 → 3 → 4의 과정을 1사이클로서 1회 나사가공 하고 A점으로 자동 복귀한다.(나사가공은 1회로 완성 할 수 없으므로 반복 가공으로 완성함)
- 지령방법 : G92 X(U)___ Z(W)___ R___ F___ ;

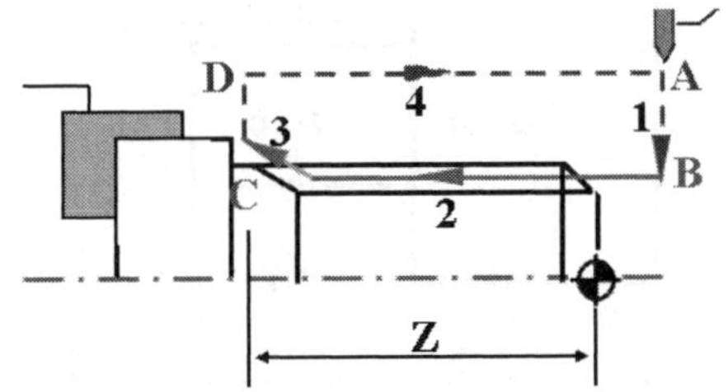

*상기 1 → 2 → 3 → 4 의 사이클을 반복한다.

- G92를 사용하여 테이퍼 나사 가공 시 공구의 경로

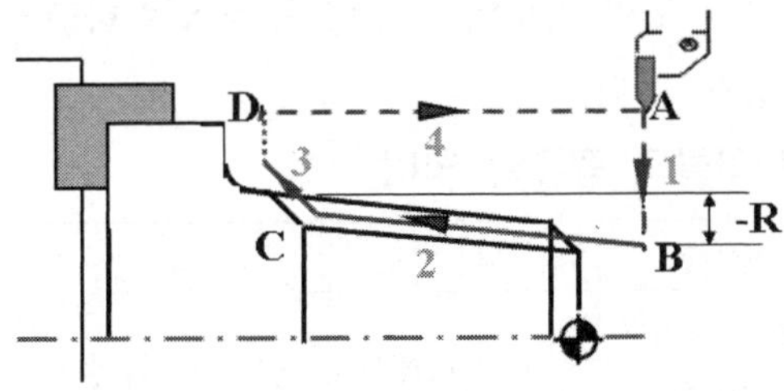

*상기 1 → 2 → 3 → 4의 사이클을 반복하며 외경 나사 가공은 R에 -부호를 붙여 지령한다.(내경 나사 가공에는 부호 생략)

③ G94(단일형 단면절삭 사이클)

- 의미 : 아래그림의 1 → 2 → 3 → 4의 과정을 1사이클로 가공, 초기 A점에서 시작하고 A점으로 자동 복귀한다.
- 지령방법 : G94 X(U)___ Z(W)___ R___ F___ ;

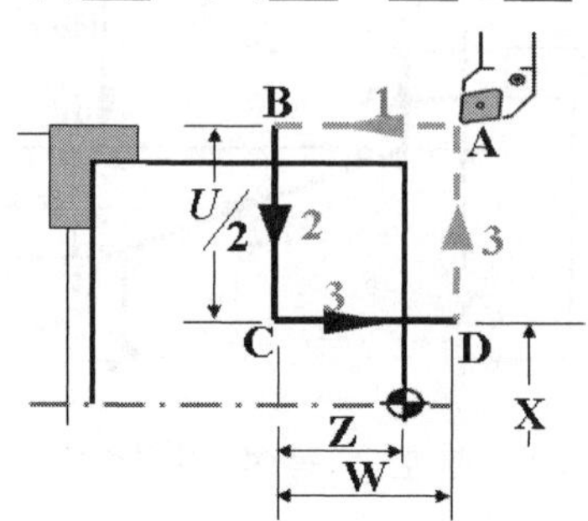

* 상기 1 → 2 → 3 → 4의 사이클을 반복한다.

- G94 단면 가공 시 공구의 경로

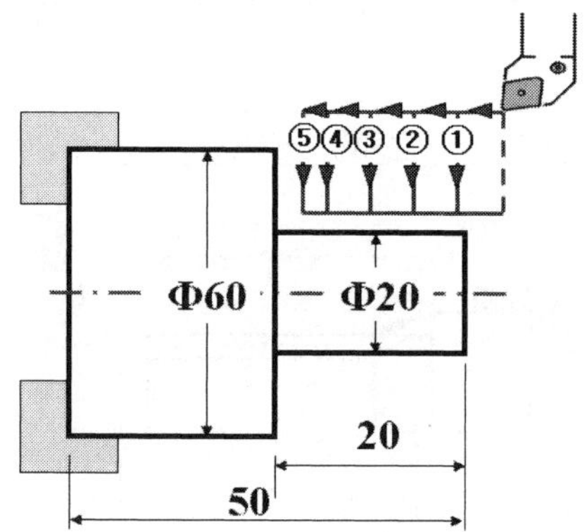

타) 복합형 고정 사이클 기능을 이용한 프로그램 활용 방법(G70 ~ G76)

- **의미** : 최종 형상의 도면 치수와 절입량 등을 입력하면 공구경로가 자동적으로 결정되어 형상가공을 한다.
- **복합형 고정 사이클의 종류와 의미**

G70	정삭가공 사이클		
G71	내외경 황삭 사이클	G70으로 정삭 가공을 할 수 있다.	"자동"Mode에서만 실행 가능
G72	단면황삭 사이클		
G73	모방절삭 사이클		
G74	단면 홈 사이클	G70으로 정삭 가공을 할 수 없다.	"자동, 반자동"Mode에서 실행 가능
G75	내외경 홈 가공 사이클		
G76	자동나사가공 사이클		

- **복합형 고정 사이클 지령 시 주의사항**
  - 복합형 고정 사이클은 FANUC 0T System에서 복합형 고정 사이클 지령 Block을 2 Block으로 지령하고, 6T, 10T, 11T System은 1 Block으로 지령하는 방식의 차이가 있다.(2 Block지령에서 윗쪽 Block은 절삭조건의 파라메타를 변경시킴)
  - G71 윗쪽 Block에서의 U 지령과 아래 Block에서의 U 지령의 구분은 P와 Q가 지령된 Block을 보고 판단한다.
  - G71 사이클의 구역안에(p에서 q Block까지)지령된 F, S, T는 황삭 사이클 실행 중에는 무시되고 정삭 사이클에서만 실행된다.
  - G71 사이클을 시작하는 최초의 Block에서는 Z를 지령 할 수 없다. 또한 최초의 Block에 G00 X를 지령하면 X축 이송이 급속이송이 되고 G01 X를 지령하면 절삭이송이 된다.
  - 고정 사이클 지령 최후의 Block에서는 자동 면취 및 코너 R지령은 할 수 없다.
  - 고정 사이클 실행 도중에 보조 프로그램(Sub Program) 지령은 할 수 없다.
  - G71은 황삭 사이클이지만 정삭여유를 지령하지 않으면 완성치수로 가공할 수 있다.

  예 FANUC 0T System의 경우
  G71 U2.5 R0.5 ;
  G71 P01 Q100 F0.2 ;
  ⇒ U, W의 정삭 여유 지령을 생략하면 정삭 여유 없이 황삭 가공에서 완성치수로 가공한다.

① G71(내·외경 황삭 사이클)

- 의미 : 내·외경 황삭 가공 복합형 고정 사이클로서 최종 형상과 절삭 조건 등을 지정해 주면 공구경로는 자동적으로 결정되면서 정삭 여유만 남기고 시작점(고정 사이클의 초기점)으로 복귀한다.
- FANUC 0T의 경우
  - 지령방법 : G71 U d R r ;
    G71 P p Q q U u W w F f ;
    N p G00 X ___ ;
    ↓
    N q -------- ;

- FANUC 0T의 경우
  - 지령방법 : G71 U _d_ R _r_ ;

    G71 P _p_ Q _q_ U _u_ W _w_ F _f_ ;

    N _p_ G00 X ___ ;

    ↓

    N _q_ -------- ;
- G71 P(ns) Q(nf) U(Äu) W(Äw) D(Äd) F(f) S(s) T(t) ; 에서 F, S, T는 황삭 가공 시 이송속도, 주축속도, 공구선택 즉, P와 Q사이의 Data는 무시되고 G71 Block에서 지령된 Data가 유효하다.
- 공구경로(FANUC 0T, Sentrol System의 경우)
  - 지령방법 : G71 U _d_ R _r_ :

    G71 P _p_ Q _q_ U _u_ W _w_ F _f_ ;

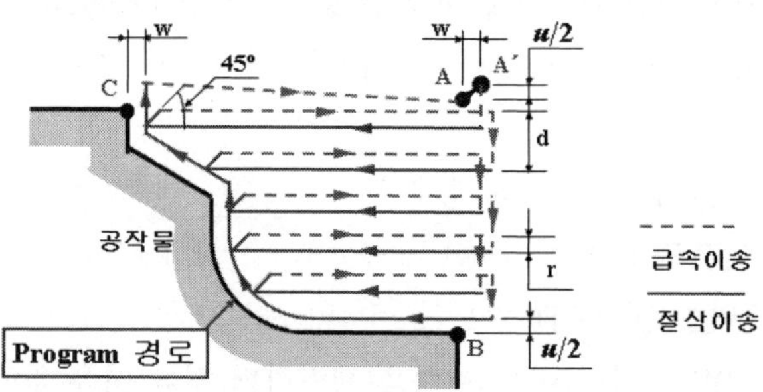

- 공구경로(FANUC 6T, 10T, 11T의 경우)
  - 지령방법 : G71 P(ns) Q(nf) U(△u) W(△w) D(△w) F(f) S(s) F(f) ;

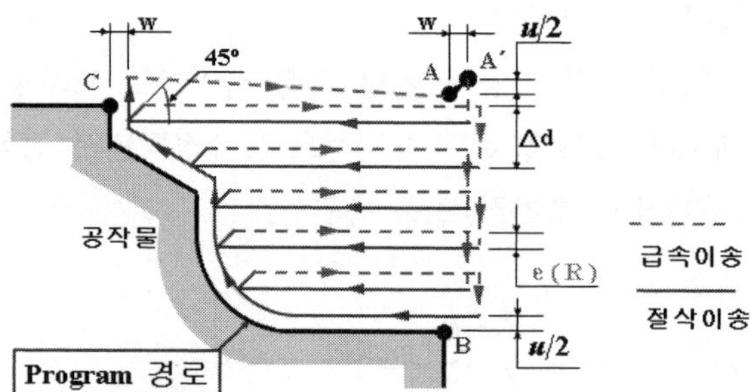

- 지령 WORD의 의미(FANUC 0T, Sentrol System의 경우)
  - U(u) : 1회 절입량(X축을 반경치로 지령하며 부호는 사용하지 않음) Modal 지령으로 다음에 지령 될 때까지 유효하며 프로그램에 의해 파라메타가 변경되고 파라메타를 직접 입력할 수 있다.
  - R(r) : 도피량(X축 후퇴량) Modal지령으로 다음에 지령 될 때까지 유효하며 프로그램에 의해 파라메타가 변경되고 파라메타를 직접 입력할 수 있다.
  - P(p) : 고정 사이클 구역을 지정하는 최초 Block의 Sequence 번호
  - Q(q) : 고정 사이클 구역을 지정하는 최후 Block의 Sequence 번호
  - U(u) : X축 방향의 정삭여유를 지정하며 직경치로 지정
  - W(w) : Z축 방향의 정삭여유를 지정
  - F(f) : 황삭 이송속도(Feed) 지정
- 지령 WORD의 의미(FANUC 6T, 10T, 11T의 경우)
  - P(ns) : 고정 사이클 시작 지령절의 첫 번째 전개 번호
  - Q(nf) : 고정 사이클 종료 지령절의 마지막 전개 번호
  - U(u) : X축 방향 다듬질 절삭 여유(직경 지령)
  - W(w) : Z축 방향 다듬질 절삭 여유
  - D(Äd) : X축의 1회 가공의 깊이(절삭 깊이)

  F, S, T : 황삭 가공 시 이송속도, 주축속도, 공구선택 즉, P와 Q사이의 데이터는 무시되고 G71 블록에서 지령 된 데이터가 유효하다.

② G72(단면 황삭 사이클)

- 의미 : 단면을 가공하는 복합형 고정 사이클로서 최종 형상과 절삭조건 등을 지정해 주면 공구경로는 자동적으로 결정 되면서 정삭 여유만 남기고 시작점(고정 사이클의 초기점)으로 복귀한다.
- FANUC 0T의 경우
  - 지령방법 : G72 W _d_ R _r_ ;

    G72 P _p_ Q _q_ U _u_ W _w_ F _f_ ;

    N _p_ G00 A ___ ;

    ↓

    N _q_ -------- ;
- 공구경로(FANUC 0T, Sentrol System의 경우)
  - 지령방법 : G72 W _w_ R _r_ ;

    G72 p _P_ Q _q_ U _u_ W _w_ F _f_ ;

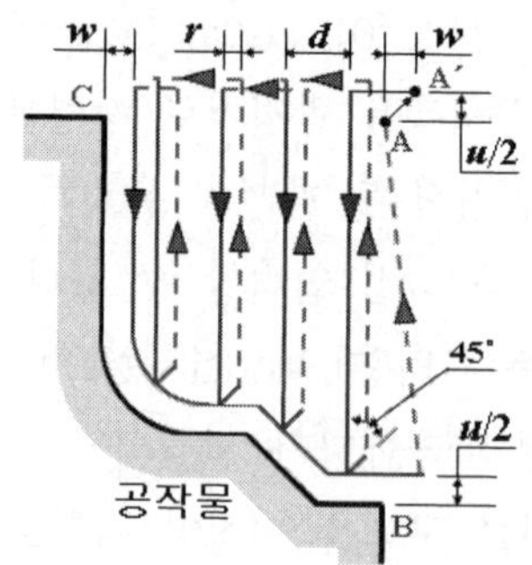

- 공구경로(FANUC 0T의 경우
  - 지령방법 : G72 P(ns) Q(nf) U(△u) W(△w) D(△d) F(f) S(s) ;

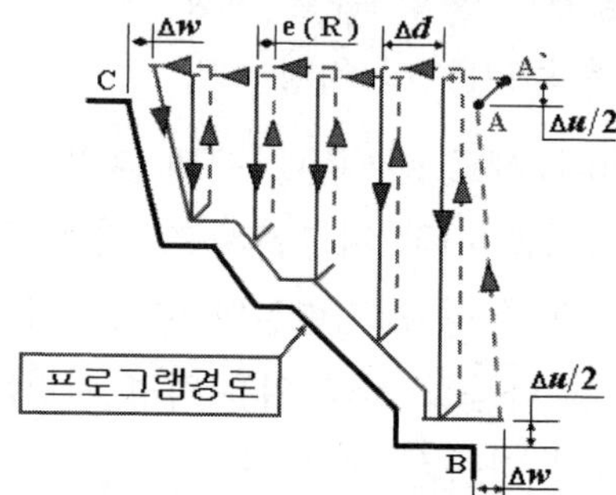

- 지령 WORD의 의미(FANUC 0T, Sentrol System의 경우)
  - W(w) : 1회 절입량(Z축 방향의 1회 절입량, 부호는 사용하지 않음) Modal지령으로 다음에 지령 될 때까지 유효하며 프로그램에 의해 파라메타가 변경되고 파라메타를 직접 입력할 수 있다.
  - R(r) : 도피량(X축 후퇴량) Modal지령으로 다음에 지령 될 때까지 유효하며 프로그램에 의해 파라메타가 변경되고 파라메타를 직접 입력할 수 있다.
  - P(p) : 고정 사이클 구역을 지정하는 최초 Block의 Sequence 번호
  - Q(q) : 고정 사이클 구역을 지정하는 최후 Block의 Sequence 번호
  - U(u) : X축 방향의 정삭 여유를 지정하며 직경치로 지정함
  - W(w) : Z축 방향의 정삭 여유를 지정
  - F(f) : 황삭 이송속도(Feed) 지정
- 지령 WORD의 의미(FANUC 6T, 10T, 11T의 경우)
  - P(ns) : 고정 사이클 시작 지령절의 첫 번째 전개 번호
  - Q(nf) : 고정 사이클 종료 지령절의 마지막 전개 번호
  - U(u) : X축 방향 다듬질 절삭 여유(직경 지령)
  - W(w) : Z축 방향 다듬질 절삭 여유

- D(Äd) : Z축의 1회 가공의 깊이(절삭 깊이)

F, S, T : 황삭 가공 시 이송속도, 주축속도, 공구선택 즉, P와 Q사이의 데이터는 무시되고 G71 블록에서 지령 된 데이터가 유효

CHAPTER 1 CNC 제품 제작법

③ G73(모방절삭(유형반복)) 사이클

- 의미 : 내·외경 황삭가공 복합형 고정 사이클로서 최종 형상과 절삭 조건 등을 지정해 주면 공구경로는 자동적으로 결정되면서 정삭 여유만 남기고 시작점(고정사이클의 초기점)으로 복귀한다.

- FANUC 0T의 경우
  - 지령방법 : G73 U _d_ W _w_ R _r_ ;
    G73 P _p_ Q _q_ U _u_ W _w_ F _f_ ;
    N _p_ G00 X ___ ;
    ↓
    N _q_ -------- ;

- 공구경로(FANUC 0T, Sentrol System의 경우)
  - 지령방법 : G73 U _d_ W _w_ R _r_ ;
    G73 P _p_ Q _q_ U _u_ W _w_ F _f_ ;

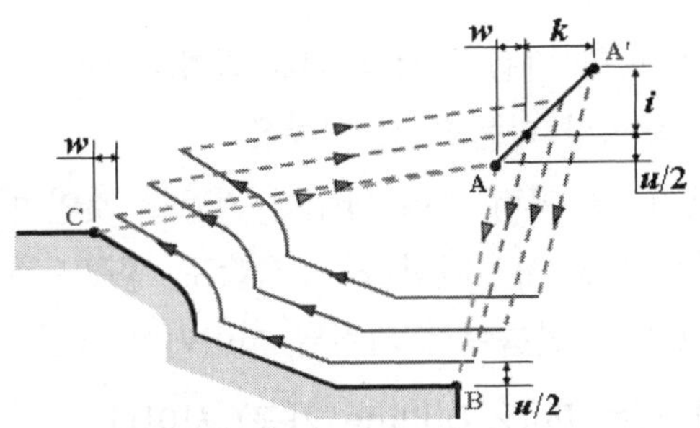

- 공구경로(FANUC 6T, 10T, 11T의 경우)
  - 지령방법 : G73 P(ns) Q(nf) I(i) K(k) U(△u) D(△d) F(f) S(s) ;

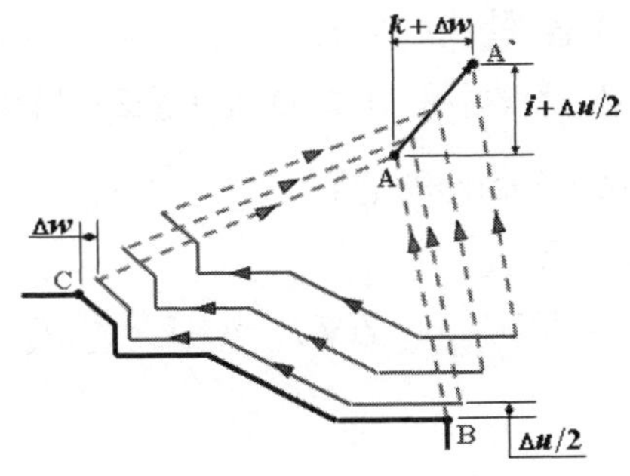

• 지령 WORD의 의미(FANUC 0T, Sentrol System의 경우)

- U(i) : X축 방향의 황삭 여유(도피량) X축 방향의 황삭 여유량을 부호와 같이 지정하며 반경 지령한다.
- W(k) : Z축 방향의 황삭 여유(도피량)를 지정, 부호와 같이 지령 I, k의 지령으로 파라메타가 변경되며 파라메타를 직접 입력 할 수 있다.
- R(r) : 황삭 분할 횟수(황삭 가공 횟수) I, k의 황삭 여유를 몇 번에 나누어 가공 할 것인지를 지령한다.
- P(p) : 고정 사이클 구역을 지정하는 최초 Block의 Sequence 번호
- Q(q) : 고정 사이클 구역을 지정하는 최후 Block의 Sequence 번호
- U(u) : X축 방향의 정삭 여유를 지정하며 직경 값으로 지정함
- W(w) : Z축 방향의 정삭 여유를 지정
- F(f) : 황삭 이송속도(Feed) 지정

• 지령 WORD의 의미(FANUC 6T, 10T, 11T의 경우)

- P(ns) : 고정 사이클 시작 지령절의 첫 번째 전개 번호
- Q(nf) : 고정 사이클 종료 지령절의 마지막 전개 번호
- I(i) : X축 방향의 도피 거리 및 방향
- K(k) : Z축 방향의 도피 거리 및 방향
- U(u) : X축 방향 다듬질 절삭 여유(직경지령)
- W(w) : Z축 방향 다듬질 절삭 여유
- D(Äd) : I, k 를 여러 번에 나누어 가공할 것인지 결정(분할 횟수)

F, S, T : 황삭 가공 시 이송속도, 주축속도, 공구선택 즉, P와 Q사이의 데이터는 무시되고 G71 블록에서 지령된 데이터가 유효

④ G74(단면 홈 또는 Peck Drilling 가공) 사이클

• 의미

- 내·외경 및 단면 홈을 가공할 때 발생하는 Long Chip의 발생을 억제하여 효율적인 가공을 할 수 있다.
- X축의 지령을 생략하여 단면 Drill작업도 가능하다.

• FANUC 0T, Sentrol System의 경우

- 지령방법 : G74 R _r_ ;

G74 X(U) _u_ Z(W) _w_ P _p_ Q _q_ R _d_ F _f_ ;

- 공구경로(FANUC 0T, Sentrol System의 경우)
  - 지령방법 : G74 R r ;

    G74 X(U) u Z(W) w P p Q q R d F f ;

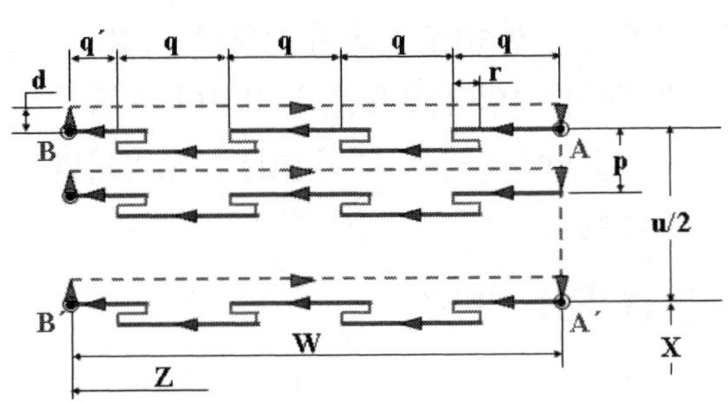

- 공구경로(FANUC 6T, 10T, 11T의 경우)
  - 지령방법 : G74 X(U) Z(W) I(△i) K(△k) F(f) D(△d) ;

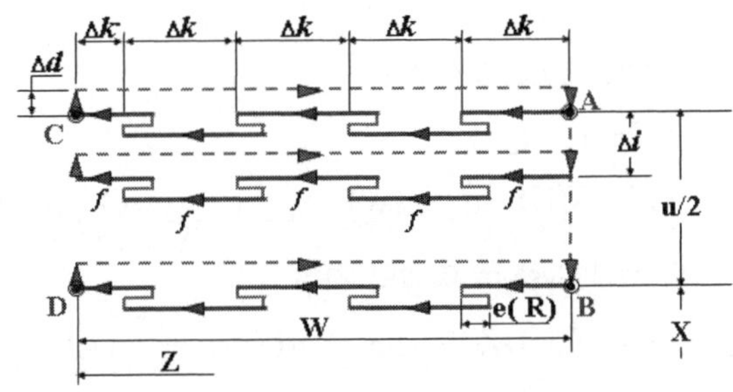

- 지령 WORD의 의미(FANUC 0T, Sentrol System의 경우)
  - R(r) : 후퇴량(Z축 방향의 1회 절입 후 뒤쪽으로 이동하는 량) Modal지령으로 다음에 지령 될 때까지 유효하며 프로그램에 의해 파라메타가 변경되고 파라메타를 직접 입력할 수 있다.
  - X(U) : 가공하고자 하는 X축 방향의 최종(B'점의 직경치수)지점
  - Z(W) : 가공하고자 하는 Z축 방향의 최종 지점
  - P(p) : X축 방향의 이동량(절입 폭이라고 생각할 수 있으며 홈가공 시 홈 바이트의 2/3 정도 절입한다.
  - Q(q) : Z축 방향의 1회 절입량 Long Chip의 발생을 줄이기 위해 적절한 깊이를 지령(X축 방향의 이동량)하며 소수점 지령을 할 수 없다.
  - R(d) : X축 방향의 이동량의 반대 방향으로 후퇴량 지정 X축 방향의 이동량이 없을 경우 생략, 단면 폭이 홈 Bite와 같은 경우와 단면 Drill 작업을 할 경우 생략 하여야 한다.
  - F(f) : 단면절삭 Feed량 지정

• 지령 WORD의 의미(FANUC 6T, 10T, 11T의 경우)
- X(U) : B점의 X좌표값(U : A에서 B까지 증분량)
- Z(W) : C점의 Z좌표값(W : A에서 C까지 증분량)
- I(△i) : X방향의 이동량(부호를 무시하여 지정)
- K(△k) : Z방향의 절입량(부호를 무시하여 지정)
- D(Äd) : 가공끝점에서 공구 후퇴량(D가 생략되면 0)
- F(f) : 이송 속도

⑤ G75(내·외경 홈가공) 사이클

• 의미
- 내경이나 외경에 홈을 가공 하는 사이클이다.
- 홈을 가공 시 발생하는 Long Chip의 발생을 억제하면서 효율적인 가공을 할 수 있다.

• FANUC 0T, Sentrol System의 경우
- 지령방법 : G75 R r ;
G75 X(U) u Z(W) w P p Q q R d F f ;

• FANUC 0T, Sentrol System 이외의 경우
- 지령방법 : G74 X(U) Z(W) I(△i) K(△k) F(f) D(△d) ;

• 공구경로(FANUC 0T, Sentrol System의 경우)
- 지령방법 : G75 R r ;
G75 X(U) u Z(W) w P p Q q R d F f ;

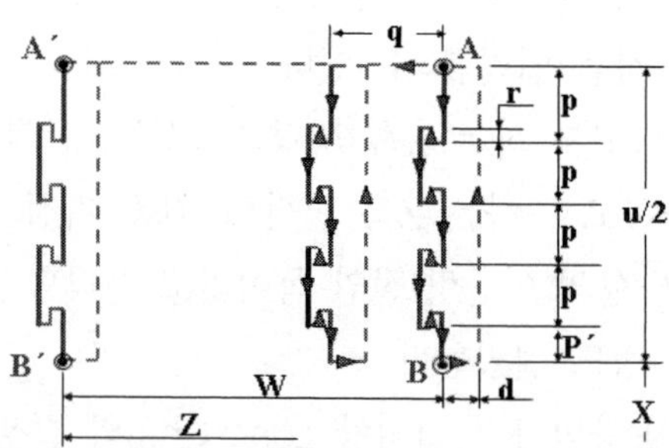

- 공구경로(FANUC 6T, 10T, 11T의 경우)
  - 지령방법 : G75 X(U) Z(W) I(△i) K(△k) F(f) D(△d) ;

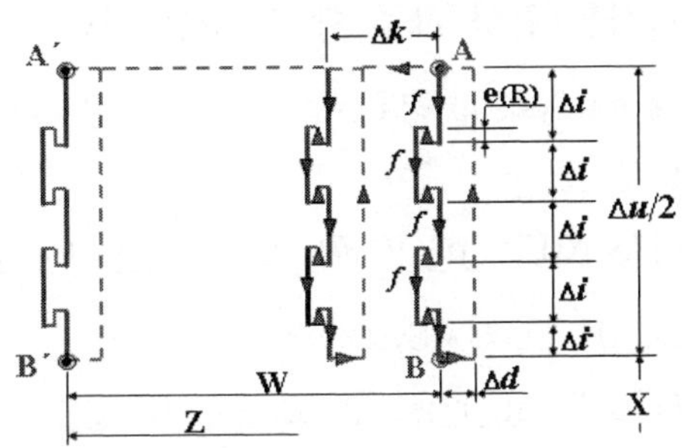

- 지령 의미(FANUC 0T, Sentrol System의 경우)
  - R(r) : 후퇴량(Z축 방향의 1회 절입 후 뒤쪽으로 이동하는 량) Modal 지령으로 다음에 지령 될 때까지 유효하며 프로그램에 의해 파라메타가 변경되고 파라메타를 직접 입력할 수 있다.
  - X(U) : 가공하고자 하는 X축 방향의 최종(B'점의 직경치수)지점
  - Z(W-) : 가공하고자 하는 Z축 방향의 최종 지점
  - P(p) : X축 방향의 1회 절입량 Long Chip의 발생을 줄이기 위해 적절한 깊이를 지령, q(Z축 방향의 이동량)과 같이 소수점을 지령 할 수 없다.
  - Q(q) : Z축 방향의 이동량(절입 폭이라고 생각할 수 있으며 홈 가공 시 홈 바이트의 2/3 정도 절입)
  - R(d) : Z축 방향의 이동량의 반대 방향으로 후퇴량 지정 Z축 방향의 이동량이 없을 경우 생략, 홈 폭이 홈 Bite와 같은 경우 생략하지 않으면 공구가 파손된다.
  - F(f) : 홈 절삭 Feed량 지정

- 지령 의미(FANUC 6T, 10T, 11T의 경우)
  - X(U) : 홈의 골지름
  - Z(W) : 홈의 마지막 위치
  - I(△i) : X방향의 절삭량(부호 없이 지정)
  - K(△k) : 홈간 거리(부호 없이 지정)
  - D(Äd) : 공구 도피량(홈 가공의 경우 대개 지령하지 않음)
  - E : 귀환 량(파라메타로 설정)
  - F(f) : 이송 속도

⑥ G76(자동 나사 가공) 사이클

- 의미 : 나사의 최종 골경과 절입 조건 등을 2개의 Block으로 지령하므로서 자동적으로 나사를 완성 가공 할 수 있는 기능
- FANUC 0T, Sentrol System) 경우
  - 지령방법 : G76 R _r_ ;
    G76 X(U) _u_ Z(W) _w_ P _p_ Q _q_ R _r_ F _f_ ;
- 공구경로(FANUC 0T, Sentrol System)의 경우
  - 지령방법 : G76 P _m r a_ Q _dmin_ R _d_ ;
    G76 X(U) _u_ Z(W) _w_ P _k_ Q _q_ R _i_ F _f_ ;

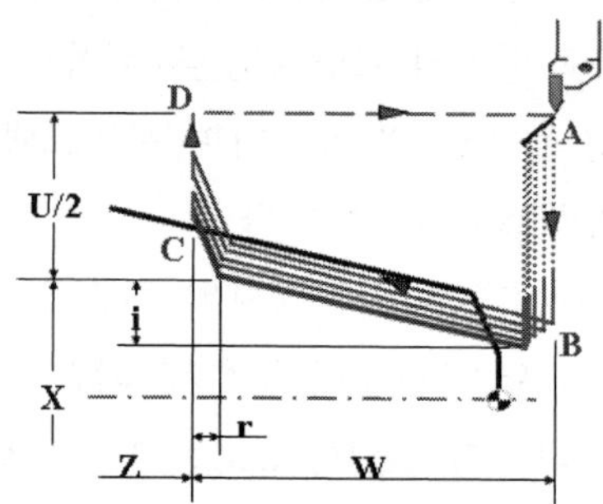

- 공구경로(FANUC 6T, 10T, 11T)의 경우
  - 지령방법 : G76 X(U) Z(W) I(△i) K(△k) F(E) A(a) p ;

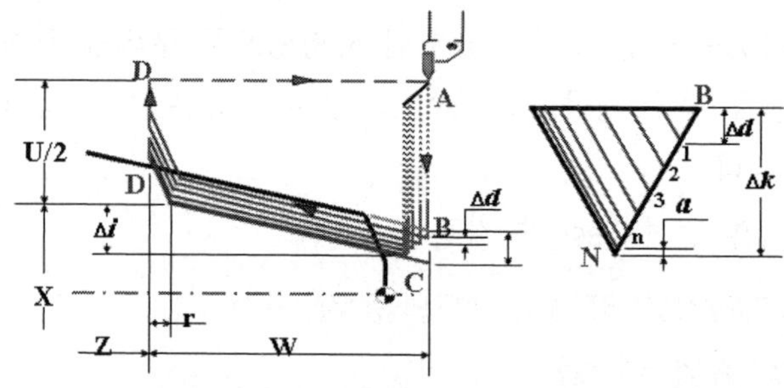

- 지령 WORD의 의미(FANUC 0T, Sentrol System의 경우)
  - P(mra) : 6단을 동시에 지령해야 하며 의미는 아래와 같다.

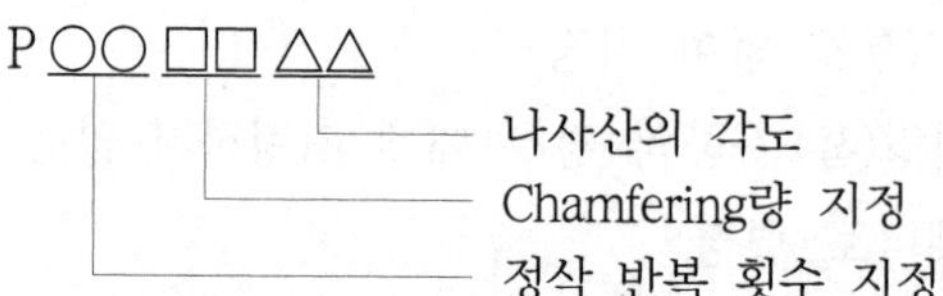

  - m : 정삭 반복 횟수 지정(1 ~ 99회까지 지정 가능)
  - r : Chamfering량 지정

나사가공의 마지막 부위의 불안전 나사부를 가공하는 량을 지정
나사의 Lead를 L로 하여 0.0×L ~ 99×L까지 지령할 수 있다.
소수점은 지령할 수 없으며 r = 10을 지령하면 45도 각도로 후퇴함
- a : 나사산의 각도(나사산의 절입각도) 지정
  지령할 수 있는 각도는 80°, 60°, 55°, 30°, 29°, 0°까지 지령할 수 있다.
- P(mra)의 지령 예 P011060
  m = 1회 정삭, r = 불안전나사부1(Pitc 45°), a = 삼각나사

- Dmin : 최소절입량 지정
  자동나사 사이클에서는 나사의 골경과 최초절입량을 지정하면 자동으로 절입횟수에 비례하여 절입량이 작아진다. 작아지는 하한치 값을 지령하면 이 지령값보다는 작아지지 않는다.
- R(d) : 정삭여유 지정
  나사가공의 완성 가공 시 마지막의 절입은 경사를 가지지 않고 직각으로 절입하는데 이 마지막 직각으로 절입하는 양을 지정
- X(U) : 나사가공의 최종골경의 직경치수
- Z(W) : 나사가공의 길이를 지정(나사부의 길이와 Chamfering량의 합한 값을 지령)
  예 완전 나사부 길이 : 20mm이고 Pitch가 2mm일 때 Z-22.을 지령함
- P(k) : 나사산의 높이 지정
  나사의 골치수와 나사산의 높이를 지정으로 나사의 외경을 NC 내부에서 알 수 있으며 이 외경을 기준으로 최초절입량이 결정된다.
  지령방식은 반경치로 지령한다.
- Q(q) : 최초절입량 지정
  나사가공의 절입횟수는 최초절입량을 기준하여 자동으로 결정됨
- R(i) : 테이퍼 나사 가공시 기울기량 지정
  생략하면 직선 나사가 되고 기울기의 부로는 G92와 같다.
- F(f) : 나사의 Lead 지정

• 지령 의미(FANUC 6T, 10T, 11T의 경우)
  - X(U), Z(W) : 나사 끝 지점의 좌표값
  - I(△i) : 나사 시작점과 끝 지점과의 거리(반경지정) I = 0이면 평행나사
  - K(△k) : 나사산의 높이(반지름 지정)
  - D(Äd) : 첫 번째 절입 깊이(반지름 지정)

- F(f) : 나사의 Lead
- A(a) : 나사의 각도(생략 가능하며 생략 시 파라메타에 설정된 값이 적용됨)
- P : 절삭방법(생략 가능하며 절삭량 일정, 한쪽날 가공이 수행됨)
- R : 모따기 량(생략 가능하며 파라메타로 설정)

⑦ 복합형 고정 사이클(G70 ~ G76)의 주의 사항

㉠ G70 - G73 기능은 반자동(MDI)에서 지령할 수 없다.

㉡ G74 - G76 기능은 반자동(MDI)에서 지령할 수 있다.

㉢ 복합형 고정 사이클은 한 Block 지령으로 실행할 수 있다. 이유는 윗쪽 Block은 파라메타를 변경시키는 지령이기 때문에 생략하면 이미 설정된 파라메타 내용으로 실행된다.

㉣ G70-G73사이의 P ~ Q Block중에는 다음 내용을 지령할 수 없다.

- G04를 제외한 One G-Code
- G00, G01, G02, G03을 제외한 "01" Group의 G-Code
- "06" Group의 G-Code
- M98, M99

㉤ 복합형 고정 사이클 실행도중 수동 개입이 가능하나 재개하려면 필히 개입전 지점으로 이동 후 재개하여야 한다.

⑧ 고정 사이클과 일반 프로그램의 차이

㉠ 고정 사이클 Program

- Program을 간단히 작성 할 수 있다.
  Program작성 시간과 입력 시간, 메모리(Memory)의 용량을 적게 사용한다.
- 공구경로는 임의적으로 변경할 수 없다.
  가공종료 후 초기점으로 복귀하기 때문에 가공 시간이 길어진다.

㉡ 일반 Program

- 절입량 계산 등으로 프로그램 작성시간과 입력 시간 등 인내를 요구한다.
- 공구경로를 적절히 조정할 수 있어 가공시간을 축소할 수 있다.

15 머시닝센터

❶ 종류 및 범위

① **머시닝센터의 종류**
- ㉠ 수직 형(Vertical type) 머시닝센터(Machining Center)
- ㉡ 수평 형(Horizontal type) 머시닝센터(Machining Center)

② **적용범위** : 직선절삭, 원호절삭, 입체절삭(캠 등), 나선절삭, 드릴링, 보링, 태핑 등

❷ 특징

① **활용기능** : 고장부위의 자기진단, 작업자의 작업유도, 풍부한 동작표시, 신뢰성 높은 안전장치 기능을 갖고 있다.

② **기계의 특징**
- ㉠ 소형부품은 테이블에 여러 개 고정하여 연속 작업을 할 수 있다.
- ㉡ 면 가공, 드릴링, 보링, 태핑 등을 A, T, C에 의한 자동 공구 교환으로 연속작업이 가능
- ㉢ 공구 교환 시간 단축으로 가공시간을 줄일 수 있다.
- ㉣ 원호 가공 등의 기능으로 엔드밀을 사용하여 보링작업이 가능하므로 특수 치 공구 제작이 불필요하다.
- ㉤ 주축속도 변환의 폭이 넓고 무단 변속이 가능하며 요구하는 회전수를 빠른 시간 내에 얻을 수 있다.
- ㉥ 메모리 작업이 가능하며 한 사람이 여러 대의 기계를 가동할 수 있어 인건비가 절감된다.
- ㉦ 프로그램 오류 시 키보드를 조작하여 수정이 가능하다.

③ 구조

1) 자동 공구 교환 장치(A, T, C : Automatic Tool Changer)

① 터릿 형(Turret type)

② ATC암에 의해 공구 매거진에서 공구를 교환하는 방식

③ ATC암이 없이 주축에 장착된 공구를 매거진의 빈 포켓에 되돌리면서 필요한 공구를 교환하는 방식(소형 머시닝센터)

2) 공구 매거진(Tool Magazine)특징 및 구조

① **구조** : 드럼 형, 체인 형

② **공구선택 방식의 종류**

㉠ 순차(Sequential)방식 : 매거진 내의 배열순으로 공구를 주축에 장착하는 방법 (사용공구를 순서대로 매거진에 넣어야 함)

㉡ 랜덤(Random)방식 : 매거진 포트 번호를 지령하는 것에 의해 임의로 공구를 매거진에 장착하는 방법

- **단점** : 구조가 복잡함.
  공구 배치에 주의를 기울어야 함.
- **장점** : 사용 빈도가 높은 공구를 항상 같은 번호로 매거진에 넣어두고 쓰거나, 한 개의 공구를 한 작업에서 여러 번 선택하여 사용할 경우 프로그램이 간단해지고 사용이 편리 함)
- **패머넌트(Permanent)방식** : 공구번호를 부여하여 항상 매거진에 넣어두는 방식 (매거진에 넣어두는 공구가 많아야 한다.)

3) 자동 팔레트 교환 장치(A, P, C : Automatic Palrate Changer)

수직 형 대형 M/C에서 가공물 회전용 로터리 테이블(Rotary table)을 첨가 할 때 그 상부의 팔레트를 교환하고 기계정지 시간을 단축시키기 위한 장치

16 머시닝센터 프로그램(Program)

1 워드(Word)의 구성요소

① NC 프로그램의 기본 단위이다.
② 주소(Address)와 수치(Date)로 구성되어 있다.
③ 주소는 Alphabet(A ~ Z)중 1개로 하고 다음에 수치를 지령한다.

단어 : X 100
주소(Address) + 수치(Date)

④ 워드 선두는 대문자 Alphabet 하나만 사용할 수 있고 Alphabet 소문자나 2개 이상 지령하면 에러(Error)가 발생한다.(특수 문자의 경우 하나의 단어로 인식)

2 블록(Block)의 구성방법

N G XYZ F S T M ;
전개 번호, 준비기능, 좌표값, 이송기능, 주축기능, 공구기능, 보조기능, EOB

① 1개의 동작을 하는데 필요한 정보가 전체 프로그램을 구성
② 1개의 블록은 E, O, B(END OF BLOCK)로 구성

1) 프로그램(Program) 번호의 활용

① 사용자가 프로그램을 선별 하고자할 때
② 로마자(영어)의 "O"로 시작한다.

2) 전개 번호(Sequence Number)의 활용

① 사용자가 알기 쉽도록 붙여 놓은 수
② 번호가 뒤바뀌거나, 건너뛰거나, 붙이지 않아도 지장이 없다.
③ 중요한 블록에는 붙이는 것이 좋다.

예 O1234 ;
N01 G28 G91 X0. Y0. Z0. ;
N02 G92 G90 X200. Y200. Z200. ;
N03 G30 G91 Z0. T01 M06 ;
N04 G00 G90 X40. Y-20. ;
:

3 프로그램(Program) 구성방법

O1234 ; → 프로그램 번호
N01 G49 G80 G40 ;
N02 G28 G91 X0. Y0. Z0. ; → 블록
↓ → 윤곽프로그램
↓ → 윤곽프로그램
N40 M02 ; → 프로그램 종료

① 프로그램의 실행은 블록의 단위로 이루어진다.
② 프로그램 시작은 "O____"부터 "M02, M30"로 끝나지만 주로 M02를 많이 사용하고 있다.

4 보조 프로그램(Sub Program)의 구성

① 프로그램을 간단히 하는 기능으로 가공할 형상이 반복되는 경우 가공부분을 하나의 프로그램으로 작성한다.
② 주프로그램에서 보조 프로그램의 가공형태가 있을 때 호출하여 반복되는 가공을 간단히 할 수 있다.
③ 프로그램 시작은 "O____"부터 "M02"까지 작성한다.
④ 공작물 좌표계 설정이나 공구 교환 등의 모든 지령을 보조 프로그램에서 지령할 수 있다.
⑤ 보조 프로그램에서 또 다른 보조 프로그램을 호출할 수 있다.
⑥ M98 : 보조 프로그램 호출시

M98 P□□□□ L△△△△
보조 프로그램번호, 반복횟수(생략 시1회)

M99 : 주프로그램 호출 시 보조 프로그램의 끝을 나타내고 주프로그램으로 돌아간다.
M99 P○○○○ : 분기 전개 번호 번호

보조 프로그램 적용하는 방법

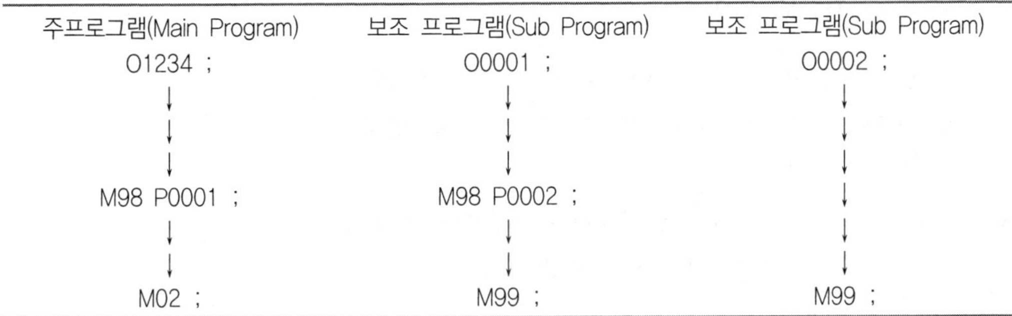

- 좌표어 : 이동 위치를 지령하는 단어의 주소이다.(영문자 X, Y, Z ,R, I, J, K 등)
- 준비기능 : 다음 위치까지 어떻게 이동할 것인가를 CNC 장치에 알린다.(영문자 G)
- 보조기능 : 기계 측에 여러 가지 기능 조작을 하는 것이며 프로그램에 보조로 도움을 주는 기능이다.(영문자 M)

⑤ 주소(Address)의 의미와 지령범위

어드레스	기능	의미	지령치 범위
O	프로그램 번호	프로그램 번호(이름)	0001 ~ 9999
N	시퀀스 번호	시퀀스 번호(블록 이름)	1 ~ 9999
G	준비기능	동작의 조건(직선, 원호 등)을 지정	0 ~ 99
X, Y, Z	좌표어	좌표축의 이동 지령	±9999.9999mm
A, B, C	부가축의 좌표어	부가축의 이동 지령	±9999.9999mm
R	원호의 반경 좌표어	원호 반경	±9999.9999mm
I, J, K	원호의 중심 좌표어	원호 중심까지의 거리	±9999.9999mm
F	이송기능	이송속도의 지정	1 ~ 100000mm/min
S	주축기능	주축 회전 속도 지정	0 ~ 9999
T	공구기능	공구 번호 지정	0 ~ 99
M	보조기능	기계의 보조 장치 ON/OFF 제어기능	0 ~ 99
H, D	보정번호 지정	공구 길이, 공구 경 보정 번호	1 ~ 200
P, X	정지시간지정(Dwell)	정지 시간 지정	0 ~ 99999.999sec
P	보조 프로그램 호출번호	보조 프로그램 번호 및 횟수 지정	
P, Q, R	파라메타	고정 사이클 파라메타	

17 머시닝센터 이송기능

1 분당 이송(mm/min)

① 공구를 분당 얼마만큼 이동하는가를 F로 지령한다.

② 주축이 정지 상태에도 공구를 이송시킬 수 있다.

- 지령방법 G94 F_____ ;

  F : 1분간에 해당하는 이동량(mm/min)

  지령 범위 : F1 ~ F100000

2 회전 당 이송(mm/rev)

① 공구를 주축 1회전 당 얼마만큼 이동하는가를 F로 지령한다.

② 범용선반과 같은 방법으로 주축이 회전하지 않는다.

- 지령방법 G95 F_____ ;

  F : 1회전에 해당하는 이동량(mm/rev)

  지령 범위 : F0.0001 ~ F500

3 자동코너 오버라이드

① 절삭 공구 측면 날을 사용하여 내측 코너를 절삭하는 경우 공구 중심경로의 이송 속도와 실제 절삭되는 공구 원주에서의 이송속도의 차이가 있다.

② 그림과 같이 프로그램에 지령된 이송속도는 공구 중심 경로를 따라 이동 하지만 내측 코너부의 공구 원주 부위 이송 속도가 빨라지게 되어 절삭이 되지 않는다.

③ 위의 항을 방지하기 위하여 G62 기능을 지령하면 내측 코너 부의 이송속도를 자동으로 감속시켜 좋은 절삭 면을 얻을 수 있다.

- 지령방법 **G62(원호절삭 지령)** F_____ ;

4 Exact Stop(G09) 및 Exact Stop모드(G61)

① 블록과 블록의 절삭가공에서 정확한 종점의 위치에 도달한 것을 확인하고, 다음 블록으로 이동하게 하는 기능

② Exact Stop(G09) : One-shot G코드
Exact Stop모드(G61) : Modal코드

5 Dwell Time 지령

① 지령된 시간동안 프로그램의 진행을 정지시킬 수 있는 기능

② Dwell Time을 실행하면 작동 중인 기능은 계속 유지된다.

• 지령방법 G04 { X ____ ; / P _______ ; }

X : 소숫점을 이용하여 정지시간 지령

P : 소숫점을 사용할 수 없다.

예 5초간 정지할 경우 G04 X5. ; or G04 P5000 ;

18 머시닝센터 주축기능

1 주속 일정 제어(G96)

① 능률적인 절삭가공을 위해 자동으로 주축속도(회전수)를 변화시킬 수 있다.

② 절삭속도를 일정하게 유지하여 공구수명을 길게 하고 절삭시간을 단축시킬 수 있다.

③ CNC 선반에서 주로 사용하고 밀링에서는 C축을 추가하여 보링과 직각을 이루는 단면을 가공할 때 응용할 수 있다.

- 지령방법 G96 S_____ ;
  S : 절삭속도(m/min)
  절삭속도 : 공구와 공작물과의 상대속도
- 관계식(절삭속도와 회전수와의 관계)

$$V = \frac{\pi \times d \times n}{1000} \qquad N = \frac{1000 \times V}{\pi \times D}$$

2 주속 일정 제어 취소 기능(G97)

① G96과 다르게 지령된 회전수로 일정하게 유지한다.

② 전원 투입 시 자동으로 G97상태로 전환되고 밀링 계에서는 대부분 G97로 가공한다.

- 지령방법 G97 S______ ;
  S : 주축 회전수(rpm)

19 머시닝센터 보조기능의 종류

기능	내용	비고
M00	프로그램 정지(Program Stop) : 프로그램의 일단 정지이며 여기까지의 모달정보는 보존(주축회전 절삭유 ON/OFF)된다. 자동 개시를 누르면 자동 운전을 재개한다.	
M01	Optional Program Stop : M01스위치가 ON 상태일 때만 정지하고 M01 스위치가 OFF일 때는 통과한다.(정지할 때는 M00상태와 동일하다.)	
M02	프로그램 종료(Program End) : 모달 정보의 기능이 말소되며 프로그램이 종료된다.	
M03	주축 정 회전(Spindle Rotation CW)	
M04	주축 역회전(Spindle Rotation CCW)	
M05	주축 정지(Spindle Stop)	
M06	공구 교환(Tool Change)	
M08	절삭유 토출(Coolant On)	
M09	절삭유 정지(Coolant OFF/Air Blast OFF)	
M10	Rotary Table Clamp	
M11	Rotary Table Unclamp	
M16	스핀들에 있는 공구를 메거진에 입력	
M17	Air Blast ON	
M18	메거 진 원점 복귀	
M19	주축 한 방향 정지(Spindle Orientation) : 공구 교환 및 고정 사이클의 Shift방향에 이용	
M23	Magazine Tool Swing Up : 매거진 공구 포트 Up	
M24	Magazine Tool Swing Down : 매거진 공구 포트 Down	
M27	Oil Mist Coolant : 절삭유를 Air로 분사한다.	
M29	Rigid Tapping Mode	
M30	Program Rewind & Restart : 프로그램의 종료 후 선두로 되돌리는 기능과 선두에서 다시 실행하는 두 가지 기능이 있다.	
M40	Spindle Gear Neutral Position : 스핀들 기어 중립	
M41	Spindle Gear Low Position : 스핀들 기어 저속	
M42	Spindle Gear Middle Position : 스핀들 기어 중속	
M43	Spindle Gear High Position : 스핀들 기어 고속	
M48	Spindle Override Cencel OFF : 스핀들속도 변환을 시킬 수 없다	
M49	Spindle Override Cencel ON : 스핀들 속도 변환을 시킬 수 있다.	

20 머시닝센터 준비기능

1 준비기능의 의미

① 어드레스 "G" 이하 2단위의 수치로서 구성되어 그 블록의 명령이나 어떤 의미를 지시한다.

② **종류 및 사용법**

구분	의미	구별
One Shot G-코드	지령된 블록에 한해서만 유효한 기능	"00" 그룹
Modal G-코드	동일 그룹의 다른 G-코드가 나올 때까지 유효한 기능	"00" 이외의 그룹

• One Shot G기능와 Modal G기능의 사용법(머시닝센터)

```
G01 X100. F0.25 ;   ┐
    Z-50. ;         │ 이 범위에서는 G01 유효
    X150. Z-100. ;  ┘
G00 X200. Y50. Z20. ; → G00 유효
G04 X2. ; → 이 블록에서만 G04 유효(One Shot G-기능)
    X100. Y0. Z100. ; → G00을 지령하지 않아도 G00상태이다.
```

주요 머시닝센터 G코드 일람표

G코드	그룹	기능(FANUC-11M, SENTROL-M)
G00	01	위치결정(급속이송)
G01		직선보간(절삭이송)
G02		원호보간 CW(시계 방향)
G03		원호보간 CCW(반 시계 방향)
G04	00	휴지시간(이송 일시정지)
G17	02	X-Y 평면
G18		Z-X 평면
G19		Y-Z 평면
G20	06	Inch 입력
G21		Metric 입력
G22	04	금지영역 설정
G23		금지영역 설정 취소
G27	00	원점 복귀
G28		자동 원점 복귀
G30		제2, 3, 4 원점 복귀
G31		Skip기능
G33	01	나사가공
G37	00	자동 공구길이 측정
G40	07	공구경 보정 취소
G41		공구경 보정 좌측
G42		공구경 보정 우측
G43	08	공구길이 보정 +
G44		공구길이 보정 -
G49		공구길이 보정 취소
G50	08	스케일링, 미러 기능 무시
G51		스케일링, 미러 기능
G52	00	로컬 좌표계 설정
G53		기계 좌표계 선택
G54	14	공작물 좌표계 1번 선택
G55		공작물 좌표계 2번 선택
G56	14	공작물 좌표계 3번 선택
G57		공작물 좌표계 4번 선택

G코드	그룹	기능(FANUC-11M, SENTROL-M)
G58	14	공작물 좌표계 5번 선택
G59		공작물 좌표계 6번 선택
G60	00	한 방향 위치결정
G61	15	Exact stop 모드
G62		자동 코너 오버라이드
G64		연속 절삭모드
G65	00	매크로 호출
G66	12	매크로 모달 호출
G67		매크로 모달 호출 취소
G68	16	좌표 회전 취소
G73	09	고속 심공 드릴 사이클
G74		왼나사 탭 사이클
G76		정밀 보링 사이클
G80	09	고정 사이클 취소
G81		드릴 사이클
G82		카운터 보링 사이클
G83		심공 드릴 사이클
G84		탭 사이클
G85		보링 사이클
G86		보링 사이클
G87		백보링 사이클
G88		보링 사이클
G89		보링 사이클
G90	03	절대 지령
G91		증분 지령
G92	00	공작물 좌표계 설정
G94	05	분당 이송
G95		회전당 이송
G96	13	주축 속도 일정제어
G97		주축 회전수 일정제어
G98	10	고정 사이클 초기점 복귀
G99		고정 사이클 R점 복귀

※ 그룹 00 은 단일지령 코드이고 나머지 그룹은 모두 모달 지령 코드이다.

21 머시닝센터 보간기능

❶ 급속 위치결정 기능(G00)적용

① X, Y, Z에 지령된 위치(종점)를 향해 급속 속도로 이동한다.(부가 축 A, B, C축도 지령 가능)

• 지령방법 G00 G90/G91 X_____ Y_____ Z_____ ;

② **공구경로** : 비 직선 보간 형(각 축이 독립적으로 종점까지 이동)으로 위치결정되며 출발점과 종점에서 자동 가감 속을 하여 종점에서 Inposition Check를 한다.

예 방법 ① N01 G00 G90 X50. Y30. ;
N02 Z20. ;
X. Y축 이동 후 Z축 이동경로를 일반적으로 많이 사용한다.

방법 ② N01 G00 G90 X50. Y30. Z10. ;
X, Y, Z축 동시 이동

※ 급속속도 : 파라메타에 입력된 기계 최고속도이고, 1분간에 이동할 수 있는 거리를 이송속도로 표시한다.

예 12m/min(1분 동안 12m 이동하는 속도) → 24m/min, 30m/min

1) 비 직선형 가공 위치결정

① 각축이 독립적인 급속이송 속도로 위치 결정된다.

② 공구경로는 특별히 직선은 아니고, 지령된 위치까지 도달한 축부터 순서대로 정지한다.

2) 직선형 가공 위치 결정

① 공구경로는 직선가공(G01)과 같고 각축의 급속이송속도를 넘지 않는다.

② 최단위치결정 시간이 되는 속도로 위치결정 된다.

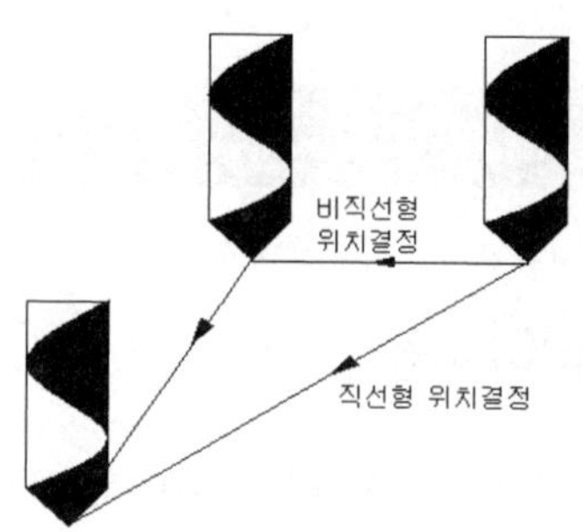

❷ 직선보간(G01)기능 활용

① 지령된 종점으로 F의 이송속도에 따라 직선으로 가공한다. 구배(두축 동시) 절삭 가공도 직선 보간에 적용된다.

- 지령방법 G01 G90/G91 X_____ Y_____ Z_____ ;

예 G95 G01 X40. F0.25 ; → 주축 1회전 당 0.25mm 이동 지령
G94 G01 X40. F120 ; → 1분 동안 120mm 이동하는 속도

이송속도의 지령은 분단 이송(G94)과 회전당 이송(G95)으로 지령 할 수 있으나 머시닝센터의 경우 분당 이송으로 선택되도록 파라미터에 설정하여 사용하고 있다.

❸ 원호보간(G02와 G03)기능 활용

1) 평면 원호 가공

① 지령된 시점에서 종료까지 반경 R크기로 시계 방향(Clock Wise)과 반 시계 방향(Counter Clock Wise)으로 원호 가공 한다.

② 가공 방향

- G02 → 시계 방향(Clock Wise) 원호 가공
- G03 → 반 시계 방향(Counter Clock Wise) 원호 가공

원호 가공의 경우 가공물의 형상에 알맞은 작업 평면을 선택하고 회전방향을 지정하며 수직형 머시닝센터의 경우에는 가장 많이 사용하는 평면인 XY평면이 초기에 설정 되도록 파라미터에 미리설정하여 사용하므로 다른 평면을 선택할 때에만 프로그램 시에 지령하면 된다.

G17평면(X, Y축 원호보간), G18평면(Z, X축 원호보간), G19평면(Y, Z축 원호 보간)을 의미하며 X-Y평면일 경우는 지령하지 않아도 되며 다른 평면일 경우만 지령하면 된다.

평면이 결정되면 G90 또는 G91에 의해 절대지령과 증분지령으로 표시되고 증분지령의 경우에는 원호의 시작부터 끝전까지의 거리와 방향을 지령한다.

원호의 중심은 X, Y, Z축에 대응하는 어드레스 I, J, K를 사용하며 수치는 원호 시작점에서 원호 중심까지의 벡터 값으로 G90, G91에 관계없이 항상 증분 값으로 지령한다. 또한 원호의 중심을 I, J, K로 지령하는 대신에 원호의 반지름 R로 지령 할 수 있다. 이 경우는 2개의 원호 중 한쪽이 180° 이상의 원호를 지령 할 때 반지름은 음(-)의 값으로 지령한다.

③ **지령방법**

G17 G02 G90
G18 α__ β__ R__ F_;
G19 G03 G91

α, β : 원호 가공 종점
G17평면 : X, Y축 원호보간
G18평면 : Z, X축 원호보간
G19평면 : Y, Z축 원호보간

㉠ 회전 방향 구분은 원호 가공 시작점에서 원호 가공 종점으로 이동하는 방향을 기준으로 한다.(프로그램)

G17 G90 G02 X20. Y12.5 R10. ;
G17 G90 G02 X20. Y12.5 R-10. ;

㉡ 180° 이상의 원호지령은 R-로 지정하고, 180° 이하의 원호지령은 R+로 지령한다.

2) 360° 원호 가공

① 360°의 전원을 보링하지 않고 엔드밀을 이용하여 쉽고 정밀하게 가공할 수 있다.

② 시작점과 종점이 같기 때문에 X, Y, Z의 종점 좌표는 생략한다.

③ **지령방법**

G17 G02 G90
G18 α'__ β'__ F ;
G19 G03 G91

$\alpha'\beta'$: 원호의 시작점에서 중심까지의 거리 (G02, G03 다음에 평면 선택 기능 따라 I, J, K 중 두 축의 좌표만 기록한다.)

• 원호보간에서 I, J, K지령과 부호결정 방법

- X → I, Y → J, Z → K
- 원호 시작점에서 원호의 중심이 (+)방향인가 (-)방향인가를 따라 부호가 결정되며 원호 시작점에서 원호 중심까지 거리의 값

22 공구길이 보정

1 공구길이 보정기능(G43, G44)

머시닝센터에 사용되는 공구는 길이가 각각 다르므로 기준이 되는 공구와 각각의 공구 길이의 차이를 공구 길이보정 화면의 해당 공구란에 입력해 두고 프로그램에서 각 공구의 보정값을 불러들여 사용함으로서 공구 길이의 차이를 해결할 수 있도록 하는 것을 공구길이 보정이라고 한다. 기준 공구외의 길이 차이값을 입력시키는 방법에는 +보정(G43)과 -보정(G44)의 두 가지가 있다. 주로 G43을 많이 사용하며 기준 공구보다 짧은 경우 보정 값 앞에 -부호를 붙여 입력한다.

공구 길이 보정의 취소는 G49의 지령 또는 보정 번호를 지령하여 취소 할 수 있으나 G49의 지령을 많이 사용한다.

가공물의 다듬질 여유는 보정값에 다듬질 여유값을 입력하면 쉽게 해결 할 수 있다.

공구 길이 조정을 하여 사용한 공구를 다른 공구와 교환 할 때에는 반드시 보정량을 취소시키고 공구 교환 위치로 가야 한다.

공구 길이 보정은 공구 교환 후 위치결정을 하는 블록에서 지령하고 작업이 종료되고 공구를 후퇴시키는 블록에서 길이 보정을 취소하는 것이 일반적이다.

공구 길이의 측정은 툴 프리세터 또는 프리세터를 이용하면 정확하고 쉽게 할 수 있다.

툴 프리세터는 공구길이나 공구경을 측정하는 장치이며 측정치를 읽는 방법에 따라 마이크로미터식, 다이얼 게이지식, 광학식 등이 있으며 컴퓨터를 접속시켜 공구길이나 공구경, 공구수명, 절삭조건, 사용실적 등 각종 공구데이터 관리를 병용하는 툴 프리세터도 있다.

하이트 프리세터는 기계에 공구를 고정하며 길이를 비교하여 그 차이값을 구하고 보정값 입력란에 입력하는 측정기이다.

공구길이 보정을 정의 하면 아래와 같이 요약 및 지령 할 수 있다.

① **공구 길이 보정** : 일반적으로 프로그램을 작성할 때에는 공구길이 보정을 생각하지 않고 프로그램을 작성하지만 실제가공에 필요한 여러 종류의 공구들은 길이가 일정하지 않다. 이렇게 길이 차이가 나는 공구 길이를 측정하여 보정(Offset) 화면에 미리 등록하고 필요한 경우 프로그램에서 각각의 공구길이를 호출하여 보정하는 기능이다.

② **지령방법**

G43 / G44 Z____ H____ ;

G43 : 공구길이 보정 +
G44 : 공구길이 보정 -
Z : Z축 이동 지령(절대, 증분 지령가능)
H : 보정 번호

예 G30 G91 Z0. T01 M06 ; → 제2 원점에서 공구 1번 교환
G43 G90 G00 Z40. H01 ; → 보정화면 1번에 입력된 보정 량을 Z축 40mm까지 이동하면서 공구길이 보정하며 공구번호와 보정번호는 같지 않아도 되나 같이하는 것이 실수를 줄일 수 있다.

2 공구길이 보정 취소 기능(G49)

① 공구길이 보정으로 보정한 공구길이를 말소하는(취소) 기능이다.

② **지령방법** : G49 Z___ ;

예 G49 G00 Z400. ; Z400mm까지 이동하면서 공구길이 보정이 취소된다.

23 공구경 보정

1 공구경 보정(G40, G41, G42)

머시닝센터에는 사용하는 공구가 많고 지름과 길이도 일정하지 않다. 만일 어떤 부품을 가공하기위해 사용되는 공구의 지름과 길이를 생각하며 프로그램을 한다면 복잡한 부품의 경우에는 많은 시간이 소요되거나 프로그램을 할 수 없을 것이다. 그러므로 공구의 크기와 상관없이 프로그램을 작성하고 공구의 지름과 길이의 차이를 CNC 기계의 공구 보정값 입력란에 입력하고 그 감소를 불러 보정하여 사용한다.
원호가 있는 제품 가공 시에 공작물을 반지름 R의 공구로 절삭 할 경우 공구 중심의 통로는 공구 반지름(R) 만큼 떨어진 부분이 된다. 이 경우 공구 중심으로부터 떨어진 거리를 OFFSET 이라고 한다. 이와 같이 공구를 가공형상으로부터 일정거리만큼 떨어지게 하는 것을 공구 지름 보정이라고 한다.

공구지름 보정은 G00, G01과 함께 지령해야 하며 공구의 진행 방향에 따라서 G41, G42, G40의 3가지의 G코드로 분류하며 이중 하나를 선택하여 사용한다.
위 3가지 코드 중 1개를 사용하여 보정량이 선택되면 다른 보정량이 선택될 때까지 변하지 않는다. 공구지름 보정 기능으로 2개의 축을 동시에 이동시킬 경우 공구 보정은 2축에 모두 유효하다.
공구지름 보정을 할 때 이동 지령값 보다 보정량이 더 클 경우 공구의 실제 이동은 프로그램의 반대 방향으로 이동한다.
공구지름 보정을 할 때에 가공면에 접근 및 도피하는 방법은 미가공 부분이나 가공 흠이 남지 않도록 하여야 한다.
머시닝센터에서 공차가 주어진 부분을 가공할 경우에는 공구 보정값에 공차를 더하거나 빼서 입력하여 가공하면 효율적으로 가공 할 수 있다.
주어진 공차를 유지하면서 가공하기 위하여 보정값을 계산 할 수 있으며 치수공차가 주어진 부품을 가공할 때에는 가공과정에서 발생하는 오차를 고려하여 공차의 중앙값을 보정값으로 입력하는 것이 바람직하다.

① 공구의 측면 날을 이용하여 가공하는 경우 공구의 직경 때문에 공구 중심이 프로그램과 일치하지 않는다. 이와 같이 공구 반경만큼 발생하는 편차를 쉽게 자동으로 보정하는 기능이다.

② **지령방법**

G17			G40	
G18	G00	G01	G41	α___ β___ D___;
G19			G42	

α, β : 평면선택 기능에 따라 X, Y, Z 중 기준 두 축의 좌표지령
D : 공구경 보정번호(보정번호)

③ **Start Up** : G40상태에서 G41, G42를 지령한 블록을 말한다.

N01 G41 G01 X0. D01 F100 ; → Start Up 블록
N02 Y50. ;
N03 X55. ;

④ **의미**

G-코드	의미	공구경로
G40	공구경 보정 무시	공구 중심과 프로그램 경로가 같다.
G41	공구경 좌측 보정 (하향 절삭)	공작물을 기준으로 하여 공구 진행 방향으로 보았을 때 공구가 공작물의 좌측에 있다.
G42	공구경 우측 보정 (상향 절삭)	공작물을 기준으로 하여 공구 진행 방향으로 보았을 때 공구가 공작물의 우측에 있다.

❷ 공구경 보정 시 주의 사항

① 작은 직경을 크게 보정값을 입력하면 측면에 정삭여유를 남길 수 있다. 그러나 보정값을 공구 반경보다 작게 지령하면 그 크기만큼 많이 절삭된다.

② 공구경 보정이 지령이 되어 있는 상태에서 또다시 지령을 하면 두배 보정됨.

예 G42 G01 X20. D02 F120 ;

↓

G42 G01 Y40. ; 우측보정을 두 번 했으므로 G40, G41지령한 다음 우측보정을 해야 한다.

③ 공구경 보정 실행중 XY지령(G17의 경우) 이동지령을 2블록 이상 연속지령 하지 않으면 정상적인 보정이 안 된다.

예 잘못된 프로그램

N01 G41 G01 XO. D01 F100 ;

N02 Y50. ;

N03 G04 X2. ;

N04 M08 ;

N05 X100. ;

※ N01블록에 공구경 좌측보정이 실행된 상태에서 N03, N04블록이 XY축의 이동지령이 안된 블록을 연속해서 2블록 이상 지령했다.

예 정상적인 프로그램

N01 G41 G01 XO. D01 F100 ;

N02 Y50. ;

N03 G04 X2. ;

N04 X100. ;

N05 M08 ;

N06 X120. Y30. ;

④ Start Up 블록에서의 이동량은 공구반경 값과 같거나 커야한다.

⑤ 원호 보간에서 Start Up 블록을 지령할 수 없다. 기본적으로 G01, G00지령 블록이 Start Up블록이 된다.

예 잘못된 프로그램

N01 **G41 G02** X20. Y20. R25. D01 F100 ;

원호보간 블록에 공구경 보정지령을 할 수 없다.

24 머시닝센터 프로그램 해독

1 프로그램 작성 전 가공계획 수립

1) 가공계획 수립 시 고려사항

① 가공할 도면을 숙지한다.
② 가공범위를 정하고 원점의 위치를 설정한다.
③ 가공물 고정방법 및 고정구를 결정한다.
④ 윤곽프로그램에 대한 좌표값을 환산하고 공구경로 등을 결정한다.
⑤ 해당 공구를 선정하고 공구 목록 시트를 작성한다.
⑥ 선정된 공구에 알맞은 절삭조건(회전수, 이송속도, 절삭 깊이, 절삭유 사용 유·무 등)을 결정한다.
⑦ 각 공구에 대한 보정 번호와 보정량을 결정하여 공구목록 시트에 기록한다.

2 프로그램의 구성

1) 일반적인 프로그램의 구성

① 좌표계 설정
② 공구교환(작업공구의 종류 결정)
③ 절삭속도 등 주축의 회전 값 결정
④ 각 축(X, Y, Z축)에 대한 위치 값 결정
⑤ 직선, 원호 등 해당 도면을 보고 절삭가공 지령
⑥ 공구의 원래 위치로 귀환여부 결정
⑦ 프로그램 종료

2) 머시닝센터 일반적인 프로그램 구성 및 해독

G40 G49 G80;	공구 경 보정 취소, 공구 길이보정 취소, 사이클 기능 취소
G30 G91 Z0.0;	증분으로 제2 원점 복귀
T01 M06;	1번 공구(드릴) 선택 및 공구교환
G54 G90 G00 X____Y____;	공작물 1번 좌표계 설정, 절대 값으로 드릴 위치 이동
G43 Z50.0 H01 M08;	공구 길이 보정, 1번 공구보정 값, 절삭유 자동 ON
S1000 M03;	공구 회전 및 정 회전
G83 G99 Z-30.0 R5.0 Q5.0 F80;	심공 드릴 가공 사이클 가공 R점 복귀
X____Y____;	다음 드릴 위치 지정
G80 G00 Z50.0 M09;	드릴 가공 후 50mm 위로 올리고 절삭유 자동 OFF
M05;	스핀들 정지
G30 G91 Z0.0 ;	증분으로 제2 원점 복귀
T03 M06;	3번 공구(엔드밀) 선택 및 공구교환
G54 G90 G00 X-10.0 Y-10.0;	좌표계 설정하고 가공 시작위치로 이동
G43 Z50.0 H03;	공구 길이보정, 3번 공구보정 값, 절삭유 자동 ON
S1000 M03;	공구 회전 및 정 회전
Z5.0 M08;	높이 5mm 위치로 급속이송, 절삭유 자동 ON
G01 Z-______ F80;	도면에 따라 외곽 깊이만큼 가공한다.
G41 X ______ D03;	공구 경 왼쪽보정(하향절삭)으로 가공한다.
Y ______ ;	외곽 테두리 가공
X ______ ;	
Y ______ ;	
X ______ ;	
도면에 따라 외곽 프로그램 작성	도면에 따라 외곽 프로그램을 작성한다.
G00 Z5.0;	완료 후 5mm 위로 올린다.
G40 X ______ Y ______ ;	공구 경 보정 취소, 내곽 가공위치로 이동한다.
G01 Z ______ F80;	도면에 따라 내곽 깊이만큼 가공한다.
G41 Y______ D03;	공구 경 왼쪽보정(하향절삭)으로 가공한다.
도면에 따라 내곽 프로그램 작성	도면에 따라 내곽 프로그램을 작성한다.
G00 Z5.0;	완료 후 5mm 위로 올린다.
G00 G40 Z50.0 M09;	가공 후 50mm 위로 올리고 절삭유 자동 OFF
M05;	스핀들 정지
G30 G91 Z0.0;	증분으로 제2 원점 복귀
M30;	프로그램 종료(M30 또는 M02)

③ 프로그램 원점 및 좌표계의 설정

1) 프로그램 원점

가공하고자 하는 도면을 분석하여 프로그램이 편리하고 가공이 편리한 임의의 점을 프로그램 원점으로 지정한다. 현재의 도면에는 원점의 위치를 표시하지 않는다. 프로그램 작성자가 원점으로 지정한 점에서 프로그램 시작을 정하며 일반적으로 공작물의 중심 또는 공작물의 왼쪽 맨 아래쪽을 원점으로 잡아 프로그램 한다.

가) 프로그램 원점의 위치를 도면에 표시한 경우

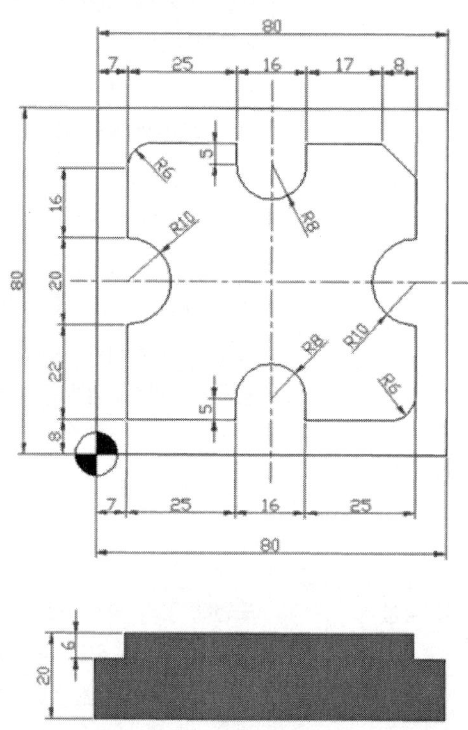

나) 프로그램 원점의 위치를 도면에 표시하지 않는 경우

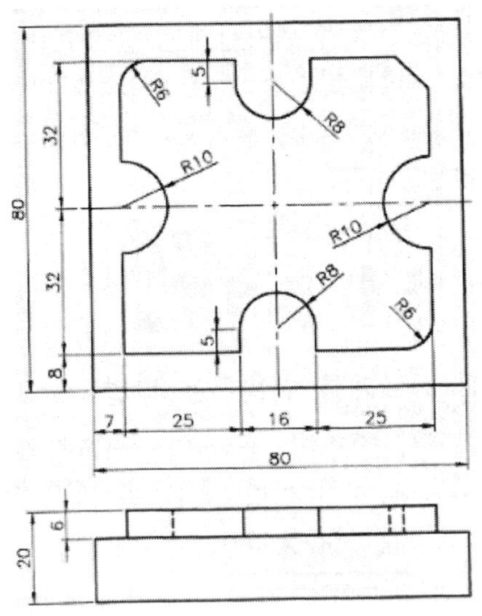

2) 기계 원점 복귀

머시닝센터에서도 CNC 선반과 같이 전원을 공급하면 기계 원점 복귀를 시켜 기계좌표를 인식 시켜야한다. 기계 원점 복귀(G28), 제2 제3 제4 원점 복귀(G30), 원점 복귀 확인(G27), 원점으로부터 자동 복귀(G29) 등의 G코드를 사용하여 기계 원점과 관련된 지령을 활용할 수 있다.
CNC 공작기계는 전원을 공급하면 기계 원점 복귀를 시켜 기계좌표를 인식 시켜야 한다. 머시닝센터에도 CNC 선반에서 사용하는 기계 원점 복귀(G28), 제2 원점 복귀(G30)를 사용한다.

가) 지령방법

① 기계 원점 복귀(G28)

G28 G91 X0 Y0 Z0; → 현 위치에서 증분으로 XYZ위치로 자동 원점 복귀 한다.

② 제2 원점 복귀(G30)

G30 G91 X0 Y0 Z0; → 현 위치에서 증분으로 XYZ위치로 이미 설정되어 있는 제2 원점으로 복귀 한다.

※ 주의 : 원점 복귀를 실행 하고자 할 때는 공구 길이보정이 취소된 상태에서 실행 하여야 하며 그렇지 않으면 알람이 발생한다.

3) 공작물 좌표계 설정

프로그램의 원점과 공구시작점의 위치관계를 알려주어 프로그램의 원점을 절대좌표의 기준점으로 설정하여 주는 공작물 좌표계설정은 다음과 같이 할 수 있다.

가) G92를 이용하는 방법

공작물의 원점에서 각 축의 거리값을 G92 G90 X_ Y_ Z_;와 같이 지령하여 공작물 좌표계를 정하는 방법이다.

나) G54 ~ G59 공작물 좌표계를 이용하는 방법

각 축의 기계 원점에서 각각의 공작물 원점까지의 거리를 공작물 보정(Work offset)화면의(01) ~ (06)에 직접 입력, 또는 파라미터에 입력하여 공작물 좌표계의 원점을 정해놓고 G54 ~ G59의 지령으로 선택하여 사용한다.
이때 좌표값에 입력되는 수치는 기계 원점에서 공작물 원점까지의 거리이다.
G54 G00 G90 X0 Y0 Z150.0; 과 같이 지령한다.

4 좌표값의 지령방법

공구의 이동량을 지령하는 방법에는 절대지령과 증분지령의 2가지 방법이 있다.

1) 절대지령(G90)

프로그램의 원점을 기준으로 좌표값을 입력하는 방식으로 G90과 함께 X, Y, Z의 끝점의 위치를 지령한다.

2) 증분지령(G91)

현재의 공구위치를 기준으로 끝점까지의 X, Y, Z의 증분값을 입력하는 방식으로 G91과 함께 X, Y, Z의 증분값을 지령한다.

3) 극좌표 지령(G16)

G17 G16 X50.0 Y0.0 ; 으로 지령하며 X는 원호의 반지름, Y는 각도(소수점 입력) 45도의 경우 Y45.0으로 입력한다. G15를 입력하면 극좌표 지령이 취소되고 직교좌표 지령으로 된다.

⑤ 준비기능

G기능	그룹	의미(FANUC-11M, SENTROL-M)
G00	01	위치결정(급속이송)
G01		직선보간(절삭이송)
G02		원호보간 CW(시계 방향)
G03		원호보간 CCW(반 시계 방향)
G04	00	휴지시간(이송 일시정지)
G17	02	X-Y 평면
G18		Z-X 평면
G19		Y-Z 평면
G20	06	Inch 입력
G21		Metric 입력
G22	04	금지영역 설정
G23		금지영역 설정취소
G27	00	원점 복귀
G28		자동 원점 복귀
G30		제2, 3, 4 원점 복귀
G31		Skip기능
G33	01	나사가공
G37	00	자동 공구길이 측정
G40	07	공구 경 보정취소
G41		공구 경 보정좌측
G42		공구 경 보정우측
G43	08	공구길이 보정 +
G44		공구길이 보정 −
G49		공구길이 보정취소
G50	08	스케일링, 미러 기능 무시
G51		스케일링, 미러 기능
G52	00	로컬 좌표계 설정
G53		기계 좌표계 선택
G54	14	공작물 좌표계 1번 선택
G55		공작물 좌표계 2번 선택
G56		공작물 좌표계 3번 선택
G57		공작물 좌표계 4번 선택

G기능	그룹	의미(FANUC-11M, SENTROL-M)
G58	14	공작물 좌표계 5번 선택
G59		공작물 좌표계 6번 선택
G60	00	한 방향 위치결정
G61	15	Exact stop 모드
G62		자동 코너 오버라이드
G64		연속 절삭모드
G65	00	매크로 호출
G66	12	매크로 모달 호출
G67		매크로 모달 호출 취소
G68	16	좌표 회전 취소
G73	09	고속 심공 드릴 사이클
G74		왼나사 탭 사이클
G76		정밀 보링 사이클
G80	09	고정 사이클 취소
G81		드릴 사이클
G82		카운터 보링 사이클
G83		심공 드릴 사이클
G84		탭 사이클
G85		보링 사이클
G86		보링 사이클
G87		백 보링 사이클
G88		보링 사이클
G89		보링 사이클
G90	03	절대 지령
G91		증분 지령
G92	00	공작물 좌표계 설정
G94	05	분당 이송
G95		회전 당 이송
G96	13	주축 속도 일정제어
G97		주축 회전수 일정제어
G98	10	고정 사이클 초기점 복귀
G99		고정 사이클 R점 복귀

☞ 그룹 00 은 단일지령(1회 유효) 이고 나머지 그룹은 모두 모달(연속지령) 지령이다.

1) 위치결정 및 직선보간

가) 위치결정(G00)

위치결정(급속이송)은 가공을 위하여 공구를 일정한 위치로 이동하는 지령을 말하며, 파라미터에 설정된 급속이송 속도로 빠르게 움직이므로 공구가 가공물이나 기계에 충돌하지 않도록 주의하여야 한다.

나) 직선절삭(G01)

지령된 끝점으로 F(이송)의 이송속도로 직선으로 이동하며, 가공 할 때 사용한다. 이송속도의 지령은 분당이송(G94)과 회전 당 이송(G95)으로 지령 할 수 있으나, 머시닝센터의 경우에는 분당 이송으로 선택되도록 파라미터에 설정하여 사용한다.

2) 원호보간(G02/G03)

시작점에서 끝점까지 반지름 R로 시계 방향(G02)과 반 시계 방향(G03)으로 원호 가공하는 지령이며, 원호 가공의 경우 가공물의 형상에 알맞은 작업평면을 선택하고 회전방향을 지정 하여야하며, 수직형 머시닝센터의 경우 XY평면이 아닌 다른 평면을 사용할 때만 지령한다.

오른손 좌표계에서의 작업평면과 회전방향은 XY평면, ZX평면, YZ평면에 대하여 Z축, Y축, X축의 (+)방향에서 바라보며 회전방향을 정한다.

6 주축기능

주축의 회전속도를 지령하는 기능으로 영문자 S를 사용하며 준비기능 G96(주축속도 일정제어)과 G97(주축속도 일정제어취소)을 사용하여 지령한다. 머시닝센터는 사용공구의 지름정보를 CNC 장치에 제공 할 수 없으므로 프로그래머가 사용공구에 적합한 절삭속도를 얻을 수 있는 주축회전수를 계산하여 G97로 지령 하여야한다. 머시닝센터는 전원을 공급 할 때 G97이 설정 되도록 파라미터에 지정되어 있으므로 G97을 생략 할 수 있다.

⑦ 이송기능

G95(회전 당 이송), G94(분당이송) 중 해당하는 것에 사용하며 F(이송)을 지령해야 한다. 머시닝센터에서는 사용공구의 지름이나 날의 수에 대한 정보를 CNC 장치에 알려주는 기능이 없으므로 프로그래머가 사용하는 공구에 적합한 분당 이송속도를 계산하여 G94와 함께 지령한다. 단, 전원을 공급 할 때에는 G94가 설정 되도록 파라미터에 지정되어 있으므로 G94는 생략 할 수 있다.

⑧ 공구기능

T로 표기하며 공구를 선택하고 M06과 같이 사용하여 공구교환을 한다.
공구를 교환 하려면 공구길이 보정이 취소된 상태에서 공구교환 지점(제2 원점)에 위치하여 있어야 한다.

• **사용 예** G30 G91 Z0.0; → 증분으로 제2 원점 복귀
T02 M06; → 2번 공구교환

머시닝센터는 사용하는 공구가 많고 지름과 길이도 일정하지 않으므로 복잡한 부품의 경우에는 어려움이 발생 할 수 있으므로 공구의 크기와 상관없이 프로그램을 작성하고 공구의 지름과 길이의 차이를 CNC 기계의 공구 보정값 입력란에 입력하고 그 값을 불러 보정하여 사용한다.

1) 공구경 보정

사용하는 공구의 지름 보정은 G00, G01과 함께 지령하여야 하며 공구의 진행 방향에 따라 3가지의 G코드로 분류하며 이중 하나를 선택하여 사용하며 G02, G03과 함께 사용하면 알람이 발생한다.

공구경 보정 G기능	
G41	공구지름 좌측보정
G42	공구지름 우측 보정
G40	공구지름 보정 취소

• **사용 예** G90(91) G00(G01) X_ Y_ Z_ G41(G42) D_;
→ D는 공구보정 지름값이 들어 있는 보정 번호

2) 공구길이 보정

머시닝센터에서 사용되는 공구는 길이가 각각 다르므로 기준이되는 공구와 각각의 공구 길이의 차이를 공구길이 보정란에 입력해 두고 프로그램에서 각 공구의 보정값을 불러들여 보정하여 사용함으로서 공구 길이의 차이를 해결 할 수 있도록 하는 것을 공구길이 보정이라고 한다.

- **사용 예** G90(91) G00(G01) Z_ G43(G44) H_;
  → H는 공구길이 보정값이 들어있는 보정번호

공구길이 보정 G기능	
G43	+방향 공구길이 보정
G44	방향 공구길이 보정
G49	공구길이 보정 취소

기준 공구와의 길이 차이 값을 입력시키는 방법에는 +보정(G43)과 -보정(G44)의 두 가지가 있다.
보통 G43을 많이 사용하며 기준공구보다 짧은 경우 보정값 앞에 -부호를 붙여 입력한다.
공구 길이 보정의 취소는 G49의 지령 또는 보정번호를 H00으로 지령하여 취소 할 수 있으나 G49의 지령을 많이 사용한다.
가공물의 다듬질 여유는 보정값에 다듬질 여유값을 더하여 입력하면 쉽게 해결 할 수 있다. 공구 길이 보정을 사용한 공구를 다른 공구와 교환 할 때는 반드시 보정량을 취소시키고 공구 교환 위치로 가야한다. 공구 길이 보정은 공구 교환 후 위치결정을 하는 블록에서 지령하고 작업이 종료되고 공구를 후퇴시키는 블록에서 길이 보정을 취소하는 것이 일반적이며 공구길이의 측정은 툴 프리세서 등을 이용하면 정확하고 쉽게 측정 할 수 있다.

3) 공구 위치 보정(G45, G46, G47, G48)

공구 위치 보정은 G45에서 G48까지의 지령에 의해 지정된 축의 이동거리를 보정란에 지정한 만큼 신장, 축소 또는 2배 신장, 2배 축소하여 움직일 수 있으며 이 지령은 1회 유효 지령이므로 지령된 블록 에서만 유효하다.

공구 위치 보정 G기능	
G45	- 공구 보정량 신장
G46	공구 보정량 축소
G47	공구 보정량 2배 신장
G48	- 공구 보정량 2배 축소

9 고정 사이클

고정 사이클은 여러 개의 블록으로 지령하는 가공동작을 G기능을 포함한 1개의 블록으로 지령하여 프로그램을 간단히 하는 기능이다.
고정 사이클의 위치결정은 X, Y 평면상에서 드릴은 Z축 방향에서 이루어진다. 이 고정 사이클의 동작을 규정하는 것에는 다음의 3가지가 있다.

① 절대지령과 증분지령을 이용하는 방법(G90(절대지령), G91(증분지령))
② 초기점 복귀와 R점 복귀를 이용하는 방법(G98(초기점 복귀), G99(R점 복귀))
③ 구멍 가공 모드를 이용하는 방법(고정 사이클 기능사용G73 ~ G89)

구멍가공 모드는 한번 지령되면 다른 구멍가공 모드가 지령되든가 또는 고정 사이클을 취소하는 G코드가 지령 될 때까지 변화하지 않으며 동일한 사이클 가공 모드를 연속하여 실행하는 경우에는 매 블록마다 지령 할 필요가 없다. 고정 사이클을 취서하는 G코드는 G80 및 G코드 일람표에서 01그룹의 코드에 해당된다. 고정 사이클 도중에 구멍가공 데이터를 한번 지정하면 이 데이터의 지정이 변경되거나 고정 사이클이 취소 될 때 까지 유지된다. 이에 따라 필요한 구멍가공 데이터를 지정하여 고정 사이클을 개시하고 고정 사이클 도중에는 변경되는 구멍가공 데이터만 지정하며 반복횟수 L은 필요할 때만 지령하는데 L지정의 데이터는 유지되지 않는다. 또한 F코드로 지정된 절삭 이송속도는 고정 사이클이 무시되어도 계속 유지된다.

고정 사이클 사용 일람표

G기능	드릴링 동작	구멍바닥에서 동작	구멍에서 나오는 동작	용도
G73	간헐이송	–	급속이송	고속 펙 드릴링 사이클
G74	절삭이송	주축 정회전	절삭이송	역 태핑 사이클
G76	절삭이송	추축 정위치 정지	급속이송	정밀 보링
G80	–	–	–	고정 사이클 취소
G81	절삭이송	–	급속이송	드릴링 사이클 (스폿 드릴링)
G82	절삭이송	드웰	급속이송	드릴링 사이클 (카운터 보링)
G83	단속이송	–	급속이송	펙 드릴링 사이클
G84	절삭이송	주축 역회전	절삭이송	태핑 사이클
G85	절삭이송	–	절삭이송	보링 사이클
G86	절삭이송	주축정지	급속이송	보링 사이클
G87	절삭이송	주축정지	절삭/급속이송	보링 사이클/ 백보링 사이클
G88	절삭이송	드웰, 주축정지	수공/급속이송	보링 사이클
G89	절삭이송	드웰	절삭이송	보링 사이클

25 전산응용 설계일반

1 전자계산기의 개요

1) 전자계산기의 특징

① 처리의 자동성
② 대량성
③ 자료의 기억성
④ 신뢰성
⑤ 복합성

2) 논리소자의 발전

1세대(진공관) → 2세대(트랜지스터) → 3세대(IC) → 4세대(LSI) → 5세대(VLSI)

❷ 전자계산기의 기능

1) 전자계산기의 5대 기능

① 입력기능
② 기억기능
③ 연산기능
④ 제어 기능
⑤ 출력기능

2) 하드웨어와 소프트웨어

① **하드웨어(Hardware)** : 전자계산기를 구성하고 있는 기계장치로, 본체와 주변장치로 나누며 그 자체로서는 논리적인 처리를 할 수 없다.
- 본체 : 주기억장치, 중앙처리장치 등
- 주변장치 : 보조기억장치, 입력장치, 출력장치 등

② **소프트웨어(Software)** : 전자계산기를 운용할 수 있도록 하는 프로그램
예 운영체제(OS), 언어처리 프로그램, 응용 프로그램

3) 입출력장치

컴퓨터에 정보를 넣는 것을 입력(input)이라 하고, 컴퓨터로부터 정보를 얻어 내는 것을 출력(output)이라 한다. 입출력을 실행하는 것이 입출력장치이다.
천공카드는 1890년에 미국의 통계학자 H.홀러리스에 의하여 고안되었는데, 최초의 목적은 미국의 국세조사의 집계를 산출하는 것이었으며, PCS(punch card system : 회계기, 분류기, 복사기 등)를 이용함으로써 성공적으로 수행하였다.
이로써 일련의 천공카드 통계기계가 연달아 상품화되었다.
천공카드는 세로 8.26cm, 가로 18.7cm, 두께 0.017cm의 좋은 질의 카드로 1매에 80자까지 천공할 수 있다.

카드판독기 장치는 광전관으로 카드상의 천공을 검출하여 데이터를 읽는다.

천공종이테이프(paper tape, punched tape)는 제조하기 쉽고 다른 매체에 비하여 값이 저렴하며 부호의 확인, 절단, 접합, 보존 등이 용이하여 정보의 기록매체로서 많이 이용되고 있다.

너비 2.54 cm의 테이프로 5단위, 6단위용은 전신기용 이고 정보처리의 주변단말 장치용으로서는 8단위가 주로 이용되는데 1cm에 약 4자를 천공할 수 있다.

읽기는 광전관에 의하여 행해지며 읽는 속도는 천공카드와 같이 매초 수백 자이다.

문자·부호판독장치는 자성잉크문자판독기(MICR : Magnetic Ink Character Reader)와 타이프라이터와 프린터 등에서 인쇄한 문자를 광전식으로 읽는 광학문자판독기(OCR : Optical Character Reader)가 상품화되고 있으나 해독할 수 있는 활자의 모양과 종류가 제약되어 있다. 일부에서는 편지의 문자를 읽는 장치도 실용화되고 있다.

인쇄 장치인 라인프린터(line printer)는 회전하는 드럼 또는 벨트 상에 식자된 활자를 카본 리본(carbon ribbon)을 통하여 소요되는 활자가 인자(印字) 위치에 왔을 때 해머를 두드리게 하여 인쇄한다.

인쇄 속도는 매분 수백~수천 행이고 1행에 130자정도 인쇄할 수 있다.

레이저 프린터(laser printer)는 전자사진식인쇄기로 광파로서 레이저를 이용한 것인데, 속도는 매분 1만 행정도이고 용지도 보통용지를 사용할 수 있기 때문에 프린터로서 급속한 개발이 진행되고 있다.

③ 데이터의 표현방식

1) 자료의 표현

2진수인 ‘0’과 ‘1’의 비트의 모임으로 이루어진다. 또 이들의 모임으로 코드화하여 자료를 표시하는데, n개의 비트는 총 2^n 개의 자료를 나타낼 수 있다.

① **비트(bit)** : 정보의 최소단위로서 ‘0’과 ‘1’로 나타낸다.

② **바이트(byte)** : 의미의 최소단위로서 8비트가 모여 하나의 문자를 나타낸다.

③ **워드(word)** : 1개의 명령이나 데이터를 나타내는 정보의 크기로 몇 개의 바이트가 모여서 구성된다.

- **자료의 크기순서(작은 단위 → 큰 단위)**

bit → byte → character → word → field → record → block → file → database

2) 수치데이터의 표현

① **고정소수점 데이터 형식** : 소수점의 위치가 항상 고정되어 있는 방식이며 부호부, 정수부, 소수점으로 구성(부호부가 0이면 양수를, 1이면 음수를 의미한다.)
② **부동소수점 데이터 형식** : 숫자의 절대 값이 너무 크거나 작아서 고정 소수점 형식으로 표현할 수 없을 경우에 사용하며 부호부, 지수부, 가수부로 구성
③ **10진 데이터 형식** : 10진수를 표현하는데 쓰이며 팩 10진형과 비팩 10진형으로 분류

3) 문자데이터 표현

① **BCD code(2진화 10진 코드)** : 10진수를 2진수로 알기 쉽게 10진수의 각 자리를 4자리의 2진수로 나타낸 것으로 존(zone)과 디지트(digit)로 이루어진 6개의 비트로 나타내는 코드
② **ASCII code(미국표준코드)** : 7개의 비트로 구성되는 2진 코드로 주로 통신용으로 많이 쓰이며 패리티비트를 1비트 더 추가하여 8비트로 쓰기도 한다.(표준코드로 사용)
③ **EBCDIC code(확장 2진화 10진 코드)** : 존(zone)비트 4개와 디지트(digit)비트 4개의 8개 비트로 구성되며, 나타 낼 수 있는 문자의 수는 256개이다.

4 표현과 연산

1) 진법

① **2진법** : 0과 1의 두 가지 정보만을 가지고 모든 수를 표시하는 방식
② **8진법** : 0부터 7까지의 8개 수 중 3개의 2진 숫자를 모아 숫자 한 자리를 표시하는 방식으로 밀수가 8인 표현 형태이다.
③ **16진법** : 0부터 9까지와 A부터 F까지의 기호를 이용하여 한 자리를 표시하는 방식

5 하드웨어 시스템 종류 및 특징

1) 중앙처리장치(CPU) : 주기억장치, 연산장치, 제어장치로 구성

가) 연산장치의 세부사항

① **레지스터** : 일시적으로 자료를 보관하는 장소
- 레지스터의 기능 : 자료의 저장, 자료의 송신(전송), 자료의 수신
- 레지스터의 종류 : 기억, 누산, 명령, 번지, 데이터, 상태, 쉬프트 레지스터

② **어큐뮬레이터** : 연산수를 저장해두고 다른 연산수를 받아 이것을 먼저 있는 수에 더하거나 빼주는 기능을 가진 레지스터

③ **가산기** : 두 개의 수를 가산하기 위한 회로로서 전가산기가 사용된다.

④ **플립-플롭(flip flop)회로** : 펄스의 상태를 다음 단계로 전송되기까지 유지시켜준다.

2) 게이트의 종류

① AND **게이트** : 두 개의 입력단자가 모두 1일 때만 1이 출력

② OR **게이트** : 두 개의 입력단자 중 적어도 하나가 1이면 1이 출력

③ NOT **게이트** : 입력과 출력이 서로 정반대

④ NAND **게이트** : 두 개의 입력단자가 모두 1일 때만 0이 풀력

⑤ NOR **게이트** : 두 개의 입력단자가 모두 0일 때만 1이 출력

⑥ Exclusive OR **게이트** : 두 개의 입력단자의 값이 다르면 1, 같으면 0이 출력

6 데이터 통신 시스템 구성

1) 데이터 통신 시스템의 방식

① **일괄 처리방식** : 데이터를 모아 한꺼번에 처리하는 방식

② **실시간 처리방식** : 데이터가 발생되는 즉시 처리하는 방식(온라인 실시간 처리)

③ **시분할 방식** : 시간적으로 시스템을 분할해서 사용(여러 명이 공동으로 시스템 사용)

2) 데이터 통신 시스템의 구성

① **모뎀** : 디지털 신호를 아날로그 신호로 변환시키고, 아날로그 신호를 디지털 신호로 변환시키는 장치(변복조장치)
② **통신 속도의 단위** : 1초간에 전송되는 비트의 수(BPS : Bit Per Second)
③ **컴퓨터의 처리속도(연산속도)의 단위** : MIPS(Million Istruction Per Second)
④ **프린터의 인자속도(출력속도)의 단위** : PPM(분당 몇 페이지 인쇄),
LPM(분당 몇 줄 인쇄),
CPS(초당 몇 문자 인쇄)

26 CAD/CAM 일반

1 입력장치의 기능 및 종류

1) 입력장치의 기능

① 데이터의 입력
② 커서의 제어
③ 기능의 선택

2) 입력장치의 종류

가) 물리적인 입력장치

① **키보드** : 알파뉴메릭 키, 기능키, 키패드 부분으로 구성
② **마우스** : 디스플레이 화면의 커서를 제어하고 메뉴를 선택(볼과 센서 마우스가 있다.)
③ **스캐너** : 기존의 그려진 모형을 그대로 입력하는 장치
④ **태블릿** : 메뉴의 선택, 커서의 제어에 사용하며 50cm 이하의 소형(대형 : 디지타이저)
㉠ 성능표시 : 사용가능한 액티브 영역(active area)과 해상도(resolution)
㉡ 태블릿에 정한 액티브 영역과 그래픽 스크린을 대응시켜 태블릿에서의 커서의 움직임이 화면상에 커서의 움직임으로 나타난다.

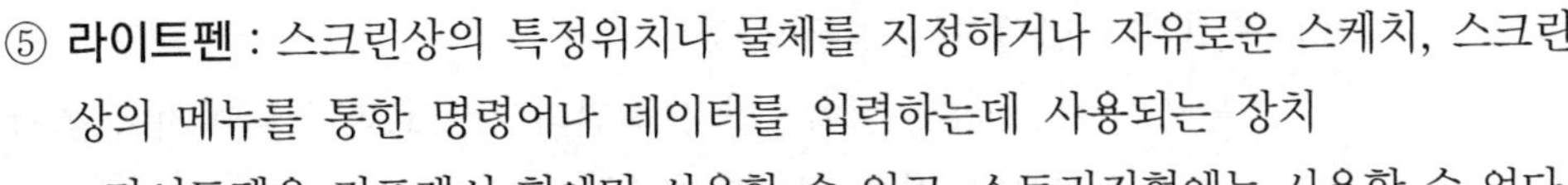

⑤ **라이트펜** : 스크린상의 특정위치나 물체를 지정하거나 자유로운 스케치, 스크린상의 메뉴를 통한 명령어나 데이터를 입력하는데 사용되는 장치
- 라이트펜은 리프레시 형에만 사용할 수 있고, 스토리지형에는 사용할 수 없다.

⑥ **그 밖의 입력장치** : 조이스틱, 트랙볼

나) 논리적인 입력장치

① **실렉터(selector)** : 스크린상의 특정물체를 선택
　예 라이트펜

② **로케이터(locator)** : 커서제어의 역할을 하는 장치
　예 디지타이저/태블릿, 조이스틱, 트랙볼, 마우스

③ **벨류에이터(valueator)** : 스크린 상에서 물체를 평행이동 및 회전, 이동 등 변위량을 조정
　예 포텐셰이처(potentiometer)

④ **버튼(button)** : 키보드와 조합된 형태로 각 버튼마다 정의된 기능에 의해 실행

2 출력장치의 종류 및 특징

1) 출력장치의 분류

① **일시적 표현장치** : 그래픽 디스플레이

② **영구적 표현장치** : 플로터, 프린터, 스크린+하드카피, COM 장치

2) 그래픽 디스플레이

가) CRT 사용하는 경우

① **랜덤 스캔 형(벡터 스캔 형)**

㉠ 고정밀도의 화면표시 가능
㉡ 애니메이션이 가능하다.
㉢ 라이트펜을 사용할 수 있다.
㉣ 도형의 표시 량에 한계가 있다.
㉤ 가격이 비싸다.

ⓑ 플리커가 발생하는 경우가 있다.

* 플리커 : refresh가 적어지면 형광면의 잔상효과가 나빠져서 깜빡거림이 생기는 현상으로 매초 당 30 ~ 60회 정도의 refresh가 필요하다.

② **래스터 스캔 형** : 도형의 유무와 관계없이 항상 수평방향으로 주사시켜 상을 현상한다.

㉠ 컬러표시가 가능하다.

㉡ 표시할 수 있는 도형의 양에 제한이 없다.

㉢ 높은 해상도를 내기 어렵다.

㉣ 표시되는 속도가 느리다.

㉤ 가격이 싸다.

㉥ 디지털 주사방식이다.

③ **스토리지형(DVST 방식)** : 도형의 형상을 CRT 화면에 저장할 수 있는 방식

㉠ 표시할 수 있는 도형의 양에 제한이 없다.

㉡ 단색(흑백)이다.

㉢ 영상의 질이 우수하다(플리커 현상이 없다).

㉣ 애니메이션이 불가능하다.

㉤ 도형의 부분적인 삭제가 어렵다.

㉥ 대화식 수정작업이 곤란하다.

* 스크린의 해상도를 결정하는 요소 : Pixel 수

나) CRT를 사용하지 않는 경우

① 액정 식

② 플라즈마 식

③ 발광다이오드 식(LED)

④ 레이저 스크린 식

3) 플로터(Plotter)의 종류

① **플랫 베드 형**

㉠ 고밀도, 고정도의 작화가 가능하다.

㉡ 용지선정이 자유롭다.

㉢ 설치면적이 크다.

㉣ 테이블과 용지의 밀착성이 좋아야 한다.

ⓜ 그림을 그리는 동안 모니터가 용이하다.

ⓗ 가격이 비싸다.

② **드럼 형**

㉠ 고속작화가 가능하다.

㉡ 비교적 정밀도가 떨어진다.

㉢ 용지의 길이에 제한이 없다.

㉣ 그림을 그리는 도중 모니터가 어렵다.

㉤ 기구가 비교적 간단하고, 설치면적이 좁다.

③ **잉크제트 식**

④ **정전 식**

⑤ **리니어모터 형**

- COM 장치 : 도면을 종이에 그리는 대신 마이크로 필름으로 출력하는 장치

4) 프린터(Printer)

① **충격식 프린터** : 힘을 이용하는 방식(활자 임팩트, 도트 임팩트, 펜스트로크 임팩트)

② **비충격식 프린터** : 열, 유체, 전기, 빛, 자기를 이용하는 방식(열 전사, 인젠터 등)

- 프린터의 인자속도 : PPM, LPM, CPS 등으로 표현

3 보조기억장치의 종류

1) 자기 테이프

① 순차처리만 가능한 기록매체

② 7트랙과 9트랙이 사용

③ **기록밀도의 표시** : BPI

2) 자기디스크

① 플로피디스크(FDD)와 하드디스크(HDD)의 2종류가 있다.

② 직접처리 방식으로 엑세스 시간이 자기테이프보다 빠르다.

3) 자기드럼

④ 기억방식의 표현

1) 데이터 기억방식

① Static memory : 데이터를 기억시키면 외부 도움 없이 스스로 데이터를 기억
② Dynamic memory : 데이터를 기억시킨 후 외부에서 물리적 변화를 주어야 한다.

2) 휘발성과 비휘발성

① **휘발성 메모리** : 전원이 공급되지 않으면 그 내용을 증발시켜버리는 메모리
- RAM(Randon Access Memory), flip-flop

② **비휘발성 메모리** : 전원이 공급되지 않아도 내용을 유지하는 메모리
㉠ ROM(Read-Only Memory) : 읽기 전용 메모리
㉡ PROM(Programmable ROM) : 제조 후 사용자가 1회 쓰기 가능한 메모리
㉢ EPROM(Erasable & Programmable ROM) : 여러 번 입력과 삭제가 가능한 메모리

27 전산응용 가공일반

① 동차 좌표계

n차원의 벡터를(n+1)차원의 벡터 형태로 표현한 것

① **이동(translation) 변환** : 도형의 평행이동
② **스케일링(scaling) 변환** : 도형의 확대, 축소
③ **반전 또는 대칭(reflection) 변환**
④ **회전(rotation) 변환**

② 곡선 및 곡면

1) 스플라인 곡선

곡선 및 곡면 표현에서 지정된 점을 반드시 통과하는 방식

2) 베이지어 곡선

스플라인 표현식 중 주어진 점들이 표현하는 형상에 가깝도록 자유로이 형상을 제어할 수 있는 방식

• **특징**

① 대화식으로 곡선을 정의할 수 있다.
② 양 끝점을 통과하고 곡선은 정점을 통과시킬 수 있는 다각형의 내측에 존재한다.
③ 1개의 정점 변화는 곡선 전체에 영향을 미친다.

3) B-Spline 곡선 : 6개의 제어 점들에 의해 정의되는 방식

• **특징**

① 근방의 정점의 위치벡터에 의해 형상이 결정
② 정점의 이동에 의한 형상의 변화는 곡선 전체에 영향을 주지 않는다.
③ 형상의 조작이 쉽다.

③ 형상 모델링(기하학적 모델링)의 종류

1) 2차원 ↔ $2\frac{1}{2}$차원의 모델링

① **2차원 모델링** : 정면도, 평면도, 측면도, 단면도 등의 평면 형상을 분류, 표현
② **2½차원 모델링** : 평면 형상의 평행 또는 회전에 의해 3차원 형상으로 모델화

2) 3차원 모델링 방법

① **와이어 프레임 모델링(wire frame modeling)** : 점과 선에 의해 형상을 표현
㉠ 데이터 구조가 간단하다.
㉡ 모델 작성이 용이하다.
㉢ 처리 속도가 빠르다.
㉣ 투시도의 작성이 용이하다.
㉤ 물리적 성질의 계산이 불가능하다.
㉥ 단면도 작성 및 은선 제거가 불가능하다.

② **서피스 모델링(surface modeling)** : 선으로 둘러싸인 면에 의해 형상을 표현
㉠ 은선 제거가 가능하다.
㉡ 단면도의 작성이 가능하다.
㉢ 면과 면의 교선을 구할 수 있다.
㉣ NC형상과 가공 데이터를 얻을 수 있다.
㉤ 물리적 성질의 계산이 어렵다.

③ **솔리드 모델링(solid modeling)** : 입체의 의해 형상을 표현
㉠ 물리적 성질의 계산이 가능하다.
㉡ 부울 연산을 통한 복잡한 형상 표현이 가능하다.
㉢ 단면도의 작성이 용이하다.
㉣ 정확한 형체의 표현이 가능하다.
㉤ 메모리 및 데이터의 처리가 크다.

- CGS 방식 : 기본 입체요소의 집합 연산 관계로 데이터를 표현
  - 데이터의 구조가 간단하다.
  - 메모리 용량이 적어도 된다.
  - 투시도 및 전개도 작성이 곤란하다.
  - 체적 및 면적 계산에 시간이 걸린다.
- B-rep 방식 : 물체의 형상을 구성하는 면과 면의 기하학적인 결합관계로 형상을 표현하는 방식이다.
  - 3면도 및 투시도 작성이 쉽다.
  - 전개도 작성이 용이하다.
  - FEM(유한요소법) 해석이 곤란하다.
  - 데이터 구조가 복잡하여 메모리 용량이 크다.

4 하드웨어의 제어방식

1) 키보드의 연결

키보드의 모든 키들은 입력장치로서 편으로 위해 스캔코드가 정의되며, 대부분의 키는 ASCⅡ 코드 값을 갖고 있으나, 특수키는 그 값으로 구별되지 않으므로 83개의 스캔코드 값으로 구별해야 한다.

2) 그래픽 어댑터

① **텍스트 모드(Text mode)** : 한 문자는 8bit이며, 8×8의 점이 사용된다.
  ㉠ 1문자를 표현하는데 소요되는 메모리는 2byte(문자코드 + 속성코드)
  ㉡ 80 culumn mode(80*25)에는 스크린 상에 2000개의 문자가 있게 되며, 1문자당 2byte가 소요되므로 4000byte(4Kbyte)의 메모리가 필요하다.

② **그래픽 모드(Graphic mode)** : 하나의 점(Pixel)은 하나의 bit만 필요하다.
  ㉠ 640×200 mode는 128,000bit가 소요되고, 1byte = 8bit이므로 한 line 당 80byte가 소요되고 한 화면 당 16,000byte(16Kbyte)의 메모리가 필요하다.

③ **Color 선정** : 기본색 Red, Green, Blue를 나타내는 3개의 독립적인 비트와 Intensity라는 1개의 비트를 추가하여 만들어지는 색상을 RGB Color라 한다.
  ㉠ Color의 조합 : Cyan = Green + Blue, Magenta = Red + Blue,
  White = Red+ Green + Blue

3) 데이터의 전송

① **RS-232C** : PC에서 접속을 간략화 하여 사용하는 규약(SD/TXD, RD/RXD, SG)
  ㉠ SD/TXD : 시리얼 데이터의 송신선(2번선)
  ㉡ RD/RXD : 시리얼 데이터의 수신선(3번선)
  ㉢ SG : 신호용 접지(7번선)

② **Serial data의 구성**
  ㉠ 시작비트 : 0(Low)
  ㉡ 정지비트 : 1(High)
  ㉢ 데이터비트
  ㉣ 패리티비트 : 에러체크 비트

③ **전송속도** : BPS(Bite Per Second; 단위 시간당 전송된 비트의 개수)로 표현

4) CAD 시스템에 의한 도형 처리

① **IGES 파일 형식** : 서로 다른 CAD 시스템 간에 도면 및 기하학적 형상 데이터를 전달
② **DXF 파일 형식** : 2차원 CAD 시스템에서 주로 이용되고 있는 방식

5 CAD 시스템에 의한 도형처리

1) 점의 정의

① 커서 제어 방법을 이용
② 절대, 상대, 극좌표에 의한 좌표입력
③ 두 요소의 교차점
④ 존재하는 요소의 끝점, 중앙점, 중심점 등

2) 선의 정의

① 임의의 두 점으로 표현
② 절대, 상대, 극좌표에 의한 좌표입력
③ 일정간격에 의한 평행선
④ 두 곡선(원)에 접하는 선
⑤ 두 요소의 끝점, 중앙점, 중심점 등을 연결한 선

3) 원호의 정의

① 임의의 3점을 지나는 원호
② 시작점, 중심점, 각도에 의한 원호
③ 시작점, 끝점, 반지름에 의한 원호
④ 시작점, 중심점, 끝점에 의한 원호
⑤ 시작점, 끝점, 접선방향을 지정

CHAPTER 2

CNC 제작 안전관리

CHAPTER 2 CNC 제작 안전관리

01 안전기준

1 산업재해에 관한 지식

1) 산업재해

작업자의 부주의나 작업 환경의 부적합, 불안전한 시설이나 장비 등에 의해 일어난 인명과 재산의 손실을 산업재해라고 한다.
부상의 종류는 아래와 같이 구분한다.

① **경미 상해** : 부상으로 8시간 이하의 휴무 또는 작업에 종사 하면서 치료받는 상해 정도를 말한다.
② **경상해** : 부상으로 1일 이상 14일 미만의 노동손실을 발생하는 상해 정도를 말한다.
③ **중상해** : 부상으로 2주 이상의 노동손실을 발생하는 상해 정도를 말한다.

2) 재해의 구분

① **응급조치 상해** : 부상 이후 치료를 받고 다음부터 정상 작업에 임할 수 있는 정도의 상해
② **일시 부분 노동 불능상해** : 의사 진단으로 일정기간 정규 노동에 종사할 수 없으나 휴무상태가 아닌 가벼운 노동에 종사하는 경우
③ **영구 부분 노동 불능상해** : 부상의 결과로 신체 일부가 노동기능을 상실한 부상(신체 장해등급 4급 ~ 14급에 해당)
④ **영구 노동 불능상해** : 부상의 결과로 노동기능을 완전히 잃게 되는 부상(신체 장해등급 1급 ~ 3급에 해당)
⑤ **사망** : 안전사고로 입은 부상의 결과로 생명을 잃는 것

3) 재해의 표시법

① **천인율** : 어느 기간 동안 발생한 재해의 건수를 그 기간의 평균 근로자 수로 나누고 1000배 한 것이다.

- $천인율 = \frac{근로\ 재해\ 건수}{평균\ 근로자\ 수} \times 1000$

② **도수율** : 어느 일정한 기간 동안 발생한 재해건수의 빈도를 표시한 것이다.

- $도수율 = \frac{근로\ 재해\ 건수}{근로\ 연\ 시간\ 수} \times 1000000$

③ **강도율** : 재해의 건수와 관계없이 재해의 내용을 재는 척도이다.

- $강도율 = \frac{근로\ 총\ 손실\ 일수}{근로\ 연\ 시간\ 수} \times 1000$

2 안전 관리자의 임무

① 설비, 작업 장소 또는 작업 방법에 위험이 있을 때는 응급조치 또는 적합한 방지 조치
② 안전장치, 보호구, 소화설비, 기타 위험방지 시설의 성능에 대한 정기적인 점검 및 정비
③ 안전 작업에 관한 교육 및 훈련
④ 안전일지 및 안전에 관한 기록 작성 비치
⑤ 안전에 관한 보조자의 감독
⑥ 소화 및 피난훈련
⑦ 재해가 발생 할 경우 그 원인의 조사와 대책수립
⑧ 기타 근로자의 안전에 관한 사항

3 작업자의 위생관리

① **CO 및 CO_2의 함유율** : 1기압 25℃에서 공기 중에 CO는 10ppm 이하, CO_2는 1000ppm 이하 함유되어야 한다.

② **환기** : $\frac{창문등\ 개구부\ 면적}{바닥면적} = 1/20$ 이상

③ **조명** : $\frac{전체\ 조명의\ 조명도}{국부\ 조명의\ 조명도} = 1/10$ 이상(150 ~ 300 룩스)

④ **부유하는 먼지량** : 0.15mg/m^3
⑤ **실내 기류** : 0.5m/sec 이하
⑥ **상대 습도** : 50 ~ 60%
⑦ **외부 기온과 온도차** : 7℃ 이내
⑧ **실내 온도** : 17 ~ 28℃
⑨ **눈과 광원의 선과 시선의 각도** : 30℃ 이상

1) 작업자의 태도

① 안전 작업을 위하여 안전수칙을 준수한다.
② 감독자의 지시에 따른다.
③ 작업장의 환경 조성을 위하여 적극 노력한다.
④ 자신의 안전은 물론 동료의 안전도 고려한다.
⑤ 작업에 임해서는 더욱 효율적이며 안전한 방법을 찾는다.
⑥ 작업 중에 장난을 하지 않는다.

2) 작업자의 보호구

작업자는 작업의 종류에 다라 보안경, 방독마스크, 내열 보호복, 작업모, 안전화, 귀마개 등을 착용 하여야 한다.

① **보안경** : 철분, 모래 등이 날리는 작업 도는 선반, 밀링, 연삭, 세이퍼, 목공 작업등에는 필히 착용한다.
② **보호 마스크** : 먼지가 많은 장소 또는 해로운 가스가 발생되는 작업에 사용한다.
③ **차광안경** : 용접 작업과 같이 불꽃이나 유해 광선이 나오는 작업에 사용한다.
④ **장갑** : 장갑은 작업 시 감겨들 위험이 있는 작업에서는 사용을 금한다.(주요 장갑 사용금지 작업 : 선반, 밀링, 드릴링, 목공기계, 연삭, 세이퍼, 해머, 정밀기계 등이다)
⑤ **귀마개** : 소음이 발생하는 작업장에서는 난청 질환에 걸릴 뿐 아니라 신호 전달이 어렵기 때문에 재해사 자주 발생 하므로 귀마개를 사용한다. 귀마개 외에 소음을 방지하기 위해서 귀 덮개가 있다. 직업성 귀머거리가 발생하기 쉬운 직종은 제관공, 조선공, 단조공, 직포공 등이다.

4 안전표지

1) 안전표지의 구성

삼각형, 정방형, 원형, 장방형 등의 단순한 형태와 안전색채로 만들어 단순한 구성미로 친숙함이 가도록 한다.

2) 안전표지의 색채

① **흑색** : 방향표지
② **백색** : 주의표지
③ **진한** 보라색 : 방사능 위험표지
④ **청색** : 주의, 수리 중, 송전 중 표지
⑤ **녹색** : 안전지도 표지
⑥ **황색** : 주의표지
⑦ **오렌지 색** : 위험표지
⑧ **적색** : 방화금지, 방향표지

02 안전수칙

1 일반 안전수칙

① 작업을 할 때는 규정된 복장 및 보호구를 착용한다.
② 작업장 주위환경을 항상 정리한다.
③ 시설 및 작업기구는 점검 후 사용한다.
④ 인화물질 또는 폭발물이 있는 장소에서는 화기취급을 엄금한다.
⑤ 위험표시 구역은 담당자 외는 무단출입을 금한다.
⑥ 흡연은 지정된 장소에서만 한다.
⑦ 모든 장비는 담당자 이외의 취급을 금한다.

⑧ 음주 후 작업을 금한다.
⑨ 현장 내에서는 장난을 하거나 뛰어다녀서는 안 된다.
⑩ 모든 전선은 전기가 통한다고 생각하고 주의한다.
⑪ 배부된 각종 리본패용 기간을 준수하고 항상 패용하도록 한다.
⑫ 장비 가동 중에는 청소, 정비 등을 하지 않는다.

2 작업장 안전 수칙

① 장난하지 말고 남을 조롱하지 말 것
② 일은 질서 있게 하는 습관을 가질 것
③ 바닥에 유독물질을 방치하지 말 것
④ 공구, 기타 물품을 자기 키 높이 이상의 위에서 던지지 말 것
⑤ 위에서 작업 시는 그 밑의 통행을 금지시키고 공구, 기타 물건을 넘어 뜨리지 말 것
⑥ 자기 작업지역을 함부로 이탈하지 말 것
⑦ 작업 중에는 자기의 숙련을 믿고 방심하지 말 것
⑧ 모든 안전수칙과 표지를 준수할 것
⑨ 요행을 바라지 말 것
⑩ 교대 시에는 작업에 대한 내용을 확실하게 인수인계할 것
⑪ 공동 작업은 서로 긴밀한 협조를 할 것
⑫ 무리한 작업은 관리감독자에게 보고하고 적절한 조치를 취할 것
⑬ 작업 중에는 작업에만 전념하고 경거망동 하지 말 것

3 작업장 통행 안전 수칙

① 계단을 오르내릴 때는 난간을 붙잡고 좌측통행한다.
② 구내 통행수칙을 잘 알아두고 준수한다.
③ 높은 곳이나 비계, 도크 등에서 뛰어 내리지 않는다.
④ 통로를 보행할 때는 움직이는 기계를 잘 살피고 조심한다.
⑤ 달리는 운반차에 뛰어오르거나 뛰어내리지 않는다.
⑥ 통로에 장애물이 있으면 즉시 치우는 습관을 가진다.
⑦ 배관, 레일, 앵글, 기타 물건을 넘어 다니지 말고 그 위를 걷지도 않는다.

⑧ 통제구역이나 지름길을 허가 없이 다니지 않는다.
⑨ 보통 통로를 이용하고 질러가지 말고 항상 주위를 살피며 함부로 뛰지 않는다.
⑩ 위에서 작업 중이거나 물체가 매달려 있는 상태에서는 그 밑을 일체 통행하지 않는다.
⑪ 문의 개폐를 조용히 한다. 문을 열 때 자기 앞으로 당기게 되어 있는 문은 반드시 옆으로 서서 당긴다.

4 구내 통행 안전 수칙

① 통행로를 통행하는 자는 좌측통행을 할 것
② 지정된 장소로만 통행할 것
③ 계단을 오르내릴 때는 손잡이를 잡고 통행할 것
④ 계단을 통행할 때는 발판을 건너뛰지 말고 한 계단씩 오르내릴 것
⑤ 건물의 출입구를 통행할 때는 유리에 부딪치지 않도록 유의할 것
⑥ 좁은 통로의 모퉁이를 통행할 때는 반대편에서 사람이 뛰어오고 있다고 가정하고 충돌에 유의할 것
⑦ 투시되지 않은 출입문 등을 통행(개폐)할 때에는 반대편에서 개폐할 경우 충돌을 대비하여 서서히 출입문을 개폐하고 출입 할 것
⑧ 지상에 설치된 시설물 위를 통행할 때는 지정된 통로를 따라 추락에 유의하면서 통행할 것
⑨ 통행로를 통행할 때는 긴급한 경우를 제외하고는 뛰어가지 말 것

5 장비 조작 관련 안전수칙

① 기계의 가동 중에는 정비, 청소를 하지 말 것
② 기계의 가동 시는 자리를 비우지 말 것
③ 기계의 조정이나 정지 시 막대기를 사용하지 말 것
④ 밸브는 서서히 열고, 잠그도록 할 것
⑤ 내용을 모르는 작업에 함부로 손대지 말 것
⑥ 모든 기계는 담당자 이외에 손대지 말 것
⑦ 작업장 내에서는 뛰어다니지 말 것
⑧ 통제구역은 허가 없이 출입하지 말 것

⑨ 안전방호장치는 이상이 없는지 확인할 것
⑩ 기계 고장 시 적합한 수리보수 등의 조치를 취하고 작업에 임할 것
⑪ 기계 운전 시 사전 안전점검을 할 것

6 작업관리자의 의무

① 작업자로 하여금 안전모 등 필요한 안전보호구를 사용하도록 할 것
② 작업순서 및 그 순서마다 작업방법을 정하고 작업을 지휘할 것
③ 당해 작업을 행하는 장소를 관계 근로자 이외 출입을 금지 시킬 것
④ 로프를 풀거나 덮개를 벗기는 작업을 행하는 때에는 적재함의 화물이 낙하 할 위험이 없음을 확인한 후 당해 작업을 하도록 할 것
⑤ 일정한 신호방법을 정하고 신호에 따라 작업하도록 할 것
⑥ 통행설비, 하역기계, 보호구 및 기구 · 공구를 점검, 정비하고 이들의 사용 사항을 감시할 것
⑦ 주변 작업자간의 연락 조정을 행할 것
⑧ 작업장과 통로의 위험한 부분에는 안전하게 작업을 할 수 있는 조명을 유지할 것
⑨ 기구 및 공구를 점검하고 불량품을 제거할 것

7 중량물 취급 작업 안전수칙

단위 화물의 중량이 100kg 이상인 화물(이하 '중량물' 이라 한다)을 취급 하는 작업을 하는 때에는 작업 주무부서의 관리감독자가 다음 각 호의 사항이 포함된 작업계획서를 작성하고 관리 감독하여야 하며 작업자는 이를 준수하여야 한다.

① 작업지휘자 임명
② 중량물의 종류 및 형상
③ 안전수칙 및 유의사항
④ 작업장소의 넓이 및 지형
⑤ 취급방법 및 순서

8 중량물을 취급하는 작업자의 의무

중량물 취급 작업에 종사하는 작업자는 다음 각 호의 사항을 준수하여야 한다.

① 경사면에서 드럼통 등의 중량물을 취급하는 때에는 구름 멈춤 대, 쐐기 등을 이용하여 중량물의 동요나 이동을 조절할 것
② 작업지휘자의 지시에 따라 작업할 것
③ 중량물 취급의 올바른 자세 및 복장을 갖출 것
④ 중량물 운반용으로 사용하는 로프는 밧줄 가닥이 절단되거나 손상된 것을 사용하지 말 것
⑤ 중량물을 적재할 때에는 편 하중이 생기지 않도록 적재할 것
⑥ 중량물을 적재할 때에는 불안정할 정도로 높이 쌓아 올리지 말 것

9 정리정돈 안전 수칙

① 올바른 방법과 안전한 방법으로 정리정돈 한다.
② 자재와 장비 그리고 잔재와 버리는 토막은 장소를 정하고 제자리에 두어야 한다.
③ 불필요한 것이 눈에 띌 때 즉시 정리정돈 한다.
④ 작업장 주위에 통로나 작업장내의 청소를 항시 깨끗이 하고 작업을 행한다.
⑤ 소화전, 화재 및 비상표시, 안전표시를 잘 보이는 곳에 올바르게 부착한다.
⑥ 구르기 쉬운 받침대를 튼튼히 하고 가능한 묶어서 적재 또는 보관한다.
⑦ 사용시기별, 용도별로 정리하고 빨리 사용할 것을 밑에 쌓지 않는다.
⑧ 부식성, 인화성 물질은 별도로 보관한다.
⑨ 정리정돈이 잘된 곳이 재해 없는 안전한 곳이란 것을 명심한다.
⑩ 품명 및 수량을 파악하기 좋도록 정리정돈 한다.

10 응급처치 요령

① 급한 환자부터 순서적으로 처치한다.
② 침착하고 신속하게 상황을 파악한다.
③ 주위에 도움을 요청하고 즉시 PO/SM조정실에 연락한다.

④ 부상의 정도 및 일반상태를 주의 깊게 관찰한다.
⑤ 부상부위가 오염되지 않도록 주의한다.
⑥ 환자의 체온유지에 힘쓴다.
⑦ 음료수를 공급한다.(심한 출혈환자, 복부손상 환자, 무의식 환자, 기타 수술을 요하는 환자는 음료수를 주면 안 된다)
⑧ 심신이 안정되도록 돕는다.
⑨ 변, 구토 물 등의 증거품을 보존한다.
⑩ 불필요한 이동은 피하고 적절한 운전 방법을 모색한다.
⑪ 자신이 조난당하지 않도록 한다.
⑫ 응급처치의 구명 4단계에 준하여 조치한다.

- 1단계 : 지혈
- 2단계 : 기도유지(구강 내 이물질 제거)
- 3단계 : 상처보호(오염방지)
- 4단계 : 쇼크예방 및 치료(보온 유지)

⑬ 사고발생시 아래 일반적인 주의사항을 숙지하여 조치한다.

- 침착하고 냉정하게, 재빨리 재해자의 상태를 충분히 관찰하여 처치한다.
- 재해자를 함부로 움직이지 않는다.
- 재해자에게 가장 편안한 자세를 취하게 한다.

11 유해물질 안전수칙

① 유해물질은 지정된 표시를 하여야 한다.
② 유해물질은 소정의 장소, 용기에 보관하여야 한다.
③ 취급관계자 이외에는 작업장 출입을 금한다.
④ 작업장 내에서는 담배, 음식을 금한다.
⑤ 식사 전에는 손을 깨끗이 닦아야 한다.
⑥ 보호구(가스마스크, 비닐앞치마, 장갑 등)나 방호장치를 사용해야 한다.
⑦ 작업장의 통풍·환기에는 항상 주의한다.
⑧ 유해물질 취급에 따른 특수건강진단을 반드시 받는다.
⑨ 신체에 이상(두통, 복통, 설사)을 느끼면 바로 의사의 진단을 받는다.

⑫ 유기용제 안전수칙

유기용제라 함은 상온·상압 하에서 휘발성이 있는 액체로서 다른 물질을 녹이는 성질이 있는 것을 말한다.

① 유기용제 작업 시 증기 발산원에는 국소배기장치 설치 후 작업할 것
② 유기용제를 여과, 혼합, 교반, 가열 또는 용기나 설비에 주입할 때는 안전보호구를 착용할 것(안면 보호구, 마스크, 고무장갑, 보호의 등)
③ 관리감독자는 아래 각 호의 수칙을 준수하도록 관리 감독할 것
④ 통풍이 불충분한 옥내작업 시에는 호스마스크를 사용할 것
⑤ 국소배기장치 설치 시 증기 발산 원 마다 설치하며 증기 발산 원 가까이 설치할 것
⑥ 유기용제를 옥내에 저장할 때에는 유기용제 등이 넘쳐흐르거나 누출 및 베어 나오는 일이 없도록 할 것
⑦ 유기용제를 넣었던 빈 용기 중 증기가 발산할 우려가 있는 것은 밀폐하여 일정한 장소에 보관할 것
⑧ 관계자 외에는 출입을 금지할 것

⑬ 차량운행 안전수칙

① 운전면허, 차량검사증, 일일점검표 등의 유무를 확인해야 한다.
② 차량보안용품인 고장 안전 표지판, 스페어타이어, 공구 등의 이상 유무를 확인하여야 한다.
③ 과도한 운전을 피하고 되도록 명랑한 기분을 유지하며 통행인의 우선을 지키고 과속 운전을 금해야 한다.
④ 운전 전이나 운전 중에는 음주를 절대 금하고 당일의 일기 상태를 미리 알아두어 안전운행이 되도록 한다.
⑤ 제반 교통규칙을 엄수함은 물론 교통도덕에 벗어나는 행위를 금하여야 한다.
⑥ 신호나 지시를 엄수하고 담배를 피우거나 잡담을 하지 말 것
⑦ 물이 고인 장소를 통행할 때는 오토나 오수 등이 비산하여 타인에게 해가 없도록 한다.
⑧ 과속, 앞지르기 엄금, 서행장소 준수, 일단정지 이행 등 안전표지 내용을 준수한다.
⑨ 경사진 좁은 도로에서 자동차가 서로 교차하여 지날 경우 올라가는 자동차가 내려오는 자동차에게 도로의 우측 편으로 진로를 피해 정지한다.

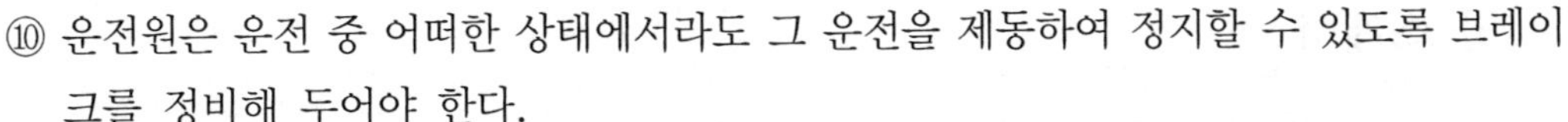

⑩ 운전원은 운전 중 어떠한 상태에서라도 그 운전을 제동하여 정지할 수 있도록 브레이크를 정비해 두어야 한다.
⑪ 출발 전 전후 측면에 아이들이 장난을 치지나 않는지 확인한다.
⑫ 조향장치, 제동장치, 기타 장치를 확인한다.
⑬ 교통상황, 차량의 구조 성능에 따라 타인에게 위해가 없도록 한다.
⑭ 화물의 전락방지를 위해 확실히 필요한 조치를 한다.

⑭ 작업자 복장의 안전수칙

① 작업복은 몸에 맞는 것을 입는다.
② 작업의 종류에 정해진 작업복 또는 보호 복이나 보호구를 착용한다.
③ 수건을 허리춤에 끼거나 목에 감지 않는다.
④ 작업복의 소매와 바지의 단추를 잠그고 상의의 옷자락이 밖으로 나오지 않도록 한다.
⑤ 해지고 찢어진 작업복은 신속히 수선한다.
⑥ 기름이 밴 작업복은 입지 않는다.

⑮ 일반 공구류의 사용 안전수칙

1) 쇠톱

① 톱날을 틀에 장착한 후 2~3번 사용 후에 다시조정한 후 본 작업을 실시한다.
② 둥근 강이나 파이프는 삼각 줄로 안내 홈을 파고 그 위에 톱 작업을 한다.
③ 손잡이와 틀의 선단을 확실하게 잡는다.

2) 드라이버

① 드라이버의 날 끝이 마모된 것은 사용하지 않는다.
② 드라이버의 날 끝이 홈의 나비와 길이에 맞는 것을 사용한다.
③ 조일 때는 날 끝이 미끄러지지 않게 수직으로 대고 한손으로 가볍게 잡고 작업한다.

3) 스패너

① 스패너와 너트 사이에는 절대 쐐기를 넣지 않는다.
② 스패너는 너트에 알맞은 것을 선택하여 사용한다.
③ 스패너는 올바르게 기우고 몸 쪽으로 당긴다.
④ 스패너에 파이프를 끼워 사용하거나 해머 등으로 두들겨 사용하지 않는다.
⑤ 스패너를 해머 대용으로 사용하지 않는다.

4) 줄, 바이스 작업

① 줄을 다른 용도로 사용하지 않는다.
② 손잡이가 빠졌을 때는 주의해서 확실하게 잘 꽂아 사용한다.
③ 줄 작업 시 발생하는 칩(가루)는 입으로 불지 않는다.
④ 줄을 두들기지 않는다.
⑤ 땜질한 줄은 부러지기 쉬우므로 사용하지 않는다.
⑥ 줄은 손잡이가 확실한 것만 사용한다.

5) 해머 작업

① 해머의 형태가 변질되었거나 손잡이 등이 손상된 해머는 사용하지 않는다.
② 장갑을 끼어서는 안 된다.
③ 사용 중에도 해머의 상태를 자주 확인하면서 작업한다.
④ 불꽃 또는 파편이 발생하는 작업에는 반드시 보안경을 착용한다.
⑤ 좁은 곳이나 발판이 불안한 곳에서는 해머를 사용하지 않는다.
⑥ 해머를 휘두르기 전에 반드시 주위를 살핀다.

03 작업의 안전

❶ CNC 선반 및 CNC 머시닝센터의 점검사항

1) 매일 점검사항

① 장비의 외관점검
② 배드 면에 습동유가 나오는지 손으로 확인한다.
③ 습동 면 및 볼 스크류 급유 탱크 유량 확인
④ 절삭유의 유량 적합여부 확인
⑤ 유압 탱크의 유량 적합여부 확인
⑥ 각 부의 압력 점검
⑦ 각 축 원활하게 급속 이송이 되는지 확인한다.
⑧ 공구대 장치는 원활하게 작동되는지 확인한다.
⑨ 주축의회전이 정상적인지 확인한다.

2) 매월 점검사항

① CNC 장치의 필터 점검하여 교환 및 먼지 등을 제거한다.
② 전기 제어반 필터 점검하여 교환 및 먼지 등을 제거한다.
③ 각 부위의 펜 모터 회전 점검
④ 펜 모터부의 먼지 및 이물질 제거
⑤ 지정된 기어 및 작동부에 그리스를 주입한다.
⑥ 각 축의 백레쉬 점검 및 보정

3) 매년 점검사항

① 기계 본체 레벨점검(수평점검) 및 보정
② 기계 제작 회사에서 작성된 각부 기능검사 리스트의 정도검사 확인
③ 각부의 전선의 절연 상태를 점검 및 보수한다.

② 선반 작업안전

① 바이트의 자루는 공구대에서 가능한 짧게 물리며 확실하게 고정한다.
② 측정 및 공구의 교환은 기계를 완전하게 정지 한 후에 실시한다.
③ 공작물의 치수를 작업 중에는 측정 할 때는 기계를 정지시킨 후 측정한다.
④ 회전 중에 공작물을 직접 손으로 만지지 않도록 한다.
⑤ 장갑을 사용하지 않는다.
⑥ 작업 전에는 항상 각 부위의 정위치 상태를 확인한다.
⑦ 처음 작업시작 전에는 주축을 2~3분가량 공회전을 실시한 후 작업에 임한다.
⑧ 주축대 위나 베드 위 공구대 위에 측정기를 놓고 작업해서는 안 된다.
⑨ 칩의 비산에 대비하기 위해 보호안경을 착용한다.
⑩ 정전 시에는 반드시 스위치를 끄고 이송장치를 풀어 두어야 한다.
⑪ 회전수를 변경 할 때는 정지 상태에서 변경한다.
⑫ 단정한 복장으로 옷소매, 상의 옷자락이 회전체에 걸리지 않도록 사전 준비한다.
⑬ 센터드릴이나 드릴 작업 후에 심압대에서 완전하게 분리 한 후 다음 작업을 진행한다.
⑭ 칩은 부러쉬 등을 이용하여 제거하며 회전 중에 걸레로 털거나 입으로 불지 않도록 한다.

③ 밀링 작업안전

① 각종 공구(평면커터, 엔드밀, 더블 테일 등)의 장작은 정확하게 장착 후 반드시 확인 한다.
② 공작물을 바이스에 장착 할 때는 황동망치 등으로 기계에 무리기 가지 않는 상태로 받침쇠와 가공물과의 흔들림이 발생하지 않도록 견고하게 고정한다.
③ 밀링에서 강력 절삭을 할 때는 공작물을 바이스에 최대한 깊게 물려 저항에 견딜 수 있도록 장착한다.
④ 밀링 작업 시에는 칩이 비산 하므로 반드시 보호안경을 착용한다.
⑤ 아버 또는 밀링커터를 끼우기 위하여 스핀들의 너트 등을 풀 때는 주축이 시동되지 않도록 전원스위치를 OFF 시킨 후 실시한다.
⑥ 테이블 위에 측정기 및 기타 물건을 올려놓지 않는다.
⑦ 가공 중에 절삭 면을 손으로 만지지 않는다.
⑧ 상하 이송핸들은 사용 후 반드시 풀어 둔다.

⑨ 공작물을 장착하거나 풀 때는 공구의 운전을 정지한 상태에서 실시한다.
⑩ 공구의 장착 또는 제거 시에는 시동버튼에 닿지 않도록 주의한다.
⑪ 칩은 부러시 등을 이용하여 제거하며 회전 중에 걸레로 털거나 입으로 불지 않도록 한다.

4 연삭 작업안전

① 작업시작 전 숫돌은 3분 이상 공회전 시킨다.
② 숫돌바퀴의 안지름은 축 지름보다 0.05 ~ 0.15mm 정도 큰 것을 선택한다.
③ 공구 지지대와 숫돌바퀴의 면이 직각을 이루게 하며 그 간격은 1.5mm 내로 조정한다.
④ 숫돌바퀴의 커버를 제거하지 않도록 한다.
⑤ 숫돌과 받침대의 간격은 항상 3mm 이하로 유지한다.
⑥ 숫돌을 설치 전에 나무망치 등을 활용하여 균열여부를 확인 한 후 장착한다.
⑦ 플랜지는 좌우 같은 것을 사용하고 숫돌 바깥지름의 1/3 이상의 것을 사용한다.
⑧ 공작물과 숫돌의 접촉은 가볍게 하며 무리한 압력을 가할 경우 파손의 우려가 있다.
⑨ 숫돌바퀴의 정면에서 작업하며 측면사용은 하지 않는다.
⑩ 숫돌바퀴는 사용 전 드레싱 하여 사용하며 드레싱 후에는 공구 지지대를 재조정한다.
⑪ 칩은 부러시 등을 이용하여 제거하며 회전 중에 걸레로 털거나 입으로 불지 않도록 한다.

5 드릴링 작업안전

① 장갑이나 옷소매, 상의 옷자락이 회전체에 걸리지 않도록 사전 준비한다.
② 드릴의 회전 중 주축과 드릴에 손이나 신체 등이 닿거나 기대지 않도록 한다.
③ 테이블에 설치된 바이스 및 작업테이블을 견고하게 조인 후 확인한다.
④ 드릴 자루에 상처가 있는 드릴을 사용하지 않도록 하며 체결 전에 반드시 드릴 상태를 점검한다.
⑤ 드릴작업 중 드릴 날의 떨림, 드릴 날의 마모 등의 소리에 주의하고 이상이 있을시 즉시 드릴 날의 재 연삭 및 고정 상태 등을 점검한다.
⑥ 공작물의 바이스에 고정 할 때 드릴구멍의 간섭이 없는지를 감안하고 최대한 견고하고 안전하게 공작물을 장착한다.

⑦ 칩은 부러쉬 등을 이용하여 제거하며 회전 중에 걸레로 털거나 입으로 불지 않도록 한다.

⑧ 주축에서 드릴이나 드릴 척을 떼어 낼 때는 주축을 테이블에 가깝게 낮추거나 테이블에 나무 등을 받친 후 분리하면 안전하다.

6 플레이너, 세이퍼 작업안전

① 바이트의 설치는 가급적 짧게 장착한다.

② 테이블의 이송거리 내에 장애물 및 간섭 부분이 없는지 미리 점검한다.

③ 운전하기 전에 주변의 물건이 테이블에 닿지 않도록 미리 점검한다.

④ 시동 전 행정조절 손잡이를 빼 놓으며 필요 이상의 행정으로 조정하지 않는다.

⑤ 세이퍼의 작업 시는 정면에 서서 작업하지 않는다.

7 프레스 작업안전

① 작업 시작 전에 공회전하여 클러치 및 각 부분을 점검하고 브레이크 작동상태 등을 미리 점검한다.

② 잠시 휴식 중에도 페달 보호구를 씌어 놓는다.

③ 안전장치는 반드시 작업 전에 점검한다.

④ 운전 중에 램의 밑에 손을 넣지 않도록 주의한다.

⑤ 정지 시에는 스위치를 반드시 끄고 페달을 고의로 밟지 않도록 주의한다.

⑥ 손 급유 작업을 할 때나 각 부분을 조정 할 때는 기계를 반드시 정지한 후 작업한다.

⑦ 기계 사용방법에 익숙하지 않을 경우는 함부로 작동하지 않는다.

⑧ 다이를 장착 할 때는 상하를 맞추어 움직이지 않도록 정확하게 고정한다.

⑨ 다이를 교환하였을 경우는 반드시 시험 작업으로 교환 상태를 점검한다.

❽ 기계설비 안전수칙

① 베어링부에 접하는 부분의 청소를 주기적으로 하여 기름이 고여 있지 않도록 점검한다.
② 커버 등이 기계 활동부에 닿지 않도록 수시로 점검한다.
③ 각종 활동부위에 주유를 충분히 하여 원활한 상태를 항상 유지한다.
④ 각종 설비는 무리한 운전으로 과부하가 되지 않도록 항상 관리한다.
⑤ 계속 움직이는 베어링 부위에는 타기 쉬운 종이, 섬유, 부스러기, 분진 등이 끼지 않도록 주기적으로 청소한다.

❾ 장비 조작 관련 안전수칙

① 기계의 가동 시는 자리를 비우지 말 것
② 기계의 가동 중에는 정비, 청소를 하지 말 것
③ 기계의 조정이나 정지 시 막대기를 사용하지 말 것
④ 밸브는 서서히 열고, 잠그도록 할 것
⑤ 내용을 모르는 작업에 함부로 손대지 말 것
⑥ 모든 기계는 담당자 이외에 손대지 말 것
⑦ 작업장 내에서는 뛰어다니지 말 것
⑧ 통제구역은 허가 없이 출입하지 말 것
⑨ 안전방호장치는 이상이 없는지 확인할 것
⑩ 기계 운전 시 사전 안전점검을 할 것
⑪ 기계 고장 시 적합한 수리보수 등의 조치를 취하고 작업에 임할 것

MeMo

CHAPTER

CNC 선반 프로그램 해독 및 조작기술

CHAPTER 3 CNC 선반 프로그램 해독 및 조작기술

01 2013년 이후 변경된 실기시험 방법

1 변경 전·후 내용

구분	변경 전	변경 후	비고
시험 시간	표준시간 : 3시간	표준시간 : 3시간 30분 (CNC 선반프로그래밍 : 1시간, CNC 선반가공 : 1시간15분, 범용선반가공 : 1시간15분)	
실기 구성	• 범용 선반 가공 • CNC 선반 가공	• 범용선반 가공에 널링가공 추가 • CNC 선반 가공에 홈가공(척킹부분) 추가	
재료 지급	• 범용선반재료 : 기초 및 모따기 가공 후 지급(L : 40mm)	• 범용선반재료 : 기초 및 모따기 가공없이 지급(L : 50mm)	
기타	• 출제기준에 따른 현재 작업요소	• 향후 출제기준에 따라 현재에 여러 작업요소 추가 예정	

2 변경 후 적용시기

• 2013년 기능사 5회부터 현재까지 큰 변동없이 시행되고 있음

02 CNC 선반 운전하기

① CNC 선반 구성요소

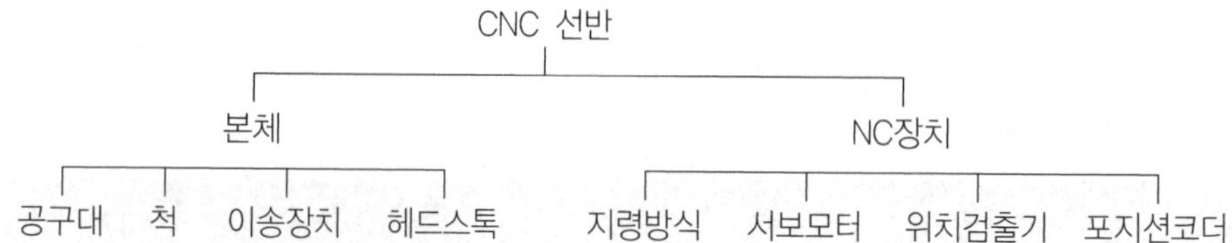

1) CNC 선반의 공작기계의 모습(LG-MEC30)

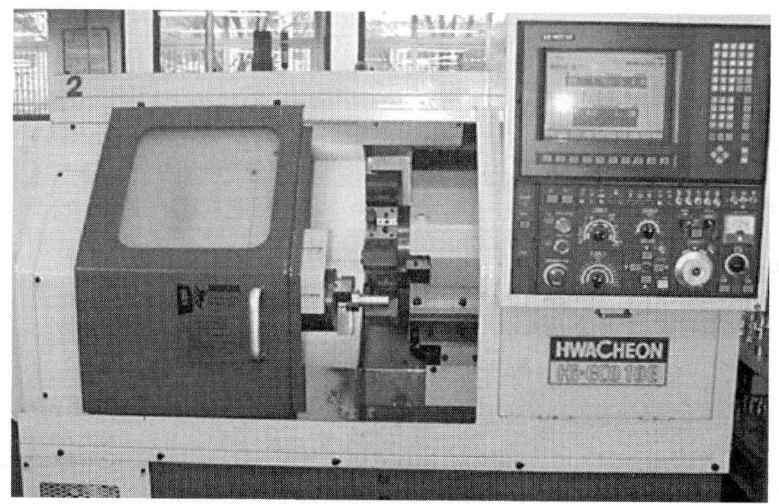

가) LG-MEC30 CNC 선반 공구보정 방법 실습 순서

① LG-MEC 기계는 보정 값을 변경하려면 반드시 원점 복귀부터 한다.

② 원점 복귀 후 기준공구로 단면을 수동 가공 한 후 Z축을 고정하고 X축을 뺀다.

③ [보정]을 누른 후 해당 공구 번호의 Z값 위치에 커서를 이동 한 후 [상대입력] 누른 후 [절대입력] 누른 후 측정한 길이 값이 완성치수와의 차이가 3.0이라면 3.0을 입력하면 Z값 보정이 완료된다.

④ 직경을 수동 가공 한 후 X축을 고정하고 Z축으로 축을 뺀 후 X값 위치에 커서를 이동한 후 [상대입력] 누르고 [절대입력] 누른 후 직경을 측정하여 측정값이 49.5라면 49.5를 입력하면 X값 보정이 완료된다.

⑤ 다음 공구도 3, 4 순으로 기준공구 자리를 터치하면 공구보정이 완료된다.

⑥ 조작반의 [SBK], [DRN], [OSP] 레버를 ON한 후 한 블록씩 싱글 블록(SBK)으로 가공 한 후 이상이 없는 것으로 판단되면 [SBK], [DRN], 키를 OFF한 후 자동운전으로 가공한다.

2) CNC 선반의 공작기계의 모습(삼성)

가) 삼성(PL10) CNC 선반 공구보정 방법 실습 순서

① 기계 뒷면에 장착된 3.5 플로피 디스크를 삽입 한 후 프로그램을 불러온다.

② [MEM MODE] → [그래픽 검증]으로 도형의 이상 유·무를 확인한다.

③ 1번 공구 보정을 한다.

㉠ Z축 단면가공 → 길이를 측정한다.(102.50)
소재길이(102.50) → 완성치수(100.0) = 2.50 차이 값을 기억하여 둔다.

㉡ [옵셋] → 1번 공구의 Z축 [형상]위치에 커서를 이동한다.

㉢ [조작메뉴] → [옵셋 설정] → 측정값의 차이 값(2.50)입력 → [Z옵셋 설정]을 누르면 Z축 보정이 완료된다.

㉣ X축 직경가공 → 직경측정(49.0) → 1번 공구의 X축 [형상]위치에 커서 이동 → 측정값(49.0) 입력 → [X옵셋 설정]를 누르면 X축 공구보정이 완료된다.

④ 3번 공구 보정을 한다.

㉠ 공구교환 가능한 안전한 위치로 공구를 이동한다.
㉡ 3번 공구로 교환한다.
㉢ Z축 단면에 종이를 이용하여 접촉시킨 후 측정값의 차(2.50)를 입력
㉣ 3번 Z축 [형상]위치에 커서 이동하여 [Z옵셋 설정]을 누르면 입력이 완료된다.
㉤ X축 직경에 종이를 이용하여 접촉시킨 후 직경측정값(49.0)입력
㉥ 3번 X축 [형상]위치에 커서를 이동 → [X옵셋 설정]를 누르면 X축 공구 옵셋이 완료된다.

⑤ 다음 공구도 3번 공구와 같이 설정하면 공구보정이 완료된다.
⑥ 공작물을 가공한다.
㉠ [EDIT MODE] → [기능메뉴] → [프로그램] → [MEM MODE]
㉡ [SBK] [OSP] [DRN]을 [ON]시킨다.
㉢ [사이클 START]를 눌러서 한 블록씩 실행하면 가공이 완료된다.

나) 삼성 CNC 선반 운전 방법 따라하기 실습 순서

① 기계의 뒤쪽에 위치한 전원스위치를 ON한다.
② [비상정지] 스위치를 오른쪽 방향으로 돌려 해제한다.
③ 조작반의 [ON] 버튼을 누르면 몇 초 후에 화면에 부팅이 완료된다.
④ 기계를 수동원점 복귀 시킨다.
㉠ [H MODE]를 선택한다.
㉡ Z축을 선택하여 [X100]으로 Z축을 -쪽으로 이동시킨다.
㉢ X축을 선택하여 [X100]으로 X축을 -쪽으로 이동시킨다.
㉣ [ZRN MODE] 선택 → [+X]버튼을 누르면 X축이 원점 복귀 된다.
㉤ X축 완료 후 [+Z]버튼을 누르면 Z축이 원점 복귀 된다.
⑤ 프로그램을 불러온다.
㉠ [EDIT MODE] 선택 → [프로그램]를 누른다.
㉡ 프로그램 목록에서 해당 프로그램에 커서를 위치시킨다.
㉢ [INPUT]를 누르면 프로그램이 나타난다.
㉣ 새 프로그램작성 시에는 프로그램번호를 입력하고 [새파일]을 누른다.
⑥ 그래픽을 검증한다.
㉠ [그래픽검증] → [MEM MODE]선택
㉡ [조작메뉴] → [그리기]를 누르면 화면에 도형이 나타난다.

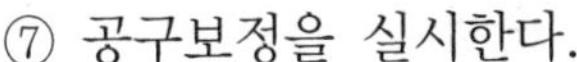

⑦ 공구보정을 실시한다.

㉠ [H MODE]선택 한 후 공작물을 척에 물린 후 1번 공구를 선택한다.

㉡ 공작물회전은 [Spindle override] 를 1에 위치한 후 [CW]를 누르면 천천히 회전하며 이때 속도를 높여 준다.

㉢ X, Z축을 적절히 선택하고 공구를 이동하여 Z축 단면가공을 한다. [X100] 과 [X10]을 이용하여 가공한다.

㉣ [옵셋]을 누르면 옵셋 화면이 나타난다.

㉤ 커서를 1번 공구 Z값 [형상]위치로 이동한다.

㉥ [조작메뉴] → [옵셋 설정] → Z값을 입력 한 후 [Z옵셋 설정]를 누르면 Z축 옵셋이 완료된다.

㉦ X, Z축을 적절히 선택하고 공구를 이동하여 X축 직경가공을 한다.

㉧ 직경을 측정하여 측정값을 입력한 후 [X옵셋 설정]를 누르면 X축 공구보정이 완료된다.

㉨ 원점 복귀를 실행한다.(생략하여도 무방하다)

⑧ 공작물을 가공한다.

㉠ [EDIT MODE] → [기능메뉴] → [프로그램] → [MEM MODE]

㉡ [SBK] [OSP] [DRN]을 [ON]시킨다.

㉢ [사이클 START]로 가공한다.

3) CNC 선반의 공작기계의 모습(S&T) 1

가) S&T(TSL-6) CNC 선반 공구보정 방법 실습 순서

① MAIN S/W를 ON한 후 POWER ON 및 비상스위치를 해제한다.

② 기계 원점 복귀를 한다.

㉠ [MPG]모드에서 핸들을 사용하여 축을 주축 방향으로 뺀다.

㉡ [ZRN]모드에 위치 한 후 [+X]와 [+Z] 축으로 원점 복귀한다.

③ 기준공구(T01)로 공작물 외경 및 단면 가공하여 상대 “0”으로 셋팅한다.
외경가공 후 → [POS] → [상대] → U → [ORIZIN], 단면가공 후 → [POS] → [상대] → W → [ORIZIN]

④ 공구를 U0, W0(상대) 위치로 이동한다.

⑤ [OFS / SET] → [▶][▶] → W. 이동 → 측정값을 입력한다.

㉠ [화면 창]에서 X위치로 커서 이동 → 직경 측정값(예 49.7)을 입력한다.

㉡ 커서를 측정값 Z위치로 이동(예 0)하여 입력한다.(앞쪽 단면이 0일 경우)

※ 상기 3, 4, 5과 같이 실행하면 기계 원점에서 프로그램 원점으로 공작물 좌표계 보정이 완료된다.

⑥ [OFS / SET] → [보정] → [형상](공구보정 페이지)

㉠ 기준공구 T01은(U0, W0 위치에서) 보정번호 G01 X값에 커서 이동 → X 49.7 → [측정], 보정번호 T01 Z값에 커서 이동 → Z0 → [측정]

㉡ T03 공구선택 외경 터치 후
보정번호 T03 X값에 커서 이동 → X49.7 → [측정], Z축 단면 터치 후 T03 Z값에 → Z0 → [측정]

㉢ T05, T07도 상기와 동일한 방법으로 공구보정을 완료한다.

4) CNC 선반의 공작기계의 모습(S&T) 2

• (S&T) 2의 전체 모습

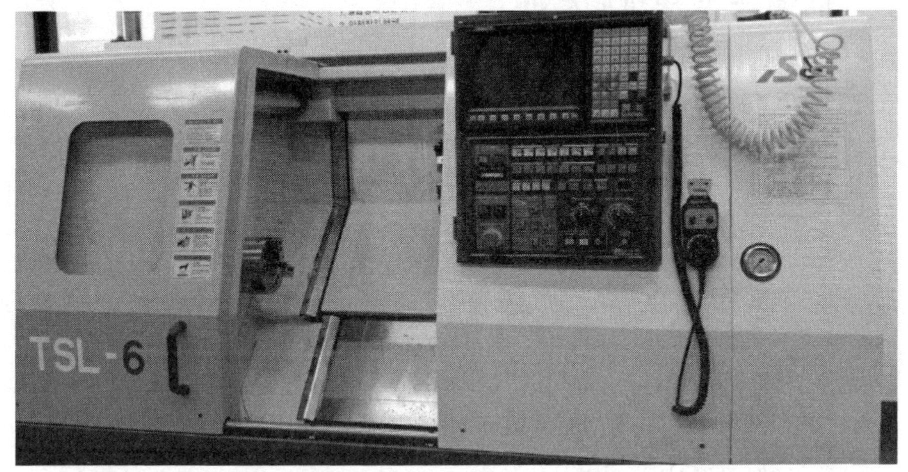

• (S&T) 2의 조작반 확대 모습

가) S&T(TSL-6) CNC 선반 공구보정 방법 실습 순서

① MAIN S/W를 ON한 후 POWER ON 및 비상스위치를 해제한다.

② 기계 원점 복귀를 한다.

㉠ [MPG]모드에서 핸들을 사용하여 축을 주축 방향으로 뺀다.

㉡ [ZRN]모드에 위치 한 후 [+X]와 [+Z] 축으로 원점 복귀한다.

③ 기준공구(T01)로 공작물 외경 및 단면 가공하여 상대 “0”으로 셋팅 한다.
외경가공 후 → [POS] → [상대] → U → [ORIZIN], 단면가공 후 → [POS] → [상대] → W → [ORIZIN]

④ 공구를 U0, W0(상대) 위치로 이동한다.

⑤ [OFS / SET] → [▶][▶] → W. 이동 → 측정값을 입력한다.

㉠ [화면 창]에서 X위치로 커서 이동 → 직경 측정값(예 49.7)을 입력한다.

㉡ 커서를 측정값 Z위치로 이동(예 0)하여 입력한다.(앞쪽 단면이 0일 경우)

※ 상기 3, 4, 5과 같이 실행하면 기계 원점에서 프로그램 원점으로 공작물 좌표계 보정이 완료된다.

⑥ [OFS / SET] → [보정] → [형상](공구보정 페이지)

㉠ 기준공구 T01은(U0, W0 위치에서) 보정번호 G01 X값에 커서 이동 → X 49.7 → [측정], 보정번호 T01 Z값에 커서 이동 → Z0 → [측정]

㉡ T03 공구선택 외경 터치 후
보정번호 T03 X값에 커서 이동 → X49.7 → [측정], Z축 단면 터치 후 T03 Z값에 → Z0 → [측정]

㉢ T05, T07도 상기와 동일한 방법으로 공구보정을 완료한다.

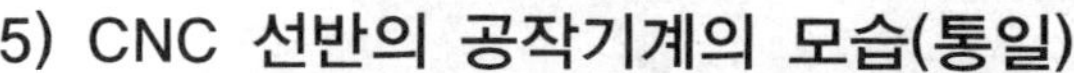

5) CNC 선반의 공작기계의 모습(통일)

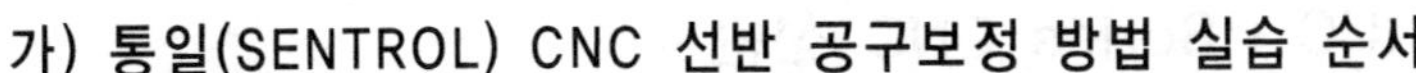

가) 통일(SENTROL) CNC 선반 공구보정 방법 실습 순서

① 메인 전원을 ON, 조작 반 전원ON, 비상정지 버튼 ON한다.

② 기계 원점 복귀를 한다.

㉠ 모드 → [MPG]선택 → X축과 Z축을 -방향으로 100mm정도 이동한다.

㉡ 원점선택(급속속도조절 RT2) 8번(X축) 6번(Z축) 을 누르면 복귀가 완료 되면 복귀 램프에 불이 들어오면 원점 복귀가 완료된다.

※ 프로그램 호출과 그래픽확인, 디스켓 입출력은 SENTROL 조작기와 동일함.

③ 기준공구(T0100)를 보정한다.

㉠ 주축을 회전 시킨다(처음 전원을 ON후 반자동으로 입력하고, 그 이후는 수동조작 가능).

㉡ Z축을 단면 가공 한다. → [보정] → [워크] → [MEASUREMENT] → Z위치에 커서를 이동 → 측정값(0.0) → [ENTER] → X축 직경가공 → [MEASUREMENT] → X위치에 커서 이동 → 측정값(48.5) → [ENTER]

④ 기타공구 입력한다.(보정 → 직접 → 화면에서 실시한다.)

㉠ 3번 공구교환 → Z축 접촉 → [보정] → [직접] → 커서 이동 → [측정] → Z[0.0] → [ENTER] → X축 접촉 → 커서 이동 → [측정] → Z[48.5] → [ENTER]

㉡ 5번, 7번 공구도 위의 “가” 항을 반복한다.

⑤ [MEM], [SBK], [DRN], [OSP]를 ON시킨 후 [사이클 START]로 가공한다.

6) DOO SAN-FANUC i Series CNC 선반

가) DOO SAN-FANUC i CNC 선반 공구보정 방법 실습 순서

① MAIN S/W를 ON한 후 POWER ON 및 비상스위치를 해제한다.

② 기계 원점 복귀를 한다.

㉠ [MPG]모드에서 핸들을 사용하여 축을 주축 방향으로 뺀다.

㉡ [ZRN]모드에 위치 한 후 [+X]와 [+Z] 축으로 원점 복귀한다.

③ 기준공구(T01)로 공작물 외경 및 단면 가공하여 상대 "0"으로 셋팅 한다. 외경가공 후 → [POS] → [상대] → U → [ORIZIN], 단면가공 후 → [POS] → [상대] → W → [ORIZIN]

④ 공구를 U0, W0(상대) 위치로 이동한다.

⑤ [OFS / SET] → [▶][▶] → W. 이동 → 측정값을 입력한다.

㉠ [화면 창]에서 X위치로 커서 이동 → 직경 측정값(예 49.7)을 입력한다.

㉡ 커서를 측정값 Z위치로 이동(예 0)하여 입력한다.(앞쪽 단면이 0일 경우)

※ 상기 3, 4, 5과 같이 실행하면 기계 원점에서 프로그램 원점으로 공작물 좌표계 보정이 완료된다.

⑥ [OFS / SET] → [보정] → [형상](공구보정 페이지)

㉠ 기준공구 T01은(U0, W0 위치에서) 보정번호 G01 X값에 커서 이동 → X 49.7 → [측정], 보정번호 T01 Z값에 커서 이동 → Z0 → [측정]

ⓛ T03 공구선택 외경 터치 후
보정번호 T03 X값에 커서 이동 → X49.7 → [측정], Z축 단면 터치 후 T03 Z값에 → Z0 → [측정]

ⓒ T05, T07도 상기와 동일한 방법으로 공구보정을 완료한다.

7) WIA SKT160LC(FANUC Oi) CNC 선반

• CNC 선반 전체모습

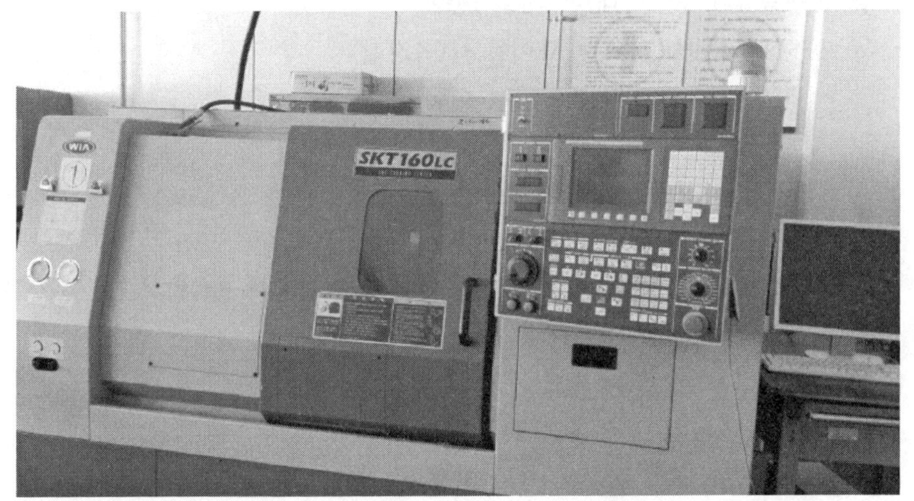

• 조작반 확대 모습

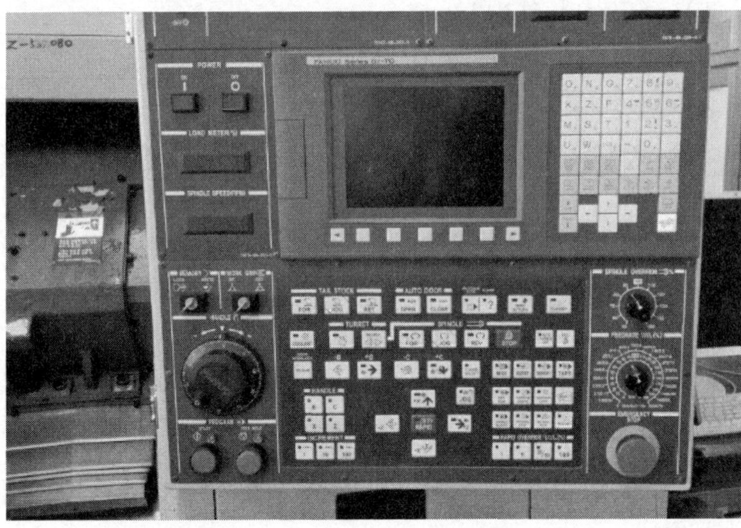

8) FANUC CNC 선반 공구보정 방법 및 조작순서

FANUC 조작기는 기계본체의 제조회사와 관계없이 보정 및 조작 방법은 거의 동일하다.

가) 보정방법(기준공구방식)

① 기준공구(T01)로 공작물 외경 및 단면 가공하여 상대 "0" 셋팅 함.

• 방법 : 외경가공 후 ☞ POS ☞ 상대 ☞ U ☞ ORIZIN
단면가공 후 ☞ POS ☞ 상대 ☞ W ☞ ORIZIN

② 공구를 U0, W0(상대)위치로 이동함.

③ OFS/SET ☞ ▶, ▶ ☞ W이동 ☞(측정값)

• [화면 창]에서 X위치로 커서 이동 ☞ 직경
측정값(예 49.7) ☞ 입력

• 커서를 측정값 Z위치로 이동(예 0) 입력
(앞쪽 단면이 원점일 경우)

※ 상기 ①, ②, ③과 같이 실행하면 기계 원점에서 P/G원점으로 공작물좌표계 (X, Z) 보정이 완료된다.

④ OFS/SET ☞ 보정 ☞ 형상(공구 보정 페이지)

㉠ 기준공구 T01은(U0, W0 위치에서)
보정번호 G01 X값에 커서 이동 ☞ X49.7 ☞측정
보정번호 G01 Z값에 커서 이동 ☞ Z0 ☞ 측정

㉡ T03 공구선택 외경터치 후
보정번호 G03 X값에 커서 이동 ☞ X49.7 ☞측정
Z축 단면터치 후 G03 Z값에 ☞ Z0 ☞ 측정

㉢ T05, T07도 상기와 동일한 방법으로 공구보정 완료함.

나) 일반적인 FANUC 기종의 조작순서

① MAIN S/W ON

② POWER ON 및 비상스위치 해제

③ MPG MODE에서 주축을 테이블 중심 쪽으로 이동함.(핸들 사용함)

④ 원점 복귀 : ZRN 모드 ☞ [+X] ☞ [+Z]

⑤ 주축회전(초기) : MDI 모드 ☞ PRGM ☞ G97 S1000 M03 ; ☞ INSERT ☞ 사이클 start

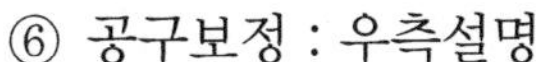

⑥ 공구보정 : 우측설명

⑦ 프로그램 호출방법

EDIT ☞ PRGM ☞ DIR ☞(O0001) ☞ [O검색]

• 신규작성 : EDIT ☞ PRGM ☞ DIR ☞(O0002) ☞ INSERT ☞ EOB ☞ INSERT

⑧ 도형확인방법 : MEMO 모드 ☞ GRAPH ☞(Machine Lock ON, Aux.F Lock ON, DRY RUN ON) ☞ 사이클 Start

※ 도형 확인 후 ON을 OFF시키고 반드시 원점 복귀 할 것

⑨ 자동운전

MEMO 모드 ☞ Single Rlock ☞ 스타트

⑩ 프로그램 입출력 방법

EDIT 모드 ☞ PRGM ☞(조작) ☞ ▶ ☞ READ ☞ 실행 조작기에서 출력 ☞ 실행

9) (FANUC Oi) 타입의 CNC 선반

• CNC 선반 전체모습

• 조작반 확대 모습

10) FANUC CNC 선반 공구보정 방법 조작 순서

FANUC 조작기는 기계본체의 제조회사와 관계없이 보정 및 조작 방법은 거의 동일하다.

가) 보정방법(기준공구 방식)

① 기준공구(T01)로 공작물 외경 및 단면 가공하여 상대 "0" 셋팅 함.

• 방법 : 외경가공 후 ☞ POS ☞ 상대 ☞ U ☞ ORIZIN

단면가공 후 ☞ POS ☞ 상대 ☞ W ☞ ORIZIN

② 공구를 U0, W0(상대)위치로 이동함.

③ OFS/SET ☞ ▶, ▶ ☞ W이동 ☞(측정값)

• [화면 창]에서 X위치로 커서 이동 ☞ 직경 측정값(예 49.7) ☞ 입력

• 커서를 측정값 Z위치로 이동(예 0) 입력(앞쪽 단면이 원점일 경우)

※ 상기 ①, ②, ③과 같이 실행하면 기계 원점에서 P/G원점으로 공작물좌표계 (X, Z) 보정이 완료된다.

④ OFS/SET ☞ 보정 ☞ 형상(공구 보정 페이지)

㉠ 기준공구 T01은(U0, W0 위치에서)

보정번호 G01 X값에 커서 이동 ☞ X49.7 ☞측정

보정번호 G01 Z값에 커서 이동 ☞ Z0 ☞ 측정

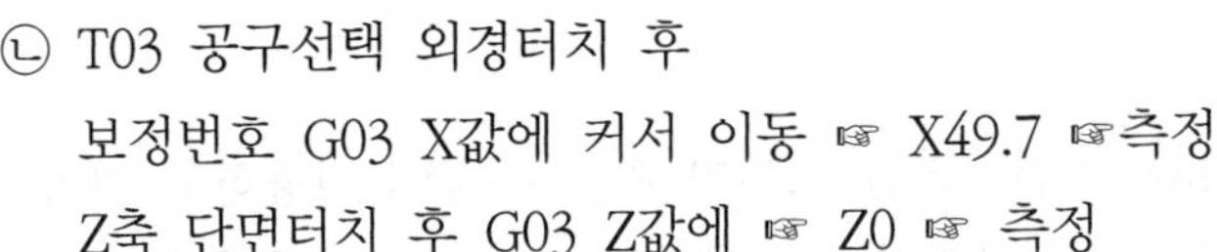

㉡ T03 공구선택 외경터치 후
보정번호 G03 X값에 커서 이동 ☞ X49.7 ☞측정
Z축 단면터치 후 G03 Z값에 ☞ Z0 ☞ 측정

㉢ T05, T07도 상기와 동일한 방법으로 공구보정 완료함.

나) 일반적인 FANUC 기종의 조작 순서

① MAIN S/W ON
② POWER ON 및 비상스위치 해제
③ MPG MODE에서 주축을 테이블 중심 쪽으로 핸들을 사용하여 이동한다.
④ 원점 복귀 : ZRN 모드 ☞ [+X] ☞ [+Z]
⑤ 주축회전(초기) : MDI 모드 ☞ PRGM ☞ G97 S1000 M03 ; ☞ INSERT ☞ 사이클 start
⑥ 공구보정 : 우측설명
⑦ 프로그램 호출방법
EDIT ☞ PRGM ☞ DIR ☞(O0001) ☞ [O검색]
• 신규작성 : EDIT ☞ PRGM ☞ DIR ☞(O0002) ☞ INSERT ☞ EOB ☞ INSERT
⑧ 도형확인방법 : MEMO 모드 ☞ GRAPH ☞(Machine Lock ON, Aux.F Lock ON, DRY RUN ON) ☞ 사이클 Start
※ 도형 확인 후 ON을 OFF시키고 반드시 원점 복귀 할 것
⑨ 자동운전
MEMO 모드 ☞ Single Rlock ☞ 스타트
⑩ 프로그램 입출력 방법
EDIT 모드 ☞ PRGM ☞(조작) ☞ ▶ ☞ READ ☞ 실행 조작기에서 출력 ☞ 실행

2 척(Chuck)의 활용

1) 척의 특징

① 유압식으로 되어있으며 공작물 착, 탈이 쉬워 생산능률향상에 도움이 된다.
② 소프트 조(Soft-Jaw)를 사용하기 때문에 가공 정밀도를 높일 수 있다.
③ 지름경이 큰 공작물도 용이하게 척에 물릴 수 있다.
④ 파이프 및 두께가 얇은 공작물은 가공할 수가 없다.

2) 척의 종류

① **하드 조(Hard-Jaw)** : 열처리된 조이며 황삭 가공에 사용하고 가공(성형)할 수 없다. 정밀하고 청결하게 관리하여 장착하면 0.02mm 정도의 동심도를 낼 수 있다.

② **소프트 조(Soft-Jaw)** : 연질 조로서 45C재질을 사용하여 2차 가공할 때 공작물 찍힘방지나 동심도, 직각도를 좋게 한다.
조를 가공할 수 있으며, 재질과 특수한 형상을 설계하여 척킹 시스템을 만들 수 있다.

③ **기타** : 콜릿 척, 2조 척, 인덱싱 척, 핑거 척이 있다.

3 공구대 활용

① 드럼형 공구대, 데스크형 공구대, 수평형 공구대, 빗형 공구대, 왕관형 공구대 등이 있다.

- 드럼형 공구대 : 여러 개의 공구를 장착하여 자동교환 하면서 가공할 수 있다.(많이 사용됨)

② 정밀도가 높고(5μ) 강성이 큰 초정밀 커플링에 의해 이루어져 있다.

4 베드(Bed)의 특징

① 30°, 45°, 60°의 슬랫트 형의 경사진 베드로 되어 있다.

② 경사진 베드로서 냉각수 및 칩의 흐름에 용이, 공작물 착 탈 및 공구교환이 용이하다.

③ **베이스와 베드의 특징** : 강성이 뛰어나 충격, 진동, 변형을 흡수하여 절삭력에 대한 공구대와 균형을 이루고 있다.

1) CNC 선반의 공작기계의 Chuck 조작하기

• 소프트 조에 공작물이 물려 있는 모습

• 하드 조가 풀려져 있는 모습

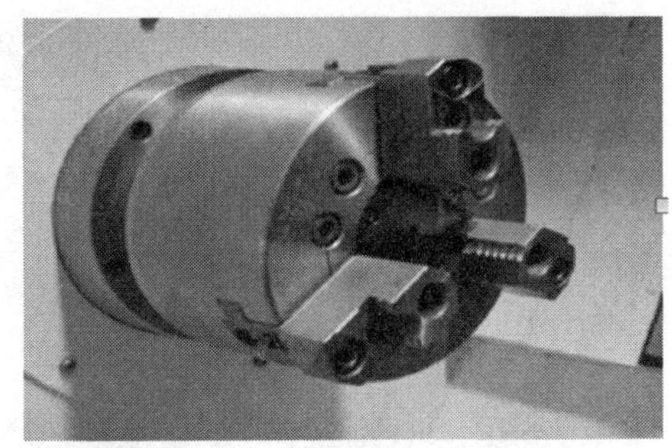

• 소프트 조에 공작물의 기준면이 물려 있는 모습

2) CNC 선반의 공구대의 모습

• 내·외경 포함 10개의 공구를 장착할 수 있는 공구대

• 내·외경 포함 12개의 공구를 장착할 수 있는 공구대

3) CNC 선반의 공작기계의 터릿(공구대) 조작하기

• 내경과 외경공구가 장착되어 있는 모습

• 외경공구가 장착되어 있는 모습

4) CNC 선반에 부착되어있는 조작반 조작하기

• 대표적인 CNC 선반 전면 모습

가) 종류별 조작반 확대 모습

• LG MEC-30

• 삼성

• 화낙

• 센트롤

• 통일

• WIA SKT160LC

• 조작반이 부착된 전체모습

• 화천

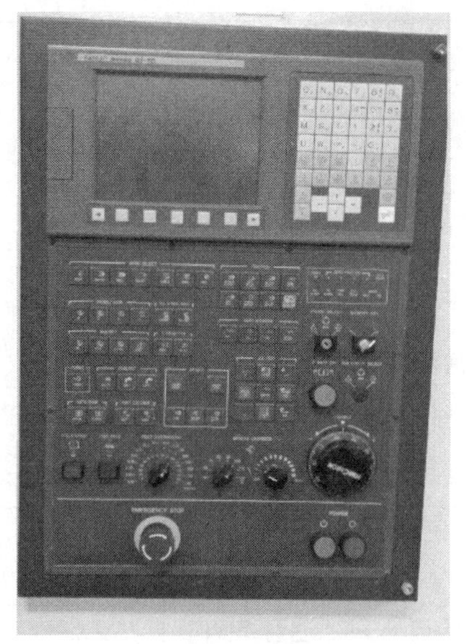

• 조작반이 부착된 전체모습

5) 프로그램 조작기 실습 순서

가) 프로그램 조작기에서 작성하는 일반적인 프로그램의 순서

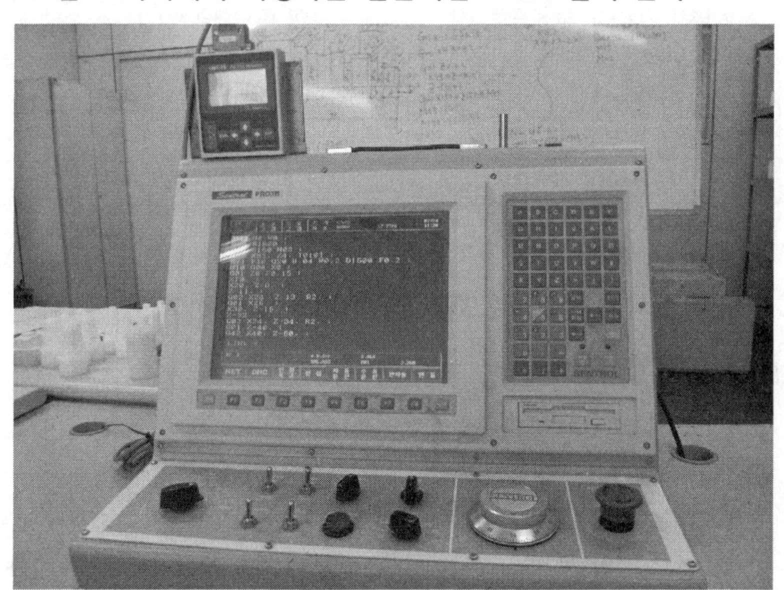

조작기 전원 [ON] → [선반] → [선택] → [편집] → [신규작성] → P/G번호입력(O0000) → [ENTER] → (PARK) : ()내에는 설명문입력 → 프로그램입력 → [☞] → [책표지] → [도형 확인] → [스케일] → [신속 확인] → 도형 확인 완료

나) 프로그램 조작기의 공통 키의 종류와 용도

키의 종류	기능
자동개시 (사이클 START)	자동운전 또는 반자동 모드에서 자동운전 시작을 지령하는 키이다.
자동정지 (FEED HOLD)	자동운전 중 모든 축의 이동을 일시적으로 정지시킨다.
비상정지 (EMERGENCY STOP)	비상시 기계를 정지하기 위한 스위치이다.
수동펄스 발생기	기계를 핸들로 이송 할 때 사용된다.
화면	각 정보 표시 화면을 보고자 할 때 사용하며 소프트 키의 맨 왼쪽에 위치한다.
선택	각 모드를 선택 하고자 할 대 사용하며 소프트 키의 맨 오른쪽에 위치한다.

순서	프로그램 내용	프로그램 설명	비고
1	O1234 ;	프로그램 번호	프로그램조건부
2	G28 U0.0 W0.0 ;	현 위치에서 기계 원점 복귀	
3	G50 S1800 T0100 ;	최고 회전수 지정, 공구선택	
4	G96 S180 M03 ;	절삭속도 및 주축 정 회전	
5	G00 X64.0 Z10.0 T0101 M08 ;	절삭시작점으로 이송, 공구보정, 절삭유 ON	
6	사이클 기능 및 윤곽프로그램	본 프로그램 입력	윤곽프로그램부
7	G00 X150.0 Z150.0 T0100 M09 ;	공구 교환 점 복귀, 공구 보정취소, 절삭유 OFF	프로그램조건 취소부
8	M05 ;	주축정지	
9	M02 ;	프로그램 종료	

2) CNC 선반 조작기에 프로그램 입력방법 실습하기

가) SENTROL 조작기 프로그램 편집 순서

① 프로그램의 신규작성 및 등록된 프로그램을 수정하기 위하여 [조작판] 내의 PRO.PROTECT를 ON 시킨다.

② 조작기 전원 [ON] → [선반] → [선택] → [편집] → [신규작성] → P/G번호입력 (O0000) → [ENTER] → (PARK) : ()내에는 설명문입력 → 프로그램입력 → [☞] → [책표지] → [도형] → [스케일링] → [신속 확인] → 도형 확인이 완료된다.

③ 워드와 워드사이에는 공백을 입력하지 않는다.

④ 이미 작성된 번호 입력 시 “같은 번호가 있습니다.” 라는 메시지 나타난다.

⑤ SEQUENCE 번호 N 00 은 입력하지 않아도 되며 필요한 블럭에만 입력하여 활용 할 수 있다.

• **프로그램 입력 예시 문**(아래와 같은 프로그램을 조작기에 입력 연습한다)
- 아래 프로그램을 N10번부터 N560번 까지 프로그램을 모두 입력 한 후 도형을 확인한다.
- 도형 확인 방법 : 프로그램입력 완료 → [☞] → [책표지] → [도형] → [스케일링] → [신속 확인] → [도형 확인] 완료

N 번호	외경 황삭 가공	설명
N10	G28 U0.0 W0.0 : (황삭)	자동 원점 복귀
N20	G50 S1500 T0100 :	최고회전수 제한
N30	G96 S180 M03 :	주속일정제어 및 정 회전
N40	G00 X65.0 Z10.0 T0101 :	사이클 시작점
N50	G71 P60 Q220 U0.4 W0.2 D1500 F0.2 :	복합 황삭 사이클 지령
N60	G00 X0.0 :	사이클 경로 첫 블록(P60)
N70	G01 Z0.0 :	
N80	G01 X20.0 Z-10.0 :	도형에 따라 프로그램 한다.
N90	G01 X24.0 :	
N100	G03 X28.0 Z-12.0 R2.0 :	
N110	G01 Z-20.0 :	
N120	X36.0 Z-31.0 :	
N130	Z-37.0 :	
N140	X38.0 :	
N150	X42.0 Z-39.0 :	
N160	Z-57.0 :	
N170	G03 X46.0 Z-59.0 R2.0 :	
N180	G01 Z-65.0 :	
N190	G03 X50.0 Z-67.0 :	
N200	G01 X54.0 :	
N210	X58.0 Z-69.0 :	
N220	X62.0 :	사이클 경로 끝 블록(Q220)
N230	G00X150.0 Z150.0 M05 :	주축정지
N240	M01 :	선택정지

N 번호	외경 정삭 가공	설명
N250	G28 U0.0 W0.0 : (정삭)	원점 복귀
N260	G50 S1800 T0100 :	최고회전수 지정
N270	G96 S180 M03 :	주속일정제어 및 정 회전
N280	G00 X65.0 Z2.0 T0101 :	정삭 사이클 시작위치
N290	G70 P60 Q220 F0.2 :	복합 정삭 사이클 시작
N300	G00X150.0 Z150.0 M05 :	주축정지
N310	M01 :	선택정지

N 번호	외경 홈 가공	설명
N320	G28 U0.0 W0.0 : (홈)	원점 복귀
N330	T0300 :	홈 공구선택
N340	G97 S500 M03 :	500 rpm으로 고정
N350	G00 X50.0 Z-57.0 T0303 :	초기 홈 위치로 이동
N360	G01 X38.0 F0.1 :	홈 가공
N370	G04 X2.0 :	일시정지 2초
N380	G01 X46.0 :	후퇴
N390	Z-57.0 :	Z축 1mm이동
N400	X38.0	홈 가공
N410	G04 X2.0 :	일시정지 2초
N420	G01X50.0 :	후퇴
N430	G00X150.0 Z150.0 M05 :	주축정지
N440	M01 :	선택정지

N 번호	외경 나사 가공	설명
N450	G28 U0.0 W0.0 : (나사)	원점 복귀
N460	T0700 :	나사공구선택
N470	G97 S500 M03 :	500 rpm으로 고정
N480	G00 X47.0 Z-35.0 T0707 :	나사 가공 시작점으로 이동
N490	G92 X41.3 Z-55.0 F1.5 :	나사 1회 가공 시작
N500	X40.9 :	2회 가공
N510	X40.62 :	3회 가공
N520	X40.42 :	4회 가공
N530	X40.32 :	5회 가공
N540	X40.22 :	6회 가공
N550	G00X150.0 Z150.0 M05 :	주축정지
N560	M30 :	프로그램 종료

※ 입력 연습을 위하여 나사가공 사이클은 G92를 사용 하였으며 최근에는 기계성능의 향상으로 G76을 많이 사용 하고 있으며 프로그램 작성 시 블록의 수가 줄어든다.

03 SENTROL 조작기 사용법 익히기

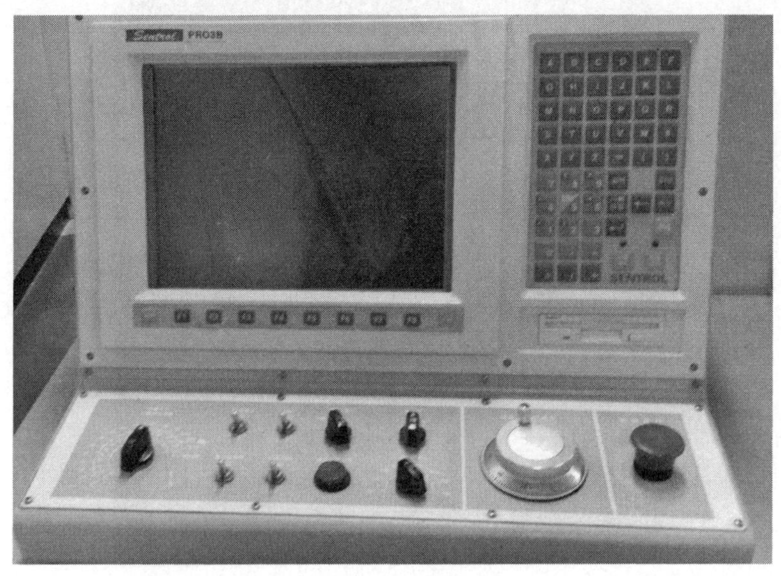

① 전원 투입 후(약4초) "SYSTEM CHECK" 후 초기화면이 나타난다.

② [선반] [밀링] [머시닝센터] 작업 기종 중에서 [선반]선택

③ [선택] → [편집] → [일람표] → [선택] → 프로그램선택 → [선택결정] → [☞] → [도안] → [스케일링] → [신속 확인]으로 도형이 화면에 나타난다.

④ [확대설정] → [확대] → [신속 확인]으로 입력된 프로그램을 확인한다.

- 스케일링 동작 중 이상이 있으면 알람내용 메모 후 [복귀] → [프로그램] 이상이 발생한 프로그램 위치에 커서가 있으므로 커서가 있는 위아래 부분부터 재확인하여 잘못된 부분을 수정한 후 [도안] → [스케일링] → [신속 확인]으로 도형을 확인 완료한다.

1 LG MEC-30 프로그램 편집 순서

LG MEC30 기종은 SENTROL 조작기에서 아래와 같이 입력하여 조작기와 기계와 통신 전송 및 디스켓 또는 USB 등으로 전송하여 활용한다.

- 프로그램의 신규작성 및 등록된 프로그램을 수정하기 위하여 [조작판] 내의 PRO. PROTECT를 ON 시킨다.
- 조작기 전원 [ON] → [선반] → [원점 복귀] → [선택] → [편집] → [신규작성] → P/G번호입력(O0000) → [ENTER] -(PARK) : ()내에는 설명문입력 → 프로그램입력 → [☞] → [책표지] → [도안] → [스케일링]을 누르면 프로그램에 이상이 없으면 화면에 스케일링 모습이 나타나며 → [신속 확인]을 누르면 화면에 도형의 모습이 나타난다.

※ 만일 프로그램에 이상이 있으면 스케일링 단계에서 알람이 발생하며 이때 [해제] 버튼을 누른 후 화면 안의 [복귀] → [프로그램]을 누르면 에러가 발생한 블록에 커서가 위치한다. 커서 위치 부분의 문제점을 해결한 후 [☞] → [책표지] → [도안] → [스케일링] → [신속 확인]으로 도형 확인을 완료하여 프로그램 편집을 마무리 한다.

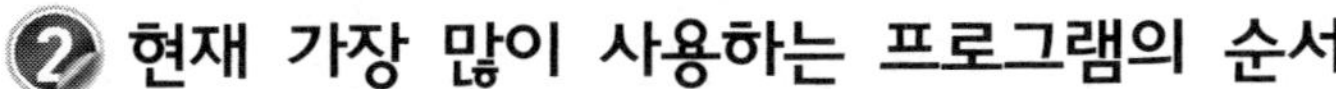

② 현재 가장 많이 사용하는 프로그램의 순서

- **좌표계설정** : 프로그램 작성 시의 프로그램 원점과 기계 원점과의 거리를 CNC 기계에 알려주는 작업(G28 U0 W0 ; 자동 원점 복귀 하여도 무방하다)
- **원점 복귀** : 현재위치에서 기계 원점으로 복귀한다.(G28 U0.0 W0.0)

순서	프로그램 내용	프로그램 설명
1	O1234;	프로그램 번호
2	G28 U0.0 W0.0;	현 위치에서 기계 원점 복귀
3	G50 S1800 T0100;	최고회전수지정, 공구선택
4	G96 S180 M03;	절삭속도 및 주축 정회전
5	G00 X64.0 Z0.2 T0101 M08;	절삭시작점으로 이송, 공구보정, 절삭유 ON
6	사이클 기능 및 윤곽프로그램	본 프로그램 입력
7	G00 X150.0 Z150.0 T0100 M09;	임의의 위치로 이동, 공구보정취소, 절삭유 OFF
8	M05;	주축정지
9	M02;	프로그램 종료

③ LG MEC-30 원점 복귀 순서

① 모드 선택 KEY를 [수동위치]에 선택한 후 X100과 해당 축 X 또는 Z를 선택하여 (-) 방향으로 축을 수동으로 이동시킨다.

② 모드 선택키를 [원점위치]에 선택한 후 +X 누르면 X축이 원점 복귀되며 X램프가 점등되며 완료되고, +Z 누르면 Z축이 원점 복귀되며 Z램프가 점등되며 원점 복귀가 완료된다.

㉠ LG MEC-30 기계는 [보정]을 누르기 전에 항상 원점 복귀를 한 후 보정할 것

㉡ 반드시 X축을 먼저 원점 복귀 후에 Z축을 원점 복귀할 것

④ 중도시작 방법

[프로그램] → [탐색기능] → 커서를 중도시작 하고자하는 위치에 옮김 → [실행탐색] → [▷] → [위치] → 해당 블록에 음악 표(♪)가 나타남 → AUTO 모드로 바꾼 후 자동 시작한다.

5 대화형 표시방법

G 입력 한 후 [대화형] → 지령방법 → [화면] → [설정] → [조작설명]
파라메타 17/17 C.A.P 1=ON 으로 하면 설명이 그림으로 나타난다.

6 기계(LG MEC)로 통신(RS232C)방법

① LG MEC기계와 SENTROL 조작기 전원을 OFF한 상태에서 해당 RS232C 커넥터를 연결한다.

② SENTROL 조작기에서 보내고자 하는 프로그램을 선택한 후 [입력출력] → [출력] → [하나] → 출력결정]을 누르면 [실행]이 나오도록 한 후.

③ LG MEC기계의 [서비스] → [데이터 통신] → 입력으로 되어 있는지 확인한 후 → [전송 데이터] → [Part Program] → [ENTER] → NC 파일명 입력; 보낼 프로그램을 입력한다. → [시작]을 누른 후

④ SENTROL 조작기의 [실행]을 누르면 데이터가 전송된다.

- 프로그램 작성 시 공정과 공정 사이에 M01을 사용하였을 때 주의사항
  - [OSP]는 항상 ON으로 하여야 M01이 실행된다.(0FF 되었을 때 정지하지 않고 연속작업이 되므로 필요시에 적절하게 사용한다.)
  - [DRY RUN]을 ON 하였을 때는 테스트 작업 시 이송으로 원하는 보정 위치에 이상이 없을 때는 [DRY RUN]을 OFF하여 자동운전 한다.

04 조작기 상세설명

산업현장에는 다양한 컨트롤러를 장착한 CNC 기계들이 사용되고 있다. 이 각각의 컨트롤러들은 제조사의 특징에 따라 다양한 기능들로 구성되어 있지만 주요기능의 큰 틀은 대부분이 비슷하다. 따라서 한 기종만의 컨트롤러라도 그 방법을 숙지하면 다른 컨트롤러를 다루는데 오랜 시간이 걸리지 않는다.

프로그램을 직접 입력 하면서 조작기의 기능을 익히기 바라며 조작기에서 작성한 프로그램은 통신 케이블, 3.5 플로피 디스켓, USB 에 저장하여 기계에서 불러 들여 작업한다. 화낙 타입의 프로그램은 대부분의 기계에서 불러 들여지며 화낙 시스템을 지원하는 시스템은 모두 호환이 가능 하므로 아래 조작기의 주요 기능을 숙지하여 활용하기 바라며 조작기가 갖추어져 있지 않을 경우 기계에 부착되어 있는 조작 반에 직접 입력하여도 무방하다.

아래의 화면은 SENTROL 조작기이다.

• 타입 1 [PRO3B]

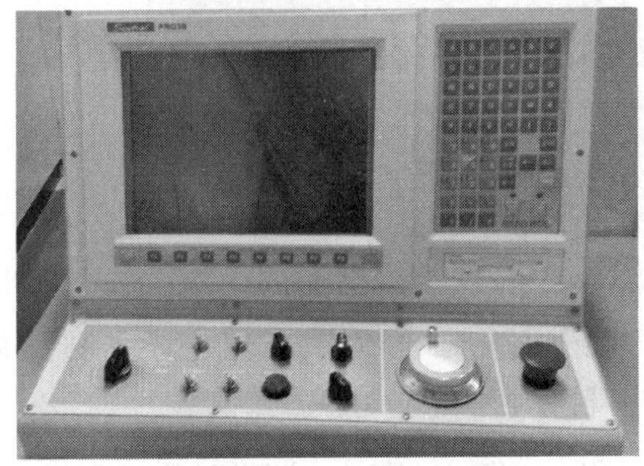

• 타입2 [PRO3A]

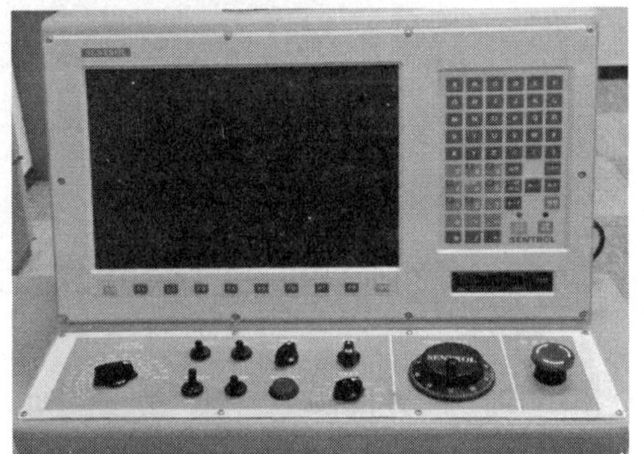

1 조작기 화면조작 기능 익히기

조작기 화면은 실제 기계의 CRT(Cathode Ray Tube) 조작반 화면으로 기계를 작동할 수 있는 기능 키(Soft Key)가 있다.

① 선택된 모드를 표시한다.

② 화면으로 선택된 기능을 표시한다.

③ 선택된 기능의 상세화면을 표시한다.

④ 좌표계의 종류를 선택한다.
⑤ 자동 또는 편집 가능한 프로그램 번호를 표시한다.
⑥ 자동 실행 중 일 때 실행 중인 시퀀스 번호를 표시한다.

1) 타입1 조작기 [PRO3B] 화면

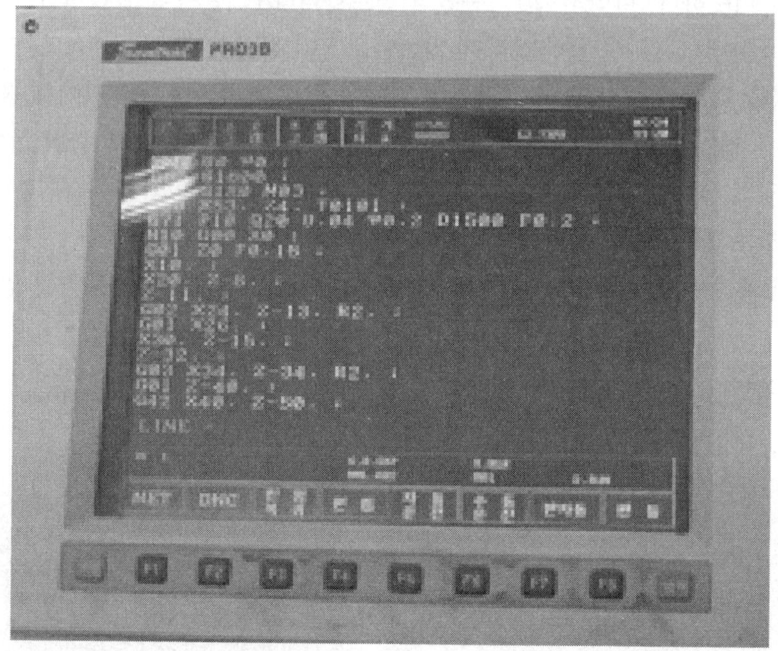

- **CRT 화면에 나타나는 내용이 프로그램 표시 영역**
  NET → DNC → 원점 복귀 → 편집 → 자동운전 → 수동운전 → 반자동 → 핸들 화면 아래 부분이 선택 키 를 눌렀을 때 나타나는 초기 화면이다.
- **화면 → F1 → F2 → F3 → F4 → F5 - F6 → F7 → F8 → 선택 키**를 Soft Key라고 하며 화면에 나타나는 명령어를 입력하는 기능이며 **화면**과 **선택** 키에 따라 기능이 달라지는 점에 유의한다.

② 조작기의 키와 조작반의 키 기능 익히기

조작반의 기능은 같은 콘트 롤러(Controller)를 사용해도 공작기계 메이커에 따라서 스위치(Switch) 모양과 종류, 조작 방법 등은 다르다.

다음 내용은 SENTROL 조작기의 조작 스위치 사용방법에 대한 설명이다.

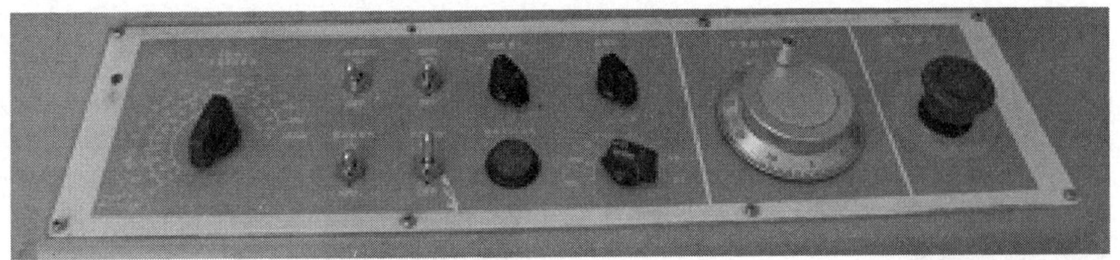

아래는 조작반의 조작키의 모습이며 실제 기계에 부착되어 있는 조작반의 키와 유사하다.

※ 아래 키들은 실제 기계에 부착되어 있는 조작반의 키이다.

<table>
<tr><th colspan="2">급송 속도 조절(Rapid Override)</th><th colspan="2">수동 속도/이송속도 조절(Feed Override)</th></tr>
<tr><td></td><td>자동, 반자동, 급속이송 Mode에서 G00의 급속 위치 결정 속도를 외부에서 변화를 주는 기능이다.</td><td>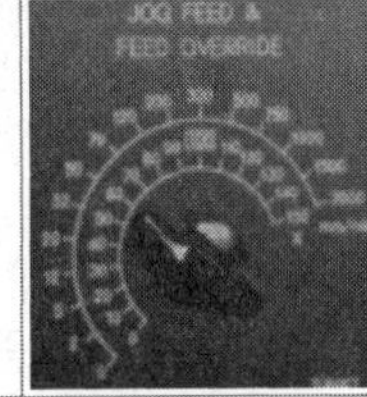</td><td>자동, 반자동 Mode에서 지령된 이송속도(Feed)를 외부에서 변화 시키는 기능이다. 보통 0～150%까지 이고 10%의 간격으로 되어있다.</td></tr>
<tr><th colspan="4">모드 스위치(Mode Switch)</th></tr>
<tr><td>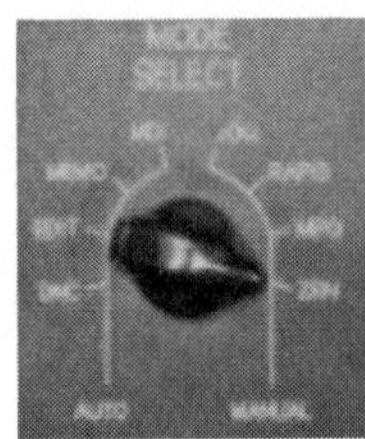</td><td colspan="3">• DNC : DNC운전을 한다.
• 편집(EDIT) : 프로그램의 신규작성 및 PC에 저장된 프로그램을 수정할 수 있다.
• 자동(AUTO) : 선택한 프로그램을 자동운전한다.
• 반자동(MDI : Manual Data Input) : 프로그램을 작성하지 않고 기계를 동작시킬 수 있다. NC 선반에서는 복합형 고정 사이클 중에서 G70, G71, G72, G73기능을 제외하고 프로그램으로 실행 시킬 수 있다.
• 핸들(Handle) : MPG(Manual Pules Generation)로도 표시하고 조작판의 핸들을 이용하여 축을 이동시킬 수 있다. 핸들의 한 눈금(1 Pulse)당 이동량은 0.001m, 0.01mm,(0.1mm)의 종류가 있다.
• 수동(JOG) : 공구이송을 연속적으로 외부 이송속도 조절 스위치의 속도로 이송 시킨다. 엔드밀(End Mill)의 직선절삭, Face Mill의 직선절삭 등 간단한 수동작업을 한다.
• 급송(RPD : Rapid) : 공구를 급속(기계의 최대속도 G00)으로 이동시킨다.
• 원점(REF.R : Reference Point Return) : 공구를 기계 원점으로 복귀시킨다. 조작반의 원점 방향 축 버튼을 누르면 자동으로 기계 원점까지 복귀한다.</td></tr>
<tr><th colspan="2">급속 속도 조절(Rapid Override)</th><th colspan="2">이송속도 오버라이드(Feed Override)</th></tr>
<tr><td>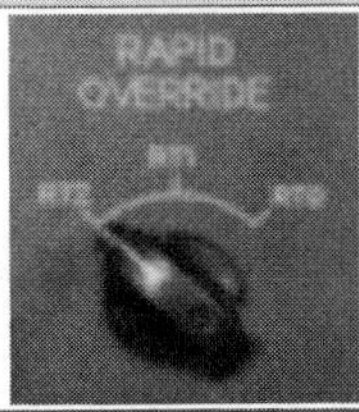</td><td>자동, 반자동, 급속이송 Mode에서 G00의 급속 위치 결정 속도를 외부에 서 변화를 주는 기능이다.</td><td></td><td>자동, 반자동 모드에서 지령된 이송속도(Feed)를 외부에서 변화 시키는 기능이다. 보통 0～150% 까지 이고 10%의 간격을 가진다</td></tr>
</table>

주축 속도 조절(Spindle Override)		MM/펄스	
	모드에 관계없이 주축속도(rpm)를 외부에서 변화시키는 기능이다.		핸들(MPG)의 한 눈금 이동 단위를 선택한다. 주) 0.1 Pulse에서 핸들의 사용은 천천히 돌려야 한다. 핸들이동에는 자동 가감속 기능이 없기 때문에 축의 이동에 충격을 주면 볼스크류와 볼스크류지 베어링의 파손 원인이 된다.
비상정지 버튼(Emergency Stop Button)		**자동개시(사이클 Start)**	
	돌발적인 충돌이나 위급한 상황에서 작동시킨다. 누르면 비상정지(Stop)하고 Main 전원을 차단한 효과를 나타낸다. 해제 방법은 한번 더 누른다.		자동, 반자동, DNC Mode에서 프로그램을 실행한다.
자동정지(Feed Hold)		**주축회전(Spindle Rotate)**	
	자동개시의 실행으로 진행중인 프로그램을 정지 시킨다. 이송정지 상태에서는 자동개시 버튼을 누르면 현재 위치에서 재개한다. 이송정지 상태에서는 주축정지, 절삭유 등은 이송정지 직전의 상태로 유지된다.		기동 : 수동조작(HANDLE, JOG, RPD, ZRN Mode)에서 마지막에 지령된 조건으로 회전한다. 정지 : Mode에 관계없이 회전중인 주축을 정지 시킨다.
핸들(MPG : Manual Pulse Generator) 			
	축(Axis)의 이동을 핸들 모드에서 펄스단위로 이동시킨다.		

05 기계조작 실습

❶ 원점 복귀 실습

① 공구위치가 원점위치에 너무 가까이 있으면 핸들조작으로 X축과 Z축을 원점에서 -쪽으로 이동한다.

② 모드선택에서 원점을 선택한다.

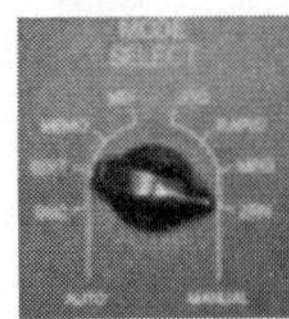

③ 급송속도를 확인하고 필요에 따라 변경한다.

④ 이 상태에서 키페드의 숫자 키 [↑ 8]을 누른다.

⑤ 다음에 숫자 [→ 6]을 누른다.

② 핸들운전 실습

수동 이송 핸들을 사용하여 각 축을 미세 이동 할 수 있다.

① 핸들운전 모드를 선택한다.

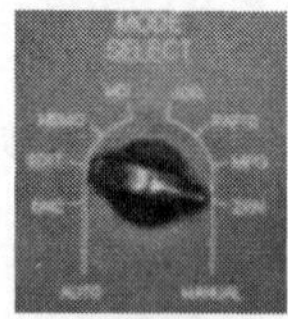

② 이송축을 선택한다.

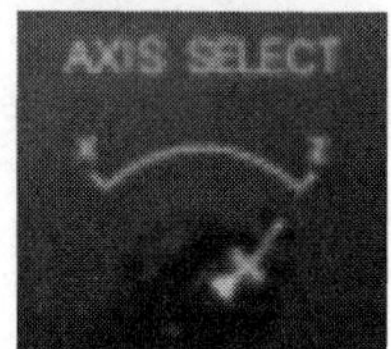

③ 한 눈금당 이송량을 선택한다.

④ 수동이송 핸들을 돌린다.

06 이송 및 보조기능 활용

1 이송기능(F)의 활용

1) 회전당 이송

① 공구를 주축 1회전 당 얼마만큼 이동하는가를 F로 지령한다.

② 주축이 회전하지 않으면 이송이 되지 않으며 피치가 작은 나사가공과 같다.

㉠ F : 주축이 1회전당 공구이동거리(단위 : mm/rev)

G01 X50. F0.25 ; → 주축이 1회전할 때 0.25mm씩 X축이 50mm까지 이동

2) 분당이송

① 공구를 분당 얼마만큼 이동하는가를 F로서 지령한다.

② 주축 정지 상태에는 움직이지 않는다.

㉠ F : 1분간에 해당하는 이동량(단위 : mm/min)

G01 X50. F80 ; → X방향으로 50mm까지 1분에 80mm움직인다.

2 보조기능(M)의 활용

공구교환, 주축제어, 절삭유 등을 제어 시 사용한다.

기능	내용
M00	프로그램 정지(Program Stop) : 프로그램의 일단 정지이며 자동 개시를 누르면 자동 운전을 재개한다.
M01	Optional Program Stop : M01스위치가 ON상태일 때만 정지하고 자동 개시를 누르면 자동 운전을 재개한다.
M02	프로그램 종료(Program End) : 모달 정보의 기능이 말소되며 프로그램이 종료된다.
M03	주축 정회전(Spindle Rotation CW)
M04	주축 역회전(Spindle Rotation CCW)
M05	주축 정지(Spindle Stop)
M08	절삭유 자동시작(Coolant On)
M09	절삭유 자동정지(Coolant OFF / Air Blast OFF)
M19	주축 한 방향 정지(Spindle Orientation) : 공구 교환 및 고정 사이클의 Shift방향에 이용

07 준비기능의 활용

1 준비기능의 적용

① 어드레스 "G" 이하 2단위의 수치로서 구성되어 그 블록의 명령이나 어떤 의미를 지시한다.

② **종류 및 사용법**

구분	의미	구별
One Shot G기능	지령된 블록에 한해서만 유효한 기능	"00" 그룹
Modal G기능	동일 그룹의 다른 G-코드가 나올 때까지 유효한 기능	"00" 이외의 그룹

• One Shot G기능와 Modal G기능의 사용법

G01 X100.0 F0.25 ;
　Z-40.0 ;　　　　　　이 범위에서는 G01 유효
　X150.0 Z-80.0 ;

G00 X200.0 Z200.0 ; → G00 유효

G04 X2.0 ; → 이 블록에서만 G04 유효(One Shot G-기능)

　X100.0 Z10.0 ; → G00을 지령하지 않아도 G00 상태이다.

2 보간기능의 활용

1) 급속 위치결정 기능(G00)

① X, Z에 지령된 위치(종점)를 향해 급속 속도로 이동한다.

㉠ 지령방법 : G00 X____ Z____ ;

방법 ① N01 G00 X50. ;
　　　N02 Z0. ;
　　　: X축 이동 후 Z축 이동경로를 일반적으로 많이 사용한다.

방법 ② N01 G00 X50. Z0. ;
　　　: X, Z축 동시이동

2) 직선 보간(G01)

① 지령된 종점으로 F의 이송속도에 따라 직선(테이퍼, 면취)절삭 가공도 직선 보간에 적용된다.

㉠ 지령방법 : G01 X___ Z___ F___ ;

㉡ G95 G01 X40. F0.25 ; → 주축 1회전당 0.25mm 이동지령
G94 G01 X40. F120 ; → 1분 동안 120mm 이동하는 속도

3) 원호 보간(G02, G03)

① 지령된 시점에서 종료까지 반경 R크기로 시계 방향(Clock Wise)과 반 시계 방향(Counter Clock Wise)으로 원호 가공 한다.

② **가공 방향**

㉠ G02 : 시계 방향(Clock Wise) 원호 가공

㉡ G03 : 반 시계 방향(Counter Clock Wise) 원호 가공

③ **지령방법**

G02 / G03 X __ Z_ _ R__ / (I_, K)__ F__ ;

※ 반경 R의 지령범위는 180° 이하이다. 180° 이상의 원호 가공에는 I, K로 지령한다.

3 좌표계의 종류 익히기

1) 기계 좌표계

① 기계의 원점을 기준으로 한 좌표계

② 전원 투입 후 원점 복귀 완료시 이루어진다.

③ 기계에 고정되어 있는 좌표계이며 좌표 값은 X0. Z0. 이다.

④ 공구의 현재의 위치와 기계 원점과의 거리를 알려고 할 때 기계좌표계를 사용한다.

2) 공작물 좌표계

① 가공 프로그램을 작성하기 위하여 공작물 센터(중심) 임의의 점을 원점으로 정한 좌표계이다.

② 좌표 어는 X, Z로 표시

③ 소재의 좌측 또는 우측단면에 설정하고 통상 우측단면을 기준으로 한다.

3) 절대지령과 증분지령

① **절대지령(Absolute)** : 공구의 이동경로를 좌표 원점을 기준으로 하여 형성되는 좌표계

② **증분지령(Incremental)** : 현재 위치에서 다음 지점까지 거리와 방향으로 형성되는 좌표계

- 프로그램 작성 시 1블록 내에서 절대, 증분지령을 혼용하여 사용할 수 있다.

4) 반경지령과 직경지령의 적용

가) 적용방법

범용선반의 경우 공작물의 직경 가공에서 핸들의 눈금을 2mm를 절입하면 직경으로 4mm가 가공된다. NC 선반에 적용하면 직경 40mm를 가공하기 위하여 X20mm를 지령해야한다. 따라서 반경치수 계산은 복잡하므로 NC 선반에서는 직경지령으로 많이 사용하고 있다.

나) 반경지령

공구경로를 프로그램 시 X축 좌표 치를 공작물에 반경치수로 지정을 하는 방법이다. 공구 이동량의 2배로 공작물직경에 영향을 준다.

- Q 및 R값은 항상 반경 값이다.

다) 직경지령

회전체를 가공하기 때문에 실제 공구 이동 량의 2배로 X축 좌표를 지정한다.
공작물 직경 값 그대로 지령하는 방식이다.

4 주축 관련기능의 활용

1) 좌표계 설정 및 최고 회전수 제한 기능(G50)

가) 좌표계 설정

① 프로그램 작성 시 도면이나 제품의 기준점을 설정하여 그 기준점으로부터 가공위치를 지령한다.

② 공작물의 기준점을 NC기계에 알려 주는 기능

③ **지령방법** : G50 X__ Z__ ;

X, Z : 설정 하고자 하는 절대 좌표(공작물 좌표)의 현재위치

예 ① G50 X200. Z100. ;　　② G50 X0. Z0. ;

나) 주축 최고회전수 지정

① 주속일정제어(G96)사용시 회전지령의 S값은 절삭속도를 의미하기 때문에 소재의 직경이 작을수록 회전수는 상대적으로 증가한다.

② **지령방법** : G50 S____ ;

예 G50 S400 ; → 최고회전수 400rpm 지정
T0101 ;
G96 S100 M03 ;
G00 X120. Z5. M8 ; → 265rpm
X70. ; → 실제454rpm 이나 최고회전수를 400rpm으로 제한하여 400rpm이 된다.
최고 rpm이 400rpm이기 때문에 X70.에서도 400rpm이상은 회전하지 않는다.

2) 주속 일정제어 기능(G96)

① **활용방법**

㉠ 효과적인 절삭가공을 위해 X축 위치에 따라서 주축속도(회전수)를 변화시켜 절삭속도를 일정하게 유지하여 공구수명을 길게, 절삭시간을 단축시킬 수 있다.

㉡ 공구직경에서의 직경변화에 따른 지정된 주속이 되도록 제어한다.

㉢ 공작물의 가공 부 직경에 따라 자동적으로 전압제어 되어 정확한 주속을 제어한다.

② **지령방법** : G96　S_____ ;

S : 절삭속도(단위 : m/min)

3) 주속 일정제어 취소 기능(G97)

① **활용방법**

㉠ 나사가공과 같은 공작물 직경에 따라 회전수가 변하지 않는 가공에 사용한다.

㉡ 보통 나사가공 및 홈 가공 시에 사용한다.

② **지령방법** : G97　S_____ ;

S : 주축 회전수(단위 : rpm 또는 rev/min)

N01 G50 S1000. ;

N02 G96 S100 M03 ;

N03 G00 X50.; → 절삭속도가 100m/min으로 주축이 회전한다.

N04 G97 S500 ;

N05 G01 X20. F0.2 ; → 주속(G96)이 취소되고 1분간 1000rpm으로 주축이 회전하고 1회전당 0.2mm 이동한다.

5 공구선택 및 보정번호의 활용

1) 공구기능(T)의 적용방법

① **적용방법**

㉠ 공구대(Turret)에 장착된 공구를 자동적으로 교환시키는 기능 → 공구기능

㉡ T 이하 4단 지령으로 선택 → 앞쪽2단 : 공구 선택 번호

→ 뒤쪽2단 : 공구 보정 번호

② **지령방법** : T □□ ○○ ;

↓ 공구 선택 번호　↓ 공구 보정 번호

6 공구인선 보정기능의 적용

1) 가상인선이란 무엇인가?

보통의 공구는 공구선단에 인선(Nose) R이 있는데 이 인선 R이 없다고 생각하고 프로그램을 작성하고 가공한다. 이때 발생되는 문제점은 공구선단의 치핑과 마모현상이 발생하여 바른 가공을 할 수 없다. 특히 테이퍼 가공이나 원호 가공 시에 실제 제품과 오차가 생긴다. 그러나 90° 직각이나 180° 직선가공은 문제가 없다.
인선반경은 0.4 ~ 0.8mm가 있다.

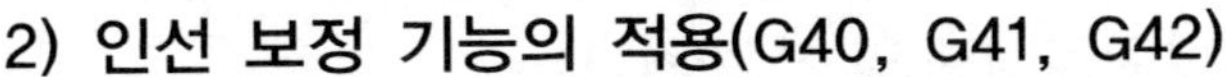

2) 인선 보정 기능의 적용(G40, G41, G42)

① **적용방법**

㉠ 공구의 날 끝이 인선(R)로 되어 있어 테이퍼 및 원호절삭에서 과소 및 과대 절삭이 발생한다.

㉡ 인선(R) 때문에 발생하는 오차를 자동으로 보상하는 기능

② **지령방법**

G40
G41 X(U)____ Z(W)____ _;
G41

G40 : 공구인선 R보정 취소
G41 : 공구인선 R보정 좌측보정
G42 : 공구인선 R보정 우측보정

08 프로그램 및 가공하기

다음의 CNC 선반 프로그램 및 실습지시서를 참고하여 주어진 지시서의 내용에 따라 프로그램 항 후 내용을 저장 장치에 저장 한 후 CNC 공작기계에서 불러들여 운전 순서를 참고하여 가공하는 실습을 반복한다.

내용 중 기능사 기출과제 축 프로그램연습 프로그램은 실제 기능사 실기과제로서 검증된 프로그램이므로 내용을 숙지하여 프로그램 작성에 활용하기 바란다.

또한 기계조작은 여러 기종의 운전 순서를 수록하였으므로 각각의 특징을 참고하여 학교의 실습장이나 현장의 장비에서 참고하여 기계운전에 활용하기 바란다. 기종에 따라 보정 값 입력 방법의 차이는 있으나, 공작물의 위치를 공구에게 알려주는 방법이므로, 거의 비슷하다고 보면 된다.

<table>
<tr><th colspan="7">CNC 선반 프로그램 및 실습지시서</th></tr>
<tr><td rowspan="2">실습과제명</td><td rowspan="2">기능사 기출과제
축 가공</td><td>소요시간</td><td colspan="2">프로그램1시간,
기계가공1시간</td><td rowspan="2">도면번호</td><td rowspan="2">뒷장 프로그램
도면참조</td></tr>
<tr><td>훈련인원</td><td colspan="2"></td></tr>
<tr><td>훈련목표</td><td colspan="4">프로그램 조작기 및 CNC 선반 가공을 할 수 있다</td><td colspan="2">주요 사용기계 및 공구</td></tr>
<tr><td rowspan="2">사용재료</td><td>품명</td><td colspan="2">규격</td><td>수량</td><td colspan="2" rowspan="2">• 프로그램 조작기
• CNC 선반
• 인서트 바이트 3EA</td></tr>
<tr><td>일반강재</td><td colspan="2">∅60×105</td><td>1 EA</td></tr>
<tr><td>요구사항</td><td colspan="6">1. 공구 옵셋의 설정을 정확히 하여야 한다.
2. 불필요한 이송이 되지 않도록 프로그램 한다.
3. 절삭속도 및 이송속도를 표준에 따라 프로그램 한다.</td></tr>
<tr><td>안전 및
유의사항</td><td colspan="6">1. 작업전에 점검을 반드시 실시한다.
2. 공작물을 견고하게 고정하여야 한다.
3. 작업시에는 장갑을 착용하지 않는다.</td></tr>
<tr><td colspan="5">작업순서</td><td colspan="2">참고사항</td></tr>
<tr><td colspan="5">1. 작업준비를 한다.
① 도면을 준비한다.
② 프로그램 할 Note을 준비한다.
③ 교보재(실물)를 준비한다.
④ 주요 코드기능을 숙지하고 이해한다.
G76 → 나사가공
G71 → 내 · 외경 복합 황삭 사이클
G70 → 내 · 외경 복합 정삭 사이클
G50 → 좌표계설정, 주축최고 회전수 설정
G96 → 주축속도 일정제어
주축1회전 당 공구이송 예 F0.25 → 0.25mm/rev
G96 주축속도 일정제어(V = S = Speed = Velocity)
예 $V = \frac{\pi DN}{1000}$ 단위 : rpm

2. 주어진 도면을 보고 프로그램을 작성한다.
① 프로그램 좌표를 취소한다.
② 사용할 공구를 교체한다.
③ 공구 및 치구옵셋을 설정한다.</td><td colspan="2">① G00 → 급속이송
② G01 → 직선보간
③ G02 → 원호보간(cw)
④ G03 → 원호보간(ccw)</td></tr>
</table>

작업순서	참고사항
3. 기계 전원을 공급한다. ① 분전함의 스위치를 “ON” 한다. ② 기계의 메인 스위치를 “ON” 한다. ③ 기계의 동작 상태를 확인한다. **4. 기계의 원점 복귀를 실시한다.** ① 수동운전으로 두 축을 –방향으로 움직인다. ② 기계 원점 복귀 버턴을 누른다. **5. 프로그램을 입력시킨다.** ① 프로그램 편집키를 누른다. ② 프로그램 번호를 입력시킨다. ③ 작성된 프로그램을 입력한다. **6. 공구 옵셋을 입력시킨다.** ① 공구옵셋 화면에서 해당공구에 공작물의 위치의 값을 입력한다. ② 별도의 공구옵셋 순서에 따라 해당공구를 옵셋 한다. **7. 도형표시를 하여 프로그램의 이상 유무를 확인한다.** ① 입력된 프로그램의 도형을 확인한다. ② 이상이 있는 부분을 수정한다. 8. 공작물을 척에 고정시킨다. 9. 싱글 블록 버튼을 누르면서 시험절삭을 한다. 10. 자동연속운전을 한다. 11. 공작물을 검사한다. 12. 전원을 차단한다. 13. 정리정돈 한다.	

과제명	기능사 기출과제 축 프로그램 풀이

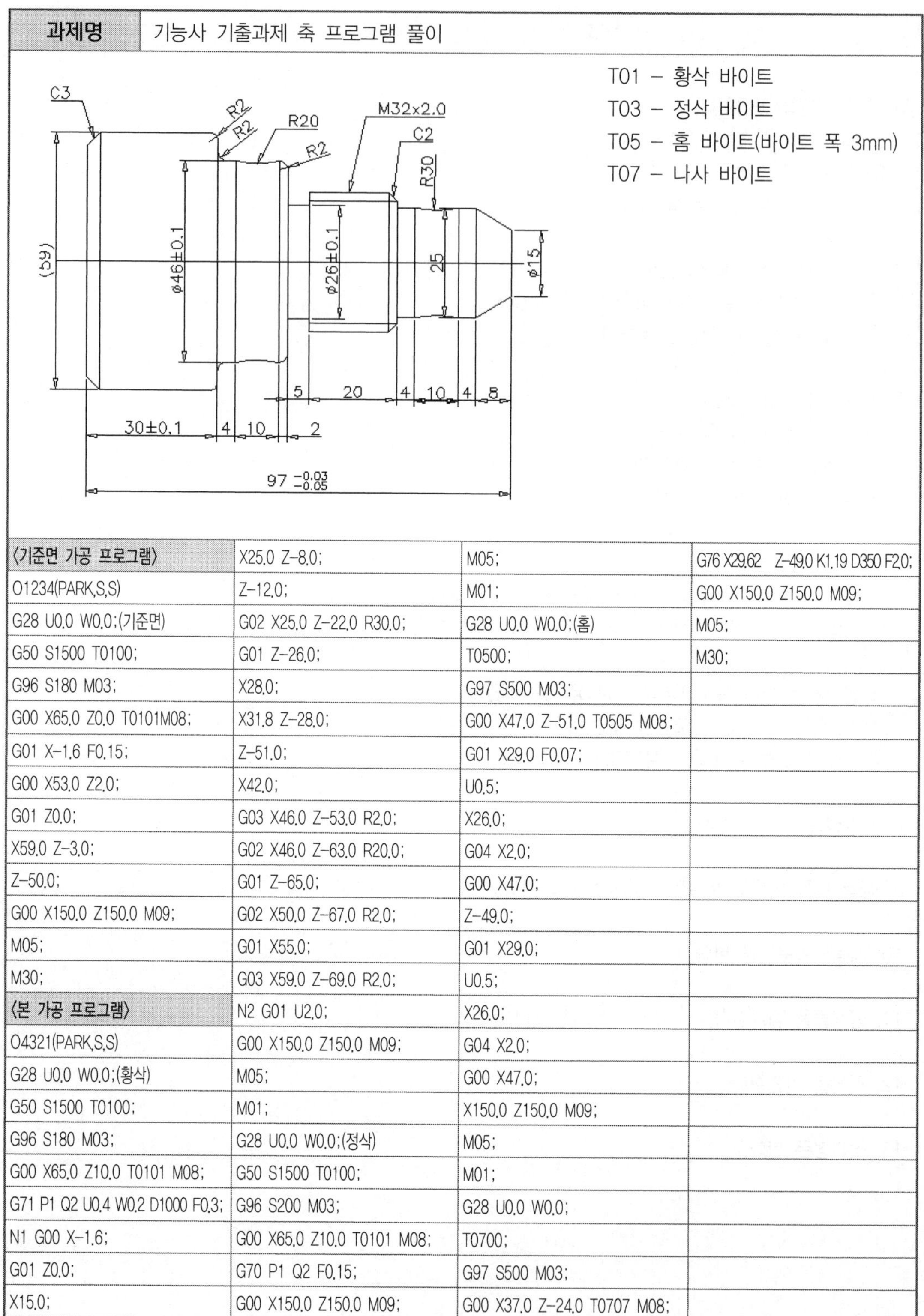

T01 – 황삭 바이트
T03 – 정삭 바이트
T05 – 홈 바이트(바이트 폭 3mm)
T07 – 나사 바이트

〈기준면 가공 프로그램〉	X25.0 Z-8.0;	M05;	G76 X29.62 Z-49.0 K1.19 D350 F2.0;
O1234(PARK,S,S)	Z-12.0;	M01;	G00 X150.0 Z150.0 M09;
G28 U0.0 W0.0;(기준면)	G02 X25.0 Z-22.0 R30.0;	G28 U0.0 W0.0;(홈)	M05;
G50 S1500 T0100;	G01 Z-26.0;	T0500;	M30;
G96 S180 M03;	X28.0;	G97 S500 M03;	
G00 X65.0 Z0.0 T0101M08;	X31.8 Z-28.0;	G00 X47.0 Z-51.0 T0505 M08;	
G01 X-1.6 F0.15;	Z-51.0;	G01 X29.0 F0.07;	
G00 X53.0 Z2.0;	X42.0;	U0.5;	
G01 Z0.0;	G03 X46.0 Z-53.0 R2.0;	X26.0;	
X59.0 Z-3.0;	G02 X46.0 Z-63.0 R20.0;	G04 X2.0;	
Z-50.0;	G01 Z-65.0;	G00 X47.0;	
G00 X150.0 Z150.0 M09;	G02 X50.0 Z-67.0 R2.0;	Z-49.0;	
M05;	G01 X55.0;	G01 X29.0;	
M30;	G03 X59.0 Z-69.0 R2.0;	U0.5;	
〈본 가공 프로그램〉	N2 G01 U2.0;	X26.0;	
O4321(PARK,S,S)	G00 X150.0 Z150.0 M09;	G04 X2.0;	
G28 U0.0 W0.0;(황삭)	M05;	G00 X47.0;	
G50 S1500 T0100;	M01;	X150.0 Z150.0 M09;	
G96 S180 M03;	G28 U0.0 W0.0;(정삭)	M05;	
G00 X65.0 Z10.0 T0101 M08;	G50 S1500 T0100;	M01;	
G71 P1 Q2 U0.4 W0.2 D1000 F0.3;	G96 S200 M03;	G28 U0.0 W0.0;	
N1 G00 X-1.6;	G00 X65.0 Z10.0 T0101 M08;	T0700;	
G01 Z0.0;	G70 P1 Q2 F0.15;	G97 S500 M03;	
X15.0;	G00 X150.0 Z150.0 M09;	G00 X37.0 Z-24.0 T0707 M08;	

1) 아래 작업 조건 표에 따라 프로그램하세요?(전체길이61)

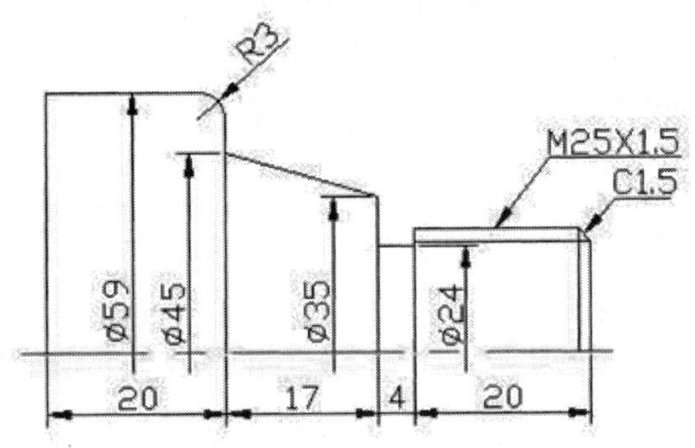

가) 나사절삭 데이터

피치	1회	2회	3회	4회	5회	6회	7회	8회	절입깊이
1.5	0.35	0.20	0.14	0.10	0.05	0.05			0.89

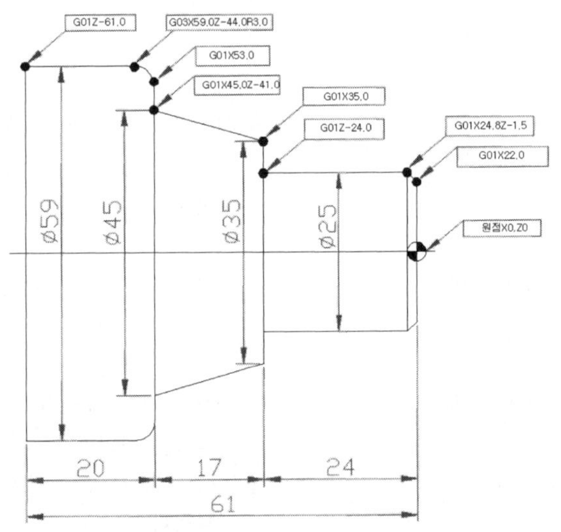

절삭 조건

<table>
<tr><th>순서</th><th>공정명</th><th>공구번호</th><th>절삭속도
(m/min)</th><th>이송속도
(mm/rev)</th><th>1회절입량</th><th rowspan="3">소재치수</th><th rowspan="3">Ø60×90</th></tr>
<tr><td>1</td><td>황삭 가공</td><td>T0100</td><td>130</td><td>0.25</td><td rowspan="2">4mm(직경)</td></tr>
<tr><td>2</td><td>정삭 가공</td><td>T0300</td><td>170</td><td>0.15</td></tr>
<tr><td>3</td><td>홈 가공
(바이트 폭3mm)</td><td>T0500</td><td>500rpm</td><td>0.07</td><td></td><td rowspan="2">재질</td><td rowspan="2">SM20C</td></tr>
<tr><td>4</td><td>나사 가공</td><td>T0700</td><td>500rpm</td><td>리드1.5</td><td></td></tr>
</table>

나) 완성프로그램 해설(전체길이61도면)

FANUC - 11T / SENTROL	
O1202;(전체길이61도면)	프로그램번호
G28 U0.0 W0.0;(황삭가공))	자동 원점 복귀
G50 S1500 T0100;	최고회전수 제한, 1번 공구선택
G96 S130 M03;	주축속도 지정 및 정 회전
G00 X65.0 Z10.0 T0101 M08;	절삭유 자동 ON, 가공 위치로 이동
G71 P1 Q2 U0.4 W0.2 D2000 F0.25;	황삭 복합사이클 지정 블록
N1 G00 X-1.6;	사이클 시작 첫 번 블록, 공구인선 값(R0.8X2)
G01 Z0.0;	가공 시작점 지정
X22.0;	프로그램 좌표 값을 환산한 후 공구경로 프로그램 부분
X24.8 Z-1.5;	
Z-24.0;	
X35.0;	
X45.0 Z-41.0;	
X53.0;	
G03 X59.0 Z-44.0 R3.0;	
G01 Z-61.0;	
N2 U2.0;	사이클 시작 첫 번 블록, 직선으로 지정
G00 X150.0 Z150.0 M09;	절삭유 자동 OFF, 임의의 지점으로 후퇴
M05;	주축정지
M01;	선택정지
G28 U0.0 W0.0;(정삭가공))	정삭가공을 위하여 자동 원점 복귀
G50 S1500 T0300;	최고회전수 제한, 3번 공구선택
G96 S170 M03;	주축속도 지정 및 정 회전
G00 X65.0 Z10.0 T0303 M08;	절삭유 자동 ON, 가공 위치로 이동
G70 P1 Q2 F0.15;	정삭 복합사이클 지정 블록
G00 X150.0 Z150.0 M09;	절삭유 자동 OFF, 임의의 지점으로 후퇴
M05;	주축정지
M01;	선택정지
G28 U0.0 W0.0;(홈 가공)	홈 가공을 위하여 자동 원점 복귀
T0500;	5번 공구선택(G97사용으로 G50사용하지 않음)
G97 S500 M03;	500 RPM으로 고정하여 주축 정 회전
G00 X40.0 Z-24.0 T0505 M08;	홈 가공 위치로 이동, 절삭유 자동 ON
G01 X24.0 F0.07;	홈 절삭
G04 X2.0;	2초간 휴지 기능 지정
G00 X40.0;	홈 바이트 폭 3MM 이므로 폭1MM 가공위치이동
Z-23.0;	홈 폭 4MM 가공 위치(한축씩 지정)

FANUC - 11T / SENTROL	
G01 X24.0;	홈 절삭
G04 X2.0;	2초간 휴지 기능 지정
G00 X40.0;	홈 가공 시작점으로 이동
X150.0 Z150.0 M09;	절삭유 자동 OFF, 임의의 지점으로 후퇴
M05;	주축정지
M01;	선택정지
G28 U0.0 W0.0;(나사가공)	나사가공을 위하여 자동 원점 복귀
T0700;	7번 공구선택(G97사용으로 G50사용하지 않음)
G97 S500 M03;	500 RPM으로 고정하여 주축 정 회전
G00 X30.0 Z2.0 T0707 M08;	나사가공 위치로 이동, 절삭유 자동 ON
G76 X23.22 Z-22.0 K0.89 D350 F1.5;	나사 복합사이클 지정 블록
G00 X150.0 Z150.0 M09;	절삭유 자동 OFF, 임의의 지점으로 후퇴
M05;	주축정지
M30;	프로그램 종료

주요 블록 해설	
G71 P1 Q2 U0.4 W0.2 D2000 F0.25;	황삭 복합사이클 지정 블록
	G71 ☞ 내·외경 복합 황삭 사이클
	P1 ☞ 사이클 시작 첫 번 블록 번호
	Q2 ☞ 사이클 시작 끝 블록 번호
	U0.4 ☞ X축 정삭여유
	W0.2 ☞ Z축 정삭여유
	D2000 ☞ 1회 절입량 반경 2mm
	F0.25; ☞ 황삭 가공 시 이송량
G70 P1 Q2 F0.15;	정삭 복합사이클 지정 블록
	G70 ☞ 내·외경 복합 정삭 사이클
	P1 ☞ 사이클 시작 첫 번 블록 번호
	Q2 ☞ 사이클 시작 끝 블록 번호
	F0.15; ☞ 정삭 가공 시 이송량
G76 X23.22 Z-22.0 K0.89 D350 F1.5;	나사 복합사이클 지정 블록
	G76 ☞ 내·외경 복합 나사 사이클
	X23.22 ☞ 최종 골지름
	Z-22.0 ☞ 나사 길이
	K0.89 ☞ 절입 깊이(반경치)
	D350 ☞ 첫 번째 절입깊이
	F1.5; ☞ 나사 리드

2) 아래 작업 조건 표에 따라 프로그램하세요?(전체길이60)

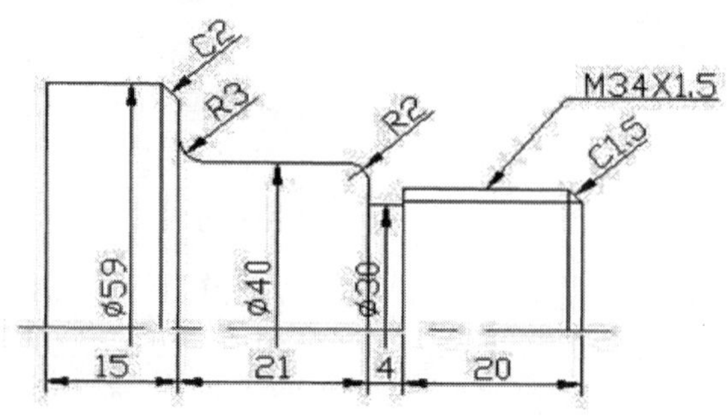

가) 나사절삭 데이터

피치	1회	2회	3회	4회	5회	6회	7회	8회	절입깊이
1.5	0.35	0.20	0.14	0.10	0.05	0.05			0.89

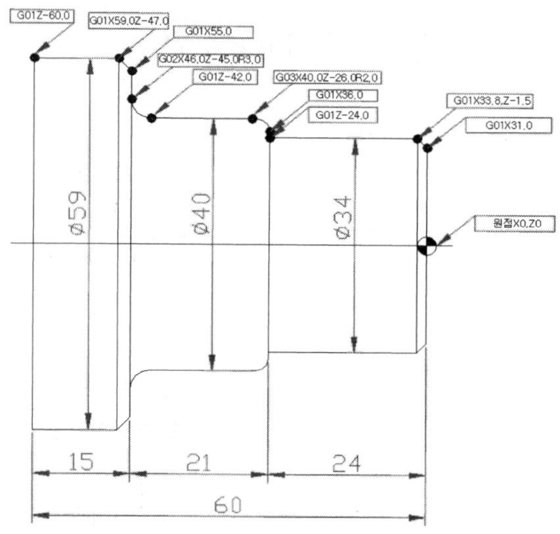

절삭조건

순서	공정명	공구번호	절삭속도 (m/min)	이송속도 (mm/rev)	1회절입량		
1	황삭 가공	T0100	130	0.25	4mm(직경)	소재치수	Ø60×90
2	정삭 가공	T0300	170	0.15			
3	홈 가공 (바이트 폭3mm)	T0500	500rpm	0.07		재질	SM20C
4	나사 가공	T0700	500rpm	리드1.5			

나) 완성프로그램 해설(전체길이60도면)

FANUC - 11T / SENTROL	
O1201;(전체길이60도면)	프로그램번호
G28 U0.0 W0.0;(황삭가공))	자동 원점 복귀
G50 S1500 T0100;	최고회전수 제한, 1번 공구선택
G96 S130 M03;	주축속도 지정 및 정 회전
G00 X65.0 Z10.0 T0101 M08;	절삭유 자동 ON, 가공 위치로 이동
G71 P1 Q2 U0.4 W0.2 D2000 F0.25;	황삭 복합사이클 지정 블록
N1 G00 X-1.6;	사이클 시작 첫 번 블록, 공구인선 값(R0.8X2)
G01 Z0.0;	가공 시작점 지정
X31.0;	프로그램 좌표 값을 환산한 후 공구경로 프로그램 부분
X33.8 Z-1.5;	
Z-24.0;	
X36.0;	
G03 X40.0 Z-26.0;	
G01 Z-42.0;	
G02 X46.0 Z-45.0 R3.0;	
G01 X55.0;	
X59.0 Z-47.0;	사이클 시작 첫 번 블록, 직선으로 지정
Z-60.0;	절삭유 자동 OFF, 임의의 지점으로 후퇴
N2 U2.0;	사이클 시작 첫 번 블록, 직선으로 지정
G00 X150.0 Z150.0 M09;	절삭유 자동 OFF, 임의의 지점으로 후퇴
M05;	주축정지
M01;	선택정지
G28 U0.0 W0.0;(정삭가공))	정삭가공을 위하여 자동 원점 복귀
G50 S1500 T0300;	최고회전수 제한, 3번 공구선택
G96 S170 M03;	주축속도 지정 및 정 회전
G00 X65.0 Z10.0 T0303 M08;	절삭유 자동 ON, 가공 위치로 이동
G70 P1 Q2 F0.15;	정삭 복합사이클 지정 블록
G00 X150.0 Z150.0 M09;	절삭유 자동 OFF, 임의의 지점으로 후퇴
M05;	주축정지
M01;	선택정지
G28 U0.0 W0.0;(홈 가공)	홈 가공을 위하여 자동 원점 복귀
T0500;	5번 공구선택(G97사용으로 G50사용하지 않음)
G97 S500 M03;	500 RPM으로 고정하여 주축 정 회전
G00 X41.0 Z-24.0 T0505 M08;	홈 가공 위치로 이동, 절삭유 자동 ON
G01 X32.0 F0.07;	직경 2mm 홈 절삭
U0.5;	0.5mm 후퇴
X30.0;	다시 직경 2mm 홈 절삭
G04 X2.0	2초간 휴지기능 실행
G00 X41.0;	홈 바이트 폭 3mm 이므로 폭 1mm 가공위치이동

FANUC - 11T / SENTROL	
Z-23.0;	홈 폭 4mm 가공 위치(한축씩 지정)
G01 X32.0;	직경 2mm 홈 절삭
U0.5;	0.5mm 후퇴
X30.0;	다시 직경 2mm 홈 절삭
G04 X2.0;	2초간 휴지기능 실행
G00 X41.0;	홈 가공 시작점으로 이동
X150.0 Z150.0 M09;	절삭유 자동 OFF, 임의의 지점으로 후퇴
M05;	주축정지
M01;	선택정지
G28 U0.0 W0.0;(나사가공)	나사가공을 위하여 자동 원점 복귀
T0700;	7번 공구선택(G97사용으로 G50사용하지 않음)
G97 S500 M03;	500 RPM으로 고정하여 주축 정 회전
G00 X39.0 Z2.0 T0707 M08;	나사가공 위치로 이동, 절삭유 자동 ON
G76 X32.22 Z-22.0 K0.89 D350 F1.5;	나사 복합사이클 지정 블록
G00 X150.0 Z150.0 M09;	절삭유 자동 OFF, 임의의 지점으로 후퇴
M05;	주축정지
M30;	프로그램 종료

주요 블록 해설	
G71 P1 Q2 U0.4 W0.2 D2000 F0.25;	황삭 복합사이클 지정 블록
	G71 ☞ 내·외경 복합 황삭 사이클
	P1 ☞ 사이클 시작 첫 번 블록 번호
	Q2 ☞ 사이클 시작 끝 블록 번호
	U0.4 ☞ X축 정삭여유
	W0.2 ☞ Z축 정삭여유
	D2000 ☞ 1회 절입량 반경 2mm
	F0.25; ☞ 황삭 가공 시 이송량
G70 P1 Q2 F0.15;	정삭 복합사이클 지정 블록
	G70 ☞ 내·외경 복합 정삭 사이클
	P1 ☞ 사이클 시작 첫 번 블록 번호
	Q2 ☞ 사이클 시작 끝 블록 번호
	F0.15; ☞ 정삭 가공 시 이송량
G76 X32.22 Z-22.0 K0.89 D350 F1.5;	나사 복합사이클 지정 블록
	G76 ☞ 내·외경 복합 나사 사이클
	X32.22 ☞ 최종 골지름
	Z-22.0 ☞ 나사 길이
	K0.89 ☞ 절입 깊이(반경치)
	D350 ☞ 첫 번째 절입 깊이
	F1.5; ☞ 나사 리드

09 실습에 필요한 주요 준비기능

① 공작물 좌표계 설정(G50)

프로그램 작성 시 도면이나 제품의 기준점을 설정하여 그 기준으로부터 가공 위치를 지령함으로써 간단하게 프로그램을 작성할 뿐 아니라 실수를 줄일 수 있다. 그러나 공작물의 기준점이 어느 위치에 있는지 기계는 모르고 있으므로 이 기준점을 NC 기계에 알려주는 기능이 G50이며 이 작업을 공작물 좌표계 설정이라 한다.

• **지령방법** G50 X　　　Z

X, Z : 설정 하고자 하는 절대좌표(공작물 좌표)의 현재위치

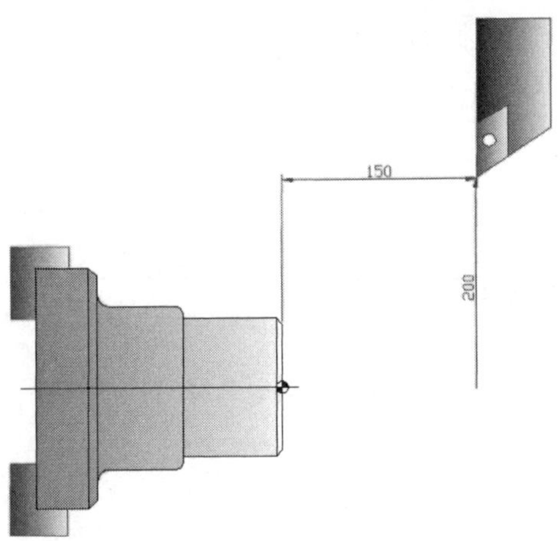

② 절삭속도 일정제어(G96)

효과적인 절삭가공을 위해 X축 위치에 따라서 주축속도(회전수)를 변화시켜, 절삭속도를 일정하게 유지하여 공구수명도 길게 하고 절삭 시간을 단축시킬 수 있는 기능이다. 주축의 회전수는 소재가공부의 직경에 따라 자동으로 변화한다.

• **지령방법** G96 S______;

S : 절삭속도(m/min)

(G96에서 S값은 RPM지령이 아니고 절삭속도의 값이다.)

절삭속도 : 공구와 공작물의 상대속도를 말한다.

③ 급속위치결정(급속이송)(G00)

X(U), Z(W)에 지령된 위치(종점)를 향해 급속속도로 이동한다.

• **지령방법** G00 X(U)______Z(W)______

X(U) : X축 급속 이동 종점

Z(W) : Z축 급속 이동 종점

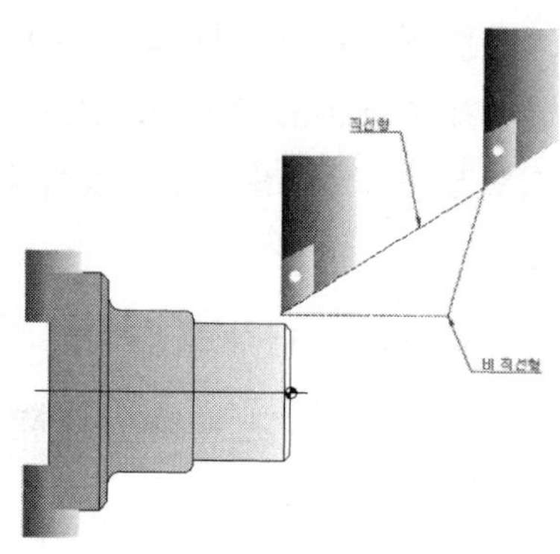

④ 직선보간(절삭이송)(G01)

지령된 종점으로 F의 이송속도에 따라 직선으로 가공한다.

• **지령방법** G00 X(U)______Z(W)______F____

X(U) : X축 급속 이동 종점

Z(W) : Z축 급속 이동 종점

F : 이송속도(이송속도에는 회전 당 이송과 분당이송이 있지만 선반은 보통 회전 당 이송을 사용한다.)

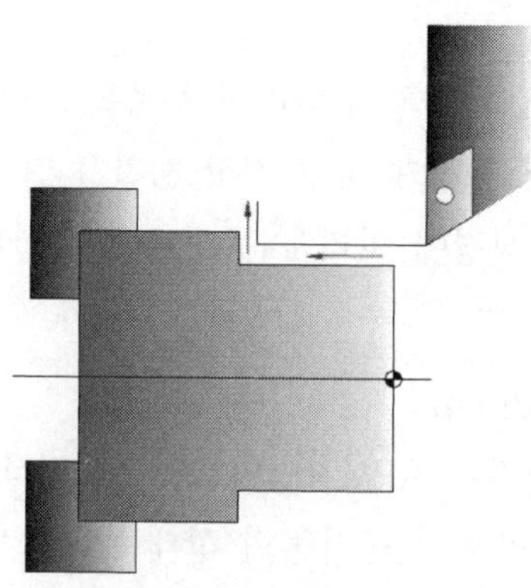

5 복합형 고정 사이클

1) 정삭 절삭 사이클 (G70)

G71, G72, G73 고정 사이클로 거친 가공한 후 정삭 절삭하는 사이클이다.

- **지령형식** G70 P_p_ Q_q_ F_f_ ;
- **지령의미** P(p) : 고정 사이클의 구역을 지정하는 첫 번째 블록의 시퀀스 번호
  Q(q) : 고정 사이클의 구역을 지정하는 마지막 블록의 시퀀스 번호
  F : 이송속도(Feed) 지정

2) 내·외경 황삭 절삭 사이클(G71)

내·외경 거친 절삭 가공을 하는 복합형 고정 사이클로서 최종형상과 절삭조건 등을 지정해주면 공구경로는 자동적으로 결정되면서 정삭여유를 남기고 시작점으로 복귀한다.

- **지령형식** G71 U_d_ R_r_ ;
  G71 P_p_ Q_q_ U_u_ W_w_ F_f_ ;
  N p G00 X___;
  ↓
  ↓
  N q G00 X___;
- **지령의미** U(d) : 1회 절입량
  R(r) : X축 후퇴량
  P(p) : 고정 사이클의 구역을 지정하는 첫 번째 블록의 시퀀스 번호
  Q(q) : 고정 사이클의 구역을 지정하는 마지막 블록의 시퀀스 번호
  U(u) : X축 방향 정삭여유(직경값으로 지정)
  W(w) : Z축 방향 정삭여유
  F : 이송속도(Feed) 지정

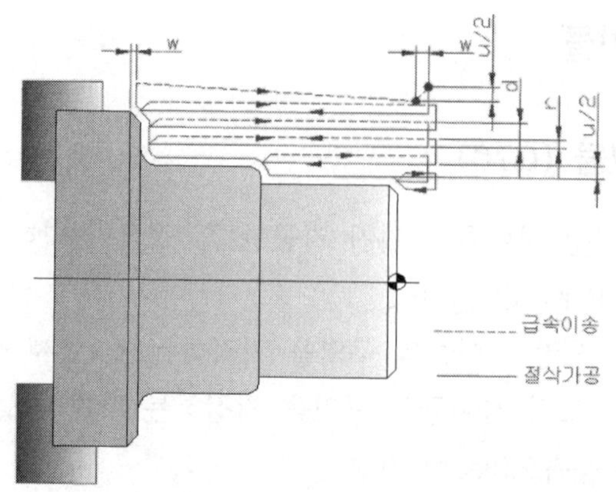

① G71위쪽 블록에서의 U지령과 G71 아래 블록에서의 U지령의 구분은 P와 Q가 지령된 블록을 보고 판단할 수 있다.

② G71 사이클을 시작하는 최초의 블록에서는 Z를 지령할 수 없다.

③ 고정 사이클 지령 최후의 블록에는 자동 면취 및 코너 R지령을 할 수 없다.

④ 고정 사이클 실행 도중에 보조 프로그램(Sub Program) 지령은 할 수 없다.

3) G71 내·외경 황삭 사이클 지령방법

① 11T인 경우

G71 P_ Q_ U_ W_ D_ (F_);

P : 사이클 시작 첫 블록의 시퀀스 번호

Q : 사이클 종료되는 끝 블록의 시퀀스 번호

U : X축 방향의 정삭여유(직경치)

W : Z축 방향의 정삭여유

D : 1회 절입량(반경치)

F : 황삭시 이송속도

- 0T, 11T전환방법 : [화면] → [설정] → 2/16 → TAPE FORMAT에서 원하는 기종을 선택한다.

② 0T인 경우

G71 U_ R_ ; (U : 1회 절입량, R : 가공 후 후퇴량)

G71 P_ Q_ U_ W_ (F_);

P, Q, U, W : 11T와 동일함

③ **G71 지령 시 주의사항**

㉠ SENTROL 0T SYSTEM 에서의 복합 고정 사이클 G71 지령방식인 G71을 2개의 블록으로 지령하는 방식을 사용한다.

㉡ G71 사이클 구역안 (P ~ Q)에 지령된 F, S, T는 황삭 사이클 실행 중에는 무시되고 정삭 사이클에서만 실행한다.

㉢ G71 사이클 시작하는 최초의 블록에서는 Z를 지령할 수 없다. 최초 블록에 G00 X를 지령하면 X축 절입이 급속이송 되고 G01 X 지령을 하면 X축 절입이 절삭 이송이 된다.

㉣ G71은 황삭 사이클이지만 정삭 여유를 지령하지 않으면 완성 치수로 가공할 수 있다.

㉤ F, S, T,를 지령하지 않으면 이전 블록에서 지령된 F, S, T 가 유효하다.

6 인선R 보정의 활용

일반적으로 공구의 인서트 팁 선단부에는 인선R이 있으므로 테이퍼 절삭 및 원호 절삭 시 과소 절삭이나 과대 절삭 부분이 발생한다. 이와 같이 인선R에 의하여 발생하는 오차량을 자동으로 보정하는 것이 인선R 보정이다.

- **지령형식** G42 G00 X20.0 ;
- **지령방법** G41, G42 Mode는 직선 보간 명령(G00, G01)과 같이 지령하며 G40도 공구 이동(G00) 명령과 함께 지령하는 것이 바람직하다.
  또한, 한번 지령하면 모달 지령으로 취소될 때 까지 유효하며 G41이나 G42 Mode로 보정하는 Block을 Start-up Block이라 한다.

1) 각 기능의 의미

G 코드	의미	공구경로설명
G40	공구인선R 보정 무시	프로그램 경로
G41	공구인선R 보정 좌측	공작물을 기준하여 공구진행 방향으로 보았을 때 공구가 공작물의 좌측에 있다.
G42	공구인선R 보정 우측	공작물을 기준하여 공구진행 방향으로 보았을 때 공구가 공작물의 우측에 있다.

2) 공구이동 경로

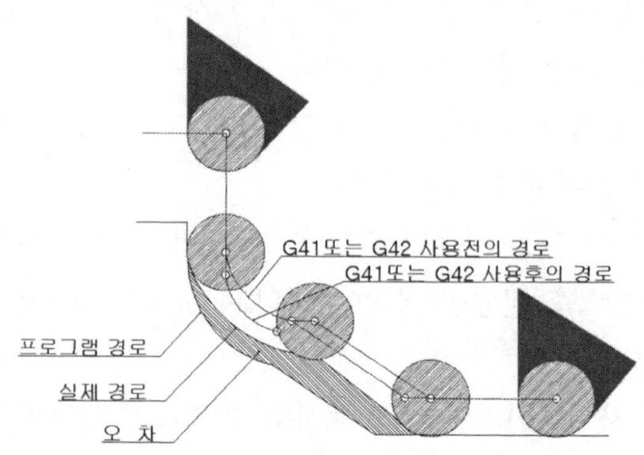

① G41, G42 기능을 사용하기 위해서는 Offset 화면의 R(Nose R), T(가상 인선 번호)가 입력되어 있어야 한다.

② 내측의 면취 및 코너 R이 인선 R보다 작을 경우 알람이 발생된다.

⑦ 원호 가공(G02와 G03)의 적용

가공 시작점에서 지령된 위치까지 반경 R의 크기로 원호 가공을 지령한다.
원호의 회전 방향에 따라 시계 방향(CW : Clock Wise)일 때는 G02, 반 시계 방향(CCW : Counter Clock Wise)일 때는 G03으로 지령한다.

- **지령형식** G02 X20.0 Z-20.0 R3.0 ;
- **지령의미** X(U), Z(W) : 원호 종점의 좌표값
  R : 원호의 반경
  I, K : 원호의 시작점에서 중심까지의 거리로X축 방향 I, Z축 방향 K로 증분값으로 부호와 같이 지령한다. R 지령이나 I, K 지령 중 하나 선택)

I, K의 부호 및 값을 정하는 방법은 시점에서 원호의 중심이 (+) 방향 인가 (-) 방향인가에 따라 부호가 결정되며 시점에서 원호중심까지의 거리가 값이 된다.
왼손 직교 좌표계의 원호 방향과 오른손 직교 좌표계의 원호 방향은 반대이지만 프로그램을 작성 할 때는 오른손 직교 좌표로 생각하고 작성한다.
반경 R의 지령 범위는 180° 이하이다. 180° 이상의 원호 가공에는 I, K로 지령한다.

• I, K 지령의 부호 관계

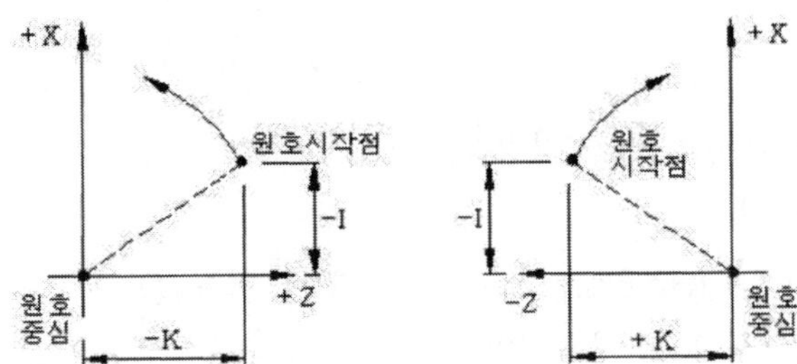

8 휴지(Dwell)기능(G04)

지령된 시간 동안 공구의 이송을 정지시키는 기능으로, 일반적으로 홈 가공 바닥면을 절삭할 때 많이 사용한다.

- **지령형식** G04 X2.0 ;
- **지령의미** X, U : 정지 시간을 지령(소수점 사용 가능)

  P : 정지 시간을 지령(소수점 사용 불가능)

  ◉ G04 X2.0 ; ◉ G04 U2.0 ; ◉ G04 P2000
- **정지시간과 회전수 관계식**

$$정지시간(초) = \frac{60}{rpm} \times 회전수(스핀들 : 주축)$$

9 나사 가공(G32) 기능 익히기

- **지령형식** G32 X(U)___ Z(W)___ (Q___) F___ ;
- **지령의미** X(U), Z(W) : 나사 가공의 종점 좌표

  Q : 다줄 나사 가공시 절입 각도이며, 1줄 나사는 Q0. 이므로 생략한다.

  F : 나사의 리드(Lead)로 1줄 나사일 때는 피치(Pitch)와 같다.

주) G32로 나사가공은 각 구간별로 매번 지령을 해주어야 하므로 프로그램이 피치에 따라 차이는 나지만 프로그램이 길어진다. 그러므로 G32는 거의 사용하지 않고 G92, G76을 주로 많이 사용한다.

⑩ 단일 나사가공 사이클(G92) 기능 익히기

- **지령형식** G92 X(U)___ Z(W)___ R___ F___ ;
- **지령의미** X(U) : 1회 절입 시 나사의 골경(직경값)

  Z(W) : 나사 가공 길이

  (불완전 나사부(Chamfering 부분)를 포함한 좌표값)

  R : 테이퍼 나사 절삭시 X축 기울기양

  F : 나사의 리드(Lead)

⑪ 복합형 나사가공 사이클(G76 0T) 기능 익히기

- **지령형식** G76 P(m)(r)(a) Q(Dmin) R d ;

  G76 X(U) u Z(W) w P p Q q (R i) F f ;
- **지령의미** P(m)(r)(a)

  m : 정삭 반복 회수(01 ~ 99까지)

  r : 모따기량(r = 10일 경우 45° 각도로 모따기)

  a : 나사산의 각도 지령(나사 바이트의 절입 각도에 해당)

  → P011060 1회 정삭, 모따기량 1피치, 나사산의 각도 60°

  Dmin : 최소 절입량

  d : 정삭 여유

  u : 나사의 최종 골지름

  w : 나사 가공 길이 지정(모따기 부분을 합한 길이)

  p : 나사산의 높이를 반지름값으로 지령

  q : 최초 절입량. 반지름값으로 지령

  I : 테이퍼 나사 가공시 기울기

  F : 나사의 리드로 1줄 나사는 피치와 동일하다.

- 0T, 11T전환방법 : [화면] → [설정] → 2/16 → TAPE FORMAT에서 원하는 기종을 선택한다.

⑫ 복합 나사가공 사이클(11T) 요점정리

```
G76 X_  Z_  K_  D_  F_  A_  ;
```

X : 나사의 최종 골지름

Z : 나사의 가공 길이

K : 나사산의 높이(반지름지정, 나사절삭 데이터의 절입깊이와 동일하며 소수점 입력)

D : 최초 절입량(피치에 따른 절입량으로 나사절삭데이터의 1회 절입량과 동일, 소수점 불가)

F : 나사의 리드(한줄 나사인 경우 피치와 동일)

A : 나사산의 각도(일반적으로 60°)

• 0T, 11T전환방법 : [화면] → [설정] → 2/16 → TAPE FORMAT에서 원하는 기종을 선택한다.

⑬ 복합 나사가공 사이클(0T) 요점정리

```
G76 P_ _ _  Q_  R_  ;
G76 X_  Z_  P_  Q_  F_  ;
```

P : _ 정삭반복횟수(01) _ 모따기량(10) _ 나사산각도(60)

Q : 최소 절입량(50)

R : 정삭여유(20)

X : 나사의 최종 골지름

Z : 나사의 가공 길이

P : 나사산높이(반지름지정, 절삭데이터의 절입 깊이와 동일하며 소수점 불가)

Q : 최초 절입량(피치에 따른 절입량, 나사 절삭데이터의 1회 절입량과 동일, 소숫점 불가)

F : 나사의 리드(한줄 나사인 경우 피치와 동일)

A : 나사산의 각도(일반적으로 60°)

14 단일 나사가공 사이클 요점정리

```
G92 X_  Z_  F_  ;
```

X : 나사의 초기 1회 절입한 깊이의 지름

Z : 나사의 가공 길이

F : 나사의 리드(한줄 나사인 경우 피치와 동일)

15 CNC 선반 나사 절삭 데이터 적용하기

피치	P	1.0		1.5		2.0	
		반경	직경	반경	직경	반경	직경
절입깊이	H	0.60	1.20	0.89	1.78	1.19	2.38
나사 절삭 횟수	1	0.25	0.50	0.35	0.70	0.35	0.70
	2	0.20	0.40	0.20	0.40	0.25	0.50
	3	0.10	0.20	0.14	0.28	0.19	0.38
	4	0.05	0.10	0.10	0.20	0.12	0.24
	5			0.05	0.10	0.10	0.20
	6			0.05	0.10	0.08	0.16
	7					0.05	0.10
	8					0.05	0.10

피치	1회	2회	3회	4회	5회	6회	7회	8회	절입깊이
1.5	0.35	0.20	0.14	0.10	0.05	0.05			0.89

피치	1회	2회	3회	4회	5회	6회	7회	8회	절입깊이
2.0	0.35	0.25	0.19	0.12	0.10	0.08	0.05	0.05	1.19

10 CNC 선반 프로그램 실습하기

다음은 과제에 대한 프로그램 풀이 이므로 참고하여 본인스스로 작성 한 후 비교하여 활용 하도록 한다.

1 CNC 선반 프로그램 풀이 1

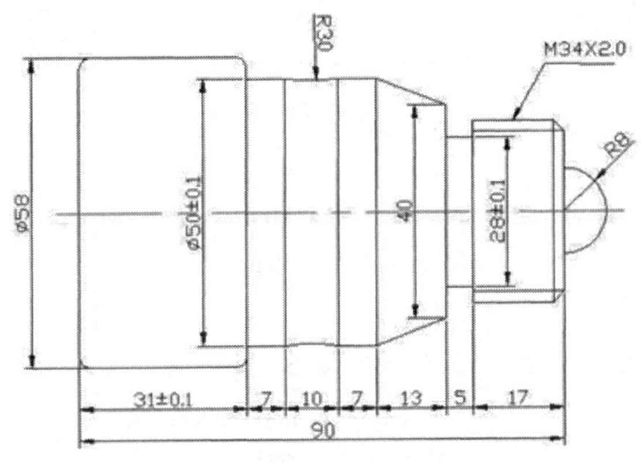

- **주서** : 도시되고 지시 없는 모따기 C2
  도시되고 지시 없는 라운드 R2
- 제시된 이외의 모든 절삭조건은 작업자가 선정한다.

피치	1회	2회	3회	4회	5회	6회	7회	8회	절입깊이
1.5	0.35	0.20	0.14	0.10	0.05	0.05			0.89

피치	1회	2회	3회	4회	5회	6회	7회	8회	절입깊이
2.0	0.35	0.25	0.19	0.12	0.10	0.08	0.05	0.05	1.19

O1111;	G01 Z-67.0;	M05;
G28 U0.0 W0.0;(기준면)	X54.0;	M01;
G50 S1500 T0100;	G03 X58.0 Z-69.0 R2.0;	G28 U0.0 W0.0;(나사)
G96 S180 M03;	N2 G01 U2.0;	T0700;
G00 X65.0 Z0.0 T0101 M08;	G00 X150.0 Z150.0 M09;	G97 S500 M03;
G01 X-1.6 F0.15 :	M05;	G00 X39.0 Z-60.0 T0707M08;
G00 X54.0 Z2.0;	M01;	G76 X31.62 Z-28.0 K1.19
G01 Z0.0;	G28 U0.0 W0.0;(정삭)	D350 F2.0;
G03 X58.0 Z-2.0 R2.0;	G50 S1500 T0300;	G00 X150.0 Z150.0 M09;
G01 Z-50.0;	G96 S200 M03;	M05;
G00 X150.0 Z150.0 M09;	G00 X65.0 Z10.0 T0303 M08;	M30;
M05;	G70 P1 Q2 F0.15;	
M30 :	G00 X150.0 Z150.0 M09;	
O1118;	M05;	
G28 U0.0 W0.0;(황삭)	M01;	
G50 S1500 T0100;	G28 U0.0 W0.0;(홈)	
G96 S180 M03;	T0500;	
G00 X65.0 Z10.0 T0101 M08;	G97 S500 M03;	
G71 P1 Q2 U0.4 W0.2 D2000	G00 X45.0 Z-30.0 T0505M08;	
F0.25;	G01 X31.0 F0.07;	
N1 G00 X-1.6;	U0.5;	
G01 Z0.0;	X28.0;	
X0.0;	G04 X2.0;	
G03 X16.0 Z-8.0 R8.0;	G00 X45.0;	
G01 X30.0;	Z-28.0;	
X33.8 Z-10.0;	X31.0;	
Z-30.0;	U0.5;	
X40.0;	X28.0;	
X50.0 Z-43.0;	G04 X2.0;	
Z-50.0;	G00 X45.0;	
G02 X50.0 Z-60.0 R30.0;	X150.0 Z150.0 M09;	

❷ CNC 선반 프로그램 풀이 2

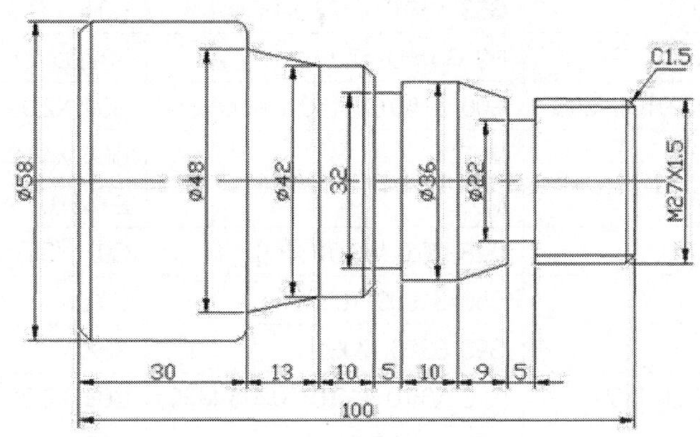

• **주서** : 도시되고 지시 없는 모따기 C2
도시되고 지시 없는 라운드 R2

• 제시된 이외의 모든 절삭조건은 작업자가 선정한다.

피치	1회	2회	3회	4회	5회	6회	7회	8회	절입깊이
1.5	0.35	0.20	0.14	0.10	0.05	0.05			0.89

피치	1회	2회	3회	4회	5회	6회	7회	8회	절입깊이
2.0	0.35	0.25	0.19	0.12	0.10	0.08	0.05	0.05	1.19

O2222;	X48.0 Z-70.0;	Z-47.0;
G28 U0.0 W0.0;(기준면)	X54.0;	G01 X34.0;
G50 S1500 T0100;	G03 X58.0 Z-72.0 R2.0;	U0.5;
G96 S180 M03;	N2 G01 U2.0;	X32.0;
G00 X65.0 Z0.0 T0101 M08;	G00 X150.0 Z150.0 M09;	G04 X2.0;
G01 X-1.6 F0.15;	M05;	G00 X43.0;
G00 X54.0 Z2.0;	M01;	Z-45.0;
G01 Z0.0;	G28 U0.0 W0.0;(정삭)	G01 X34.0;
X58.0 Z-2.0;	G50 S1500 T0300;	U0.5;
Z-50.0;	G96 S200 M03;	X32.0;
G00 X150.0 Z150.0 M09;	G00 X65.0 Z10.0 T0303 M08;	G04 X2.0;
M05;	G70 P1 Q2 F0.15;	G00 X43.0;
M30;	G00 X150.0 Z150.0 M09;	X150.0 Z150.0 M09;
O1218;	M05;	M05;
G28 U0.0 W0.0;(황삭)	M01;	M01;
G50 S1500 T0100;	G28U0.0 W0.0;(홈)	G28 U0.0 W0.0(나사)
G96 S180 M03;	T0500;	T0700;
G00 X65.0 Z10.0 T0101 M08;	G97 S500 M03;	G97 S500 M03;
G71 P1 Q2 U0.4 W0.2 D1500	G00 X32.0 Z-23.0 T0505	G00 X32.0 Z2.0 T0707 M08;
F0.3;	M08;	G76 X25.22 Z-21.0 K0.89
N1 G00 X-1.6;	G01 X24.0 F0.07;	D350 F1.5;
G01 Z0.0;	U0.5;	G00 X150.0 Z150.0 M09;
X24.0;	X22.0;	M05;
X26.8 Z-1.5;	G04 X2.0;	M30;
Z-23.0;	G00 X32.0;	
X27.0;	Z-21.0;	
X36.0 Z-32.0;	G01 X24.0;	
Z-47.0;	U0.5;	
X38.0;	X22.0;	
X42.0 Z-49.0;	G04 X2.0;	
Z-57.0;	G00 X43.0;	

❸ CNC 선반 프로그램 풀이 3

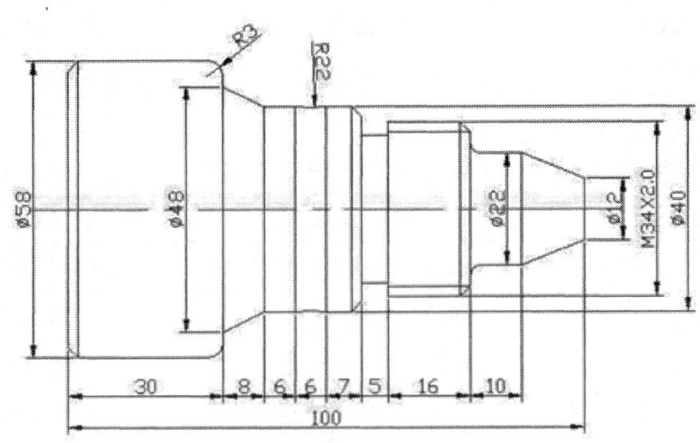

- **주서** : 도시되고 지시 없는 모따기 C2
  도시되고 지시 없는 라운드 R2
- 제시된 이외의 모든 절삭조건은 작업자가 선정한다.

피치	1회	2회	3회	4회	5회	6회	7회	8회	절입깊이
1.5	0.35	0.20	0.14	0.10	0.05	0.05			0.89

피치	1회	2회	3회	4회	5회	6회	7회	8회	절입깊이
2.0	0.35	0.25	0.19	0.12	0.10	0.08	0.05	0.05	1.19

O3333;	Z-50.0;	G04 X2.0;
G28 U0.0 W0.0;(기준면)	G02 X40.0 Z-56.0 R22.0;	G00 X41.0;
G50 S1500 T0100;	G01 Z-62.0;	X150.0 Z150.0 M09;
G96 S180 M03;	X48.0 Z-70.0;	M05;
G00 X65.0 Z0.0 T0101 M08;	X52.0;	M01;
G01 X-1.6 F0.15;	G03 X58.0 Z-72.0 R2.0;	G28 U0.0 W0.0;(나사)
G00 X54.0 Z2.0;	N2 G01 U2.0;	T0700;
G01 Z0.0;	G00 X150.0 Z150.0 M09;	G97 S500 M03;
X58.0 Z-2.0;	M05;	G00 X39.0 Z-20.0 T0707M08;
Z-50.0;	M01;	G76 X31.62 Z-41.0 K1.19
G00 X150.0 Z150.0 M09;	G28 U0.0 W0.0;(정삭)	D350 F2.0;
M05;	G50 S1500 T0300;	G00 X150.0 Z150.0 M09;
M30;	G96 S200 M03;	M05;
O1011;	G00 X65.0 Z10.0 T0303 M08;	M30;
G28 U0.0 W0.0;(황삭)	G70 P1 Q2 F0.15;	
G50 S1500 T0100;	G00 X150.0 Z150.0 M09;	
G96 S180 M03;	M05;	
G00 X65.0 Z10.0 T0101 M08;	M01;	
G71 P1 Q2 U0.4 W0.2 D2000	G28 U0.0 W0.0;(홈)	
F0.25;	T0500;	
N1 G00X-1.6;	G97 S500 M03;	
G01 Z0.0;	G00 X41.0 Z-43.0 T0505M08;	
X12.0;	G01 X32.0 F0.07;	
X22.0 Z-12.0;	U0.5;	
Z-2.0;	X30.0;	
G02 X26.0 Z-22.0 R2.0;	G04 X2.0;	
G01 X30.0;	G00 X41.0;	
X33.8 Z-24.0;	Z-41.0;	
Z-43.0;	G01 X32.0;	
X36.0;	U0.5;	
X40.0 Z-45.0;	X30.0;	

4 CNC 선반 프로그램 풀이 4

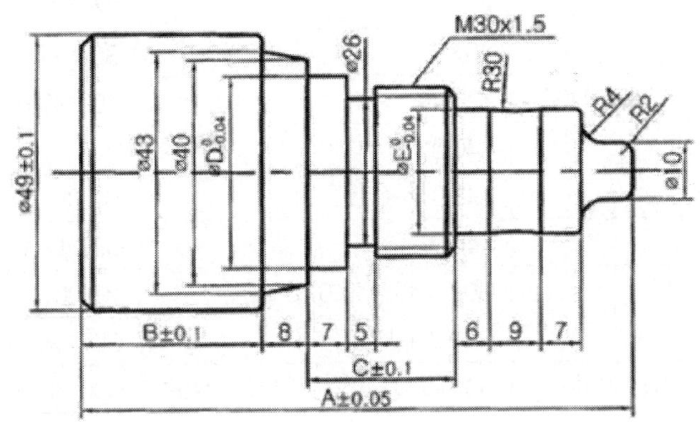

가공치수 변화표

비번호	구분	A	B	C	D	E	F	G	H
1, 4, 7	A형	97	32	26	34	22	49	37	77
2, 5, 8	B형	98	33	27	35	23	51	38	79
3, 6, 9	C형	96	31	25	36	24	50	36	75

- **주서** : 도시되고 지시 없는 모따기 C2
  도시되고 지시 없는 라운드 R2
- 제시된 이외의 모든 절삭조건은 작업자가 선정한다.

O4444;	X26.0;	G01 X28.0;
G28 U0.0 W0.0;(기준면)	X29.8 Z-33.0;	U0.5;
G50 S1500 T0100;	Z-50.0;	X26.0;
G96 S180 M03;	X34.0;	G04 X2.0;
G00 X55.0 Z0.0 T0101 M08;	Z-57.0;	G00 X39.0;X150.0 Z150.0M09;
G01 X-1.6 F0.15;	X40.0;	M05;
G00 X45.0 Z2.0;	X43.0 Z-65.0;	M01;
G01 Z0.0;	X45.0;	G28 U0.0 W0.0;(나사)
X49.0 Z-2.0;	G03 X49.0 Z-67.0 R2.0;	T0700;
Z-50.0;	N2 G01 U2.0;	G97 S500 M03;
G00 X150.0 Z150.0 M09;	G40 G00 X150.0 Z150.0 M09;	G00 X35.0 Z-29.0 T0707M08;
M05;	M05;	G76 X28.22 Z-48.0 K0.89
M30;	M01;	D350 F1.5;
O1112;	G28 U0.0 W0.0;(정삭)	G00 X150.0 Z150.0 M09;
G28 U0.0 W0.0;(황삭)	G50 S1500 T0300;	M05;
G50 S1500 T0100;	G96 S200 M03;	M30;
G96 S180 M03;	G00X55.0 Z10.0 T0101 M08;	
G00 X55.0 Z10.0 T0101 M08;	G70 P1 Q2 F0.15;	
G71 P1 Q2 U0.2 W0.2 D2000	G40 G00 X150.0 Z150.0 M09;	
F0.25;	M05;	
N1 G42 G00X-1.6;	M01	
G01 Z0.0;	G28 U0.0 W0.0;(홈)	
X6.0;	T0500;	
G03 X10.0 Z-2.0 R2.0;	G97 S500 M03;	
G01 Z-5.0;	G00 X39.0 Z-50.0 T0505M08;	
G02 X18.0 Z-9.0 R4.0;	G01 X28.0 F0.07;	
G01 X18.0;	U0.5;	
G03 X22.0 Z-11.0 R2.0;	X26.0;	
G01 Z-16.0;	G04 X2.0;	
G02 X22.0 Z-25.0 R3.0;	G00 X39.0;	
G01 Z-31.0;	Z-48.0;	

⑤ CNC 선반 프로그램 풀이 5

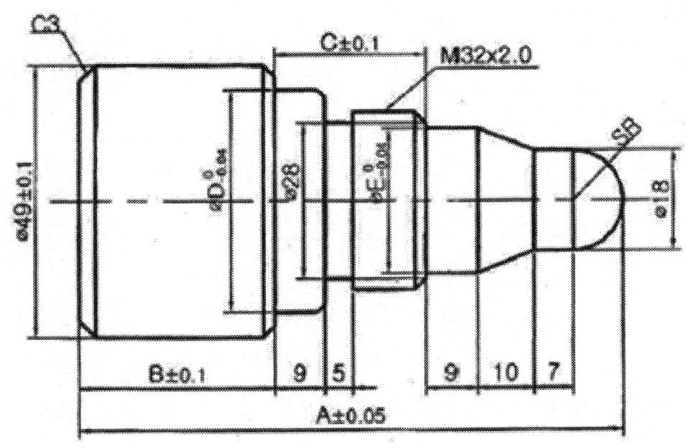

가공치수 변화표

비번호	구분	A	B	C	D	E	F	G	H
1, 4, 7	A형	97	35	27	40	26	49	38	73
2, 5, 8	B형	96	33	25	39	24	48	36	69
3, 6, 9	C형	98	34	26	38	25	47	37	71

- **주서** : 도시되고 지시 없는 모따기 C2
  도시되고 지시 없는 라운드 R2
- 제시된 이외의 모든 절삭조건은 작업자가 선정한다.

O5555;	G03 X40.0 Z-55.0 R2.0;	X150.0 Z150.0 M09;
G28 U0.0 W0.0;(기준면)	G01 Z-62.0;	M05;
G50 S1500 T0100;	X45.0;	M01
G96 S180 M03;	X49.0 Z-64.0;	G28 U0.0 W0.0;(나사)
G00 X55.0 Z0.0 T0101 M08;	N2 U2.0;	T0700;
G01 X-1.6 F0.15;	G00 X150.0 Z150.0 M09;	G97 S500 M03;
G00 X45.0 Z2.0;	M05;	G00 X37.0 Z-33.0 T0707M08;
G01 Z0.0;	M01;	G76 X29.62 Z-51.0 K1.19
X49.0 Z-2.0;	G28 U0.0 W0.0;(정삭)	D350 F2.0;
Z-50.0;	G50 S1500 T0300;	G00 X150.0 Z150.0 M09;
G00 X150.0 Z150.0 M09;	G96 S200 M03;	M05;
M05;	G00X55.0 Z10.0 T0101 M08;	M30;
M30;	G70 P1 Q2 F0.15;	
O1318;	G00 X150.0 Z150.0 M09;	
G28 U0.0 W0.0;(황삭)	M05;	
G50 S1500 T0100;	M01	
G96 S180 M03;	G28 U0.0 W0.0;(홈)	
G00 X55.0 Z10.0 T0101 M08;	T0500;	
G71 P1 Q2 U0.2 W0.2 D1500	G97 S500 M03;	
F0.3;	G00 X41.0 Z-53.0 T0505M08;	
N1 G00X-1.6;	G01 X30.0 F0.07;	
G01 Z0.0;	U0.5;	
X0.0;	X28.0;	
G03 X18.0 Z-9.0 R9.0;	G04 X2.0;	
G01 Z-16.0;	G00 X41.0;	
X26.0 Z-26.0;	Z-51.0;	
Z-35.0;	X30.0;	
X28.0;	U0.5;	
X31.8 Z-37.0;	X28.0;	
Z-53.0;	G04 X2.0;	
X36.0;	G00 X41.0;	

❻ CNC 선반 프로그램 및 가공 실기 안내서

<table>
<tr><td>요구사항</td><td colspan="2">1. 공구보정 설정을 정확히 하여야 한다.
2. 불필요한 이송이 되지 않도록 프로그램을 하여야 한다.
3. 절삭속도 및 이송속도를 표준에 따라 프로그램 한다.</td></tr>
<tr><td>안전 및 유의사항</td><td colspan="2">1. 작업 전에 점검을 반드시 실시한다.
2. 공작물을 견고하게 고정하여야 한다.
3. 작업 시에는 장갑을 착용하지 않는다.</td></tr>
<tr><td colspan="2">작업순서</td><td>참고사항</td></tr>
<tr><td colspan="2">1. 작업준비를 한다.
① 도면을 준비한다.
② 프로그램 할 시트지를 준비한다.
③ 재료의 크기 사용할 공구를 선정한다.
④ 주요 코드기능을 숙지하고 이해한다.
G32 – 나사가공
G92 – 단일나사 사이클
G76 – 복합 나사 사이클
G96 – 주축속도 일정제어
G97 – 주속일정제어 취소
주축 1회전당 공구이송 예 F0.25 → 0.25mm/rev
G96 주축속도 일정제어(V=S=Speed=Velocity)
예 $V = \frac{\pi DN}{1000}$ 단위 : rpm

2. 주어진 도면을 보고 프로그램을 작성한다.
① 공정사이에 자동 원점 복귀를 한다.
② 사용할 공구를 선택한다.
③ 공구번호와 옵셋 번호를 선정한다.
④ M03, M08, M09, M05, M01, M30 등 자주 사용하는 보조 기능 위치를 선정한다.

3. 기계 전원을 공급한다.
① 분전함의 스위치를 “ON” 한다.
② 기계의 메인 스위치를 “ON” 한다.
③ 기계의 동작 상태를 확인한다.
④ 각종 키의 정위치 상태를 확인한다.</td><td>① G00 – 급속이송
② G01 – 직선보간
③ G02 – 원호보간(cw)
④ G03 – 원호보간(ccw)</td></tr>
</table>

작업순서	참고사항
4. 기계의 원점 복귀를 실시한다. ① 수동운전으로 축을 주축에서 -방향으로 뺀다. ② 모드를 원점 복귀에 위치시킨다. ③ 기계 해당 축을 원점복기 버튼을 눌러 원점 복귀시킨다. 5. 프로그램을 입력시킨다. ① 프로그램 조작기 또는 컴퓨터프로그램(V-CNC 등)에서 작성한다. ② 3.5 플로피 디스크 또는 USB 등에 저장하여 기계에서 프로그램을 불러들인다. ③ 통신 케이블을 사용하여 불러들이든지 기계에서 직접 입력 하여도 무방하다. 6. 도형표시를 하여 프로그램의 이상유·무를 확인한다. ① 프로그램 편집키를 누른다. ② 도형표시 키를 누른다. ③ 사이클 start 키를 누른다. ④ 이상이 있는 부분을 수정한다. 7. 공구옵셋(보정)을 실시한다. ① 기계의 기종에 따라 옵셋 방법이 약간의 차이가 있을 수 있으므로 기종별 옵셋 방법을 숙지하여야 한다. 8. Single block 버튼을 누르면서 시험절삭을 한다. 9. 자동연속운전을 한다. 10. 공작물을 검사한다. 11. 작업을 완료하고 정리정돈 한다.	

7 CNC 선반 프로그램 연습도면 NO. 1

20 년 월 일 제 학년 반 번 성명( )

자격종목	수치제어선반기능사	작품명	NC 선반 작품	척도	NS

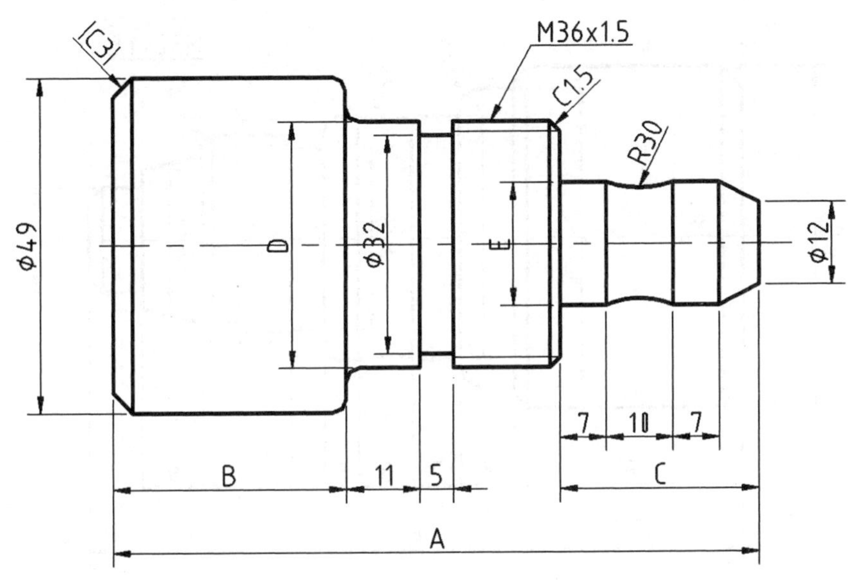

가공치수 변화표

비번호	구분	A±0.1	B±0.1	∅C±0.1	∅D±0.1	∅E $^{0}_{-0.04}$
1, 4, 7	A형	97	35	30	36	28
2, 5, 8	B형	98	36	31	37	27
3, 6	C형	96	33	32	36	25

• 주서

1. 도시되고 지시되지 않은 라운드 R2
2. 도시되고 지시없는 모따기 C2

구분 \ 공차		M33×1.5 – 보통급
수나사	외경	35.968 $^{0}_{-0.236}$
	유효경	34.994 $^{0}_{-0.150}$

⑧ CNC 선반 프로그램 연습도면 NO. 2

20　년　월　일　　　　　　　　　　제　학년　반　번　성명(　　　　)

자격종목	수치제어선반기능사	작품명	NC 선반 작품	척도	NS

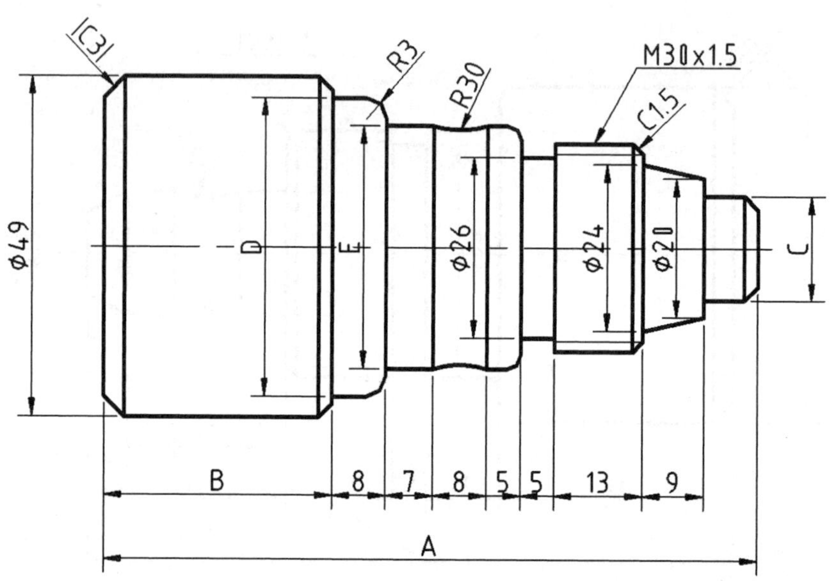

가공치수 변화표

비번호	구분	A±0.1	B±0.1	∅C±0.1	∅D±0.1	∅E $^{0}_{-0.04}$
1, 4, 7	A형	97	34	15	43	35
2, 5, 8	B형	98	35	15	42	34
3, 6	C형	96	33	14	43	35

• 주서

1. 도시되고 지시되지 않은 라운드 R2
2. 도시되고 지시없는 모따기 C2

구분 ＼ 공차		M33×1.5－보통급
수나사	외경	29.968 $^{0}_{-0.236}$
	유효경	29.994 $^{0}_{-0.150}$

11 한국산전 CNC 프로그램

1 한국산전 프로그래밍(PROGRAMMING)

한국 산업전자 주식회사에서 만든 컨트롤러 시스템으로서 화낙 타입과 상호 호환되지 않으며 현재는 사용자의 필요에 따라 주문하여 공급되고 있으며 CNC 프로그램이란 사람이 이해하기 쉽도록 되어있는 도면을 CNC가 이해할 수 있는 언어로 바꾸어 주는 작업을 의미한다.

2 일반적인 프로그램 순서

부품도면 → 가공계획 → 프로그램작성 → 테스트 → 완성

3 프로그램의 구성

가공 프로그램은 작성 시 구성과 운영 시 구성으로 구성할 수 있다.

1) 프로그램 작성 시 구성

프로그램을 작성할 때에는 일반적으로 아래와 같은 3가지 파트로 구분한다.

① **프로그램 조건설정** : 프로그램의 처음부분은 가공에 필요한 조건 등을 설정한다.
↓ 예 좌표계설정, 공구설정, 주축속도, 보조기능, 절삭유 등

② **가공실행** : 위의 조건을 가지고 CNC의 일반기능인 위치결정보간, 직선
↓ 보간, 원호 보간 등 기타 NC 기능 등을 사용 가공을 실행하는 부분

③ **조건취소** : 모든 가공이 끝난 후 마지막에는 항상 전에 사용했던 조건 들을 취소해야 한다.

2) 프로그램 운영 시 구성

이렇게 작성된 프로그램을 상황에 따라서 효율적으로 사용할 수 있도록 구성하는 방법이다.

• MAIN PPROGRAM(주프로그램)과 SUB PROGRAM(보조 프로그램)으로 구분하여 운영할 수 있다.

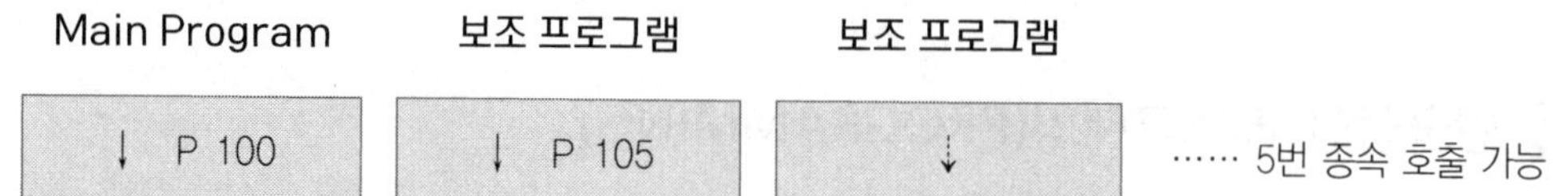

- 보조 프로그램 호출은 프로그램 중 P △△△로 지정을 하고 프로그램 수행 중 M02 나 M30을 만나면 자동적으로 Main 프로그램으로 복귀한다.

3) 블록의 구성

블록(지령절)은 어드레스 A ~ Z와 수치 0 ~ 9, 특수문자의 조합으로 구성되며, 블록의 끝에는 #(EOB, End of Block)로 표시하여 구분하고 한 개의 프로그램은 다음과 같이 구성된다.

N – G – X – Z – F – S – T – M – #

↓ ↓ ↓ ↓ ↓ ↓ ↓ ↓ ↓

구분번호 준비기능 좌표어 이송속도 주축속도 공구기능 보조기능 블록끝

• 주소(address) + 수치 = 단어(word), 단어 + 단어 = 블록, 블록 + 블록 = 프로그램

• SYSTEM 100 L에서는 1블록에 2개 이상의 같은 그룹 G Code는 사용하지 못한다. 그러나 M Code 사용 가능하다.

4) 블록의 주소별 의미

기능	주소	의미
구분번호	N	프로그램 블록 구분 및 전개 시 사용
준비기능	G	CNC의 이동방법을 정의(직선, 원호)
좌표지정	X, Z	각축의 이동위치를 명령(절대방식)
	x, z	각축의 이동거리와 방향명령(증분방식)
	I, K	원호 중심좌표 지정(I : x의 종점좌표, K : z의 종점좌표)
	R	원호의 반경지정
이송기능	F	이송속도, 나사리드 지정
보조기능	M	기계의 보조적인 동작을 지정
주축기능	S	주축속도 지정 또는 주축 회전수 지정

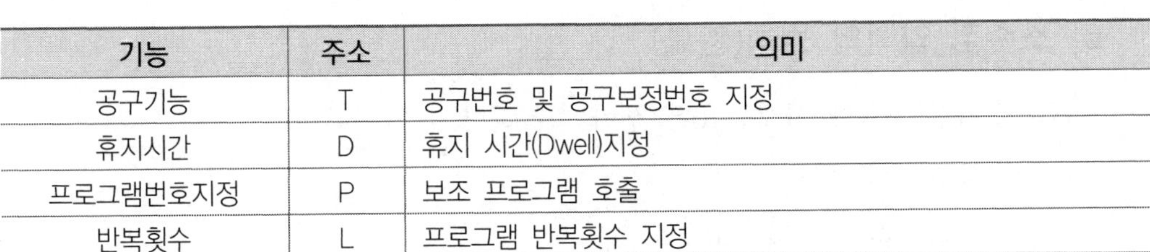

기능	주소	의미
공구기능	T	공구번호 및 공구보정번호 지정
휴지시간	D	휴지 시간(Dwell)지정
프로그램번호지정	P	보조 프로그램 호출
반복횟수	L	프로그램 반복횟수 지정

5) 입력의 범위

프로그램에 사용하는 수치 값은 지정된 수치형식에 따라 입력해야 한다.

가) 소수점 입력의 중요성

소수점은 거리, 시간 및 속도의 단위를 갖는 것에 사용한다.

- **X4.3의 경우**

(단위 : mm)

형식	입력	결과
X 4.3의 경우	X70	X0000.070
	X05	X0000.005
	X70.	X0070.000

- **주소별 소수점 입력 단위표**

주소	입력 단위		주소	입력 단위	
	소수점 이상	소수점 이하		소수점 이상	소수점 이하
A	3	3	P	3	0
B	3	2	Q	4	3
C	4	3	R	4	3
D	3	3	S	4	1
E	4	4			
F	(분당) 5	0			
	(회전당) 2	2			
G	2	0	T	4	0
H	4	0			
I	4	3	U	4	3
J	4	3	V	5	0
K	4	3			
L	3	0	W	4	3
M	2	0	X	4	3
N	4	0	Y	3	3
O	2	0	Z	4	3

6) 소수점 입력의 원칙(중요)

① 수치값 처음에 나오는 0은 생략 가능하다.

예 G00 = G0 = G

G00 X0 Y0 Z0 = GXYZ

G01 = G1

② 소수점은 각 워드 형식에 따라 결정된다.

예 X = 4.3일 경우

X5 = 0.005　　　　　　X70 = 0.07

7) 한국산전 조작기에서 입력방법

가) 프로그램 번호 입력

CNC 상에서 프로그램을 1 ~ 250번까지 등록시킬 수 있다.

• 프로그램 갯수는 최대 138개의 프로그램을 기록할 수 있다.

> **입력** → 번호입력 순서 : **주메뉴페이지** → **프로그램 편집** → 1 2 0
> → 번호를 입력한다.(예 120번)

나) 프로그램 주석문 입력

각각의 프로그램에 대하여 리스트 맨 처음 블록에 ; 을 사용하여 프로그램 이름을 지정 할 수 있으며 최대 12자까지 입력가능하며 생략도 가능하다.

• **프로그램 리스트 페이지**

```
[보기] ; EX-1 PROGRAM
        G99  #
        G45 01  #
                  프로그램 부문
        M02 #
```

다) 전개 번호 입력

블록의 처음에 어드레스 N에 이어서 4자리 이내의 수치 1 ~ 9999로서 지정할 수 있다. 블록 전개 번호 순서는 임의로 할 수 있으며 모든 블록에 지정할 수 있고 필요한 블록에 지정할 수 있다.

• **프로그램 이름 입력순서**

> **주메뉴페이지** → **프로그램 편집** → (번호 TYPE) → **입력** → **리스트** → (**변환**＋ : 를 누른다.) → 프로그램 이름 입력

4 좌표계의 사용

프로그램을 작성할 경우 프로그램원점을 미리 정해야한다. 일반적으로 오른손좌표계를 많이 사용하며 프로그램원점은 프로그램 작성을 편리하게 결정한다.
프로그램 작성 시 좌표계는 아래 방법에 의해 기준을 설정한다.

- **길이방향** : 주축에서 심압대 쪽으로 멀어지는 방향이 (+) Z방향
- **가로방향** : 주축 중심선에서 멀어지는 방향이 (+) X방향

1) 기계 절대좌표와 프로그램좌표

프로그램을 하기 위해서는 반드시 프로그램원점을 설정하여야 한다. SYSTEM 100L에서는 기계고유의 기계절대좌표계와 프로그램좌표계가 있다. 프로그램좌표는 일반적으로 X축 원점은 주축중심에 Z축의 원점은 공작물의 오른쪽 단면이나 왼쪽 단면으로 한다.

① **기계 절대좌표** : CNC상에서의 기계 원점의 좌표를 기준으로 형성되는 좌표로서 기계 원점의 좌표는 파라메타상 에서 지정한다.

② **프로그램좌표** : 기계절대좌표계 내에서 공작물의 한 점을 기준으로 한 좌표, 일반적으로 X축 원점은 주축중심에 Z축의 원점은 공작물의 오른쪽 단면이나 왼쪽 단면에 기준으로 한다.

2) 좌표계와 시작점

어떤 공작물을 가공하기 위해서는 프로그램 시 사용한 좌표계와 기준점을 먼저 NC장치에 입력시켜야 한다. 원점 복귀 후부터는 공구는 기계 원점을 기준으로 하여 움직이므로 공구를 이동시키기 전에 기계 원점에서 부터 프로그램원점의 좌표를 CNC에 알려주어야 한다.
SYSTEM 100L에서는 “공구옵셋”과 “척옵셋”을 통하여 프로그램원점을 설정한다.

프로그램원점에서 공구를 이동시키려면 G92 명령으로 공구의 위치가 기계절대좌표계의 어느 위치에 있는가를 지정해 주어야한다. 하지만 척옵셋 및 공구옵셋을 설정했을 경우는 생략해도 가능하다.

3) 반경지정(G21) 및 직경지정(G 20)

가) 반경지정(G21)

공구경로를 프로그램 시 X축 좌표치를 공작물의 반경치수로 지정하는 프로그램방식이며 이때에는 공구 이동량의 2배로 공작물의 직경에 영향을 준다.

나) 직경지정(G20)

선반가공이란 회전체를 가공하기 때문에 실제 공구의 2배로 X축 좌표를 지정하는 방식으로 일반적으로 공작물의 직경 값을 그대로 지정하는 방식이다.
※ Q 및 R값은 항상 반경으로 지정한다.

4) 절대지령방식(G90)과 증분지령방식(G91)의 구분

① 프로그램 작성 시 1 블록 내에서 절대치와 증분치를 혼용 사용할 수 있다.
예 G01 X100. ⓩ50. #
② 증분방식 프로그램 시 소문자 x, z는 대문자와 구분이 용이하지 않으므로 본 도서에서는 ⓧ, ⓩ로 표기한다.
예 ⓧ100. Z50. # 또는 X100. ⓩ70. #

5 이송기능(F)

1) 급송이송(Rapid Traverse)

급송이송은 각축이 독립적으로 결정된 급송이송 속도로 움직인다. 이 급송이송 속도는 기계에 따라 결정되며 기계제작자가 속도를 결정한다.

2) 절삭이송(Feed Rate)

공구를 어느 정도 속도로 이송시킬 것인가를 F 다음에 수치로 지정한다.

• 이송속도는 분당 이송속도와 회전 당 이송속도로 구분된다.

구분	G95(회전당 이송)	G94(분당 이송)
기능	주축 1회전당 공구이동거리	매 분당 공구이동거리
지정 어드레스	F	F
지정범위	0.01 ~ 99.99 mm/Rev	1 ~ 32767mm/min

※ 이송속도는 조작반 상의 이송속도 스위치(Override Switch)에 의하여 백분율로 가감속할 수 있다.

6 주축기능(S)

주축에 대한 회전수를 제어하는 기능으로 G92, G96, G97이 있다.

1) G92(좌표계설정 및 최고회전수 지정)

주속일정 제어(G96)기능 중 공작물 직경 변화량이 0이 되었을 때의 최고회전수를 지정하는 기능이다.

G 기능	지령형식	단위
G92	G92 S . #	RPM

예 G92 S 400. # → 최대한계 400 rpm 지정

T0101 #

G96 S 100. M03 #

G00 X120. Z5. M08 # → 265 rpm

x90. # → 353 rpm

x70. # → 400 rpm → 고정

위의 예에서 X70. 일 때 회전수는 454 RPM이다.
그러나 최대회전수가 400 RPM으로 한정되어 있기 때문에 400RPM 이상은 회전하지 않는다. 따라서 최고회전수는 가공정도의 영향을 주지 않는 범위 내에서 설정한다.

2) G96(주속 일정제어)

주속일정 제어는 주축을 지령하는 기능으로 공구직경에서의 직경변화량에 따른 지정된 주속이 되도록 제어하는 기능으로 직경변화량에 따른 전압제어를 통하여 정확한 주속을 제어하는 기능이다. 여기서 주속이란 공구와 공작물의 상대속도를 말한다.

G 기능	지령형식	단위
G96	G96 S . #	m/ min

3) G97(주속 일정제어 취소)

회전속도를 RPM 속도로 제어하는 기능 및 주속 일정제어 취소

G 기능	지령형식	단위
G97	G97 S . #	RPM

예 G96 S100. # → 절삭속도가 100m/min

G97 S100. # → 주축회전수가 100rpm

G96 S180. M03 #

G01 Z-100. F0.2 #

└→ 절삭속도가 180m/min이고 1회전당 이송 0.2mm 이동

G97 S500. M03 #

G01 Z-100. F 0.2 #

└→ 1분당 500 회전,

- 1분당 이송거리 = RPM×Feed

7 보조기능(M)

M Code는 기계의 보조기능 즉 공구교환, 주축제어, 절삭유제어 등을 제어 시 사용한다. (M code는 기계에 따라 다르다.)

M 기능	의미
M00	프로그램 정지 : M 00가 지령된 블록을 다 수행한 후에 자동운전을 정지한다. MODAL 정보는 계속 유효하며 사이클 START BUTTON을 누름으로써 자동운전이 다시 시작된다.
M01	Optional Stop : M 00와 동일하며 기계 조작반에 있는 작업설정 페이지 상에 선택정지 Soft Key로 선택된다.
M02	프로그램 끝(End Of Program)
M30	프로그램 끝 M 02와 동일하다.
M03	주축 정회전 이 지령에 앞서 기어 변속단, 주축회전수 지령이 있어야한다.

M 기능	의미
M04	주축 역회전
M05	주축정지 : 주축정지는 M 05외에 M 01, M 02, M 30 또는 비상정지 버튼으로도 가능하다.
M08	절삭유 공급(Coolant on)
M09	절삭유 중단(Coolant off)
M19	주축 정위치(Spindle orientation)
M40	기어 중립
M41	기어 1단(L)
M42	기어 2단(M)
M43	기어 3단(H)
M68	유압척 크램프(Clamp)
M68	유압척 언클램프(Unclamp)
M78	심압축 전진
M79	심압축 후진

8 준비기능(G Fuction)

G Code는 준비기능으로 CNC기능의 여러 가지 프로그램 동작을 명령하는 기능이다.

G 기능	군(Groop)	의미
G00	1	위치 결정(급송이송)
△G01		직선 보간(절삭이송)
G02	0	원호 보간 CW(시계 방향)
G03		원호 보간 CCW(반 시계 방향)
G04		휴지 시간(이송 일시정지)
G05	1	원호 접점 자동계산(복합원호접점)
G07	0	기계 원점 자동 복귀
G08		제2 원점 복귀
G09		원점으로부터 복귀
G10	2	공구수명시간 삭제
G11		공구수명시간 측정
G12	0	그래픽 제어
△G20	3	직경지정 프로그램
G21		반경지정 프로그램

G 기능	군(Groop)	의미
G29	0	바로 전에 취소한 자동 사이클 호출
△G30	4	미러 이미지 기능취소
G31		미러 이미지 기능설정
G33	1	나사 가공
G34		증가 가변 리드
G35		감소 가변 리드
G37	0	나사 가공 사이클
△G40	5	공구인선반경 보정취소
G41		공구인선반경 왼쪽보정
G42		공구인선반경 오른쪽 보정
G45	11	척 옵셋(프로그램 원점 위치선택)
G66	0	내·외경 복합 반복주기 사이클
G67		단면 복합사이클
G68		유형 복합사이클
G70	6	인칭 지령모드
△G71		미터 지령모드
G73	1	인포지션 확인
G77	0	단순 내·외경 황삭 사이클
G78		단순 황삭 사이클
△G80	7	자동 사이클 취소
G81	0	드릴 사이클
G82		카운터 보링 사이클
G83		펙드릴 사이클
G84		태핑사이클
△G90	8	절대지령 방식
G91		증분지령 방식
G92	0	프로그램 좌표계설정, 주축최고 회전수 설정
G94	10	분당 이송속도(mm/min)
G95		회전당 이송속도(mm/rev)
G96	9	주축 일정제어(m/min)
△G97		주축 회전수 지정(rev/min)
G99	0	초기조건 설정모드

주 : △표시 지령은 초기 POWER ON시 유효한 초기상태의 모달 지령이다.

1) G 기능의 종류

G 코드는 G 다음에 00에서부터 99까지에 두 자리 숫자로 지정한다.

G코드는 다음의 2 종류가 있다.

종류	의미	Group
One Sfort G Code	명령된 블록에 항하여 해당 G 코드가 수행	0
Modal G Code	한번 명령된 기능은 다른 G 코드가 나올 때까지 설정된 기능이 우호	0을 제외한 전부

※ 한 블록에서 같은 그룹 G 코드는 하나만 사용할 수 있으며 복수 G 코드는 사용 불가

CNC 선반 프로그램 해독 및 조작기술

2) G00(급속위치 결정)

위치결정 기능으로 좌표상의 현재의 좌표위치에서 이동할 다음 지점까지 공구가 직선 보간으로 급송 이동하는 기능이다.

• G00 X(ⓧ)__ . Z(ⓩ)__. #

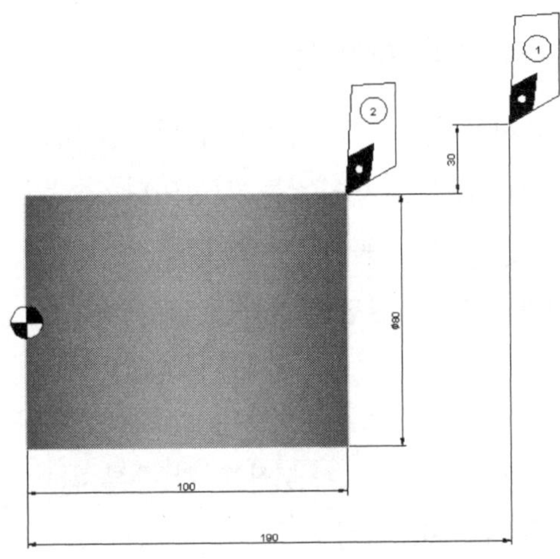

① G00 X80.0 Z 100.0 # 또는 G 00 X80.0 ⓩ -90.0 #

② G00 ⓧ-60.0 ⓩ-90.0 # 또는 G 00 ⓧ-60.0 Z100.0 #

3) G01(직선 보간)의 활용

직선 보간기능으로 현재의 위치에서 다음 지점까지 F로 지정된 이송속도 직선을 따라 이동하는 기능이다.

• G01 X(ⓧ)__ Z(ⓩ) __ F__ #

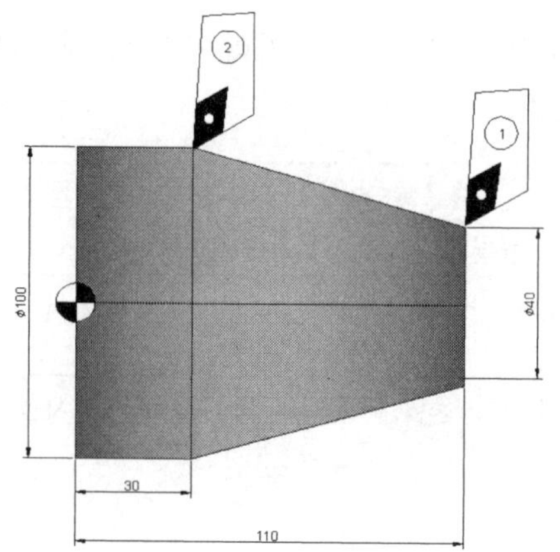

X : 종점의 X좌표
ⓧ : 종점의 X좌0표(증분치)
Z : 종점의 Z좌표
ⓩ : 종점의 Z좌표(증분치)
F : 이송속도 지정

① G01 X100. Z30. F0.2 # 또는
② G01 ⓧ60.0 ⓩ-80. F0.2 # 또는
③ G01 X100. ⓩ-80. F0.2 # (1블록 내에서 절대치와 증분치를 혼용 사용 가능)

4) G01에서의 "Q"파라메타 사용법

G01 블록에서 "Q"를 사용하여 원호 가공이나 면취를 쉽게 할 수 있는 기능으로 직선과 직선 사이의 원호나 쉽게 할 수 있는 기능이다.

• G01 X__ . Z__ .Q__ .F__ #

- X : 원호나 면취가 만나는 접점의 X좌표 값(절대치)
- ⓧ : 〃 X좌표 값(증분치)
- Z : 〃 Z좌표 값(절대치)
- ⓩ : 〃 Z좌표 값(증분치)
- Q : 원호나 면취의 반경값 지정
  (+) → 원호
  (-) → 면취

• **프로그램 형식**

G01 X1 __ Z1 __ F __ # → Ⓐ
X2 __ Z2 __ Q +R1 # → Ⓑ
X3 __ Z3 __ Q -C1 # → Ⓒ
X4 __ Z4 __ Q +R2 # → Ⓓ
X5 __ Z5 __ Q _ C2 # → Ⓔ

5) G73(인포지션 기능)의 활용

G01(직선보간) 기능에서 그림과 같이 X축의 이송이 감속되는 동안 Z축 이송이 가속되어 실제공구경로는 반듯한 모서리가 되지 않는다. 하지만 이 크기는 무시할 만 하며 반듯한 모서리를 가공하려면 C점까지의 거리를 G 73 X — #로 지정한다.

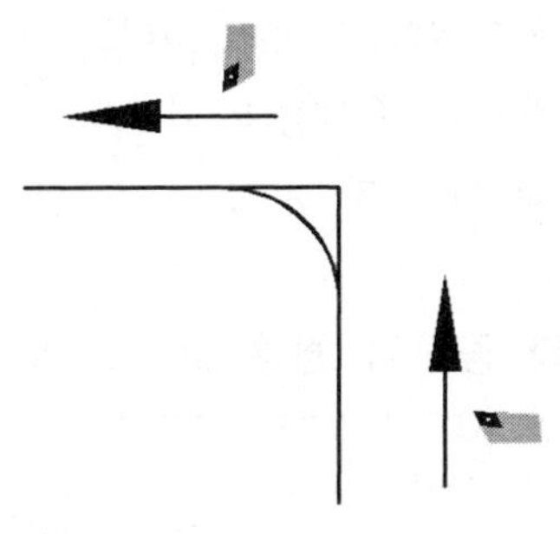

예제

Q 파라메타를 사용하여 다음을 프로그램 하세요.

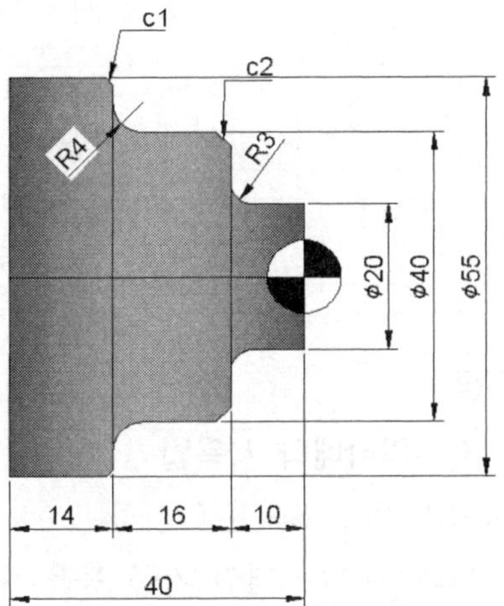

풀이

```
G99 #
G00 X0 Z0. #
G01 X20. #
G01 X20. #
Z-0. Q3. F0.2 #
X40. Q-2. #
Z-26. Q4. #
X55. Q-1. #
Z-40. #
M02 #
```

6) G02, G03(원호보간)

한 좌표 상에서 원호 보간을 수행 시는 아래의 4가지 조건이 좌표상에서 지정되어야 하며 그 중 프로그램 블록에서는 3가지가 지정되어야 한다.

① **S.P(원호의 시작점)** : 원호가 시작되는 지점의 좌표
② **E.P(원호의 끝점)** : 원호가 끝나는 점의 좌표
③ **C.P(원호의 중심점)** : 원호의 중심점의 좌표
④ **R(원호의 반경)** : 원호의 반경 값 지정

가) 아래 지령 방식에 따라 공구가 원호 보간을 수행한다.

지령방식		지령	의미	
			오른손 좌표계	왼손 좌표계
1	회전방향	G02	시계 방향(CW)	반 시계 방향(CCW)
		G03	반 시계 방향(CCW)	시계 방향(CW)
2	절대지령(G 90)	X. Z	원호의 종점좌표 입력(프로그램 원점 기준)	
3	증분지령(G 91)	X. Z	원호의 시작점에서 원호의 종점까지의 거리와 방향입력	
4	소문자 증분지령 ⓧ ⓩ	ⓧ. ⓩ		
5	증분지령	ⓘ. ⓚ	원호의 시작점에서 바라본 각방향 원호의 중심까지의 거리와 방향입력(직경값)	
6	절대지령	I. K	프로그램 원점에서의 원호의 중심좌표 입력	
7	원호반경	R	원호의 반경값 지정	

나) G02, G03 방향 지정

- **G02, G03에서의 “Q” 파라메타 사용법**

① 직선과 원호 사이의 원호 및 면취 가공
② 원호와 원호 사이의 원호나 면취 가공 등을 수행 한다.

G02
G03 X _ Z _ I_ K_ Q_ #

- X : 원호나 면취 종점(E.P)의 X좌표
- Z : 원호나 면취 종점(E.P)의 Z좌표
- I : 원호의 중심점의 X좌표(증분치 지령 시는 소문자)
- K : 원호의 중심점의 Z좌표(증분치 지령 시는 소문자)
- Q : 끝점에 삽입된 원호나 면취의 (+) → 원호
반경값 지정 (-) → 면취

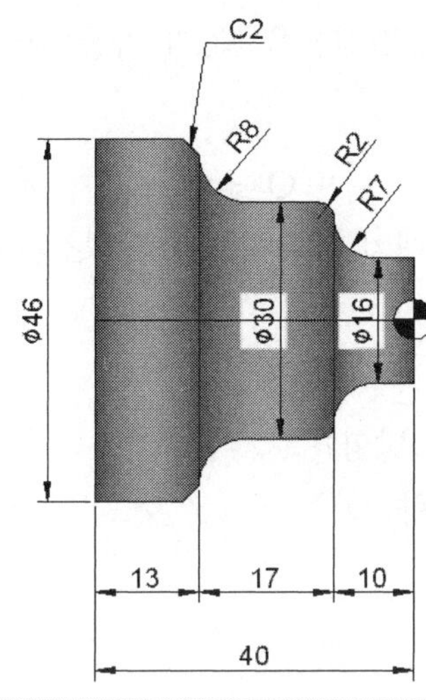

시작점
X100.Z100.

```
G99 #
G45 O1 #
T0101 #
G96 S150. M03 #
G00 X50. Z10. M08 #
G92 X50. Z10. S2500. #
G00 X0. Z0. #
G01 X6. F0.3 #
Z-3. #
G02 X30. Z-10. ⓘ14. Q2. #
G01 ⓩ-9. #
G02 ⓧ16. ⓩ-8. Q-2. #
G01 ⓩ-13. #
G00 X100. Z100. M09 #
G45 O00 M05 #
T00 #
M02 #
```

7) G05(원호접점 자동계산 기능)

한 좌표상에 정의된 원호와 원호사이의 접점들을 각각의 원호들의 중심좌표와 방향만을 설정해 주면 원호와 원호사이의 접점들을 NC가 자동 계산하여 프로그램하는 방법이다.

• G05 X(x) Z(z) Q ± #

- X : X방향 원호의 중심좌표[절대치 대문자, 증분치 소문자]
- Z : Z 방향의 원호 중심좌표
- Q : 원호의 반경 값 지정
  - (+) : 원호의 방향(반 시계 방향)
  - (-) : 원호의 방향(시계 방향)

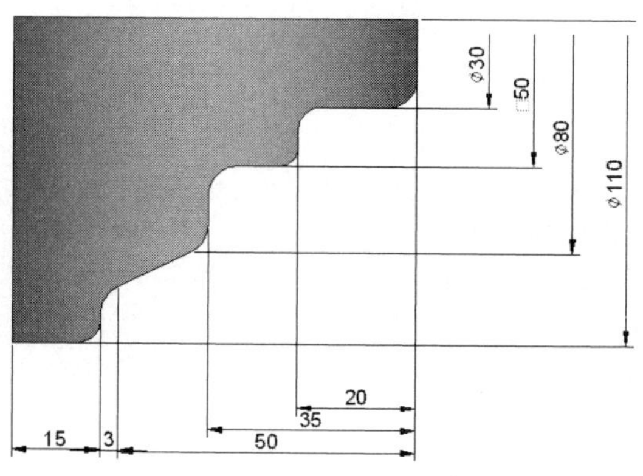


```
G99 #
T0101 #
G45 01 #
G96 S2000. #
G00 X120. Z0 #
G92 X120. Z0 S2000. #
G01 X-1. F0.2 #
G00 Z1. #
X20. #
Z0 #
G05 X20. Z-5. Q5. #
X38. Z-16. Q-4. #
```

```
X44. Z-23. Q3. #
X60. Z-30. Q-5. #
X70. Z-40. Q5. #
X96. Z-47. Q-5. #
X102. Z-57. Q4. #
G01 X110. Z-68. #
G00 X120. #
X150. Z100. M05 #
G45 #
T00 #
M02 #
```

8) G04(휴지)

프로그램 수행 중 일정 지점에서 Dwell time 설정 시 사용하며 주로 홈 기공 시에 사용한다.

G04　F　　# (단위 : Sec)

① 지령형식 F = 4.1(최대 3276.7) Sec

② G04는 일회 유효지령 코드이나 F(초)는 Modal이다

예 G04　F1. # → 1초간 정지
G04　　# → 1초간 정지
G04　F2.　# → 2초간 정지

9) G07, G08, G09(자동 원점 복귀 관련 기능)

자동 원점 복귀기능은 프로그램 된 중간 경유점을 경유하여 AMP내에 설정된 원점위치로 축이 자동 이송하는 기능이다

① **사용 시기** : MCT 공구교환 및 공작물 교환 등 기타

② 원점은 공구홀더를 기준으로 한 기계절대좌표를 나타내고 중간 경유점은 공구선단을 기준으로 한다.

가) G07(자동 원점 복귀기능)

• G07 X Z #

현재의 위치에서부터 G07 블록에 설정된 좌표점을 경유하여 AMP내에 지정된 G 07 원점으로 이동

예 G07 X 120. Z -40. #

나) G08(제2 원점 기능)

G08 X Z P1 #
P2 #
P3 #
P4 #

• **G07 원점 좌표값 입력방법**

메인페이지 → 지원기능 → AMP → 제어축 파라메타 → 이송축 →
X → 좌표입력
Z → 좌표입력

현재의 위치에서부터 G 08 블록에 설정된 좌표점을 경유하여 AMP내에 지정된 각각의 원점(P1 ~ P4) 로 급송이송 하는 기능 제2 원점 기능은 축 상에 3개의 서로 다른 원점설정의 개념을 제외하고는 제1원점과 같은 기능을 가지고 있다.

다) G09(원점으로부터 복귀)

원점으로부터 복귀 기능은 각 원점에서부터 현재의 위치로 복귀하는 기능으로 프로그램된 중간경유점을 거쳐 현재의 위치로 축이 복귀하는 기능이다.

예 G09 X80. Z -30.

9 공구기능

1) 지령방법

T Code 이후에 4자리 숫자로서 공구의 선택을 지령한다.
또 그 수치의 일부는 옵셋 보정량을 지정하는 번호에 사용한다.

예 T O O △△ → 공구 옵셋 번호(최대48번 호출)
└→ 공구번호(최대 48번까지 호출)

가) 공구 옵셋 번호

① 공구 옵셋 번호를 지정하면 그 해당번호에 해당하는 옵셋값을 지정한다는 의미와 옵셋트를 시작한다는 의미가 있다.

② 공구옵셋 번호가 00 이라는 것은 옵셋량이 0으로서 옵셋을 취소한다는 의미가 있다.

③ 옵셋량은 옵셋 페이지에서 해당하는 번호에 미리 수동으로 옵셋 메모리에 입력시킨다.

④ X, Z의 보정량에 의한 옵셋을 "공구위치 옵셋"이라 하고 R보정량에 의한 보정을 "인선R 보정"이라고 한다.

공구위치 옵셋은 T코드로 지정되는 옵셋 번호가 00이 아닐 때 유효하며 00일 때는 취소된다.

예 T 01 00 → 1번 공구 옵셋 취소

2) 공구 옵셋

프로그램 경로에 대하여 X, Z의 옵셋량만 옵셋된다.
즉 T코드로 지정된 번호에 해당되는 옵셋량 만큼 프로그램된 블록의 끝점 위치에 인선반경 만큼의 보정이 된다.

3) 척 옵셋

공작물을 가공하기 위해서는 프로그램원점 좌표계를 설정해야 하며 기계 원점에서 공작물 단면까지의 Z방향 거리 값을 척 옵셋 값으로 지정한다.

예 G45 O ΔΔ # → 옵셋 번호호출(1 ~ 12)
└→ 옵셋 호출

• SYSTEM 100 CNC에서는 공구 옵셋과 척 옵셋을 사용하여 프로그램 원점을 설정한다.

4) 공구 및 척 옵셋 설정방법

옵셋을 측정하는 방법에는 상대적 측정방법과 절대측정 방법이 있다.

① **상대측정 방법** : 어떤 기준공구를 기준으로 하여 각 공구가 얼마만큼 떨어져 있는가를 측정하는 방법

② **절대측정 방법** : 좌표상의 고정되어 있는 점(선반의 터릿측정 위치나 머시닝센터의 주축 단면) 등을 기준으로 측정하는 방법이다.

5) 옵셋 설정 방법

G 45(CHUCK OFFSET)

가) 사용 방법

G 45 O #

O : 척 옵셋 호출(1 ~ 12번까지 사용)

예 G 45 O3 # → 척 옵셋 번호 3번 호출

나) 입력 방법

① **수동운전** 선택

② **기계 원점 복귀** 선택

③ 기계 조작반 하단에 있는 스위치를 "AUTO"로 선택

④ **사이클** START 스위치를 누르면 X, Z축 순으로 기계 원점 복귀를 한다.

⑤ EXIT → EXIT 상태 화면을 선택

⑥ 선택 스위치를 "Manual"로 선택

⑦ **작업 설정 → 척 옵셋 → 지정 한계**

"12" ENTER 를 하면 12가 입력된다.(척 옵셋 사용범위 설정)

※ 12를 입력하는 것은 가공 프로그램 상에서 12개 중 어느 것이나 사용할 수 있다.

㈜ 지정한계 범위를 0으로 설정하면 프로그램에서 척 옵셋 값을 호출하여도 옵셋 값을 사용할 수 없다.

⑧ 공구 선택(외경 황삭 공구를 기준공구로 선택한다.)

⑨ 조그 핸들(핸들)를 돌려서 공작물의 단면을 가공할 수 있는 위치까지 X, Z축을 이동시킨다.

⑩ 주축 회전

6) 공구 옵셋 방법

① 기계 원점을 선택한다.

메인 메뉴 → 수동운전 → 핸들 → 축 선택(X, Z) → 핸들이용 척 쪽으로 이동 → Exit key → 기계 원점 복귀 → 사이클 start(Mode Auto)

㉠ Mode Auto가 아닐 경우 알람이 발생한다.

ⓛ PAL에 의한 기동정지가 되는 경우 Mode change 하고 EXIT Key를 눌러 해제 후 사이클 start 한다.

② 황삭 공구 선택(일반적으로 기준공구라는 개념은 없지만 기준공구라 한다.)

- 방법

㉠ Turret Index key를 눌려 선택(조작판) → 수동 모드

ⓛ MDI → 편집 → 리스트 → T0202 EOB → 두 번 눌러 → 상태표시 → 사이클 start(모드 반자동)

③ 주축 회전

- 방법

메인메뉴 → 수동운전 → MDI → 편집 → 리스트 → M03 S1000. EOB → EXIT 2번 → 상태표시 → 사이클 start(MODE AUTO)

④ 핸들를 이용하여 먼저 단면을 실행한 다음 X 방향으로 충분히 축이송한 후 메인메뉴 선택 → 작업설정 → 공구 옵셋 → 커서를 이용 현재 선택된 번호 Z값으로 이동(F)번에 있는 위치입력 key를 누른다.(이때 하단 부분에 있는 접촉기준 원점은 0.0 상태이어야 함)

⑤ 핸들을 이용하여 직경방향을 가공한 다음 Z방향으로 충분히 이송한 후 주축을 정지 한다.

⑥ 측정기로 공작물 측정 측정값을 X축 하단에 있는 접촉기준 원점에 위치하고 (-)입력한다

⑦ 커서 현재 선택 공구번호 X에 위치 → 위치입력 key를 누른다.

⑧ 다른 공구선택(일반적으로 상대공구라 한다.)

기준공구가 지났던 지점에 touch한 다음 공구선택 번호에

㉠ 단면 방향이면 X에 커서위치 위치입력

ⓛ 직경 방향이면 Z에 커서위치 위치입력

⑨ 특별한 경우

㉠ 내경 바이트 직경방향은 내경 바이트 날 끝을 블록 게이지 같은 것을 이용 기준공구 지났던 지점에 일치 시킨다.

ⓛ 나사 바이트 단면방향을 눈대중으로 일치 시킨다.

ⓒ 드릴의 경우 직경방향은 드릴몸통을 접촉한 후 위치입력 하고난 후 드릴 경만큼 증분단위에서 보정하면 된다.

7) 공구 인선 보정기능

절삭공구 인선반경에 의한 가공경로 오차량을 자동 보정하는 기능으로 임의의 인선반경을 가지는 특정 공구의 가공경로 및 방향에 따라 보정한다.

가) 가상 인선

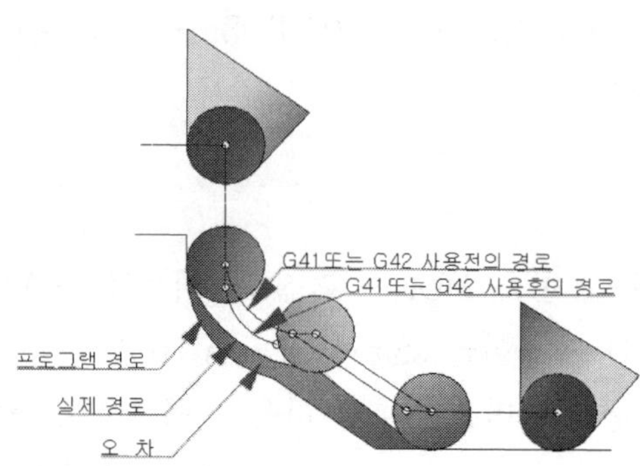

위 그림은 바이트 끝을 확대한 것이다. 그림에서 보는 바와 같이 끝이 둥글기 때문에 직선 가공에서는 문제가 없지만 테이퍼 가공이나 원호 가공 시에는 실제 제품과 오차가 생기게 된다.

노즈 반경에 의한 오차를 없애기 위해서는 첫째로 계산을 해서 프로그램 경로를 수정해 주는 것이고, 둘째는 자동기능에 의하여 노즈 R을 보정하는 방법이 있다.

이 방법이 G40, G41, G42이다.

프로그램에 의해 이동되는 공구의 끝점은 가상 인선이라고 하는 점이다.

위 그림과 같이 공구의 끝은 공구 인선 반경이라는 반경 R을 갖는 원이기 때문에 테이퍼 절삭 시에 공구 옵셋으로는 보정되지 않는다.

이 보정되지 않는 부분을 자동적으로 보정하는 것이 인선반경 보정기능이며 일반적으로 쓰이는 공구 인선 반경은 0.4 ~ 0.8mm이다.

- 가상 인선에 의한 프로그램 공구경로

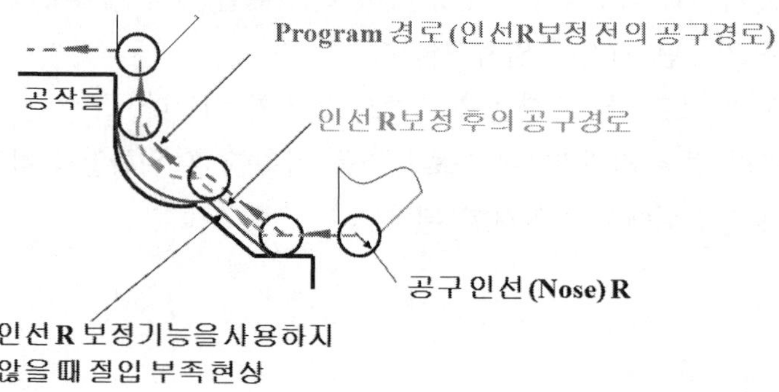

위의 그림과 같이 Taper나 원호 가공 시 Nose R을 보정하지 않으면 실제 도면의 치수와 가공된 제품의 치수가 오차가 생기게 된다.

나) 가상 인선의 방향(오른손 좌표계)

인선 반경 중심에서 본 가상인선의 방향은 절삭 시 공구의 절삭 방향에 의해 결정되므로 보정량과 같이 설정해야 한다.

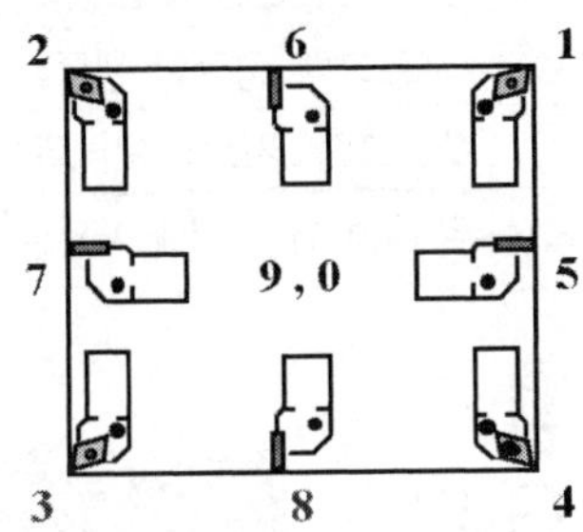

다) 가상 인선 번호 선택의 예(오른손 좌표계의 경우)

1번 : 백보링
2번 : 내경 가공(보링)
3번 : 오른쪽 바이트 외경
4번 : 왼쪽 바이트 외경
5번 : 역 단면 홈 가공
6번 : 내측(경) 홈 가공
7번 : 드릴링 가공
8번 : 외측 홈 가공

라) 인선 반경 보정량의 설정

T ○ ○ △△
└→ 옵셋 번호

옵셋 번호	X	Z	인선 반경	공구 방향
01	0.75	−0.93	0.4	3
02	−1.234	10.987	0.8	2
•	•	•	•	•
•	•	•	•	•
16	•	•	•	•

* 옵셋량의 지령범위 : 0−X999.999 mm

마) 가공위치와 이동지령(오른손 좌표계)

프로그램을 할 때에 프로그래머는 인선반경 보정을 하기 위해서 프로그램 경로의 어느 쪽에서 공구가 이동되는가를 정해야 하며 이것은 G코드의 G41과 G42로 결정된다.

G 기능	공구	소재
G40	공구 인선반경 보정취소	프로그램 경로 이동
G41	프로그램 경로의 왼쪽	가공경로의 오른쪽
G42	프로그램 경로의 오른쪽	가공경로의 왼쪽

* 일반적으로 G42는 외경 가공 시에 G41은 내경 가공 시에 사용된다.

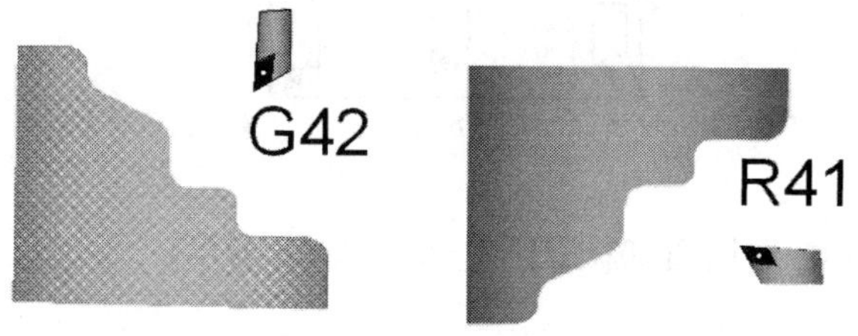

※ • 인선반경 보정치보다 작은 외접 원호는 가공할 수 있고 내접 원호는 가공할 수 없다.
• 왼손좌표계의 경우는 반대가 된다.

⑩ 자동루틴(AUTO ROUTINE) 기능

복잡한 공구의 이동경로를 하나의 데이터 블록으로 프로그램하는 기능이며 복합 사이클이라고도 한다.

G 기능	명칭	의미
G77	단순 내·외경 사이클	단순 경로의 외경 가공 사이클 기능
G78	단순 단면 사이클	단순 경로의 단면 가공 사이클 기능
G66	내·외경 황정삭 사이클	복합 경로의 외경 가공 사이클 기능
G67	단면 황·정삭 사이클	복합 경로의 단면 가공 사이클 기능
G68	유형 반복 사이클	단조나 구조품의 형삭 반복 사이클

1) G77(단순 내·외경 황삭 사이클)

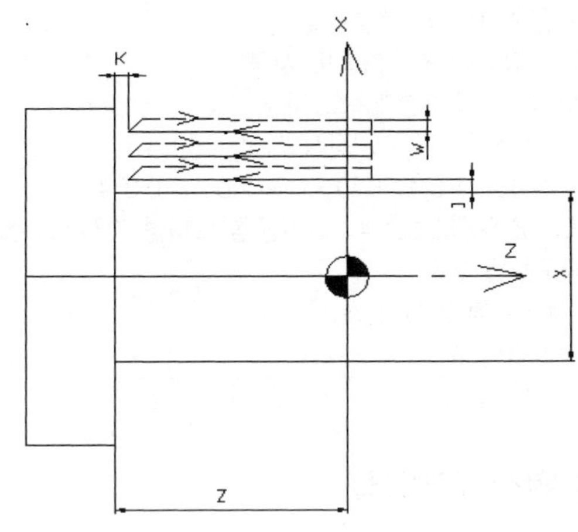

• G77 X Z I K V W F #

X : 소재 X축 최종 직경치(X축 가공 끝점)

Z : Z축 가공 끝점

I : 직경에 대한 정삭 여유량(I 〈 도피량)

K : Z축 정삭 여유량(K 〈 도피량)

W : 1회 절삭 깊이(반경치 지정)

F : 이송속도 지정

V : 도피량 지정(생략 시는 1 mm)

예제

다음 도면을 보고 프로그램을 해독 하세요?

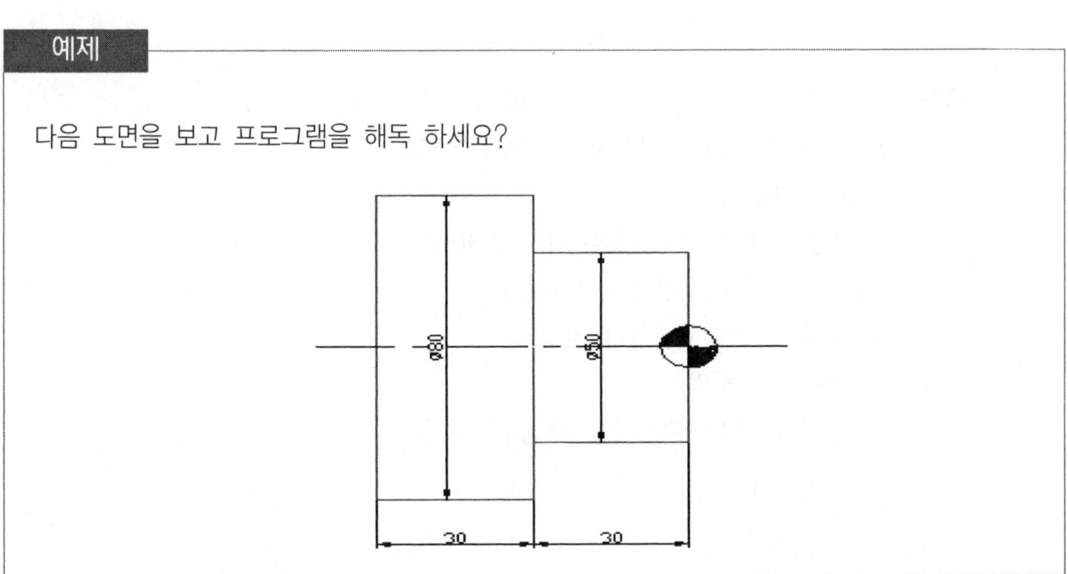

```
G99 #
G45 O1 # → 척 옵셋 1번 호출
T0101 # → 공구 1번 및 옵셋호출
G96  S180.  M03 # → 주축속도 지정
G92  S1500. # → 주축한계속도 지정
G00  X85.  Z3. # → 가공 시작점 지정
G77  X50.  Z-30.  I 0.4  K 0.3  W 2.0  F 0.2 #
G00  X 100.  Z 80.(M 05) # → 가공후 도피점 지정 및 주축정지
T00 # → 공구옵셋 취소
G45 O 00  # → 척 옵셋 취소
M02 # → 프로그램 끝
```

2) G78(단순 단면 황삭 사이클)

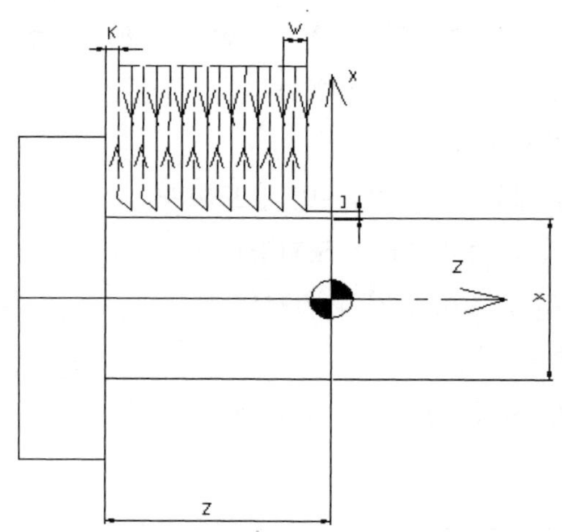

- G78 X Z I K V W F #

X : 소재 X축 최종 직경치(X축 가공 끝점)

Z : Z축 가공 끝점

I : 직경에 대한 정삭 여유량(I 〈 도피량)

K : Z축 정삭 여유량(K 〈 도피량)

W : 1회 절삭깊이(반경치 지정)

F : 이송속도 지정

V : 도피량 지정(생략 시는 1mm)

다음 도면을 보고 프로그램을 해독 하세요?

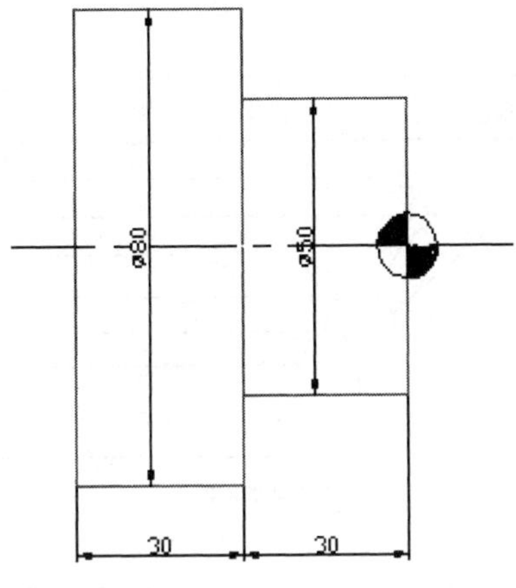


```
G99 #
G45  O 01 # → 척옵셋 1번
T0101 # → 공구 1번에 1번 옵셋 호출
G96  S 180.  M 03 # → 주축속도 지정
G00  X 85.  Z 3.  M 08 # → 가공 시작점 위치
G78  X 50.  Z -30.  I 0.2  K 0.3  W 3.  F 0.25 #
G00  X 100.  Z 100.  M 05 #
T00 #
G45 #
M02 #
```

3) G66(내·외경 황 정삭 사이클)

- G66 X Z I K U V W P #

  X : 가공 시작점의 X좌표(X 〉 X + 2V)

  Z : 가공 시작점의 Z좌표(Z 〉 Z + 2V)

  I : X방향 정삭 여유량(최대 1 mm) 반경값 지정

  K : Z방향 정삭 여유량(최대 1 mm)

  U : 최종 절삭경로 사용여부 결정(정삭 여유량 제외)

  U = 0 또는 생략시 → 경로 수행하지 않음

  U = 1 → 경로 수행함

V : 도피량 지정 45° 기준(생략 시는 1mm)

W : 1회 절삭 깊이 지정(반경 값으로 지정)

P : 보조 프로그램 번호 입력(실제 가공 profile(윤곽) 프로그램 번호)

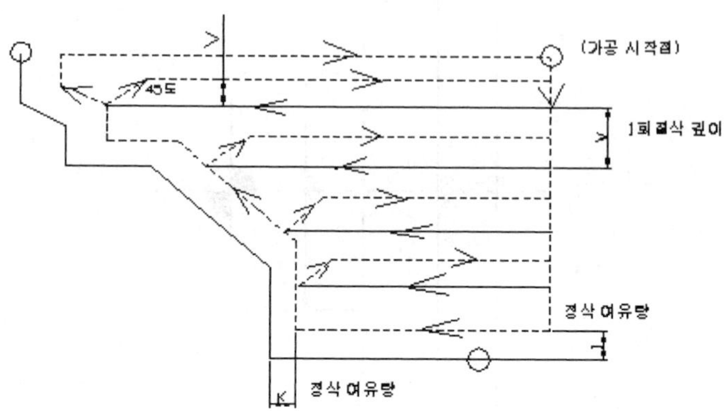

G66 자동루틴의 수행이 완료되면 공구는 G66 블록에서 정의한 가공 시작 위치로 복귀한다.

CNC가 프로그램 수행 중 G66 블록을 만난 경우에는 그 블록이 수행 가능한지의 여부를 결정하기 위해 즉시 G66 블록의 윤곽 보조 프로그램을 자동적으로 검토한다.

• **자동 프로그램 작성 시 주의 사항**

① 윤곽 프로그램은 외경 절삭 시 공구가 Z축 음의 방향으로 이동할 때 X축의 직경이 증가하는 방향으로 이동해야 하고, 내경 절삭의 경우에는 X축 직경이 감소하는 방향으로 이동해야한다.

② 사이클 시작점(가공 시작점)은 직경의 정삭가공 최종점(X축 최대직경) + (도피량 X 2)보다 커야 된다. 작은 경우는 에러가 발생한다.

③ "I"값 및 "K"값(정삭 여유량)은 도피값(V) 보다 작아야 하며 클 경우는 "정삭 여유량 과다" 에러가 발생된다.

④ I 및 K값을 프로그램하지 않는 경우에는 보조 프로그램의 X값 및 Z값에 도달할 때 까지 사이클을 반복한다.

⑤ 자동루틴 프로그램의 Sub 프로그램에는 M, S, T 코드 및 증분좌표를 사용할 수 없다.(M 02, M 30은 제외)

예제

G66 기능을 사용하여 다음 도면을 보고 프로그램을 해독 하세요?

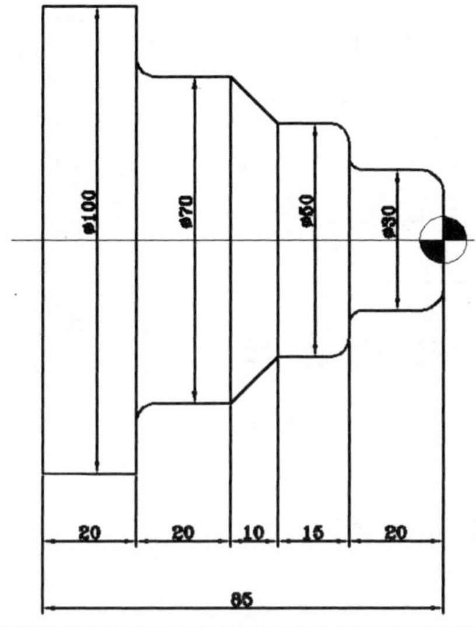

MAIN P/G
G99 #
G45 O1 # → 척 옵셋 호출
T0303 # → 황삭 공구 호출
G92 S2500. # → 주축 최고 회전수 2500rpm
G96 S200. M03 # → 주속 일정제어 주축 정회전
G00 X 105. Z0 M8 # → 단면 가공위치
G01 X-1.6 F0.2 #
G00 X110. Z3. # → 가공 시작점
G66 X110. Z3. I0.1 K0.1 W3. U1 V0.5 P111 #
G00 X150. Z100. # → 공구 교환 위치
T0505 # → 정삭 공구호출
G00 X26. Z1. → 정삭가공 위치지정
P111 # → 정삭 프로그램
G00 X150. Z100. M05 #
G45 O00 #
T00 #
M2 #
: Sub P/G(P111)
G42 # → 공구인선보정 값 호출
G01 X26. Z0 F0.08 #

```
   X30. Z-2. #
   Z-15. #
G02 X40. Z-20. R5. #
G01 X44. #
G03 X50. Z-23. R3. #
G01 Z-35. #
   X70. Z-40. #
   Z-61. #
G02 X78. Z-65. R4. #
G01 X96. #
   X102. Z-68. #
G40 # → 공구인선보정 값 취소
M02 #
```

4) G67(단면 황 정삭 사이클)

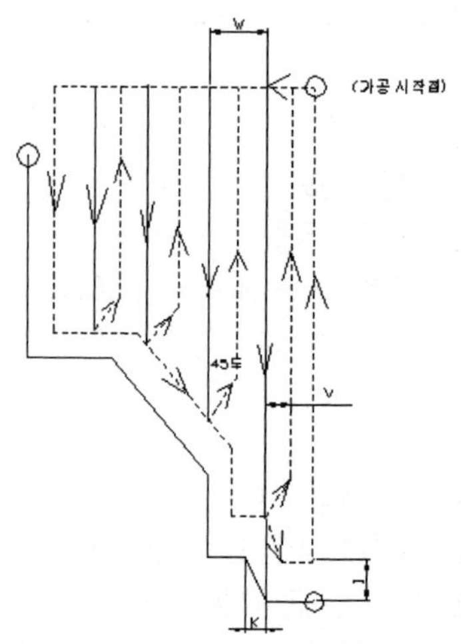

• G67 X Z I K U V W P #

X : 가공 시작점의 X좌표(X 〉 X + 2 V)

Z : 가공 시작점의 Z좌표(Z 〉 Z + 2 V)

I : X방향 정삭 여유량(최대 1mm) 반경값 지정

K : Z방향 정삭 여유량(최대 1mm)

U : 최종 절삭경로 결정(정삭 여유량 제외)

U = 0 또는 생략시 → 경로 수행하지 않음

U = 1 → 경로 수행함

V : 도피량 지정 45°기준(생략 시는 1mm)
W : 1회 절삭 깊이 지정(반경 값으로 지정)
P : 보조 프로그램 번호입력(실제 가공 윤곽 프로그램 번호)

5) G68(유형 반복 사이클)

• G68 X Z I K W P E #

X : 가공 시작점의 X좌표 지정(X 〉 X축 방향 최대 직경치 + 2 I + 2 E + 도피거리(2mm)
Z : 가공 시작점의 Z좌표 지정(Z 〉 가공물 Z방향 최대거리 + K + E + 도피거리(1mm)
I : X방향 정삭 여유량 지정(I 〈 도피거리)
K : Z방향 정삭 여유량 지정(K 〈 도피거리)
W : 1회 절삭량 지정
P : 보조 프로그램 번호입력(실제가공 윤곽 프로그램 번호)
E : 실제 소재와 윤곽의 두께 지정(증분 반경치 지정)

6) G33, G34, G35, G37(나사 가공 사이클)

가) G33(단일 나사절삭 사이클)

• G33 X__ Z __ I __ K __ A __ #

X : 테이퍼 나사시의 첫번 절입 가공 경(나사 가공끝의 직경)
Z : 나사길이 지정
I : 면 나사 가공 시 X방향 리드값(1회전당 X방향 이동거리)
K : 피치 값 지정(Z축 방향 리드량 지정)
A : 다줄나사 가공 시의 시작각도 지정

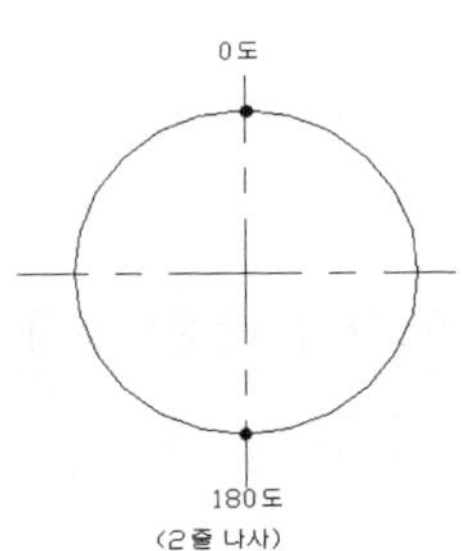

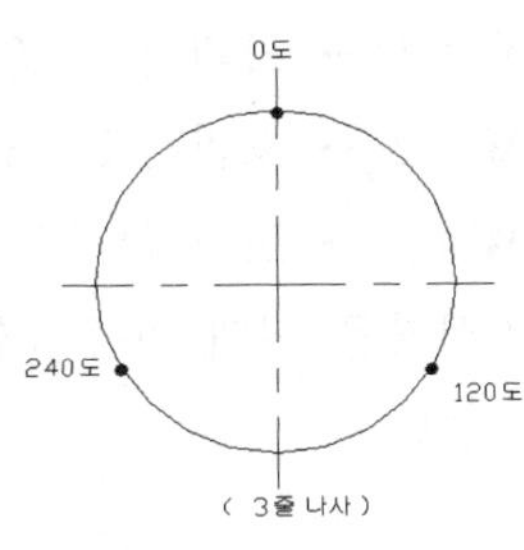

- **나사 절삭 시 이송속도** : 피치 X 주축속도 X 주축속도 오버라이드 설정값(1/ 10)
  (100% = 1.0, 80% = 0.8, 120% = 1.2)

  예 주축속도 : 800rpm
  피치 : 2mm
  OVERD S/W : 100%
  나사의 이송속도 = 800×2×1.0 = 1600(mm pm)

나) G37(자동 반복 나사 사이클)

- G 37 X __ Z __ I__ K__ A__ B __ D__ E __U__ W__ L __ #

  X : 나사의 최종 골지름 입력(절대값)
  테이퍼 나사의 경우는 처음 골지름 입력
  Z : 나사 끝점 지정
  I : 테이퍼 나사의 테이퍼량 지정(1회전당 X축 이동량을 증분 직경 값으로 지정)
  *I = T°( )×P×2
  K : 나사의 리드
  A : 나사의 진입 각도(0 ~ 360°)
  B : 나사산 각도(진입 시)
  D : 최초 절입량 지정(증분 직경치 지정)
  1회 절입량을 지정 D값에 따라 연속가공에 필요한 절삭깊이를 계산
  D값을 너무 작게 지정한 경우는 반복횟수를 초과하여 가공
  D를 (-)값으로 지정 시는 프로그램에서 지정량 만큼 절입
  예 D - 0.3 = 1회에 0.3mm씩 절삭
  E : 나사 시작점에서 절삭할 가공물 외경까지의 거리를 지정(증분값)
  U : 최종 정삭량 지정(증분값)
  W : 나사 끝점에서 도피각도(W0 - W3)지정
  W = 0 이나 생략 시 → 도피각도 0°
  W = 1 → 도피각도 30°
  W = 2 → 도피각도 45°
  W = 3 → 도피각도 60°
  L : 정삭가공 전의 가공횟수(0 ~ 255까지 지정) 정삭 여유량 제외

예제

다음 나사 사이클을 프로그램 하시오

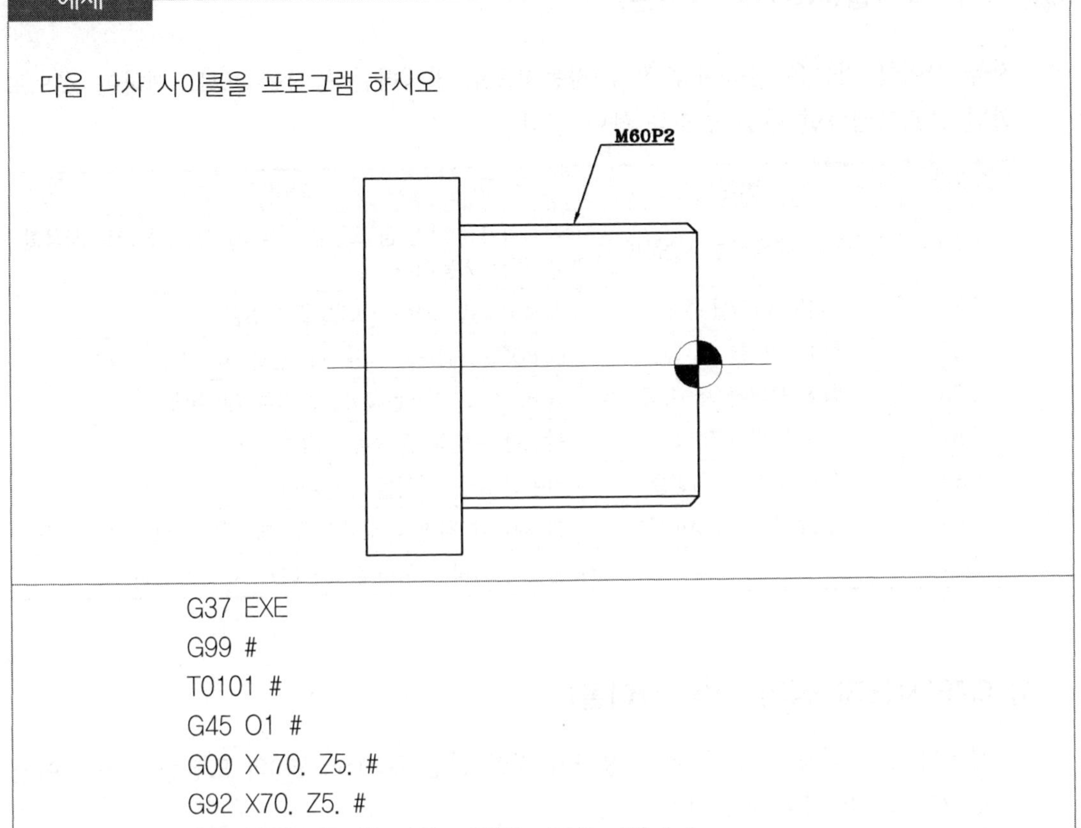


```
G37 EXE
G99 #
T0101 #
G45 O1 #
G00 X 70. Z5. #
G92 X70. Z5. #
G37 X57.6 Z-48.  K2.  D0.8  E10.  U0.4 #
G00 X150. Z5. #
G45 O 0 #
T00 #
M02 #
```

다) 가변 리드 나사가공

G34(점점 증가 나사), G35(점점 감소 나사)

- **G34**

  X Z K F A #

- **G35**

G34 F = 1회전 당 나사리드의 증가 변화율 지정

G35 F = 1회전 당 나사리드의 감소 변화율 지정

⑪ 자동 사이클(AUTO 사이클)

자동 사이클 기능은 급속이송 후에 자동적으로 발생하는 동작을 프로그램하는 것으로 한번 프로그램하면 항상 취소를 해야 한다.

G 기능	명칭	의미
G79	사용자가 정의하는 자동사이클	사용자가 정한 일정 모양을 자동 사이클 기능으로 사용할 수 있는 기능이다.
G80	자동 사이클 취소	사용이 끝난 자동 사이클을 취소한다.
G89	취소 사이클 재 저장	G 80으로 취소된 자동 사이클을 재 저장 기능
G29	취소 사이클 재 수행	G 80 으로 취소된 자동 사이클 재 수행
G81	드릴링 사이클	단순한 드릴링 동작을 프로그램 한다.
G82	카운터 보링 사이클	카운터 보링 동작을 수행한다.
G83	펙드릴링 자동 사이클	칩 제거를 위한 휴지시간 및 재이탈 거리를 갖는 기능
G84	태핑 사이클	암나사 가공 사이클로 오른나사 사이클 가공

1) G79(사용자 정의 자동 사이클)

사용자 정의의 자동 사이클은 사용자가 정한 일정 윤곽(profile)의 모형을 자동 사이클로 사용할 수 있는 기능이다.

• G79 P H E #

P : 자동 사이클로 지정할 프로그램 번호(1 ~ 250번 이내)
H : 서브루틴 내의 루틴시작 N번호 호출
E : 서브루틴 내의 마지막 루틴 N번호 지정

2) G81(드릴링 사이클)

• G81 Z D R F V P #

Z : -Z 방향 가공깊이 지정 절대치 : 프로그램 원점기준
증분치 : R평면에서 기준
D : 휴지시간 지정(0 ~ 3276.7초)
R : 급송이송 구간설정 절대치 : R평면 절대위치를 지정
증분치 : X나 Z초기 위치로부터 R평면까지 거리
R값 미설정시는 마지막 위치로 R점을 인식

모든 자동 사이클은 초기공구 위치에서부터 R평면까지 급송이송 가공 후 재이탈시도 R평면으로 복귀

F : 가공이송 속도지정(생략 시는 마지막 지정된 F값 인식)

V : 가공 후의 재이탈 속도지정(생략 시는 급송이송)

P : 가공 후 재이탈 위치지정

0이나 미 설정 시 → R 평면 이탈

(1 ~ 99) → 초기위치로 공구가 재이탈

예제

G81 드릴링 사이클을 이용하여 프로그램 하세요?

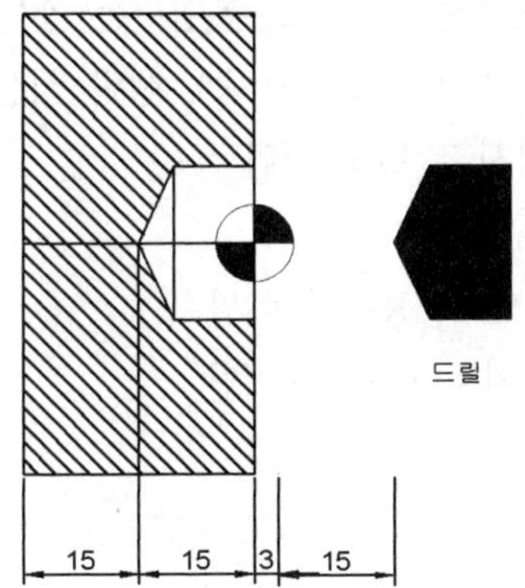


```
G99 #
G45 O2 #
T0505 #
G97 S700. M03 #
G81 Z-15. R3. F0.2 P0 # → 드릴링 사이클 호출
G00 X0 Z15. # → G00 이후 드릴링 기능 수행
G80 # → 드릴링 취소
G45 O00 #
T00 #
M02 #
```

3) G83(팩 드릴링 사이클)

칩 제거를 위한 휴지시간 및 재이탈 기능이 수행이 되고 펙드릴링을 한 후 칩 제거를 위한 이탈 거리를 프로그램하는 기능

• G83 Z R F I U W D P #

Z : -Z방향 가공깊이 지정 절대값 : 프로그램 원점기준
증분값 : R평면에서 기준

R : 급송이송 구간설정 절대값 : 프로그램 원점에서 절대위치를 지정
증분값 : 초기위치를 기준으로 지정

F : 절삭속도 지정

I : 첫 번 절삭시의 절삭 깊이 지정(부호생략)

U : 구멍 가공 중 중간에서 R점으로 복귀하는 깊이지정(U〉 Z - R)

W : 1회 절삭 후 후퇴량 지정(급송이송), 생략 시는 1mm으로 가정

D : 구멍바닥에서 휴지시간 지정(단위 sec)

P : 가공 후 재 이탈 위치지정

P = 0 이나 미설정시 → R평면 이탈

(1 ~ 99) → 초기위치로 공구 재이탈

4) G84(태핑 사이클)

• G84 Z D R F P #

Z : -Z 방향 가공깊이 지정 절대치 : 프로그램 원점기준
증분치 : R평면 기준

D : 주축회전이 바뀌기 전의 구멍바닥에서의 휴지시간 지정(단위 : 초)

R : 급송이송 구간설정 절대치 : 프로그램 원점에서 절대위치 지정
증분치 : 초기위치를 기준으로 지정

F : 가공이송속도 및 재 이탈 속도지정

F = RPM×암나사 리드

P : 공구의 재 이탈 위치지정

P = 0 이나 미설정시 → R 평면 이탈

P = (1 ~ 99) → 초기위치로 공구 재이탈

12 Sub프로그램 호출 기능

프로그램 수행 중 프로그램 분기용 파라메타를 사용하여 프로그램 수행순서를 변경 및 제어할 수 있으며 보조 프로그램을 사용하여 메인 프로그램의 한 부분에 보조 프로그램의 일정 부분으로 건너 뛸 수 있다.

1 분기 적용 방법(스킵 기능)

① 메인 프로그램 내의 한 블록에서 다른 블록으로 스킵하는 방법
② 메인 프로그램에서 보조 프로그램으로 스킵하는 방법

2 분기 코드의 구분(스킵 기능)

- P : 보조 프로그램 호출번호
- N : 블록 번호(Sequence 번호)
- H : 스킵명령 및 보조루틴 호출
- E : 보조루틴수행 마지막 N번호(수행할 마지막 N번호)
- L : 블록 반복 횟수

13 한국산전 CNC 선반 척 옵셋 방법(조작 순서)

① 기계 원점 복귀
② 작업설정에서 척옵셋 화면을 찾는다.
③ 지정한계에 커서를 옮긴 후 사용할 척수만큼 수치를 입력한다.(척을 하나만 사용하면 1을 입력하면 된다.)
④ 기준공구를 설정한다.(외경 황삭 공구)
⑤ 조그 - 핸들 - X, Z축을 선택하여 공작물을 회전시키고 소재의 단면을 가공한다.
⑥ Z축을 움직이지 말고 X축을 후퇴하여 공작물을 정지시킨다.
⑦ EXIT-EXIT하여 척옵셋 화면에서 척기준 원점에 0을 입력한다.
⑧ 척옵셋 번호에 커서를 이동한 후 위치입력을 누르면 프로그램 좌표값이 입력된다.(G45O1이면 옵셋 번호 1에 입력시킨다.)
⑨ EXIT- TOOL OFFSET 하면 TOOL 옵셋 화면이 나타난다.
⑩ Z축 접촉기준원점으로 커서를 이동하여 Z축 프로그램 좌표값이 부호가 반대되게 입력시킨다.(Z축 좌표값이 120.59이면 -120.59 ENTER하면 -120.59가 입력된다.)
⑪ 커서를 기준공구 옵셋 번호에 갖다놓고 위치입력 시키면 기준공구의 Z축 옵셋 값이 0이 된다.

14 한국산전 CNC 선반 TOOL OFFSET 방법(조작 순서)

① 공작물을 회전시키고 조그 → 핸들 → X, Z축 선택하여 소재 외경을 가공하고 X축을 움직이지 말고 Z축 후퇴하여 스핀들 정지시킨다.
② 가공부의 소재외경을 측정하고 EXIT → EXIT 하여 공구 옵셋 화면을 찾는다.
③ 커서를 X축 접촉기준 원점에 갖다놓고 측정치의 -값을 입력 시킨다.
④ 사용공구 번호 X축으로 이동하여 위치입력 누르면 옵셋량이 입력된다.
⑤ 다른 공구 보정 방법
- X축은 기준공구로 가공한 외경에 접속시키고 해당 옵셋 번호에 커서를 옮겨 위치입력을 누르면 된다.

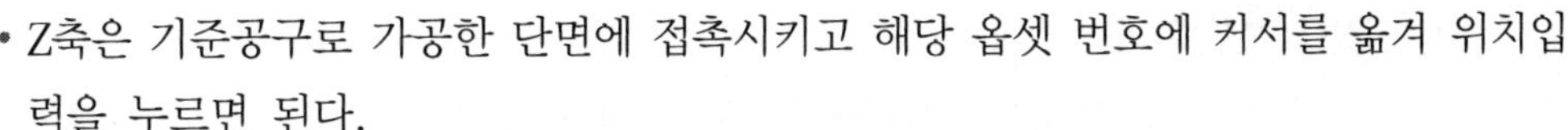

- Z축은 기준공구로 가공한 단면에 접촉시키고 해당 옵셋 번호에 커서를 옮겨 위치입력을 누르면 된다.

⑥ 옵셋량 증분 보정 방법

- 수정할 옵셋 위치에 커서를 옮긴 후 증분단위 키를 누른다.
- 부호와 숫자를 누르면 자동적으로 계산되어 입력된다.

1 컴퓨터응용 선반기능사 CNC 선반가공 요구사항

- **시험시간** : [표준시간 - 3시간 30분, 연장시간 - 없음]
  - CNC 선반가공 시험시간 : 2시간 15분(프로그램 1시간, 가공 1시간 15분)
  - 범용선반가공 시험시간 : 1시간 15분

1) 요구사항

※ 다음의 요구사항을 시험시간 내에 완성하시오.

① 지급된 재료를 이용하여 도면과 같은 부품 ①과 ②를 가공하여 조립한 후 제출하시오.(단, ①과 ②의 작업순서는 자유이며, 가공 후 제출하여 보관 중인 부품은 조립작업시 재 지급받아 끼워맞춤 작업에 활용할 수 있습니다.)

② 지급된 도면과 같이 작업할 수 있도록 CNC 프로그램 입력장치에서 수동으로 프로그램하여 저장장치에 저장하여 제출하시오.

2) 주의사항

① 지급된 재료는 교환할 수 없습니다.
(단, 지급된 재료에 이상이 있다고 감독위원이 판단할 경우 교환이 가능합니다.)

② 기계가공 전 복장상태를 확인하고, 안전보호구(안전화, 보안경 등)을 착용하여야 합니다.

가) 범용선반가공

부품 ②(캡)는 범용선반에서 가공하여야 합니다.

나) CNC 선반가공

① 부품 ①(축)은 CNC 선반에서 가공하여야 합니다.

② 저장장치에 저장된 프로그램을 CNC 선반에 입력시켜 제품을 가공합니다.

③ 척에 고정되는 부분(∅49 등)은 핸들운전(MPG), 반자동, 프로그램에 의한 자동운전 중에서 수험자가 원하는 방법으로 가공할 수 있습니다.

④ 공구세팅 및 좌표계 설정을 제외하고는 CNC 프로그램에 의한 자동운전으로 가공해야 합니다.

CNC 선반에서 나사 절삭 데이터(참고용)

절입 횟수	피치	1회	2회	3회	4회	5회	6회	7회	8회	계	비고
매회절삭 깊이	1.5	0.35	0.20	0.14	0.10	0.05	0.05			0.89	반경
	2.0	0.35	0.25	0.19	0.12	0.10	0.08	0.05	0.05	1.19	

3) 지급재료 목록

자격종목	컴퓨터응용선반기능사

일련번호	재료명		규격	단위	수량	비고
1	CNC 가공	인서트 팁 (외경황삭 절삭용)	CNMG 120408(코팅) (검정장시설에 맞출 것)	계	1	1인당
2		인서트 팁 (외경정삭 절삭용)	WBMT 160404(코팅) (검정장시설에 맞출 것)	〃	1	4인당
3		인서트 팁 (외경나사 절삭용)	피치 1.5 ~ 2.0mm용 (검정장시설에 맞출 것)	〃	1	3인당
4		인서트 팁 (외경홈 절삭용)	바이트 폭 3~4mm (검정장시설에 맞출 것)	〃	1	2인당
5		공디스켓 또는 저장매체	2HD(3.5") 또는 규격품	〃	1	1인당 또는 시험장당
6		연강(SM20C)	∅50×100(±1)	〃	1	1인당
7	범용가공	연강(SM20C)	∅60(±0.1)×50	〃	1	1인당

❷ 컴퓨터응용 선반기능사 가공도면 1

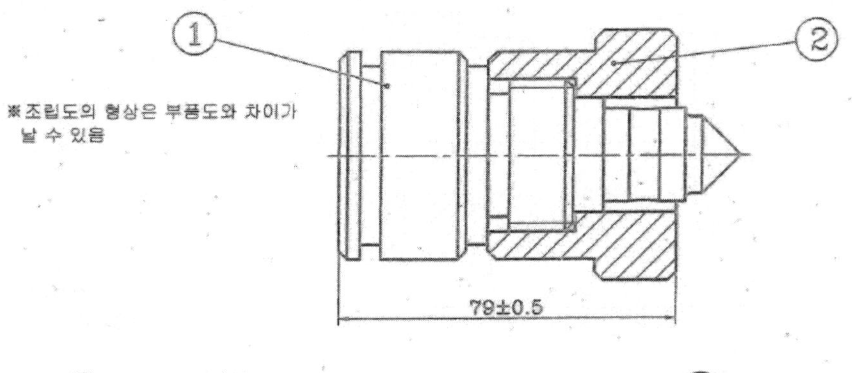

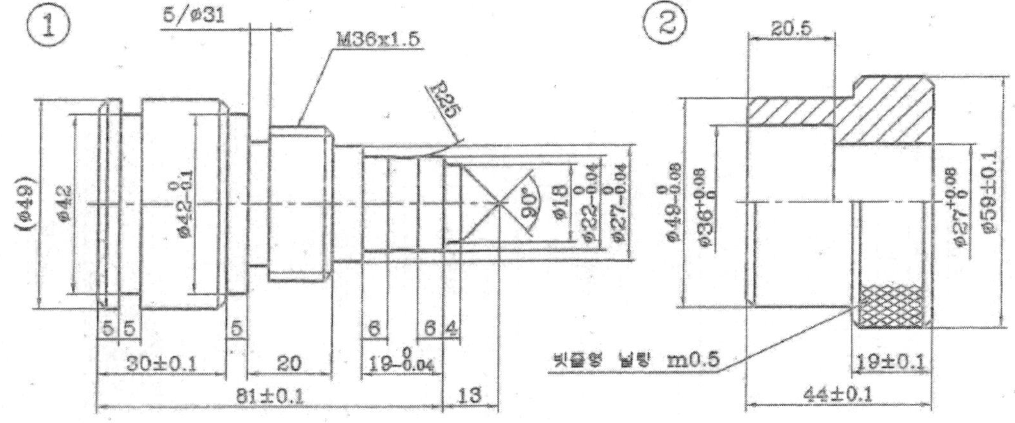

• 주서

1. 도시되고 지시되지 않은 라운드 R1.5
2. 도시되고 지시없는 모따기 C2

구분 \ 공차		M36×1.5 – 보통급
수나사	외경	35.968 $^{0}_{-0.236}$
	유효경	34.994 $^{0}_{-0.150}$

③ 컴퓨터응용 선반기능사 가공도면 2

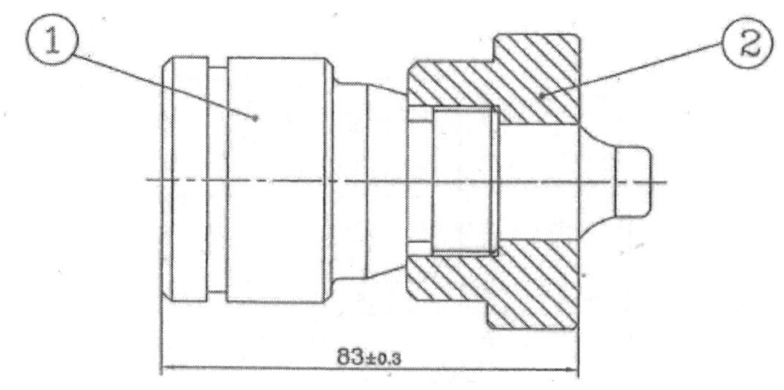

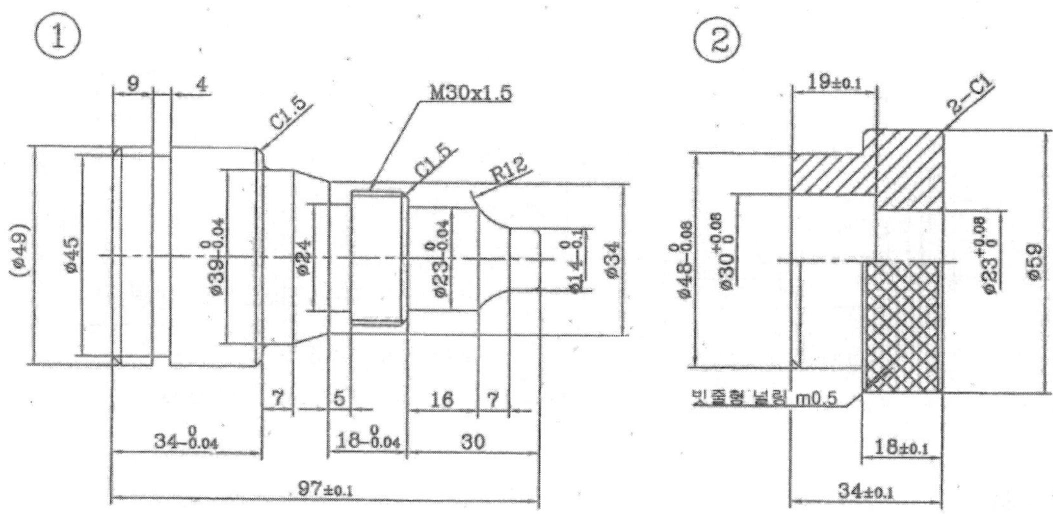

- 주서
  1. 도시되고 지시없는 라운드 R2
  2. 도시되고 지시없는 모따기 C2

구분 \ 공차		M30×1.5 – 보통급
수나사	외경	$29.968\,^{0}_{-0.236}$
	유효경	$28.994\,^{0}_{-0.150}$

컴퓨터응용 선반기능사 가공도면 3

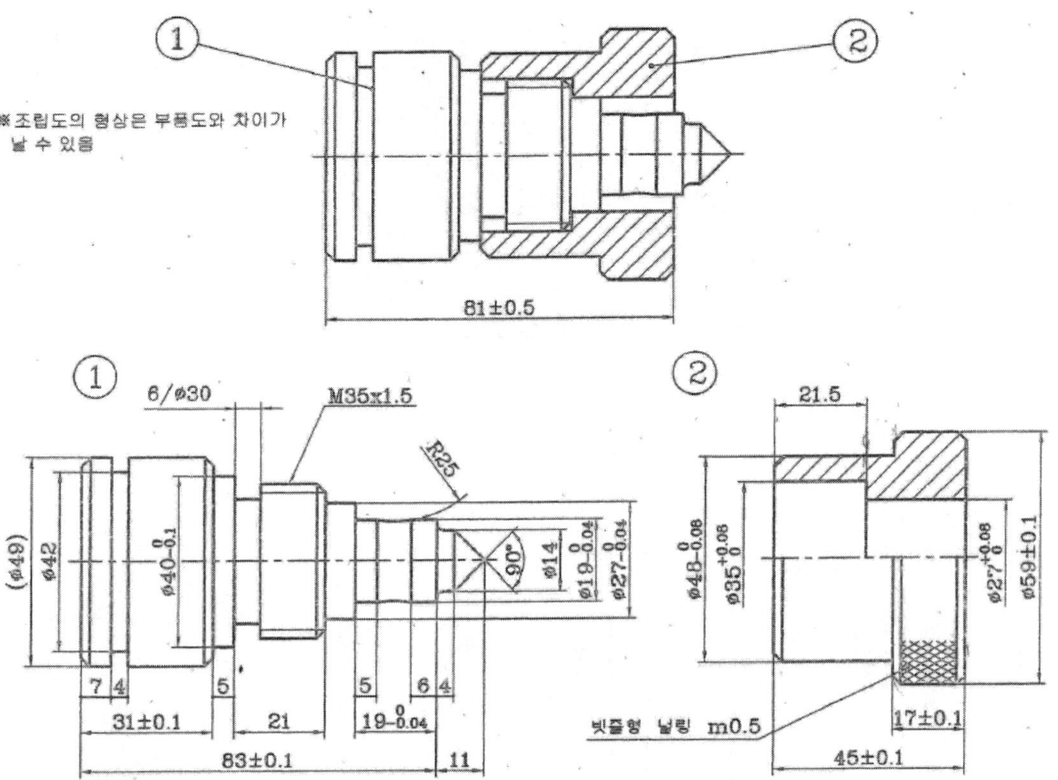

• 주서

1. 도시되고 지시되지 않은 라운드 R2
2. 도시되고 지시없는 모따기 C2

구분 \ 공차		M35×1.5 – 보통급
수나사	외경	$34.968\ ^{0}_{-0.236}$
	유효경	$33.994\ ^{0}_{-0.150}$

⑤ 컴퓨터응용 선반기능사 가공도면 4

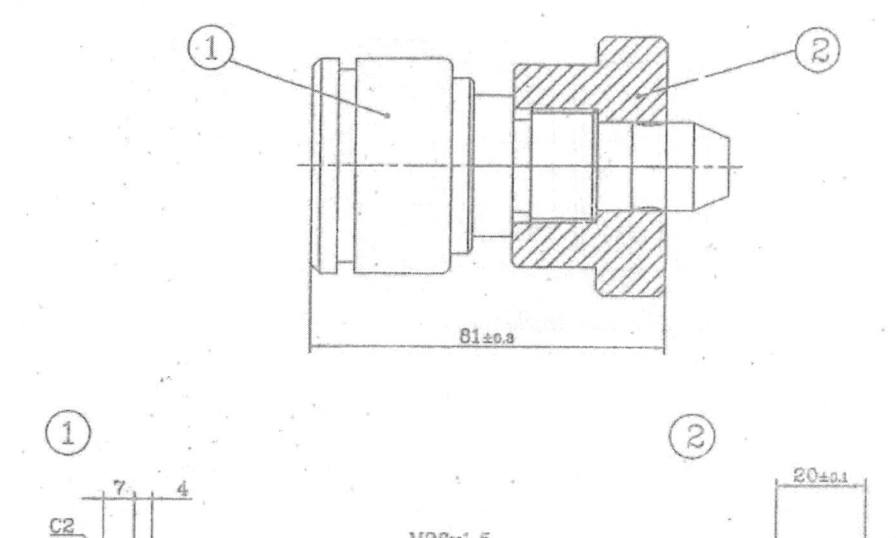

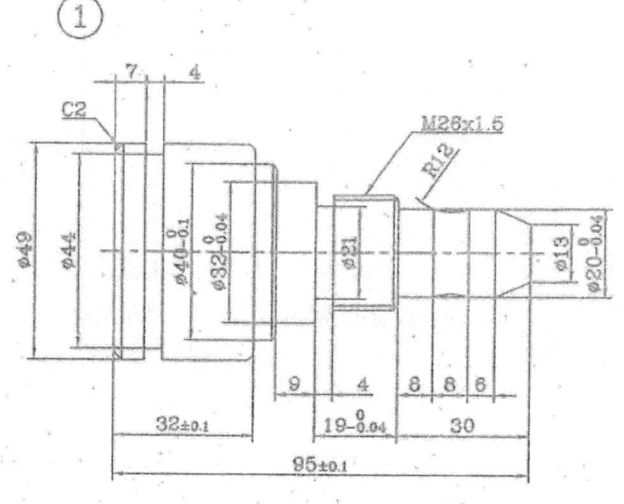

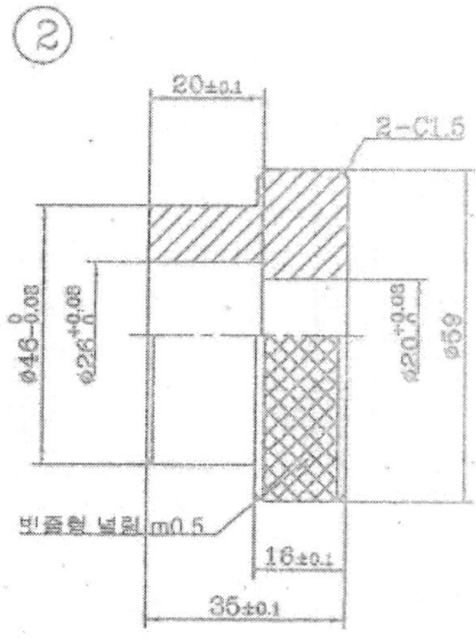

- **주서**
  1. 도시되고 지시없는 라운드 R2
  2. 도시되고 지시없는 모따기 C2

구분 \ 공차	M26×1.5 – 보통급	
수나사	외경	25.968 $^{0}_{-0.236}$
	유효경	24.994 $^{0}_{-0.150}$

❻ 컴퓨터응용 선반기능사 가공도면 5

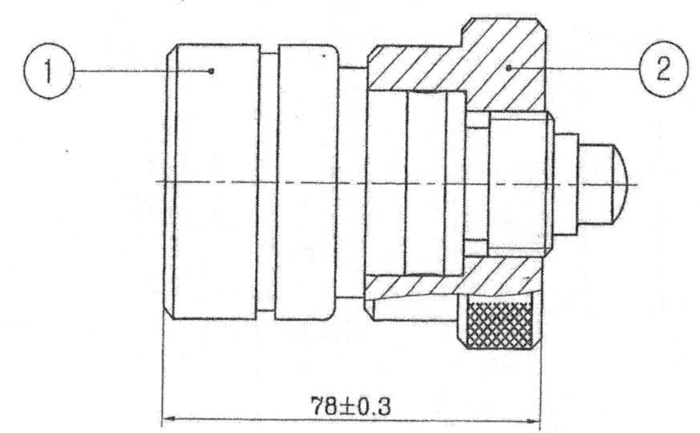

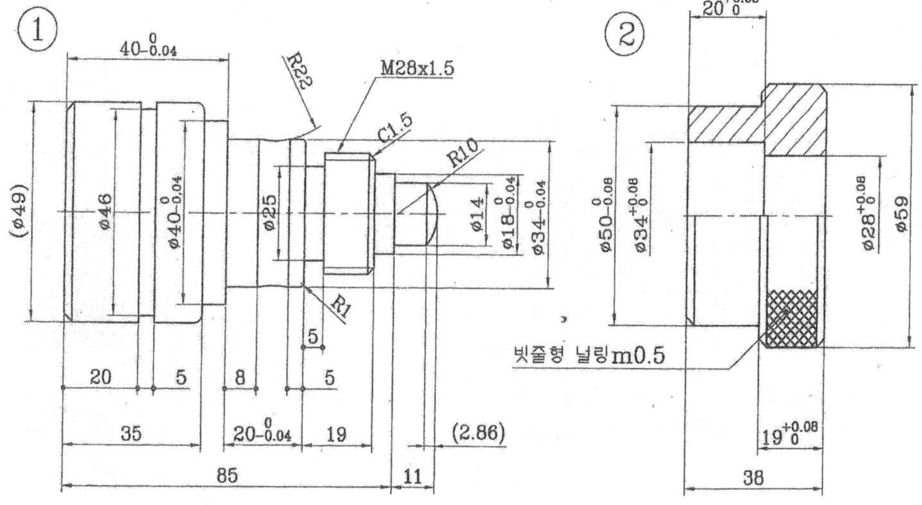

- 주서
  1. 도시되고 지시없는 라운드 R2
  2. 도시되고 지시없는 모따기 C2

구분 \ 공차		M28×1.5 – 보통급
수나사	외경	$27.968^{0}_{-0.236}$
	유효경	$26.994^{0}_{-0.150}$

7 컴퓨터응용 선반기능사 가공도면 6

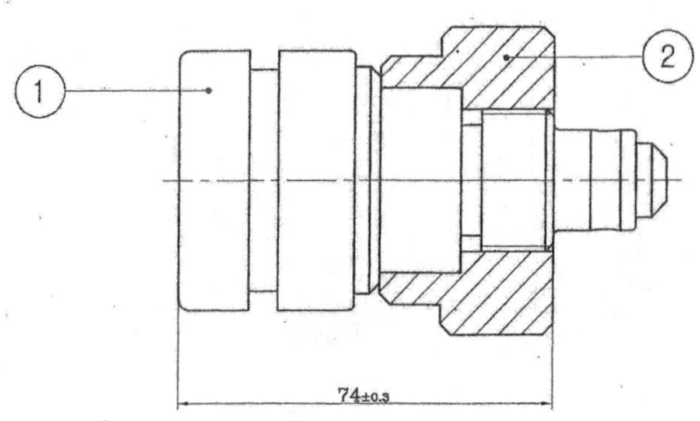

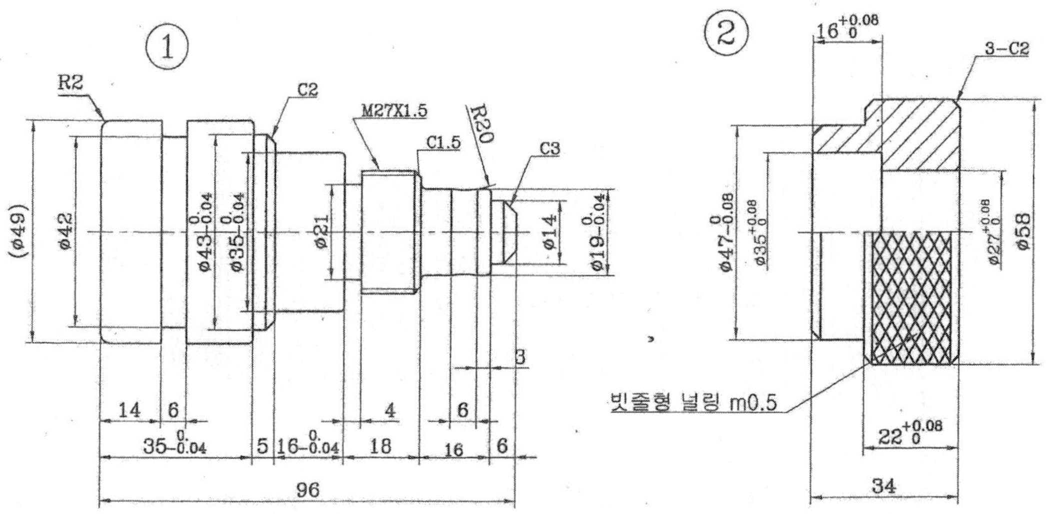

- 주서
  1. 도시되고 지시없는 라운드 R1
  2. 도시되고 지시없는 모따기 C1

구분 \ 공차		M27×1.5 – 보통급
수나사	외경	26.968 $^{0}_{-0.236}$
	유효경	25.994 $^{0}_{-0.150}$

8 컴퓨터응용 선반기능사 가공도면 7

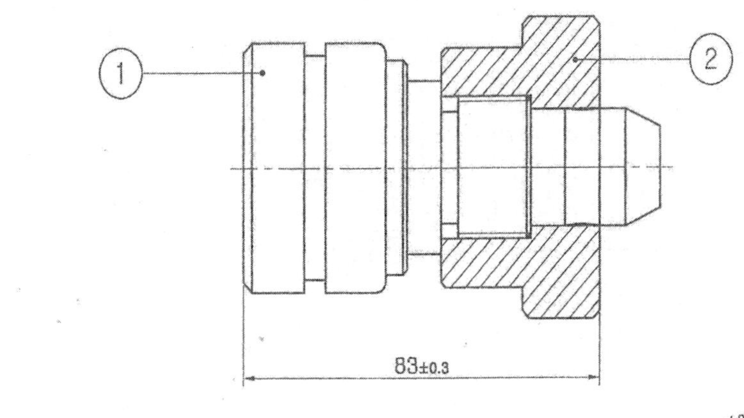

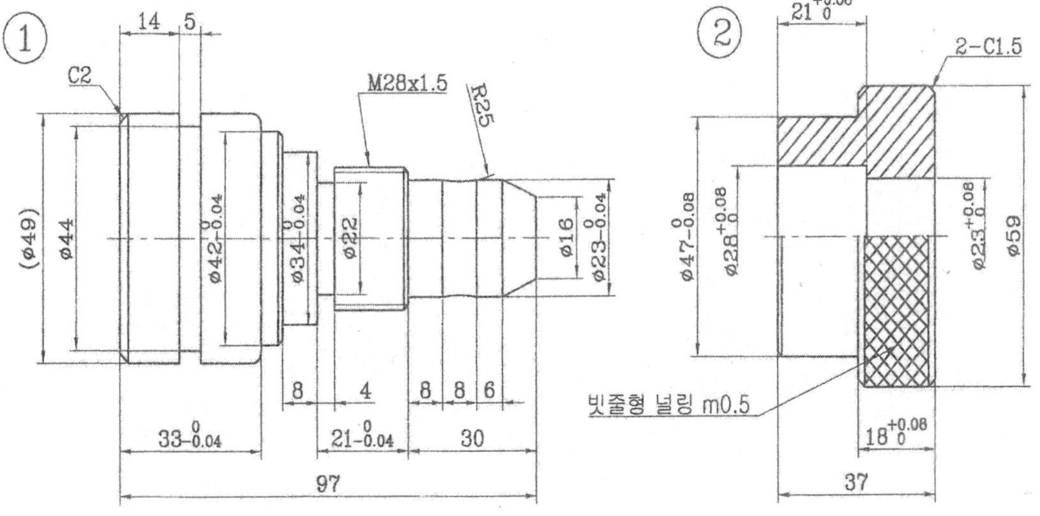

• 주서

1. 도시되고 지시없는 라운드 R2
2. 도시되고 지시없는 모따기 C1

구분 \ 공차		M28×1.5 – 보통급
수나사	외경	27.968 $^{0}_{-0.236}$
	유효경	26.994 $^{0}_{-0.150}$

9 컴퓨터응용 선반기능사 가공도면 8

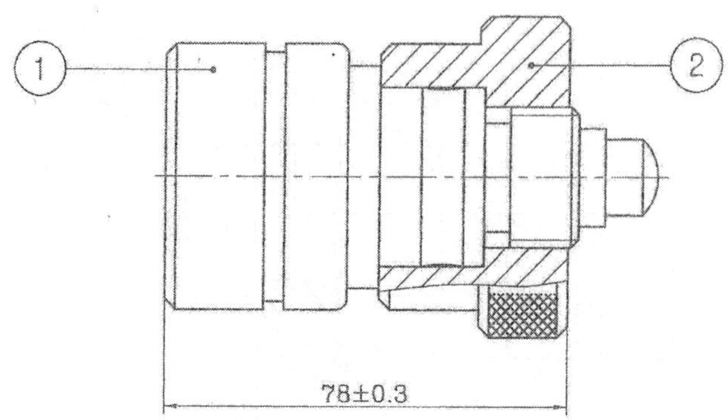

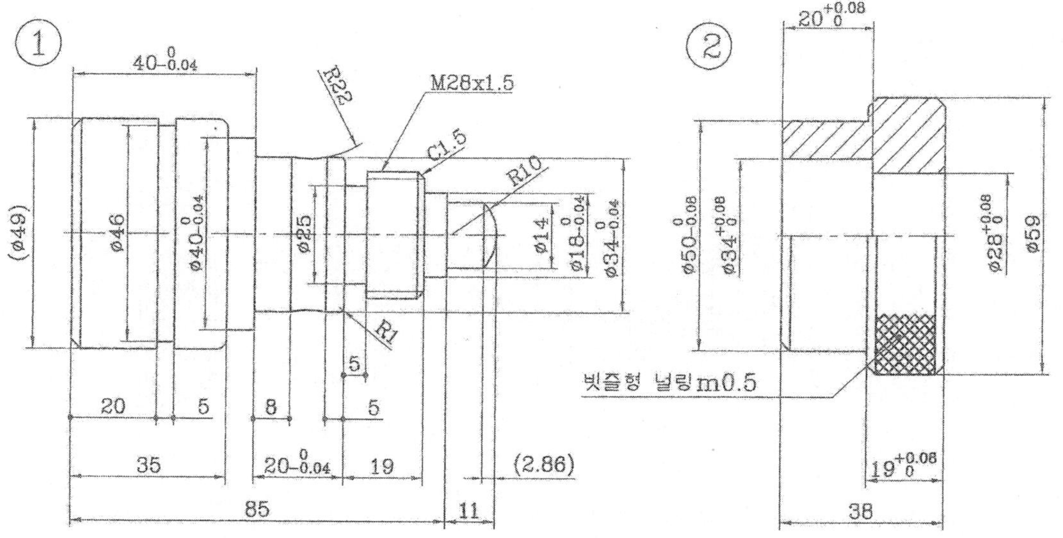

• 주서

1. 도시되고 지시없는 라운드 R2
2. 도시되고 지시없는 모따기 C2

구분 \ 공차		M28×1.5 – 보통급
수나사	외경	27.968 $^{0}_{-0.236}$
	유효경	26.994 $^{0}_{-0.150}$

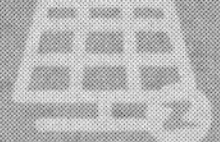

CHAPTER 4

머시닝센터 프로그램 해독 및 조작기술

CNC 선반, 머시닝센터 프로그램 해독 및 조작 기술

머시닝센터 프로그램 해독 및 조작기술

01 통일 머시닝센터 운전하기

• 통일 머시닝센터 1

• 통일 머시닝센터에 기계 조작반(CRT화면 아래 부분)

• 통일 머시닝센터 2

❶ 통일머시닝센터 운전 시 주의사항

① 원점 복귀 → 주축에서 반대방향으로 축을 반대 방향으로 이동할 때 주의한다. 특히 테이블에 방향이 표시되어 있는 기계는 표시된 방향에 따라 축을 이동한다.

② 핸들운전 → 조작 반 → 메거진 레이디

③ 핸들운전 → 조작 반 → KEY ON

• 머시닝센터에 부착된 센트롤 조작반 모습 1

• 머시닝센터에 부착된 센트롤 조작반 모습 2

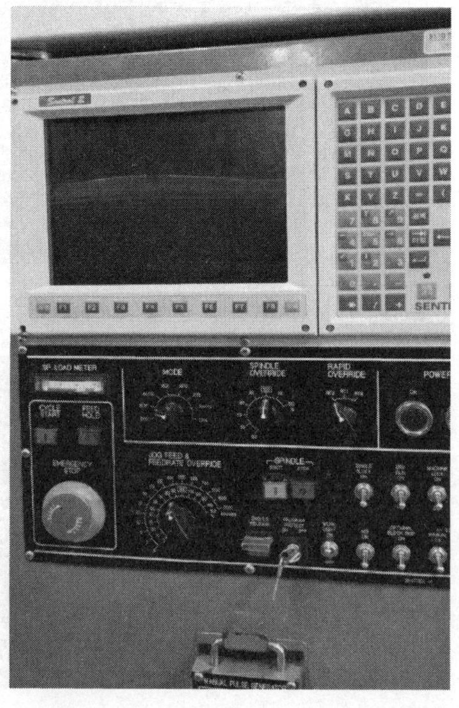

1) 통일 머시닝센터 운전 방법 따라하기

가) 가공순서

① POWER ON → SYSTEM ON → EMG STOP오른쪽으로 돌려 해제한다.
② 원점 복귀 → 프로그램편집(열기) → 공구 옵셋 → 공구교환 → 자동운전

나) 원점 복귀 방법

[MPG] → Z축 선택하여 -쪽으로 움직여 이동한다. → Y축 선택하여 -쪽으로 움직여 이동한다. → X축 선택하여 -쪽으로 움직여 이동한다. → [ZRN]선택 → 숫자 키 8, 4, 1을 누른다. → 각 축이 모두 원점 복귀가 끝나는 것을 확인한다.

다) 프로그램 입력 및 편집 할 경우

[EDIT] → [신규작성] 입력란에 O0000(프로그램번호)를 입력 → 프로그램을 불러온다.

• 조작기에서 통일기계로 디스켓 이동하는 방법

① 기계가 알 수 있는 문자로 프로그램 번호 지정
② 프로그램 끝부분 M30 ; 다음에 % ; 입력

라) 프로그램 열기 및 도형 확인

[EDIT] → [일람표] → [프로그램번호 선택] → [선택] → [책표지] → [도안] → [스케일링] → [신속 확인] → (이동, 확대, 축소 등을 이용하여 적절하게 조정한다.)

마) MDI에서 스핀들을 회전시킬 경우

① [MDI]선택 → [프로그램/편집화면]에서 → [S1200 M03]을 입력하고 [EOB] [INPUT]를 누른다. → [사이클 START] 누른다.
② 정지할 경우 [MDI모드]에서 [M05] 또는 [MPG MODE]에서 [SPINDLE] [STOP]을 누른다.

바) [MDI 모드]에서 공구교환을 할 경우

[MPG]에서 Z축을 약 100mm정도 내린 후 → [MDI모드선택] → [프로그램/편집화면]에서 → G30 G91 G00 X0.0 Y0.0 Z0.0 M19 ;
T00(교환할 공구선택)을 입력 → M06 ; → [사이클 START]로 교환한다.

• 한 블록에 T와 M 기능 동시 지령 시 삼성 머시닝에서는 ALARM이 발생하나 통일 머시닝에서는 동시지령 또는 따로 지정하여도 무방하다.

바) 새로운 공구 장착하는 방법

① [교환할 공구선택]에 공구가 없는 번호를 선택하여 6번과 동일하게 [MDI모드]에서 공구를 교환하면 공구는 없는 상태에서 공구교환이 실행된다.

② 이때 [MPG]에서 [TOOL UNCLAMP]를 눌러서 새로운 공구를 장착하면 그 공구가 없는 공구번호에 해당되는 공구가 된다.

2) 통일 머시닝센터 공구보정 방법 따라 하기

가) X축 보정

[MDI MODE] → S1200 M03; [ENTER] → [사이클 START] → [MPG MODE] → [SPINDLE] → [STOP] → [START] → 핸들을 조작하여 재료의 앞 측 측면에 엔드밀로 가볍게 터치) → Z축을 조금 들어준 후 → [화면] → [보정] → [워크] → 커서를 NO.1(G54) 의 X값에 위치시킨다. → 기계좌표 X값에 사용공구 반경만큼 더한 값을 입력한다.(공구경이 ∅8일 경우 4mm를 더한다) → X축보정이 완료된다.

나) Y축 보정

Z축을 적당히 올린 후 → [현재위치]를 누르고 → X축 (-)방향 으로 이동 후 재료의 좌측 측면에 엔드밀로 가볍게 터치한다. → Z축을 조금 들어준 후 → 커서를 Y값에 위치시켜 → 기계좌표 Y값에 사용공구 반경만큼 더한 값을 입력 공구경이 ∅8일 경우 4mm를 더하여 입력하면 Y축 보정이 완료된다.

다) Z축 보정

원점 복귀를 실시한 후에 [현재위치] 를 누르고 → Z축을 선택한 후 → 핸들을 (-)방향으로 돌려 → 엔드밀을 재료의 좌측 하단부 윗면에 위치시킨다. → 얇은 종이를 평면에 접착시킨다. → 스핀들을 회전 시킨다. → Z축을 천천히 접근시켜 가볍게 터치 시킨다. → 기계좌표 Z값을 외운다(또는 메모한다) → 일반(F1) → 커서를 해당 공구번호의 H000에 위치시켜 기계좌표 Z값 입력을 완료한다.

라) 드릴의 Z축 보정

핸들을 조작하여 Z축 (+)방향으로 조금 올린다. → [SPINDLE] → [STOP] → [MDI MODE] → [G30 G91 Z0. M19;] [ENTER] → [T01;] [ENTER] → [M06;] [ENTER] → [사이클 START] → [S1200 M03;] [ENTER] → [사이클 START] → [MPG MODE] → [SPINDLE] → [STOP] → [START] → 핸들을 조작하여 Z축을 가볍게 터

치 → Z축을 조금 들어준 후 → [화면] → [보정] → 커서를 해당공구번호의 H000에 위치시킴 → [워크] → 기계좌표 Z값을 외운다(또는 메모한다) → 일반(F1) → 기계좌표 Z값 입력

마) 보정이 끝난 후 다시 엔드밀 교환방법

핸들을 조작하여 Z축 (+)방향으로 조금 올린다. → [SPINDLE] → [STOP] → [MDI] → [G30 G91 Z0. M19;] [ENTER] → [T03;] [ENTER] → [M06;] [ENTER] → [사이클 START]

❷ 프로그램을 기계로 불러들이는 방법 익히기

1) 기계에 저장된 프로그램 이용하여 가공하는 방법

[MODE] → [EDIT] → [☞] → [일람표] → [선택] → 원하는 프로그램으로 커서 이동 → [선택결정] → 프로그램상의 G28을 G30으로 수정 → [☞] → [책표지] → [MODE] → [AUTO] → [사이클 START]

2) 디스켓에 저장된 프로그램을 이용하여 가공하는 방법

디스켓 삽입 → [EDIT] → [☞] → [일람표] → [☞] → [플로피 디스켓] → [FDD 입출력] → 커서를 원하는 프로그램으로 이동 → [입력] → [선택/취소] → [선택결정] → [실행] → [취소] → [일반일람표] → 메모리로 복사된 프로그램에 커서 위치시킴 → [선택결정] → 프로그램상의 G28을 G30으로 수정 → [☞] → [책표지] → [MODE] → [AUTO] → [사이클 START]

❸ 통일머시닝센터 공구교환 시 주의사항

- 공구교환 시 주의사항

G91 G30 Z0 M19;(통일머시닝은 G30을 사용하는 것에 주의)
T01;(불러올 공구가 주축에 물려 잊지 않도록 주의))
M06;
S1000 M03;

- **공구번호열람**

  [화면] → [진단] → [PLC] → [DATA TABLE]

  수동 TOOL CHANGE : 선택 → [수동운전] → [조작 반] → CHECK모드 ON

- 항상 프로그램 전 기계에 장착 되어 있는 공구현황을 미리 파악해 두도록 한다.
  - 1번 : ⌀8 mm 드릴
  - 2번 : ⌀8 mm 엔드밀
  - 3번 : ⌀10 mm 엔드밀
  - 5번 : ⌀12 mm 드릴
  - 7번 : ⌀16 mm 엔드밀

4 통일 머시닝센터 드릴, 엔드밀 가공 프로그램 기본 틀

G40 G49 G80;	공구 경 보정 취소, 공구 길이보정 취소, 사이클 기능 취소
G30 G91 Z0.0;	증분으로 제2 원점 복귀
T01 M06;	1번 공구(드릴) 선택 및 공구교환
G54 G90 G00 X___ Y___ ;	공작물 1번 좌표계설정, 절대 값으로 드릴 위치 이동
G43 Z50.0 H01 M08;	공구 길이보정, 1번 공구보정 값, 절삭유 자동 ON
S1000 M03;	공구 회전 및 정 회전
G83 G99 Z-30.0 R5.0 Q5.0 F80;	심공 드릴 가공 사이클 가공 R점 복귀
X___ Y___ ;	다음 드릴 위치 지정
G80 G00 Z50.0 M09;	드릴 가공 후 50mm 위로 올리고 절삭유 자동 OFF
M05;	스핀들 정지
G30 G91 Z0.0 ;	증분으로 제2 원점 복귀
T03 M06;	3번 공구(엔드밀) 선택 및 공구교환
G54 G90 G00 X-10.0 Y-10.0;	좌표계 설정하고 가공 시작위치로 이동
G43 Z50.0 H03;	공구 길이보정, 3번 공구보정 값, 절삭유 자동 ON
S1000 M03;	공구 회전 및 정 회전
Z5.0 M08;	높이 5mm 위치로 급속이송, 절삭유 자동 ON
G01 Z-_____ F80;	도면에 따라 외곽 깊이만큼 가공한다.
G41 X _____ D03;	공구 경 왼쪽보정(하향절삭)으로 가공한다.
Y _____ ;	외곽 테두리 가공
X _____ ;	
Y _____ ;	

X ;	
도면에 따라 외곽 프로그램 작성	도면에 따라 외곽 프로그램을 작성한다.
G00 Z5.0;	완료 후 5mm 위로 올린다.
G40 X _____ Y ______ ;	공구 경 보정취소, 내곽가공위치로 이동한다.
G01 Z _____ F80;	도면에 따라 내곽 깊이만큼 가공한다.
G41 Y_____ D03;	공구 경 왼쪽보정(하향절삭)으로 가공한다.
도면에 따라 내곽 프로그램 작성	도면에 따라 내곽 프로그램을 작성한다.
G00 Z5.0;	완료 후 5mm 위로 올린다.
G00 G40 Z50.0 M09;	가공 후 50mm 위로 올리고 절삭유 자동 OFF
M05;	스핀들 정지
G30 G91 Z0.0;	증분으로 제2 원점 복귀
M30;	프로그램종료

※ 프로그램은 모든 화낙 타입은 기계기종에 관계없이 모두 인식하나 통일은 G30(제2 원점 복귀)를 사용하며 그 외는 G28을 사용하고 삼성기계는 한 블록에 T01 M06; 으로 지정하면 에러가 발생한다. 모두 기계제조사에서 안전을 위하여 차이를 둔 것으로 이해하면 된다.

02 삼성 머시닝센터 운전하기

• 삼성 머시닝센터에 기계 조작반(CRT화면 아래 부분)

① 삼성 머시닝센터 운전 방법 따라 하기

1) 원점 복귀하기

① [HANDLE MODE] → X, Y, Z축을 적당하게 스핀들을 기준으로 테이블에 표기 되어 있는 축의 방향표시를 참고하여 X축은 작업자의 위치에서 오른쪽 Y, Z축은 -쪽으로 돌려 공구와 바이스 간에 거리를 둔다.

② [MDI MODE] → G28 G91 X0 Y0 Z0; 입력 후 [사이클 START]를 누르면 원점 복귀가 완료된다.

2) 스핀들 회전하기

① [MDI MODE] → S1200 M03; 입력 후 [사이클 START]를 누르면 스핀들이 회전하며 정지시키고자 할 때는 [HANDLE MODE] → 스핀들의 [STOP] 키를 누르면 정지한다.

② 기계의 전원을 처음 ON하여 작업 할 때는 [MDI MODE]에서 스핀들을 회전하고 그 이후는 [HANDLE MODE]에서 스핀들을 조작하여도 무방하다.

3) 공구 교환하기

① [MDI MODE] → G28 G91 Z0; 입력 T02; 입력 M06; 입력 후 [사이클 START]를 누르면 2번 공구로 교환된다.

② 스핀들에 물려 있는 공구를 부르지 않도록 주의한다.

4) 공구 옵셋(보정) 하기

① [HANDLE MODE] → X, Y, Z축을 돌려 공구를 공작물의 좌측에 접촉시킨다.

② [기능메뉴] → [옵셋] → [옵셋]을 보정 화면이 나타난다. G54 화면의 X축에 커서를 위치시킨 후 [조작메뉴] → [기계좌표입력] → 4.0(엔드밀의 반경값) → [입력+] 누르면 X축에 대한 공구의 반경 값이 인식되어 좌표 값이 입력 완료된다.

③ [HANDLE MODE] → X, Y, Z축을 돌려 공구를 공작물의 앞측에 접촉시킨다.

④ [기능메뉴] → [옵셋] → [옵 셋]을 보정 화면이 나타난다. G54 화면의 Y축에 커서를 위치시킨 후 [조작메뉴] → [기계좌표입력] → 4.0(엔드밀의 반경값) → [입력+] 누르면 X축에 대한 공구의 반경 값이 인식되어 좌표 값이 입력 완료된다.

⑤ [HANDLE MODE] → X, Y, Z축을 돌려 공구를 공작물의 상면에 접촉시킨다.

⑥ [기능메뉴] → [옵셋] 누르면 H001에 현재 절대좌표 Z축 값을 직접 입력한다. 이때 사용하는 공구의 반지름 값이 D001에 입력되어 있어야 한다.

5) 다음 공구의 공구 길이 보정하기

① [HANDLE MODE] → X, Y, Z축을 돌려 공구를 공작물의 상면에 접촉시킨다.
② [기능메뉴] → [옵셋] 누른 후 H002에 현재의 Z축 절대 좌표 값을 입력한다.

6) 자동 운전한다.

[MEM MODE] → [사이클 START] 하면 자동 운전으로 가공 할 수 있다.
가공시작 면까지는 [SINGLE BLOCK] 키를 활용하여 이상이 없는 것이 확인되면 해재 한 후 연속으로 가공하면 된다.

❷ 프로그램 활용법 익히기

1) 작성된 프로그램을 불러오는 방법

가) 메모리에 저장된 프로그램을 이용하는 방법

① MODE SELECT → ② EDIT → ③ 파일목록 → ④ 원하는 프로그램으로 커서 이동 → ⑤ 열기(F2) → ⑥ "프로그램은 준비된 상태에서만 열 수 있다"라는 메시지가 뜰 때는 RESET을 누른 후 다시 열기를 누름 → ⑦ MODE SELECT → ⑧ MEM → ⑨ AUTO → ⑩ 사이클 START

나) 디스켓에 저장된 프로그램을 이용하는 방법

① 디스켓삽입 → ② MODE SELECT → ③ EDIT → ④ 파일목록 → ⑤ 플로피목록 → ⑥ 원하는 프로그램으로 커서 이동 → ⑦ 메모리로 복사 → ⑧ 메모리 목록 → ⑨ 메모리로 복사된 프로그램으로 커서 이동 → ⑩ 열기(F2) → ⑪ "준비된 상태에서만 열 수 있다" 라는 메시지가 뜰 때는 RESET을 누른 후 다시 열기를 누름 → ⑫ MODE SELECT → ⑬ MEM → ⑭ AUTO → ⑮ 사이클 START

2) 드릴 보정이 끝난 후 엔드밀로 교환한다.

보통 드릴가공을 먼저 하므로 프로그램에서 부를 공구가 주축에 물려 있으면 알람이 발생한다.

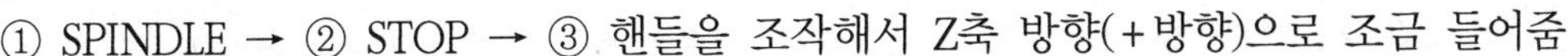

① SPINDLE → ② STOP → ③ 핸들을 조작해서 Z축 방향(+방향)으로 조금 들어줌 → ④ MDI → ⑤ 기능메뉴 → ⑥ 프로그램 → ⑦ G28G91Z0.M19;⏎ → ⑧ T03;⏎ → ⑨ M06;⏎ → ⑩ AUTO → ⑪ 사이클 START

3) 메거진에 물려있는 공구번호 찾아내기

[시스템] → [장선택] → [PLC/io] → [표시번지] → [DT] 누르면 아래와 같은 화면이 나타난다.

580	005	590	007
581	014	591	011
582	018	592	018
.	.	.	.
.	.	.	.

580번의 005는 현재 주축에 물려있는 공구가 되며 메거진의 2번에 물려있는 공구를 찾으려면 582 018 이므로 T18 번이 찾는 공구가 된다.

4) X, Y, Z축이 금지 영역을 침범하여 에러 발생 시 조치방법

[EMG RELEASE] 와 [READY] 키를 동시에 누른 상태에서 반대편 방향으로 핸들을 조작하여 빼내면 알람이 해제 된다.

③ 삼성 머시닝센터 드릴, 엔드밀 가공 프로그램 기본 틀

G40 G49 G80;	공구경 보정 취소, 공구 길이보정 취소, 사이클 기능 취소
G28 G91 Z0.0;	증분으로 자동 원점 복귀
T01;	1번 공구(드릴) 선택
M06;	공구교환
G54 G90 G00 X____ Y____ ;	공작물 1번 좌표계설정, 절대 값으로 드릴 위치 이동
G43 Z50.0 H01 M08;	공구 길이보정, 1번 공구보정 값, 절삭유 자동 ON
S1000 M03;	공구 회전 및 정 회전
G83 G99 Z-30.0 R5.0 Q5.0 F80;	심공 드릴 가공 사이클 가공 R점 복귀
X____ Y____ ;	다음 드릴 위치 지정

G80 G00 Z50.0 M09;	드릴 가공 후 50mm 위로 올리고 절삭유 자동 OFF
M05;	스핀들 정지
G28 G91 Z0.0 ;	증분으로 제2 원점 복귀
T03;	3번 공구(엔드밀) 선택
M06;	공구교환
G54 G90 G00 X-10.0 Y-10.0;	좌표계 설정하고 가공 시작위치로 이동
G43 Z50.0 H03;	공구 길이보정, 3번 공구보정 값, 절삭유 자동 ON
S1000 M03;	공구 회전 및 정 회전
Z5.0 M08;	높이 5mm 위치로 급속이송, 절삭유 자동 ON
G01 Z-_____ F80;	도면에 따라 외곽 깊이만큼 가공한다.
G41 X _____ D03;	공구 경 왼쪽보정(하향절삭) 으로 가공한다.
Y _____ ;	외곽 테두리 가공
X _____ ;	
Y _____ ;	
X _____ ;	
도면에 따라 외곽 프로그램 작성	도면에 따라 외곽 프로그램을 작성한다.
G00 Z5.0;	완료 후 5mm 위로 올린다.
G40 X _____ Y _____ ;	공구 경 보정취소, 내곽가공위치로 이동한다.
G01 Z _____ F80;	도면에 따라 내곽 깊이만큼 가공한다.
G41 Y_____ D03;	공구 경 왼쪽보정(하향절삭) 으로 가공한다.
도면에 따라 내곽 프로그램 작성	도면에 따라 내곽 프로그램을 작성한다.
G00 Z5.0;	완료 후 5mm 위로 올린다.
G00 G40 Z50.0 M09;	가공 후 50mm 위로 올리고 절삭유 자동 OFF
M05;	스핀들 정지
G28 G91 Z0.0;	증분으로 제2 원점 복귀
M30;	프로그램 종료

※ 프로그램은 모든 화낙 타입은 기계기종에 관계없이 모두 인식하나 통일은 G30(제2 원점 복귀)를 사용하며 그 외는 G28을 사용하고 삼성기계는 한 블록에 T01 M06; 으로 지정하면 에러가 발생한다. 모두 기계제조사에서 안전을 위하여 차이를 둔 것으로 이해하면 된다.

03 위아 머시닝센터 운전하기

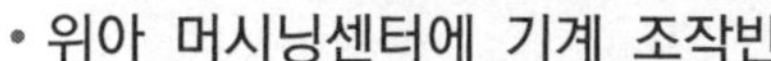
• 위아 머시닝센터에 기계 조작반

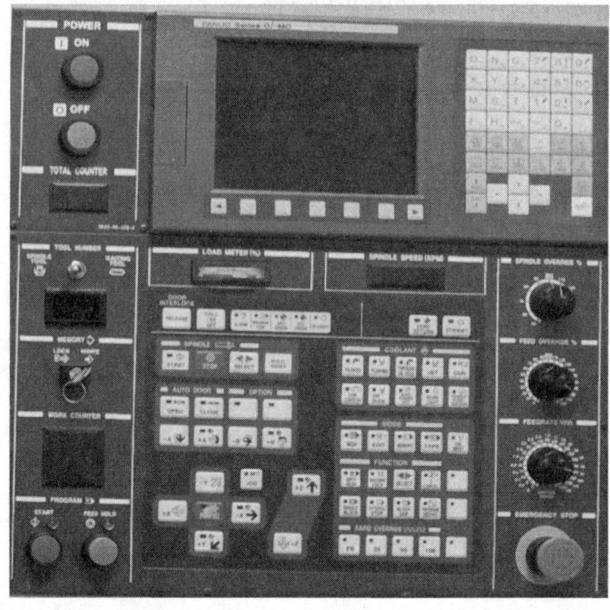

❶ 위아 머시닝센터 운전 방법 따라 하기

1) 운전 순서

① [Mode] → [MDI] → X, Y, Z축을 적당하게 움직여(X축은 오른쪽, Z축은 왼쪽으로 축을 뺀다) 공구와 바이스간의 거리를 둔다.
② [Mode] → [ZERO/RETURN]
③ [Sycle Start] 하면 움직였던 축이 원점 복귀된다.

2) 공구교환

① [Mode] → [MDI] → PROGRAM 조작
② CRT 화면에 T24; 입력 후 [Sycle Start] 하면 공구가 초기화된다.
③ T01 M06; 입력 후 Sycle Start 하면 공구가 교환된다.

3) 공작물 좌표 값 설정하기

① [Mode] → [MDI]에 위치시킨다.
② X, Y, Z축을 돌려 공구를 공작물 좌측에 접촉한다.
③ [OFS/SET] → 좌표계 → G54 화면의 X축 화면에 커서를 위치시킨다.
④ 화면상의 현재 X좌표 값을 공구반경만큼 빼고 입력한다.
⑤ [Mode] → [MDI]에 위치시킨다.
⑥ X, Y, Z축을 돌려 공구를 공작물 앞 측에 접촉한다.
⑦ [OFS/SET] → 좌표계 → G54 화면의 Y축 화면에 커서를 위치시킨다.
⑧ 현재의 Y좌표 값을 공구반경만큼 빼고 입력한다.
⑨ [Mode] → [MDI]에 위치시킨다.
⑩ X, Y, Z축을 돌려 공구를 공작물 상면에 접촉한다.
⑪ [OFS/SET] → 보정 → H001에 현재의 Z축 기계좌표 값을 입력한다.
⑫ [OFS/SET] → 보정 → D001에 공구의 반지름 값을 입력한다.

4) 두 번째 공구에 대한 길이 보정하기

① [Mode] → [MDI]에 위치시킨다.
② X, Y, Z축을 돌려 공구를 공작물 상면에 접촉한다.
③ [OFS/SET] → [보정] → H002에 현재의 Z축 기계좌표 값을 입력한다.

5) 자동운전

① [Mode] → [MEM]에 위치시킨다.

② [Sycle Start] 키를 눌러 가공한다.

❷ 위아 머시닝센터 드릴, 엔드밀 가공 프로그램 기본 틀

G40 G49 G80;	공구 경 보정 취소, 공구길이보정 취소, 사이클 기능 취소
G28 G91 Z0.0;	증분으로 자동 원점 복귀
T01;	1번 공구(드릴) 선택
M06;	공구교환
G54 G90 G00 X____ Y____ ;	공작물 1번 좌표계설정, 절대 값으로 드릴 위치 이동
G43 Z50.0 H01 M08;	공구 길이보정, 1번 공구보정 값, 절삭유 자동 ON
S1000 M03;	공구 회전 및 정 회전
G83 G99 Z-30.0 R5.0 Q5.0 F80;	심공 드릴 가공 사이클 가공 R점 복귀
X____ Y____ ;	다음 드릴 위치 지정
G80 G00 Z50.0 M09;	드릴 가공 후 50mm 위로 올리고 절삭유 자동 OFF
M05;	스핀들 정지
G28 G91 Z0.0 ;	증분으로 제2 원점 복귀
T03;	3번 공구(엔드밀) 선택
M06;	공구교환
G54 G90 G00 X-10.0 Y-10.0;	좌표계 설정하고 가공 시작위치로 이동
G43 Z50.0 H03;	공구 길이보정, 3번 공구보정 값, 절삭유 자동 ON
S1000 M03;	공구 회전 및 정 회전
Z5.0 M08;	높이 5mm위치로 급속이송, 절삭유 자동 ON
G01 Z-______ F80;	도면에 따라 외곽 깊이만큼 가공한다.
G41 X ______ D03;	공구 경 왼쪽보정(하향절삭)으로 가공한다.
Y ______ ;	외곽 테두리 가공
X ______ ;	
Y ______ ;	
X ______ ;	
도면에 따라 외곽 프로그램 작성	도면에 따라 외곽 프로그램을 작성한다.
G00 Z5.0;	완료 후 5mm 위로 올린다.
G40 X ______ Y ______ ;	공구 경 보정취소, 내곽가공위치로 이동한다.

G01 Z ______ F80;	도면에 따라 내곽 깊이만큼 가공한다.
G41 Y______ D03;	공구 경 왼쪽보정(하향절삭)으로 가공한다.
도면에 따라 내곽 프로그램 작성	도면에 따라 내곽 프로그램을 작성한다.
G00 Z5.0;	완료 후 5mm 위로 올린다.
G00 G40 Z50.0 M09;	가공 후 50mm 위로 올리고 절삭유 자동 OFF
M05;	스핀들 정지
G28 G91 Z0.0;	증분으로 제2 원점 복귀
M30;	프로그램 종료

※ 프로그램은 모든 화낙 타입은 기계기종에 관계없이 모두 인식하나 통일은 G30(제2 원점 복귀)를 사용하며 그 외는 G28을 사용하고 삼성기계는 한 블록에 T01 M06; 으로 지정하면 에러가 발생한다.(위아 기계는 삼성기계와 같은 틀로 프로그램 하면 된다.) 모두 기계제조사에서 안전을 위하여 차이를 둔 것으로 이해하면 된다.

04 실습에 필요한 기능 익히기

❶ 실습에 필요한 머시닝센터 기능의 적용하기

1) 머시닝센터 기계종류 및 적용범위 활용

① **종류**

㉠ 수직 형(Vertical type) 머시닝센터(Machining Center)

㉡ 수평 형(Horizontal type) 머시닝센터(Machining Center)

② **적용범위** : 직선절삭, 원호절삭, 입체절삭(캠등), 나선절삭, 드릴링, 보링, 태핑 등

2) 머시닝센터 기계의 특징 요약

① **기능** : 고장부위의 자기진단, 작업자의 작업유도, 풍부한 동작표시, 신뢰성 높은 안전장치 기능

② **특징**

㉠ 소형부품은 테이블에 여러 개 고정하여 연속 작업을 할 수 있다.

㉡ 면 가공, 드릴링, 보링, 태핑 등을 ATC에 의한 자동 공구 교환으로 연속작업이 가능

ⓒ 공구 교환 시간 단축으로 가공시간을 줄일 수 있다.

ⓔ 원호 가공 등의 기능으로 엔드밀을 사용하여 보링작업이 가능하므로 특수 치공구 제작이 불필요하다.

ⓜ 주축속도 변환의 폭이 넓고 무단 변속이 가능하며 요구하는 회전수를 빠른 시간 내에 얻을 수 있다.

ⓑ 메모리 작업이 가능하며 한사람이 여러 대의 기계를 가동할 수 있어 인건비가 절감된다.

ⓢ 프로그램 오류 시 키보드를 조작하여 수정가능하다.

3) 머시닝센터의 구조 요약

가) 자동 공구 교환 장치(ATC : Automatic Tool Changer)

① 터릿형(Turret type)

② ATC암에 의해 공구 매거진에서 공구를 교환하는 방식

③ ATC암이 없이 주축에 장착된 공구를 매거진의 빈 포켓에 되돌리면서 필요한 공구를 교환하는 방식(소형 머시닝센터)

나) 공구 매거진(Tool Magazine) 조작방법

① **구조** : 드럼형, 체인형

② **공구선택 방식**

ⓐ 순차(Sequential)방식 : 매거진내의 배열순으로 공구를 주축에 장착하는 방법(사용공구를 순서대로 매거진에 넣어야 함)

ⓑ 랜덤(Random)방식 : 매거진 포트 번호를 지령하는 것에 의해 임의로 공구를 매거진에 장착하는 방법

• **단점** : 구조가 복잡하며 공구 배치에 주의를 기울어야 함.

• **장점** : 사용 빈도가 높은 공구를 항상 같은 번호로 매거진에 넣어두고 쓰거나, 한 개의 공구를 한 작업에서 여러 번 선택하여 사용할 경우 프로그램이 간단해지고 사용이 편리 함.

• **패머넌트(Permanent)방식** : 공구번호를 부여하여 항상 매거진에 넣어두는 방식(매거진에 넣어두는 공구가 많아야 한다.)

다) 자동 공구교환 장치(APC : Automatic Palrate Changer)

수직형 대형 M/C에서 가공물 회전용 로터리 테이블(Rotary table)을 첨가할때 그 상부의 팔레트를 교환하고 기계정지 시간을 단축시키기 위한 장치

❷ 머시닝센터 프로그램(Program)기능 활용하기

1) 워드(Word)의 구성요소

① NC 프로그램의 기본 단위이다.

② 주소(Address)와 수치(Date)로 구성 되어 있다.

③ 주소는 Alphabet(A ~ Z)중 1개로 하고 다음에 수치를 지령한다.

예 단어 : X 100

주소(Address) + 수치(Date)

④ 워드 선두는 대문자 알파벳 하나만 사용할 수 있고 알파벳 소문자나 2개 이상 지령하면 에러가 발생한다.(특수 문자의 경우 하나의 단어로 인식)

2) 블록(Block)의 구성요소

N G XYZ F S T M ;

전개 번호, 준비기능, 좌표값, 이송기능, 주축기능, 공구기능, 보조기능, EOB

① 1개의 동작을 하는데 필요한 정보가 모여 전체 프로그램을 구성한다.

② 1개의 블록은 E, O, B(END OF BLOCK)로 구성되어 있다.

가) 프로그램(Program) 번호의 활용

① 사용자가 P/G을 선별 하고자할 때

② 로마자 O로 시작

나) 전개 번호(Sequence Number)의 활용

① 사용자가 알기 쉽도록 붙여 놓은 수 있으며 생략하여도 무방하다.

② 번호가 뒤바뀌거나, 건너뛰거나, 붙이지 않아도 지장이 없다.

③ 중요한 블록에는 붙이는 것이 좋다.

예
```
O1234 ;
N01 G28 G91 X0. Y0. Z0. ;
N02 G92 G90 X200. Y200. Z200. ;
N03 G30 G91 Z0. T01 M06 ;
N04 G00 G90 X40. Y-20. ;
  :
```

3) 머시닝센터 프로그램(Program) 적용

O1234 ; → 프로그램 번호
N01 G49 G80 G40 ; → 기능 취소 블록
N02 G28 G91 X0. Y0. Z0. ; → 자동 원점 복귀 블록
↓ 프로그램 실행부
↓ 프로그램 실행부
N40 M30 ; → 프로그램 끝

① 프로그램의 실행은 블록의 단위로 이루어진다.
② 프로그램 시작은 "O___"부터 "M02, M30으로 끝나지만 주로 M30를 많이 사용하고 있다.(M30은 다음 작업을 위하여 커서가 자동으로 프로그램의 맨 위로 자동으로 이동하여 다음 작업을 대비한다.)

4) 보조 프로그램(Sub Program)의 활용

① 프로그램을 간단히 하는 기능으로 가공할 형상이 반복되는 경우 가공부분을 하나의 프로그램으로 작성한다.
② 주프로그램에서 보조 프로그램의 가공형태가 있을 때 호출하여 반복되는 가공을 간단히 할 수 있다.
③ 프로그램 시작은 "O___"부터 "M99"까지 작성한다.
④ 공작물 좌표계 설정이나 공구 교환 등의 모든 지령을 보조 프로그램에서 지령할 수 있다.
⑤ 보조 프로그램에서 또 다른 보조 프로그램을 호출할 수 있다.
⑥ M98 : 보조 프로그램 호출시

M98 P□□□□ L△△△△
보조 프로그램번호, 반복횟수(생략시1회)

M99 : 주프로그램 호출시---보조 프로그램의 끝을 나타내고 주프로그램으로 돌아간다.
M99 POOOO : 분기 전개번호 번호

보조 프로그램 적용하는 방법

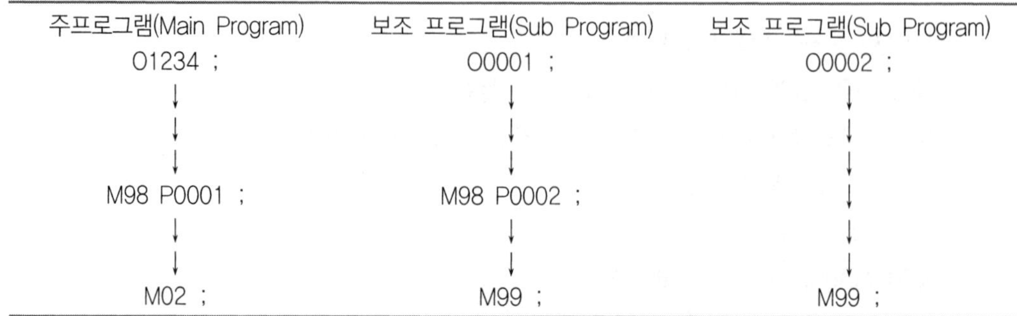

- 좌표어 : 이동 위치를 지령하는 단어의 주소이다.(영문자 X, Y, Z ,R, I, J, K 등)
- 준비기능 : 다음 위치까지 어떻게 이동할 것인가를 CNC 장치에 알린다.(G기능)
- 보조기능 : 기계 측에 여러 가지 기능 조작을 하는 것이며 프로그램에 보조로 도움을 주는 기능이다.(M기능)

5) 주소(Address)의 기능과 의미

어드레스	기능	의미	지령치 범위
O	프로그램 번호	프로그램 번호(이름)	0001 ~ 9999
N	시퀀스 번호	시퀀스 번호(블록 이름)	1 ~ 9999
G	준비기능	동작의 조건(직선, 원호 등)을 지정	0 ~ 99
X, Y, Z	좌표어	좌표축의 이동 지령	±9999.9999mm
A, B, C	부가축의 좌표어	부가축의 이동 지령	±9999.9999mm
R	원호의 반경 좌표어	원호 반경	±9999.9999mm
I, J, K	원호의 중심 좌표어	원호 중심까지의 거리	±9999.9999mm
F	이송기능	이송속도의 지정	1 ~ 100000mm/min
S	주축기능	주축 회전 속도 지정	0 ~ 9999
T	공구기능	공구 번호 지정	0 ~ 99
M	보조기능	기계의 보조 장치 ON/OFF 제어기능	0 ~ 99
H, D	보정번호 지정	공구 길이, 공구 경 보정 번호	1 ~ 200
P, X	정지시간지정(Dwell)	정지 시간 지정	0 ~ 99999.999sec
P	보조 프로그램 호출번호	보조 프로그램 번호 및 횟수 지정	
P, Q, R	파라메타	고정 사이클 파라메타	

③ 이송기능의 적용방법 활용하기

1) 분당 이송(F, mm/min)

① 공구를 분당 얼마만큼 이동하는가를 F로 지령한다.

② 주축이 정지 상태에도 공구를 이송시킬 수 있다.

- 지령방법 G94 F_____ ;

  F : 1분간에 해당하는 이동량(mm/min)

  지령 범위 : F1 ~ F100000

2) 회전당 이송(F, mm/rev)

① 공구를 주축 1회전 당 얼마만큼 이동하는가를 F로 지령한다.

② 범용선반과 같은 방법으로 주축이 회전하지 않는다.

- 지령방법 G95 F_____ ;

  F : 1회전에 해당하는 이동량(mm/rev)

  지령 범위 : F0.0001 ~ F500

3) 자동코너 오버라이드

① 절삭 공구 측면 날을 사용하여 내측 코너를 절삭하는 경우 공구 중심경로의 이송속도와 실제 절삭되는 공구 원주에서의 이송속도의 차이가 있다.

② 그림과 같이 프로그램에 지령된 이송속도는 공구 중심 경로를 따라 이동 하지만 내측코너부의 공구 원주 부위 이송 속도가 빨라지게 되어 절삭이 되지 않는다.

③ 위의 항을 방지하기 위하여 G62기능을 지령하면 내측 코너 부의 이송속도 를 자동으로 감속시켜 좋은 절삭 면을 얻을 수 있다.

- 지령방법 G62(**원호절삭 지령**) F_____ ;

4) Exact Stop(G09), Exact Stop모드(G61)

① 블록과 블록의 절삭가공에서 정확한 종점의 위치에 도달한 것을 확인하고, 다음 블록으로 이동하게 하는 기능

② Exact Stop(G09) : One-shot G코드

Exact Stop모드(G61) : Modal코드

5) Dwell Time 지령(G04)

① 지령된 시간동안 프로그램의 진행을 정지시킬 수 있는 기능
② Dwell Time을 실행하면 작동 중인 기능은 계속 유지된다.

• 지령방법 G04 { X ____ ; / P ______ ; }

X : 소숫점을 이용하여 정지시간 지령
P : 소숫점을 사용할 수 없다.

예 5초간 정지할 경우
G04 X5. ; 또는 G04 P5000 ; 또는 G04 U5.0;

4 주축기능의 적용방법 활용하기

1) 주속 일정 제어 기능 활용(G96)

① 능률적인 절삭가공을 위해 자동으로 주축속도(회전수)를 변화시킬 수 있다.
② 절삭속도를 일정하게 유지하여 공구수명을 길게 하고 절삭시간을 단축시킬 수 있다.
③ CNC 선반에서 주로 사용하고 CNC밀링 계열 에서는 C축을 추가하여 보링과 직각을 이루는 단면을 가공할 때 응용할 수 있다.

• 지령방법 G96 S_____ ;

S : 절삭속도(m/min)
절삭속도 : 공구와 공작물과의 상대속도

• 관계식 익히기

$$V = \frac{\pi \times d \times n}{1000} \qquad N = \frac{1000 \times V}{\pi \times D}$$

2) 주속 일정 제어 취소 기능 활용(G97)

① G96과 다르게 지령된 회전수로 일정하게 유지한다.
② 전원 투입 시 자동으로 G97상태로 전환되고 밀링 계 에서는 대부분 G97로 가공한다.

• 지령방법 G97 S______ ;

S : 주축 회전수(rpm)

5 보조기능의 종류

기능	내용	비고
M00	프로그램 정지(Program Stop) : 프로그램의 일단 정지이며 여기까지의 모달정보는 보존(주축회전 절삭유ON/OFF)된다. 자동 개시를 누르면 자동 운전을 재개한다	
M01	Optional Program Stop : M01스위치가 ON상태일 때만 정지하고 M01 스위치가 OFF일 때는 통과한다(정지할 때는 M00상태와 동일하다.)	
M02	프로그램 종료(Program End) : 모달 정보의 기능이 말소되며 프로그램이 종료된다.	
M03	주축 정회전(Spindle Rotation CW)	
M04	주축 역회전(Spindle Rotation CCW)	
M05	주축 정지(Spindle Stop)	
M06	공구 교환(Tool Change)	
M08	절삭유 토출(Coolant On)	
M09	절삭유 정지(Coolant OFF/Air Blast OFF)	
M10	Rotary Table Clamp	
M11	Rotary Table Unclamp	
M16	스핀들에 있는 공구를 매거진에 입력	
M17	Air Blast ON	
M18	메거진 원점 복귀	
M19	주축 한방향 정지(Spindle Orientation) : 공구 교환 및 고정 사이클의 Shift 방향에 이용	
M23	Magazine Tool Swing Up : 매거진 공구 포트 Up	
M24	Magazine Tool Swing Down : 매거진 공구 포트 Down	
M27	Oil Mist Coolant : 절삭유를 Air 로 분사한다.	
M29	Rigid Tapping Mode	
M30	Program Rewind & Restart : 프로그램의 종료 후 선두로 되돌리는 기능과 선두에서 다시 실행하는 두 가지 기능이 있다.	
M40	Spindle Gear Neutral Position : 스핀들 기어 중립	
M41	Spindle Gear Low Position : 스핀들 기어 저속	
M42	Spindle Gear Middle Position : 스핀들 기어 중속	
M43	Spindle Gear High Position : 스핀들 기어 고속	
M48	Spindle Override Cencel OFF : 스핀들속도 변환을 시킬 수 없다	
M49	Spindle Override Cencel ON : 스핀들 속도 변환을 시킬 수 있다.	

6 준비기능의 사용법 익히기

1) 준비기능 이해하기

① 주소 "G" 이하 2단위의 수치로서 구성되어 그 블록의 명령이나 어떤 의미를 지시하며 준비기능 또는 "G"기능 이라고 한다.

② 종류 및 사용법

구분	의미	구별
One Shot G-코드	지령된 블록에 한해서만 유효한 기능	"00" 그룹
Modal G-코드	동일 그룹의 다른 G-코드가 나올 때까지 유효한 기능	"00" 이외의 그룹

• One Shot G기능와 Modal G-코드의 사용법

```
G01 X100. F0.25 ;    ┐
    Z-50. ;          │ 이 범위에서는 G01 유효
    X150. Z-100. ;   ┘
G00 X200. Y50. Z20. ; → G00 유효
G04 F4. ; → 이 블록에서만 G04 유효(One Shot G-코드)
    X100. Y0. Z100. ; → G00을 지령하지 않아도 G00 유효
```

③ G코드 일람표 참조(머시닝센터 용)

7 머시닝센터에서 사용하는 준비기능의 종류

G코드	그룹	기능(FANUC-11M, SENTROL-M)
G00	01	위치결정(급속이송)
G01		직선보간(절삭이송)
G02		원호보간 CW(시계 방향)
G03		원호보간 CCW(반 시계 방향)
G04	00	휴지시간(이송 일시정지)
G17	02	X-Y 평면
G18		Z-X 평면
G19		Y-Z 평면
G20	06	Inch 입력
G21		Metric 입력

G코드	그룹	기능(FANUC-11M, SENTROL-M)
G22	04	금지영역 설정
G23		금지영역 설정 취소
G27	00	원점 복귀
G28		자동 원점 복귀
G30		제2, 3, 4 원점 복귀
G31		Skip기능
G33	01	나사가공
G37	00	자동 공구길이 측정
G40	07	공구경 보정 취소
G41		공구경 보정 좌측
G42		공구경 보정 우측
G43	08	공구길이 보정 +
G44		공구길이 보정 –
G49		공구길이 보정 취소
G50	08	스케일링, 미러 기능 무시
G51		스케일링, 미러 기능
G52	00	로컬 좌표계 설정
G53		기계 좌표계 선택
G54	14	공작물 좌표계 1번 선택
G55		공작물 좌표계 2번 선택
G56	14	공작물 좌표계 3번 선택
G57		공작물 좌표계 4번 선택
G58	14	공작물 좌표계 5번 선택
G59		공작물 좌표계 6번 선택
G60	00	한 방향 위치결정
G61	15	Exact stop 모드
G62		자동 코너 오버라이드
G64		연속 절삭모드
G65	00	매크로 호출
G66	12	매크로 모달 호출
G67		매크로 모달 호출 취소
G68	16	좌표 회전 취소
G73	09	고속 심공 드릴 사이클
G74		왼나사 탭 사이클
G76		정밀 보링 사이클

G코드	그룹	기능(FANUC-11M, SENTROL-M)
G80	09	고정 사이클 취소
G81		드릴 사이클
G82		카운터 보링 사이클
G83		심공 드릴 사이클
G84		탭 사이클
G85		보링 사이클
G86		보링 사이클
G87		백보링 사이클
G88		보링 사이클
G89		보링 사이클
G90	03	절대 지령
G91		증분 지령
G92	00	공작물 좌표계 설정
G94	05	분당 이송
G95		회전당 이송
G96	13	주축 속도 일정제어
G97		주축 회전수 일정제어
G98	10	고정 사이클 초기점 복귀
G99		고정 사이클 R점 복귀

※ 그룹 00 은 단일지령 코드이고 나머지 그룹은 모두 모달 지령 코드이다.

8 머시닝센터에서 보간기능의 활용

1) 급속 위치결정(G00)기능 익히기

① X, Y, Z에 지령된 위치(종점)를 향해 급속 속도로 이동한다.
(부가축 A, B ,C축도 지령가능)

- 지령방법 : G00 G90/G91 X____ Y____ Z____ ;

② **공구경로** : 비직선 보간형(각 축이 독립적으로 종점까지 이동)으로 위치결정 되며 출발점과 종점에서 자동 가감속을 하여 종점에서 Inposition Check를 한다.

예 방법 ① N01 G00 G90 X50. Y30. ;
N02 Z20. ;
X. Y축 이동후 Z축 이동경로를 일반적으로 많이 사용한다.

방법 ② N01 G00 G90 X50. Y30. Z10. ;
X, Y, Z축 동시 이동

③ **급속속도** : 파라메타에 입력된 기계 최고속도이고, 1분간에 이동할 수 있는 거리를 이송속도로 표시한다.

예 12m/min(1분동안 12m 이동하는 속도) → 24m/min, 30m/min

2) 직선보간(G01)기능 익히기

① 지령된 종점으로 F의 이송속도에 따라 직선으로 가공한다. 구배(두축동시) 절삭 가공도 직선 보간에 적용된다.

• 지령방법 : G01 G90 / G91 X_____ Y_____ Z_____ ;

예 G95 G01 X40. F0.25 ; → 주축 1회전당 0.25mm 이동 지령
G94 G01 X40. F120 ; → 1분 동안 120mm 이동하는 속도

3) 원호보간(G02, G03)기능 익히기

가) 평면 원호 가공

① 지령된 시점에서 종료까지 반경 R크기로 시계 방향(Clock Wise)과 반 시계 방향(Counter Clock Wise)으로 원호 가공한다.

② **가공 방향** : G02 → 시계 방향(Clock Wise) 원호 가공
G03 → 반 시계 방향(Counter Clock Wise) 원호 가공

③ **지령방법 적용하기**

G17 G02 G90
G18 α__ β__ R__ F_;
G19 G03 G91

α, β : 원호 가공 종점
G17평면 : X, Y축 원호보간
G18평면 : Z, X축 원호보간
G19평면 : Y, Z축 원호보간

㉠ 회전 방향 구분은 원호 가공 시작점에서 원호 가공 종점으로 이동하는 방향을 기준으로 한다.

(프로그램)

G17 G90 G02 X20. Y12.5 R10. ;
G17 G90 G02 X20. Y12.5 R-10. ;

㉡ 180° 이상의 원호지령은 R-로 지정하고, 180° 이하의 원호지령은 R+로 지령한다.

나) 360° 원호 가공 시 주요 지령방법 익히기

① 360°의 전체 원을 보링하지 않고 엔드밀을 이용하여 쉽고 정밀하게 가공할 수 있다.

② 시작점과 종점이 같기 때문에 X, Y, Z의 종점 좌표는 생략한다.

③ **지령방법**

G17 G02 G90
G18 α' __ β' __ F ;
G19 G03 G91

$\alpha'\beta'$: 원호의 시작점에서 중심까지의 거리(G02, G03 다음에 평면 선택 기능 따라 I, J, K 중 두 축의 좌표만 기록한다.)

④ **원호보간에서 I, J, K지령과 부호결정 방법**

㉠ X→I, Y→J, Z→K

㉡ 원호 시작점에서 원호의 중심이 (+) 방향인가 (-)방향인가를 따라 부호가 결정되며 원호 시작점에서 원호 중심까지 거리의 값

⑨ 공구길이 보정 사용방법 활용

1) 공구길이 보정기능(G43, G44)의 적용

① 공구 길이 보정 이란 : 일반적으로 프로그램을 작성할 때에는 공구길이 보정을 생각하지 않고 프로그램을 작성하지만 실제가공에 필요한 여러 종류의 공구들은 길이가 일정하지 않다. 이렇게 길이 차이가 나는 공구 길이를 측정하여 보정(Offset) 화면에 미리 등록하고 필요한 경우 프로그램에서 각각의 공구길이를 호출하여 보정하는 기능이다.

② **지령방법 적용하기**

G43
G44 Z____ H____ ;

G43 : 공구길이 보정 +
G44 : 공구길이 보정 -
Z : Z축 이동 지령(절대, 증분 지령가능)
H : 보정 번호

③ G30 G91 Z0. T01 M06 ; → 제2 원점에서 공구 1번 교환

G43 G90 G00 Z50. H01 ; → 보정화면 1번에 입력된 보정량을 Z축 50mm까지 이동하면서 공구길이 보정(공구번호와 보정번호는 같지 않아도 되나 같이하는 것이 실수를 줄일 수 있다.

2) 공구 길이보정 취소(G49)기능의 활용

① 공구길이 보정으로 보정한 공구길이를 말소하는(취소) 기능이다.

② **지령방법** : G49 Z___ ;

예 G49 G00 Z400. ; Z400mm 까지 이동하면서 공구길이 보정이 취소된다.

⑩ 공구경 보정 사용방법 익히기

1) 공구경 보정(G40, G41, G42)기능

① 공구의 측면 날을 이용하여 가공하는 경우 공구의 직경 때문에 공구 중심이 프로그램과 일치하지 않는다. 이와 같이 공구 반경만큼 발생하는 편차를 쉽게 자동으로 보상하는 기능

② **지령방법 적용하기**

G17			G40	
G18	G00	G01	G41	α___ β___ D__ ;
G19			G42	

α, β : 평면선택 기능에 따라 X, Y, Z 중 기준 두 축의 좌표지령

D : 공구경 보정번호(보정번호)

③ **Start Up** : G40 상태에서 G41, G42를 지령한 블록을 말한다.

N01 G41 G01 X0. D01 F100 ; → Start Up 블록

N02 Y50. ;

N03 X55. ;

④ **공구 경 보정 관련 코드 익히기**

G-코드	의미	공구경로
G40	공구경 보정 무시	공구 중심과 프로그램 경로가 같다.
G41	공구경 좌측 보정 (하향 절삭)	공작물을 기준으로 하여 공구 진행 방향으로 보았을 때 공구가 공작물의 좌측에 있다.
G42	공구경 우측 보정 (상향 절삭)	공작물을 기준으로 하여 공구 진행 방향으로 보았을 때 공구가 공작물의 우측에 있다.

2) 공구경 보정시 주의 사항 익히기

① 작은 직경을 크게 보정값을 입력하면 측면에 정삭여유를 남길 수 있다. 그러나 보정값을 공구 반경보다 작게 지령하면 그 크기만큼 많이 절삭된다.

② 공구경보정이 지령이 되어 있는 상태에서 또다시 지령을 하면 두배 보정됨.

예 G42 G01 X20. D02 F120 ;

↓

G42 G01 Y40. ; 우측보정을 두 번 했으므로 G40, G41지령한 다음 우측보정을 한다.

③ 공구경 보정 실행 중 XY지령(G17의 경우) 이동지령을 2블록 이상 연속 지령하지 않으면 정상적인 보정이 안 된다.

예 잘못된 프로그램

N01 G41 G01 X0. D01 F100 ;

N02 Y50. ;

N03 G04 X2. ;

N04 M08 ;

N05 X100. ;

※ N01블록에 공구경 좌측보정이 실행된 상태에서 N03, N04블록이 X, Y축의 이동 지령이 되지 않은 블록을 연속해서 2블록 이상 지령했다.

예 정상적인 프로그램

N01 G41 G01 X0. D01 F100 ;

N02 Y50. ;

N03 G04 X2. ;

N04 X100. ;

N05 M08 ;

N06 X120. Y30. ;

④ Start Up 블록에서의 이동량은 공구반경 값과 같거나 커야한다.

⑤ 원호 보간 에서 Start Up 블록을 지령할 수 없다. 기본적으로 G01, G00지령블록이 Start Up블록이 된다.

예 잘못된 프로그램

N01 G41 G02 X20. Y20. R25. D01 F100 ;

※ 원호보간 블록에 공구경 보정 지령을 할 수 없다.

<table>
<tr><th colspan="6">머시닝센터 프로그램 실습 지시서</th></tr>
<tr><td rowspan="2">실습과제명</td><td rowspan="2">종합작품</td><td>소요시간</td><td></td><td rowspan="2">도면번호</td><td rowspan="2">아래참조</td></tr>
<tr><td>훈련인원</td><td></td></tr>
<tr><td>학습목표</td><td colspan="3">1. 직선 홈 도면을 보고 프로그램을 할 수 있다.
2. 프로그램에 의한 자동운전을 할 수 있다.</td><td colspan="2">주요 사용기계 및 공구</td></tr>
<tr><td rowspan="2">사용재료</td><td>품명</td><td>규격</td><td>수량</td><td colspan="2" rowspan="2">• 머시닝센터
• 프로그램 조작기
• Ø12 End Mill
• Ø8 Drill
• 버니어 캘리퍼스
• 기계 바이스</td></tr>
<tr><td>일반 가공용 강재</td><td>25×70×70</td><td>1 EA</td></tr>
</table>

실습도면 :

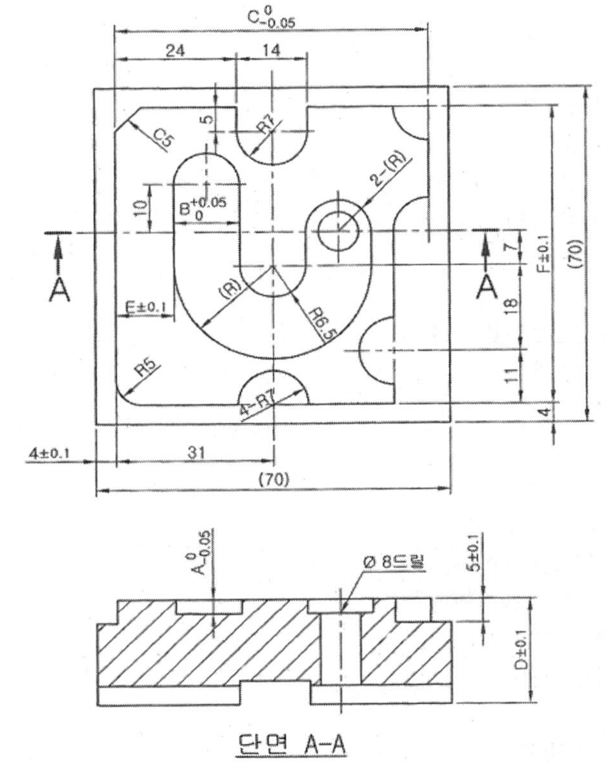

가공치수 변화표

비번호	구분	A	B	C	D	E	F
1, 4, 7	A형	3	13	62	22	11.5	62
2, 5, 8	B형	4	14	64	21	10.5	63
3, 6, 9	C형	3	14	63	23	10.5	61

요구사항	1. 공구 옵셋(보정)을 정확히 하여야 한다. 2. 중복가공 및 불필요한 이송이 되지 않도록 프로그램을 한다. 3. 절삭속도 및 이송속도를 표준에 따라 프로그램 한다.
안전 및 유의사항	1. 작업전에 일일점검을 반드시 실시한다. 2. 공작물을 견고하게 고정하여야 한다. 3. 작업시에는 장갑을 착용하지 않는다.

가공순서	참고사항
1. 작업준비를 한다. ① 도면을 준비한다. ② 프로그램 할 Note을 준비한다. ③ 교보재(실물)를 준비한다. ④ 참고사항을 숙지한다. – 절삭공구 – ∅12 End Mill – ∅8 Drill – 공구번호 : 1번 및 2번 – 회전수 : 1200.(rpm) – 이송속도 : 길이 2 ~ 6 = F100 – 이송속도 : 길이 8 = F80 – 이송속도 : 길이 10 = F60 **2. 주어진 도면을 보고 프로그램을 한다.** ① 프로그램 좌표를 취소한다. ② 사용할 공구를 교체한다. ③ 공구 옵셋을 설정한다. **3. 기계 전원을 공급한다.** ① 기계 분전함의 스위치를 "ON" 한다. ② 기계의 메인 스위치를 "ON" 한다. ③ 기계의 준비버턴을 누른다. ④ 기계의 동작 상태를 확인한다. **4. 기계의 원점 복귀를 실시한다.** ① 모드를 수동운전 모드에 놓는다. ② 축을 주축의 반대 방향으로 임의의 위만큼 3개의 축을 뺀다. ③ 기계 원점 복귀 버턴을 누른다. ④ Z축 → Y축 → X축의 순서로 원점 복귀가 제대로 되는지 확인한다.	G00 : 위치결정 G01 : 직선절삭 M01 : 주축 정화면 M30 : Program End G50 : 좌표계 설정 G91 : 증분방식 G90 : 절대방식

가공순서	참고사항
5. 프로그램을 입력시킨다. ① 모드를 편집에 놓는다. ② 프로그램 편집키를 누른다. ③ 프로그램 번호를 입력시킨다. ④ 새파일을 연다. ⑤ 작성된 프로그램을 입력한다. **6. 공구 옵셋을 입력시킨다.** ① 작업 하고자 하는 공구가 공구대에 정확히 장착 되었는지 확인한다. ② 공구보정 화면을 선정한다. ③ G54, G55 등 공작물 보정 위치에 커서를 놓고 공구를 접촉시킨다. ④ 설정 Data를 입력시킨다.(기종에 따라 입력 방법이 약간의 차이가 있으므로 기계 메뉴얼에 따라 입력방법을 숙지한다) **7. 도형표시를 하여 프로그램의 이상유, 무를 확인한다.** ① 프로그램을 선택한다. ② 프로그램 편집 키를 누른다. ③ 커서를 프로그램의 시작부분에 위치시킨다. ④ [도안] → [스케일링] → [신속 확인] ⑤ 이상이 없으면 도형이 화면에 나타난다. ⑥ 도형을 확대시킨다. ⑦ 이상이 있는 부분을 수정한다. ※ 기종에 따라 도형 확인 방법은 약간의 차이가 있다. 8. 공작물을 바이스에 고정시킨다. 9. [Single block] 버튼을 누르면서 시험절삭을 한다. 10. 자동운전을 한다. 11. 공작물을 검사한다. 12. 기계의 각축을 중앙에 모은다. 13. 전원을 차단한다. 14. 정리정돈 한다.	

평가과제명	외곽가공 프로그램 실습하기 풀이	소요시간	

• 엔드밀 : Ø10 • 공구번호 : T03 • 주축회전수 : 1000 RPM • 이송속도 : 100mm/min

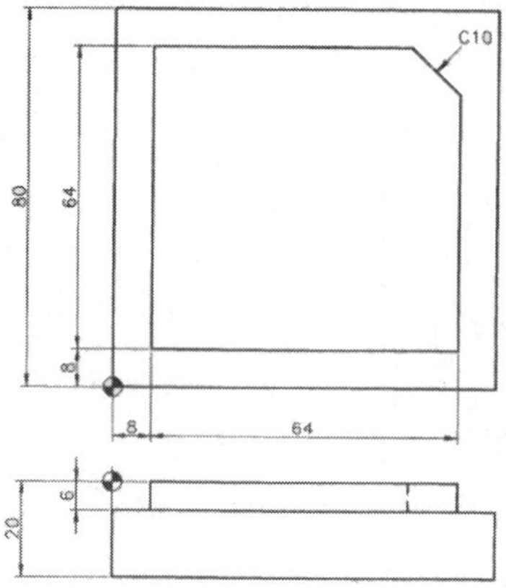

```
O 1233 : (외곽가공 프로그램)
N1 G40 G49 G80;
N2 G91 G28 X0.0 Y0.0 Z0.0;
N3 T03;
N4 M06;
N5 S1000 M03;
N6 G90 G54 G00 X-10.0 Y-10.0;
N7 G43 Z100.0 H03;
N8 Z10.0;
N9 G01 Z-6.0 F100;
N10 G00 X0.0;
N11 G01 Y80.0;
N12 X80.0;
N13 Y0.0;
N14 X-20.0;
N15 G41 X8.0 D03;
N16 Y72.0;
N17 X62.0;
N18 X72.0 Y62.0;
N19 Y8.0;
N20 X-10.0;
N21 G00 Z150.0 M05;
N22 G91 G28 X0.0 Y0.0 Z0.0;
N23 M30;
```

평가기준						
평가기준	평가항목		배점	득점	총 점	
	프로그램 평가 (50점)	좌표계 설정	10		프로그램평가	
					가공평가	
		기능별 코드사용	40		작업평가	
					시간평가	
	가공평가 (30점)	공구보정(가공수치)	10			
		가공상태	20			
	작업평가 (20점)	작업방법, 작업태도	20			
	시간평가	• 소요시간 10분 초과마다 3점 감점				

<table>
<tr><th colspan="6">작업지시서</th></tr>
<tr><td rowspan="2">실습과제명</td><td rowspan="2">프로그램 조작기
사용실습</td><td>소요시간</td><td></td><td rowspan="2">도면번호</td><td rowspan="2"></td></tr>
<tr><td>실습인원</td><td></td></tr>
<tr><td>훈련목표</td><td colspan="3">• 프로그램 조작기를 사용할 수 있다.</td><td colspan="2">주요 사용기계 및 공구</td></tr>
<tr><td rowspan="2">사용재료</td><td>품명</td><td>규격</td><td>수량</td><td colspan="2" rowspan="2">• 프로그램 조작기</td></tr>
<tr><td>조작기</td><td>SENTROL</td><td>대</td></tr>
</table>

1. 사용 조작기 기능 익히기

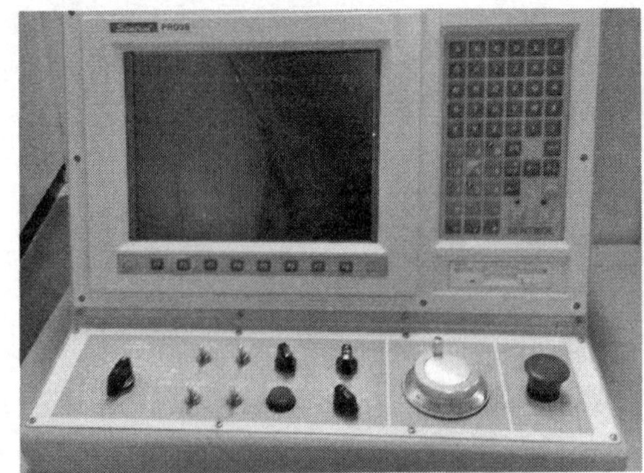

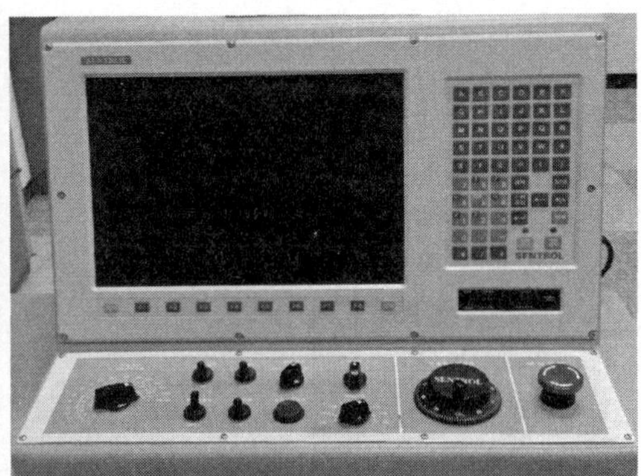

2. 조작기의 각종 기능키의 사용방법을 숙달한다.

조작반의 기능은 같은 콘트롤러(Controller)를 사용해도 공작기계 메이커에 따라서 스위치(Switch) 모양과 종류, 조작 방법 등은 다르다.

다음 내용은 조작 스위치등의 사용방법에 대한 설명이다.

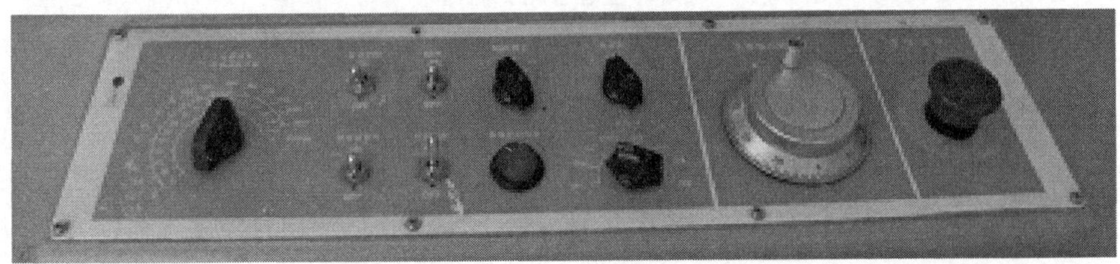

<table>
<tr><td>요구사항</td><td colspan="2">1. 각종 Key를 누를 때에는 가볍게 누른다.
2. 모든 조작은 지시에 따라 하도록 한다.</td></tr>
<tr><td>안전 및
유의사항</td><td colspan="2">1. 불필요한 Key를 함부로 사용하지 말 것
2. 모든 곳의 삭제기능은 함부로 사용하지 말 것
3. 파라미터의 사용을 함부로 하지 말 것</td></tr>
<tr><td colspan="2">조작순서</td><td>참고사항</td></tr>
<tr><td colspan="2">1. 작업준비를 한다.
① 조작기 주위를 정리정돈 시킨다.
② 각종 버튼의 이상 유무를 파악한다.
③ 전원 공급라인 상태를 점검한다.

2. 조작기의 각부 명칭을 익힌다.
① CRT 부분
② 소프트키 부분
③ Data 입력키 부분
④ 커서 이동키 부분
⑤ MPG 키 부분
⑥ 이송속도 오버 라이드 스위치
⑦ 주축속도
⑧ 비상정지 버튼

3. 프로그램을 편집한다.
① 원하는 프로그램 번호를 선택한다.
② 소프트키를 사용하여 편집을 선택하여 입력한다.
③ 입력되어 나타난 Data를 수정, 삭제하여 편집한다.
④ 이상이 없는지를 도형으로 확인한다.

4. 운전 실습한다.
① 원하는 프로그램 번호를 선택한다.
② 그래픽 기능으로 도형을 확인한다.
③ 이상이 없으면 자동운전 [Mode]으로 전환한다.
④ 블록단위로 운전을 할때는 [SBK]를 누른다.
⑤ 연속운전을 할 때는 [사이클 start]를 누른다.
⑥ 이송속도 및 주축속도 오버라이드 스위치를 사용하여 속도을 맞춘다.</td><td></td></tr>
</table>

⑪ 외곽가공 실기 1

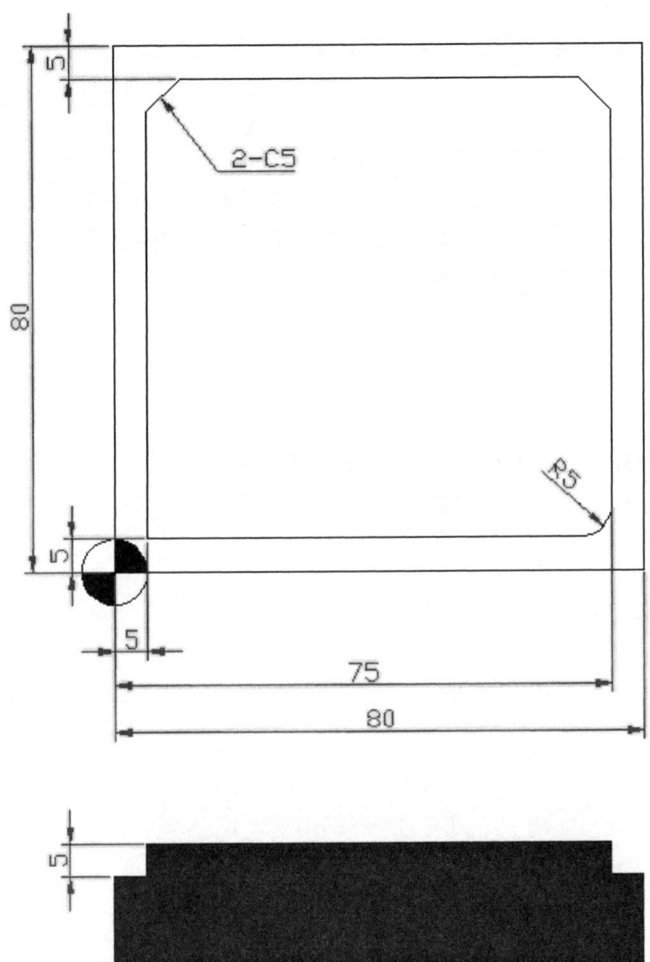

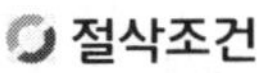

절삭조건

순서	공구종류	공구번호	공구직경	이송속도 (m/min)	스핀들속도 (mm/rev)	소재치수	80×80×20
1	엔드밀	T01	Ø10	120	1200		
						재질	SM20C

FANUC 시스템 호환 프로그램(한국산전을 제외한 전기종 호환)

O4321; 프로그램번호
G40 G49 G80; 공구경 보정취소, 공구길이보정취소, 사이클 취소
G54 G90 G00 X-10.0 Y-10.0; 절대방식으로 공작물 1번 좌표계설정
G43 H01 Z100.0; 공구길이보정 하며 공구 길이 값을 찾는다.
Z10.0 S1200 M03; 1200RPM으로 주축을 정회전 한다.
G01 Z-5.0 F120; 공작물의 깊이 5mm 절입하고 120m/min 절삭한다.
G41 X5.0 D01;공구왼쪽보정 폭 5mm 절입하고 1번 공구의 직경값 인식
Y70.0; 여기부터 도면에 따라 절삭한다.
X10.0 Y75.0;
X70.0;
X75.0 Y70.0;
Y10.0;
G02 X70.0 Y5.0 R5.0; 여기까지 도면에 따라 절삭한다.
G01 X-10.0; 가공 완료 후 안전을 위하여 -10mm임의의 위치까지 가공
G00 G40 Z200.0; 높이 200mm 위치에서 공구경 보정 취소
M05; 주축정지
M30; 프로그램 종료

※ 프로그램에 공구교환이 없으므로 기존 주축에 작업하고자 하는 물려 있는 공구를 가지고 가공한다.

⑫ 외곽가공 실기 2

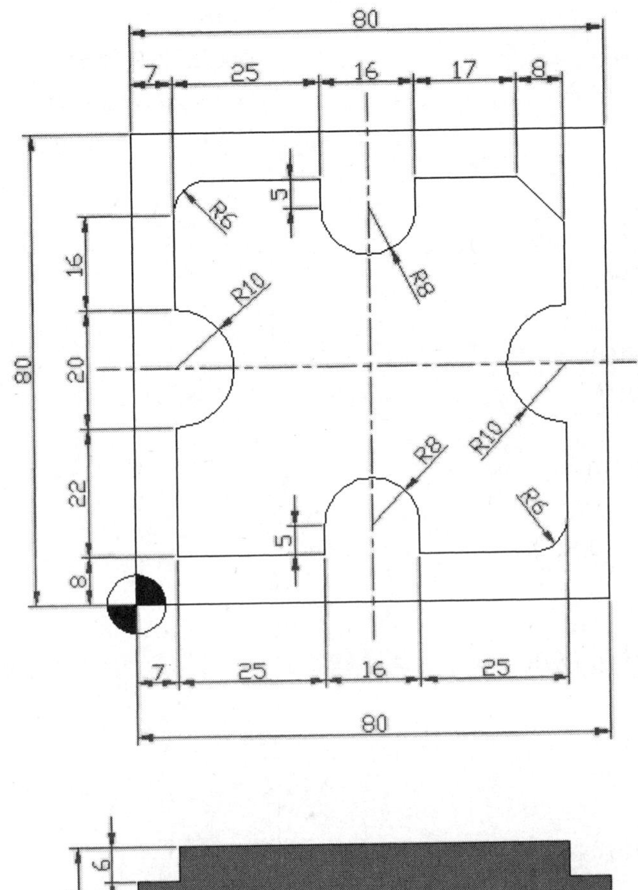

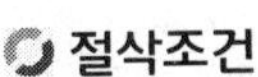 절삭조건

순서	공구종류	공구번호	공구직경	이송속도 (m/min)	스핀들속도 (mm/rev)	소재치수	80×80×20
1	엔드밀	T01	Ø 10	100	1200		
						재질	SM20C

FANUC 시스템 호환 프로그램(한국산전을 제외한 전기종 호환)	
O1235; G40 G49 G80; G91 G28 X0 Y0 Z0; T01; M06; S1200 M03; G90 G54 G00 X-10.0 Y-10.0; G43 Z100.0 H01; Z10.0; G01 Z-6.0 F100; G41 X7.0 D01; Y30.0; G03 Y50.0 R10.0; G01 Y66.0; G02 X13.0 Y72.0 R6.0; G01 X32.0; Y67.0; G03 X48.0 Y67.0 R8.0; G01 Y72.0; X65.0; X73.0 Y64.0; Y50.0; G03 Y30.0 R10.0; G01 Y14.0; G02 X67.0 Y8.0 R6.0; G01 X48.0; Y13.0; G03 X32.0 R8.0; G01 Y8.0; X-7.0; G00 Y-20.0; G40 G01 X2.0; Y77.0; X78.0; Y3.0;	X-10.0; G00 Z150.0 M05; G91 G28 X0 Y0 Z0; M30;

⑬ 드릴가공 실기

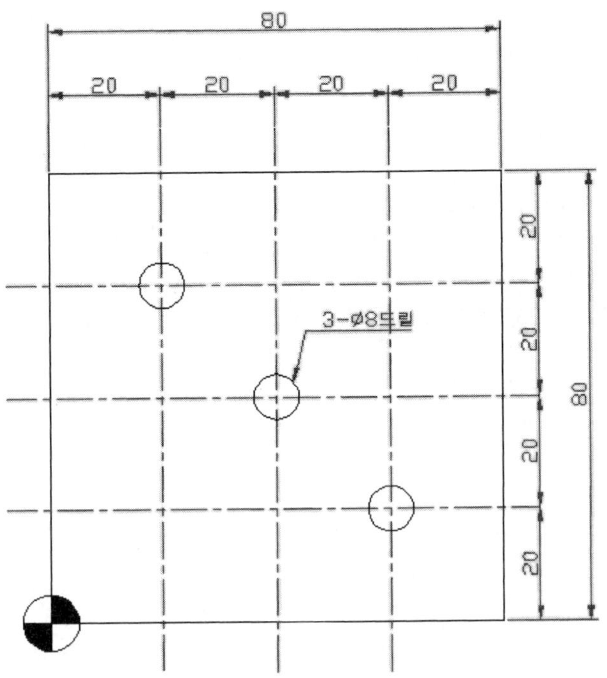

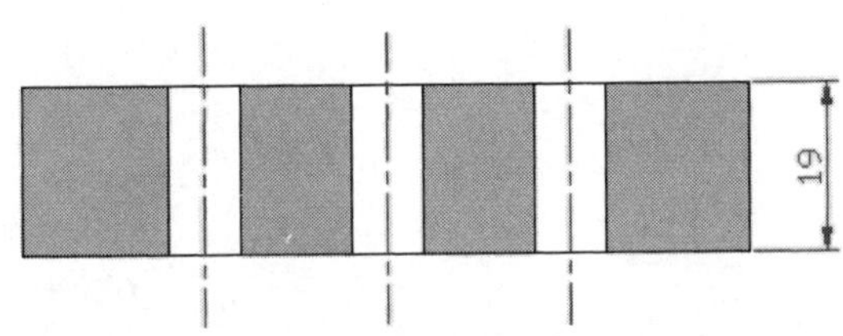

절삭조건

순서	공구종류	공구번호	공구직경	이송속도 (m/min)	스핀들속도 (mm/rev)	소재치수	80×80×19
1	드릴	T01	Ø8	80	800		
						재질	SM20C

FANUC 시스템 호환 프로그램(한국산전을 제외한 전기종 호환)

```
O1236;
G40 G49 G80;
G28 G91 X0 Y0 Z0;
T01;
M06;
G54 G90 G00 X-10.0 Y-10.0;
G43 H01 Z100.0;
S800 M03 Z10.0;
G83 X40.0 Y40.0 Z-25.0 R3.0 Q5.0 F80;
X60.0 Y20.0;
X20.0 Y60.0;
G00 Z150.0 M05;
G91 G28 X0 Y0 Z0;
M30;
```

⑭ 드릴가공 시 사용하는 고정 사이클 종류

G 코드	드릴링 동작 (-Z 방향)	구멍바닥 위치에서 동작	구멍에서 나오는 방향(+Z방향)	용 도
G73	간헐이송	–	급속이송	고속 팩드릴링 사이클
G74	절삭이송	주축정회전	절삭이송	역 태핑 사이클
G76	절삭이송	주축정지	급속이송	정밀보링(고정사이클 II)
G80	–	–	–	고정사이클취소
G81	절삭이송	–	급속이송	드릴링 사이클 (스폿 드릴링)
G82	절삭이송	드웰	급속이송	드릴링 사이클 (카운터보링사이클)
G83	단속이송	–	급속이송	팩 드릴링 사이클
G84	절삭이송	주축역회전	절삭이송	태핑 사이클
G85	절삭이송	–	절삭이송	보링 사이클
G86	절삭이송	주축정지	절삭이송	보링 사이클
G87	절삭이송	주축정지 –	수동이송 또는 급속이송	보링 사이클 백보링 사이클
G88	절삭이송	드웰주축정지	수동이송 또는 급속이송	보링 사이클
G89	절삭이송	드웰	절삭이송	보링 사이클

G_ X_ Y_ Z_ R_ Q_ P_ F_ L_ ;

- G_ : 구멍 가공 모드
- X_ Y_ : 구멍위치 데이터
- Z_ R_ Q_ P_ F_ : 구멍가공 데이터
- L_ : 반복회수

지령명령	어드레스	어드레스 내용 설명
구멍 가공모드	G	고정 사이클 일람표 참조
구멍 위치 데이터	X, Y	절대지령 또는 증분지령에 의한 구멍의 위치결정(급속이송)
구멍 가공 데이터	Z	R점에서 구멍 바닥까지의 거리를 증분지령 또는 구멍 바닥의 위치를 절대지령으로 지정
	R	Z축 공작물 좌표계 원점에서의 좌표값
	Q	G73, G83 코드에서 절입량 또는 G76, G87 지령에서 후퇴량을 지정(항상 증분지령)
	P	구멍바닥에서 휴지시간을 지정
	F	절삭 이송속도를 지정
반복회수	L	고정 사이클의 반복회수를 지정. L지정을 생략할 경우 L=1

⑮ 고속 심공 드릴링 사이클 기능 익히기

$$\mathrm{G73}\begin{Bmatrix}\mathrm{G90}\\\mathrm{G91}\end{Bmatrix}\begin{Bmatrix}\mathrm{G90}\\\mathrm{G99}\end{Bmatrix}\mathrm{X\_\ Y\_\ Z\_\ Q\_\ R\_\ F\_\ ;}$$

드릴 직경의 3배 이상인 깊은 구멍을 가공할 때 칩 배출을 용이하고 후퇴하는 량을 적게 설정하여 능률적인 가공을 하는 기능이다. 동작 중 후퇴하는 량 d는 파라미터로 설정한다.

1) 고속 심공 드릴링 사이클 공구경로

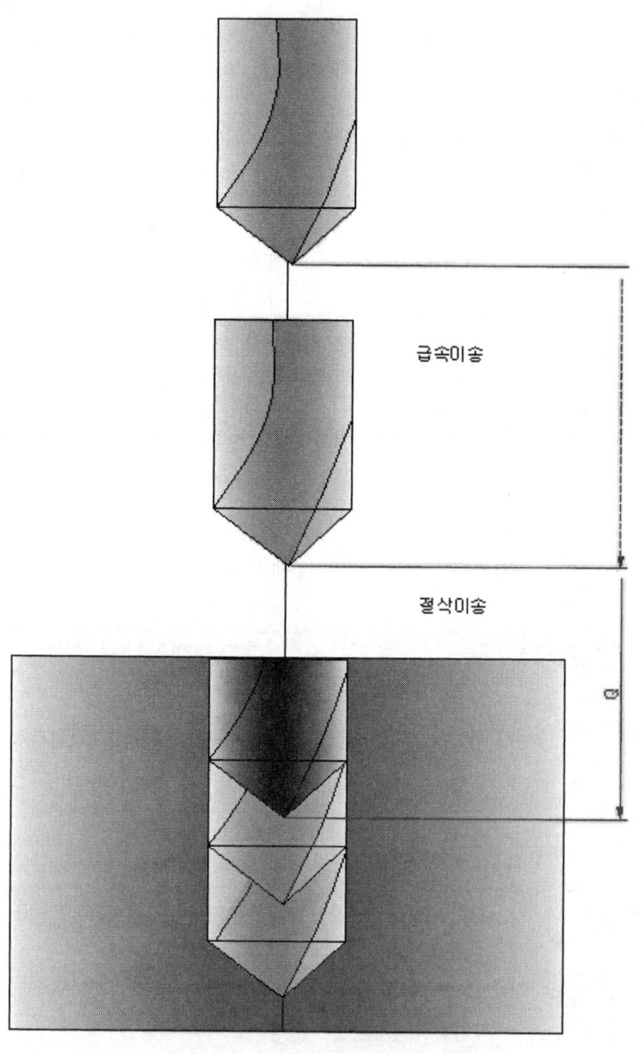

⑯ 탭핑 사이클 기능 익히기

$$G84 \begin{Bmatrix} G90 \\ G91 \end{Bmatrix} \begin{Bmatrix} G98 \\ G99 \end{Bmatrix} X\_ \ Y\_ \ Z\_ \ R\_ \ F\_ \ ;$$

구멍바닥에서 주축을 역회전하여 태핑 사이클을 수행한다.
태핑 동작 중에는 속도조절 취소 상태이고, 일시 멈춤 조작을 해도 동작 종료까지는 정지하지 않는다. 파라미터를 설정하면 주축 역회전, 정 회전으로 바뀌기 전에 정지시간 동작을 실행하는지를 선택할 수 있다.

1) 탭핑 사이클 공구경로

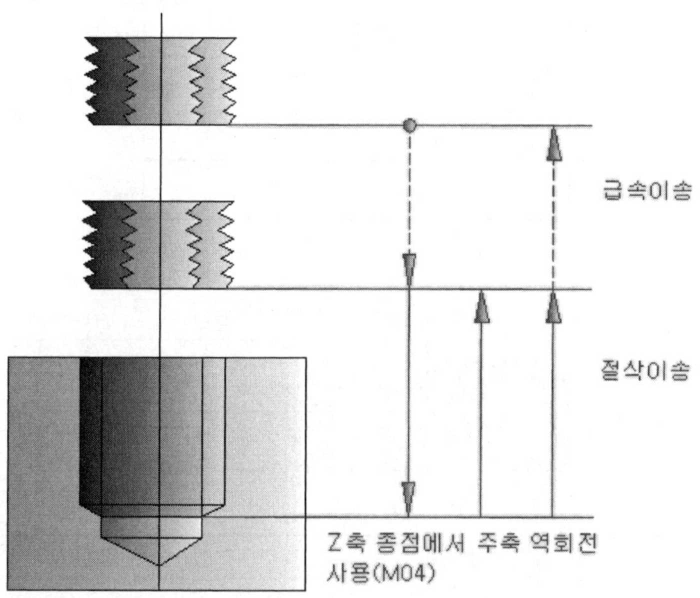

CHAPTER 4
머시닝센터 프로그램 해독 및 조작기술

⑰ 머시닝센터 실기문제 프로그램 풀이 1

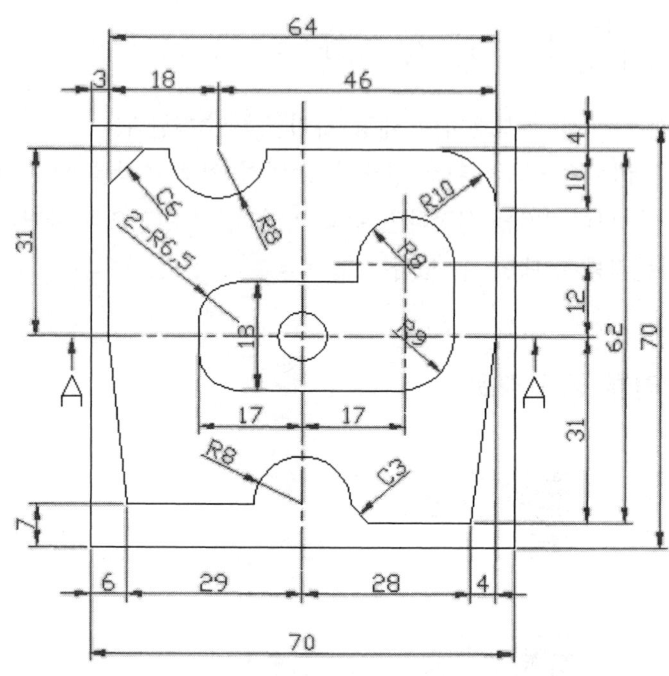

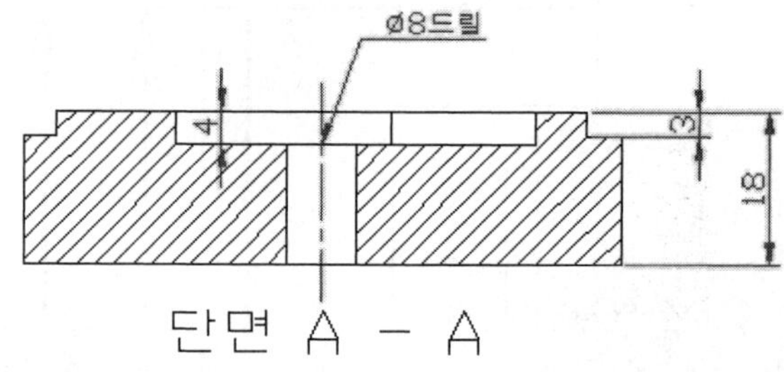

절삭 조건

순서	공구종류	공구번호	공구직경	이송속도 (m/min)	스핀들속도 (mm/rev)	소재치수	70×70×18
1	드릴	T01	Ø 8	50	600		
2	엔드밀	T02	Ø 10	60	1000	재질	SM20C

FANUC 시스템 호환 프로그램(한국산전을 제외한 전기종 호환)	
O2105;	프로그램번호
G40 G49 G80;	해당기능 취소
G91 G28 X0 Y0 Z0;	증분으로 자동 원점 복귀
T01;	드릴가공 공구 선택
M06;	공구교환
S600 M03;	스핀들 600RPM으로 정 회전
G90 G00 X35.0 Y35.0;	절대방식 드릴위치
G43 Z150.0 H01;	1번 공구 길이보정 값
Z50.0;	가공 면에 근접
Z10.0;	가공 면에 근접
G01 Z-23.0 F50 M08;	직선으로 드릴가공
Z10.0;	가공 면 근접위치로 이동
G00 Z150.0 M09;	임의의 높이로 이동
G91 G28 X0 Y0 Z0;	자동 원점 복귀
M05;	주축정지
T02;	엔드밀가공 공구로 선택
M06;	공구교환
S1000 M03;	1000RPM으로 주축 정 회전
G90 G00 X-20.0 Y-20.0;	가공위치 접근
G43 Z150.0 H02;	2번 공구 길이보정 값
Z50.0;	가공 면에 근접
Z10.0;	가공 면에 근접
G01 Z-3.0 F60 M08;	외곽 깊이 절입
G41 X6.0 D02;	공구경 왼쪽보정 폭 절입
X3.0 Y35.0;	
Y60.0;	
X9.0 Y66.0;	
X13.0;	
G03 X29.0 R8.0;	
G01 X57.0;	
G02 X67.0 T56.0 R10.0;	
G01 Y35.0;	
X63.0 Y4.0;	
X46.0;	

FANUC 시스템 호환 프로그램(한국산전을 제외한 전기종 호환)	
X43.0 Y7.0;	
G03 X27.0 R8.0;	
G01 X-10.0;	
G00 Y-10.0;	외곽 윤곽 가공완료
G40 G01 X-3.0;	공구경 보정 취소로 잔삭 부분 가공
Y72.0;	
X73.0;	
Y-2.0;	
X-10.0;	
G00 Z10.0;	
X35.0 Y35.0;	내곽 가공 위치로 이동
G01 Z-4.0;	내곽 깊이 절입
X25.0;	
X52.0;	
Y47.0;	
G41 X44.0;	
Y44.0;	
X24.5;	
G03 X18.0 Y37.5 R6.5;	내곽 윤곽 가공
G01 Y32.5;	
G03 X24.5 Y26.0 R6.5;	
G01 X51.0;	
G03 X60.0 Y35.0 R9.0;	
G01 Y47.0;	
G03 X44.0 R8.0;	
G01 Y40.0;	
Z10.0 M09;	내곽 가공 완료
G00 Z150.0;	
G91 G28 X0 Y0 Z0;	자동 원점 복귀
M05	주축정지
M30;	프로그램 종료

⑱ 머시닝센터 실기문제 프로그램 풀이 2

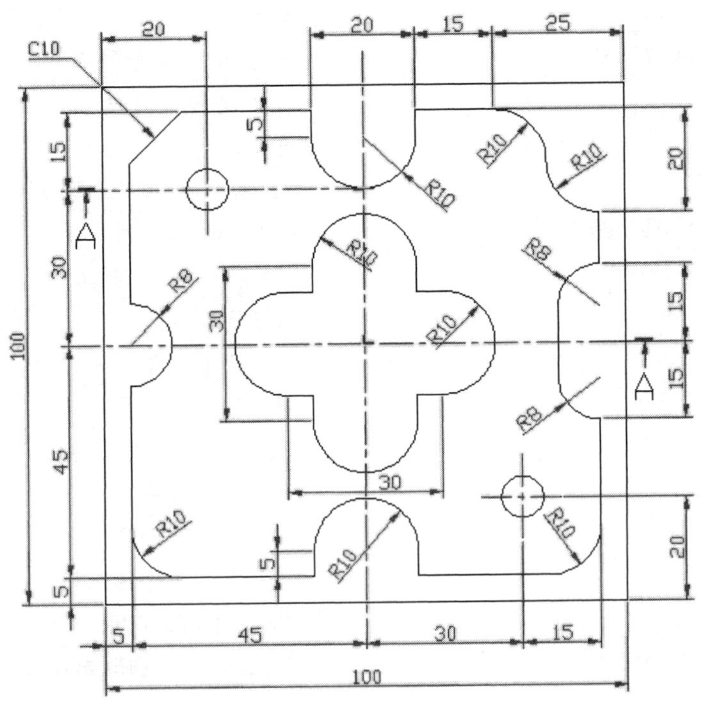

머시닝센터 프로그램 해독 및 조작기술

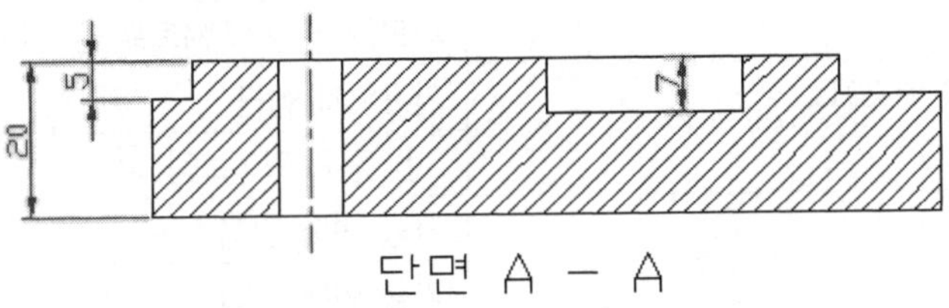

단면 A – A

절삭 조건

순서	공구종류	공구번호	공구직경	이송속도 (m/min)	스핀들속도 (mm/rev)	소재치수	80×80×20
1	드릴	T01	Ø 8	80	800		
2	엔드밀	T02	Ø 10	60	1200	재질	SM20C

FANUC 시스템 호환 프로그램(한국산전을 제외한 전기종 호환)	
O3105;	프로그램번호
G40 G49 G80;	해당기능 취소
G91 G28 X0 Y0 Z0;	증분으로 자동 원점 복귀
T01;	드릴가공 공구 선택
M06;	공구교환
S800 M03;	스핀들 800RPM으로 정 회전
G90 G00 X20.0 Y80.0;	절대방식 드릴위치
G43 Z150.0 H01;	1번 공구 길이보정 값
Z50.0;	가공 면에 근접
Z10.0;	가공 면에 근접
G01 Z-25.0 F80;	직선으로 드릴가공
Z10.0;	가공 면 근접위치로 이동
G00 X80.0 Y20.0;	두 번째 드릴위치
G01 Z-25.0;	직선으로 드릴가공
Z10.0;	가공 면 근접위치로 이동
G00 Z150.0;	임의의 높이로 이동
G91 G28 X0 Y0 Z0;	증분으로 자동 원점 복귀
T03;	외곽 가공 엔드밀
M06;	공구교환
S1200 M03;	스핀들 1200RPM으로 정 회전
G90 G00 X-20.0 Y-20.0;	가공위치 접근
G43 Z150.0 H03;	3번 공구 길이보정 값
Z50.0;	가공 면에 근접
Z10.0;	가공 면에 근접
G01 Z-5.0 F60;	외곽 절입 깊이
G41 X5.0 D03;	외곽 폭
Y42.0;	외곽 가공 시작
G03 Y58.0 R8.0;	
G01 Y85.0;	
X15.0 Y95.0;	모따기 10 부분
X40.0;	
Y90.0;	
G03 X60.0 R10.0;	
Y95.0;	

FANUC 시스템 호환 프로그램(한국산전을 제외한 전기종 호환)	
X75.0;	
G02 X85.0 Y85.0 R10.0;	
G03 X95.0 Y75.0 R10.0;	
G01 Y65.0;	
G03 X87.0 Y57.0 R8.0;	
G01 Y43.0;	
G03 X95.0 Y35.0 R8.0;	
G01 Y15.0;	
G02 X85.0 Y5.0 R10.0;	
G01 X60.0;	
Y10.0;G03 X40.0 R10.0;	
G01 Y5.0;	
X15.0;	
G02 X5.0 Y15.0 R10.0;	
G01 Y20.0;	
G00 X-10.0;	
Y-10.0;	외곽 윤곽가공 완료
G40 X1.0;	공구경 보정 취소로 잔삭 부분 가공
Y99.0;	
X5.0 Y95.0;	
X1.0 Y99.0;	
X50.0;	
Y90.0;	
Y99.0;	
X93.0;	
Y85.0;	
Y99.0;	
X99.0;	
Y60.0;	
X95.0;	
Y40.0;	
X95.0;	
Y1.0;	
X50.0;	

FANUC 시스템 호환 프로그램(한국산전을 제외한 전기종 호환)	
Y10.0;	
Y1.0;	
X-10.0;	
G00 Z10.0;	
X35.0 Y50.0;	
G01 Z-7.0;	내곽 가공 절입 깊이
X65.0;	
X50.0;	
Y65.0;	
Y35.0;	
G41 X60.0;	
Y40.0;	
X65.0;	
G03 Y60.0 R10.0;	
G01 X60.0;	
Y65.0;	
G03 X40.0 R10.0;	
G01 Y60.0;	
X35.0;	
G03 Y40.0 R10.0;	
G01 X40.0;	
Y35.0;G03 X60.0 R10.0;	내곽 가공완료
G01 Z10.0;	가공 면 근접위치로 이동
G00 Z150.0;	임의의 높이로 이동
G91 G28 X0 Y0 Z0;	증분으로 자동 원점 복귀
M05;	주축정지
M30;	프로그램 종료

05 컴퓨터응용밀링기능사 CNC 밀링가공 실기시험 요구사항

• **시험시간** : 총 3시간

- CNC 밀링가공 시험시간 : 2시간(프로그램 1시간, 기계가공 1시간)
- 범용밀링가공 시험시간 : 1시간

1) 요구사항

• 지급된 재료를 이용하여 도면과 같은 부품을 범용밀링과 머시닝센터를 이용하여 가공 후 제출한다.

• 지급된 도면과 같이 가공할 수 있도록 CNC 프로그램 입력장치에서 수동으로 프로그램하거나 CAM 소프트를 이용하여 자동으로 프로그램하여 저장장치에 저장하여 제출하고 차례로 범용가공 후 CNC 가공을 한다.

• 지급된 재료는 교환할 수 없다.
(단, 지급된 재료에 이상이 있다고 감독위원이 판단할 경우 교환이 가능하다.)

• 기계가공 전 복장상태를 확인하고, 안전보호구(안전화, 보안경 등)을 착용해야 한다.

가) 범용밀링가공

① 지급된 재료를 범용 밀링을 이용하여 도면과 같이 가공하여야 한다.

나) 머시닝센터가공

① 범용 밀링에서 가공된 재료를 반대 면에 머시닝센터를 이용하여 가공하여야 한다.
② 저장장치에 저장된 프로그램을 머시닝센터에 입력시켜 제품을 가공한다.
③ 소재 윗면을 커터로 가공한 후 제품을 가공한다.(수동, 자동 모두 가능)
④ 공구세팅 및 좌표계 설정을 제외하고는 CNC 프로그램에 의한 자동운전으로 가공해야 한다.
⑤ 지급된 절삭 공구(센터드릴 등)는 반드시 사용해야 한다.

2) 수험자 유의사항

가) 범용밀링가공

① 시험시간은 1시간을 초과할 수 없고, 남는 시간을 CNC 가공 시간에 사용할 수 없다.

나) 머시닝센터가공

① 시험시간은 프로그래밍 시간, 기계가공 시간을 합하여 2시간이며, 프로그램 시간은 1시간을 초과할 수 없고, 남는 시간을 기계가공 시간에 사용할 수 없다.
② 작업 완료시 제품은 기계에서 분리하여 제출하고, 프로그램 및 공구보정을 삭제한 후, 다음 수험자가 가공하도록 한다.

CNC 밀링 실기 도면 1

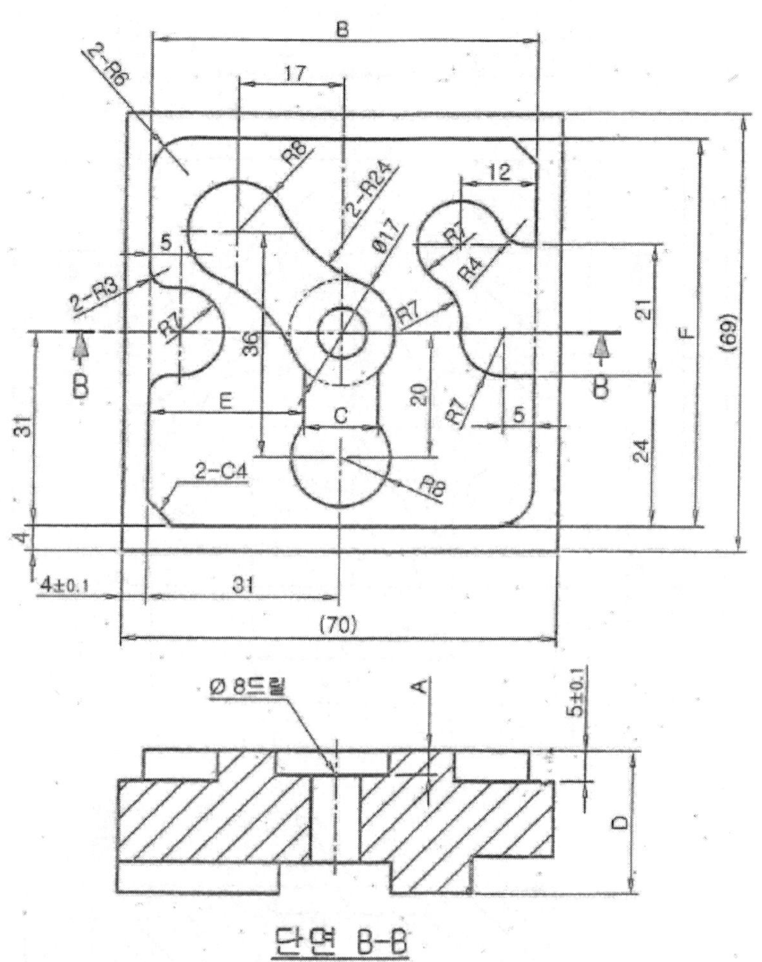

가공치수 변화표

비번호	구분	A $^{0}_{-0.06}$	B $^{0}_{-0.05}$	C $^{+0.05}_{0}$	D±0.1	E±0.1	F±0.1
1, 4, 7, 0	A형	4	62	12	23	25	62
2, 5, 8	B형	5	63	13	21	24.5	61
3, 6, 9	C형	4	61	11	22	25.5	63

② CNC 밀링 실기 도면 2

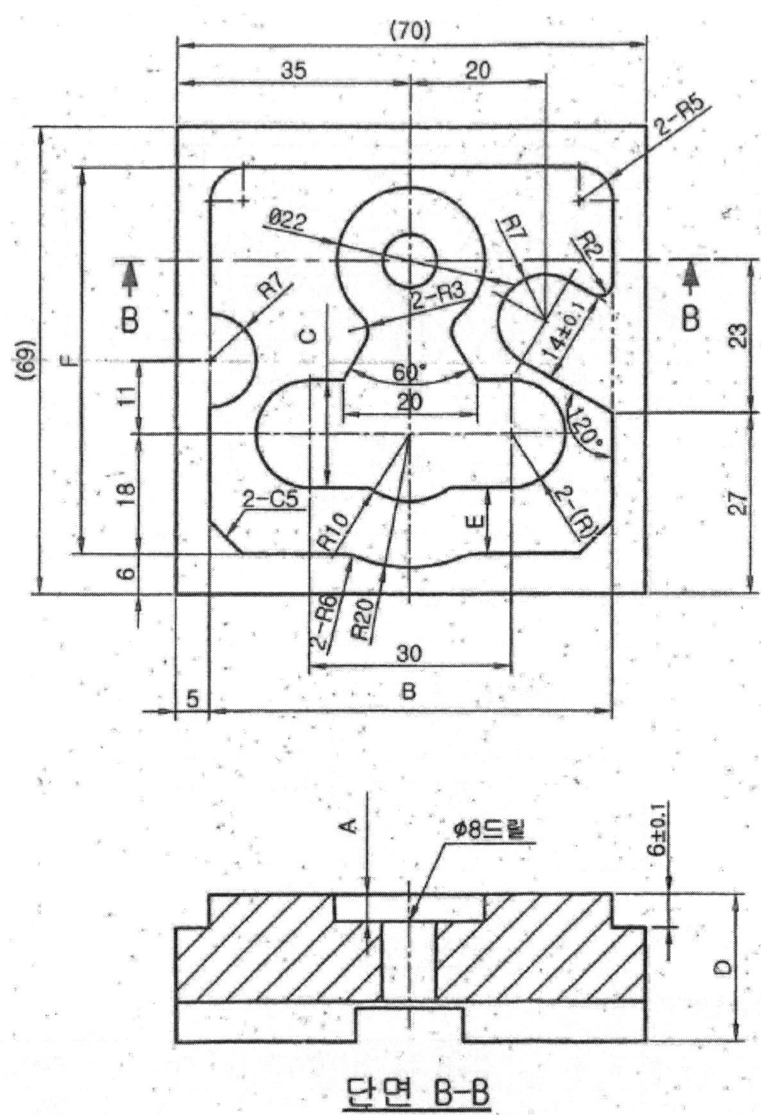

가공치수 변화표

비번호	구분	A $^{0}_{-0.06}$	B $^{0}_{-0.05}$	C $^{+0.05}_{0}$	D±0.1	E±0.1	F±0.1
1, 4, 7, 0	A형	4	60	16	22	10	58
2, 5, 8	B형	5.5	62	15	23	10.5	60
3, 6, 9	C형	5	61	17	22	9.5	59

CNC 밀링 실기 도면 3

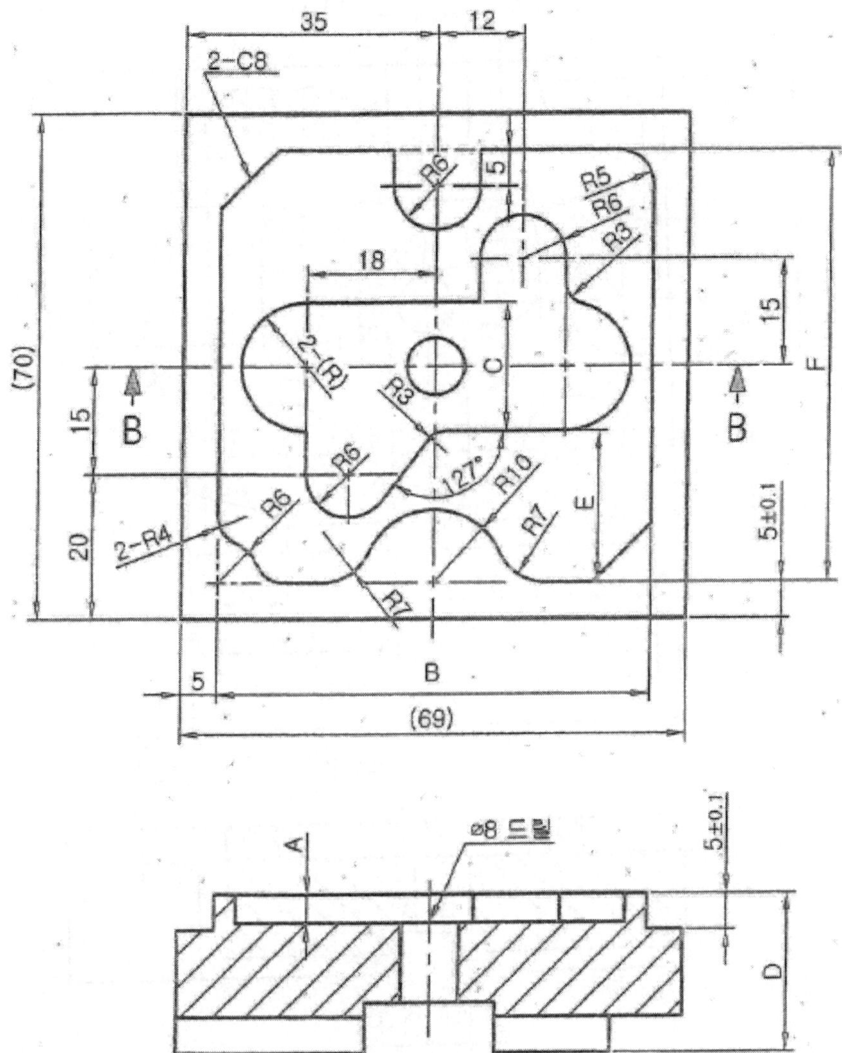

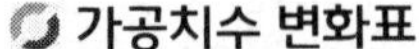

가공치수 변화표

비번호	구분	A $^{0}_{-0.06}$	B $^{0}_{-0.05}$	C $^{+0.05}_{0}$	D±0.1	E±0.1	F±0.1
1, 4, 7, 0	A형	4	60	18	23	21	60
2, 5, 8	B형	5	62	16	22	22	61
3, 6, 9	C형	5	61	17	23.5	21.5	62

CNC 밀링 실기 도면 4

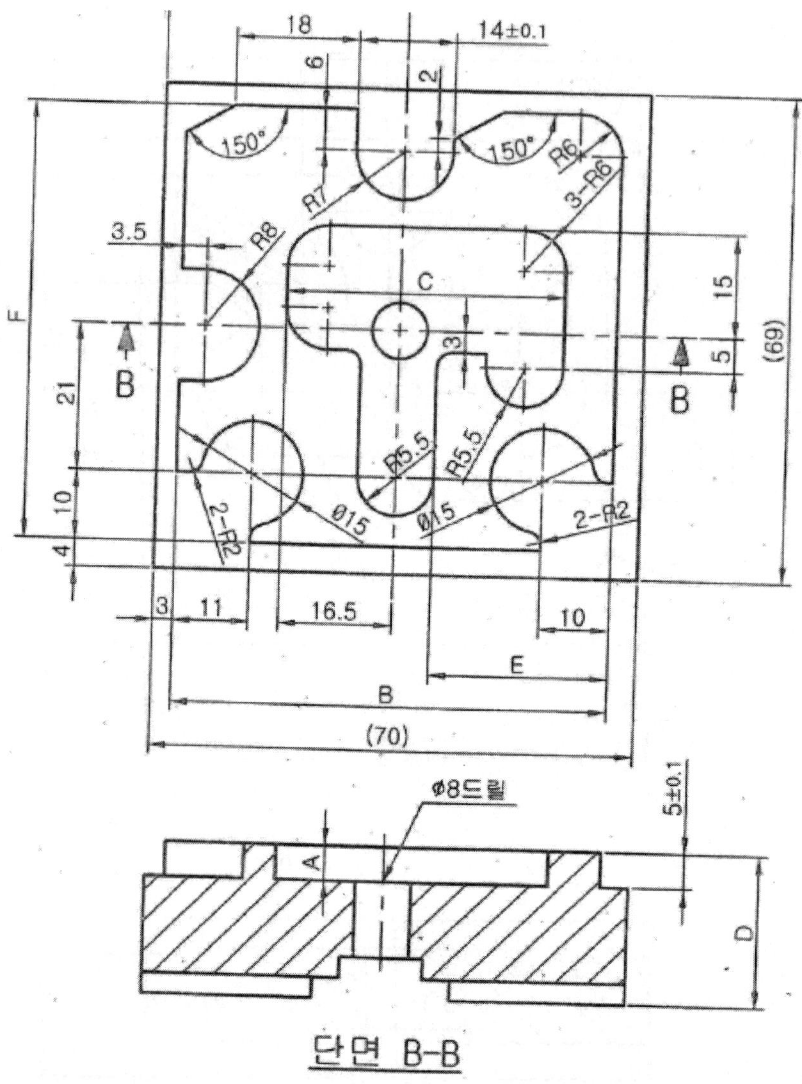

단면 B-B

가공치수 변화표

비번호	구분	A $^{0}_{-0.06}$	B $^{0}_{-0.05}$	C $^{+0.05}_{0}$	D±0.1	E±0.1	F±0.1
1, 4, 7, 0	A형	4	63	40	21	25.5	63
2, 5, 8	B형	3	64	41	22	26.5	61
3, 6, 9	C형	5	62	39	23	24.5	62

⑤ CNC 밀링 실기 도면 5

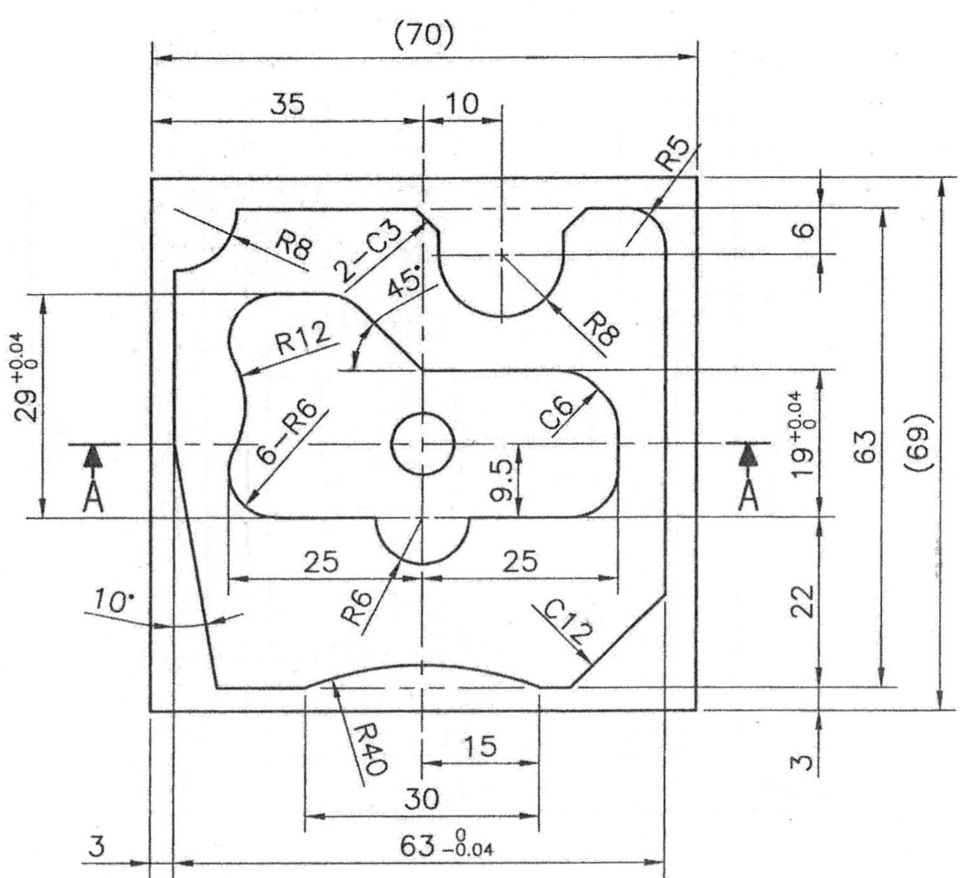

머시닝센터 프로그램 해독 및 조작기술

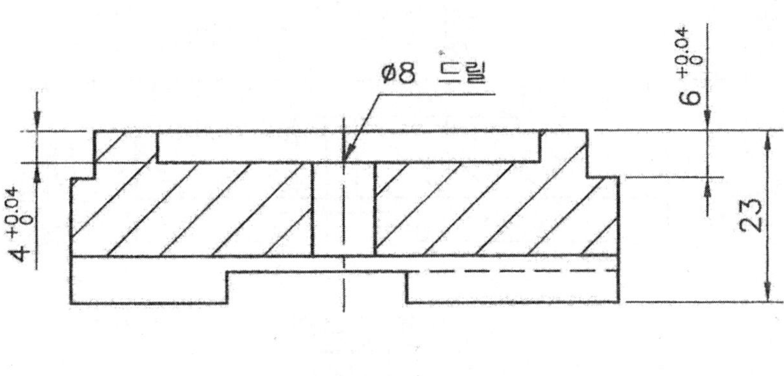

단면 A-A

6 CNC 밀링 실기 도면 6

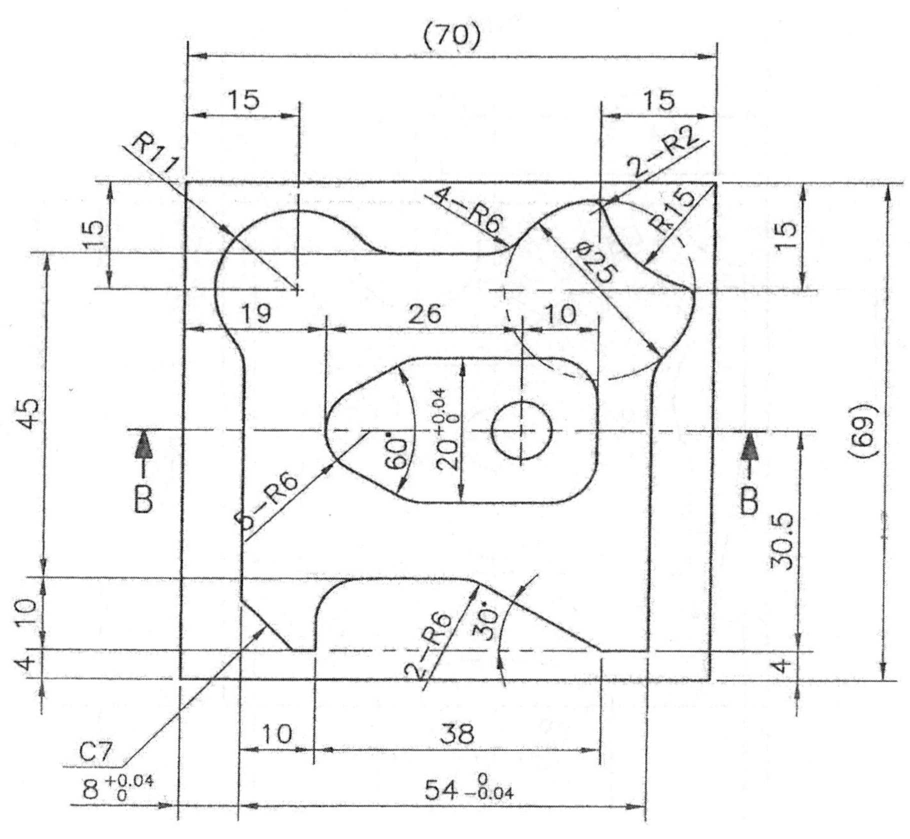

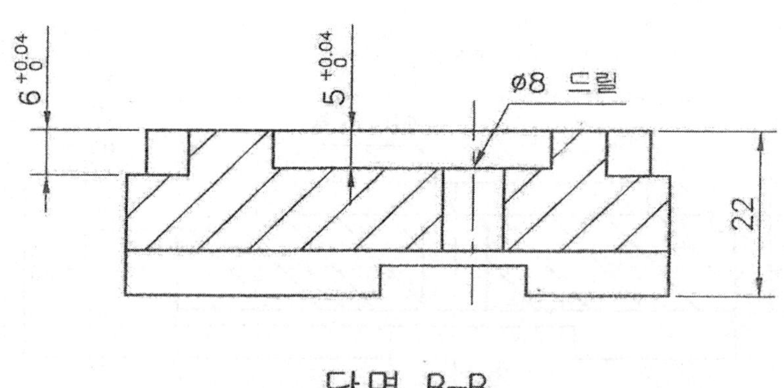

단면 B-B

⑦ CNC 밀링 실기 도면 7

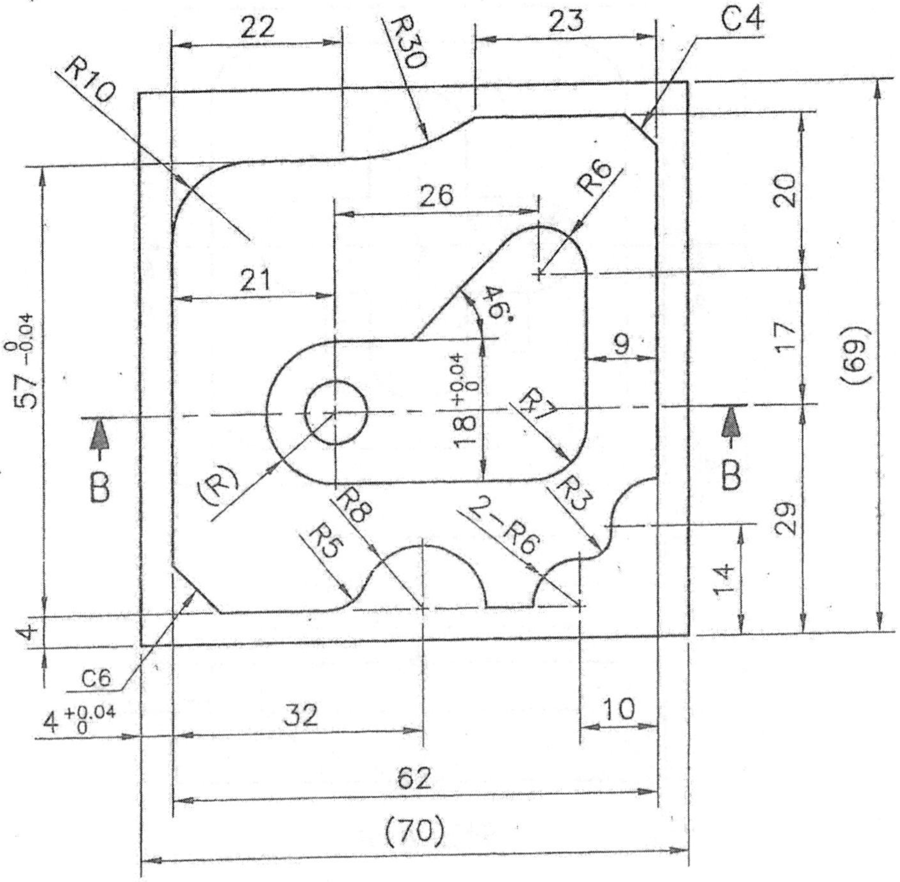

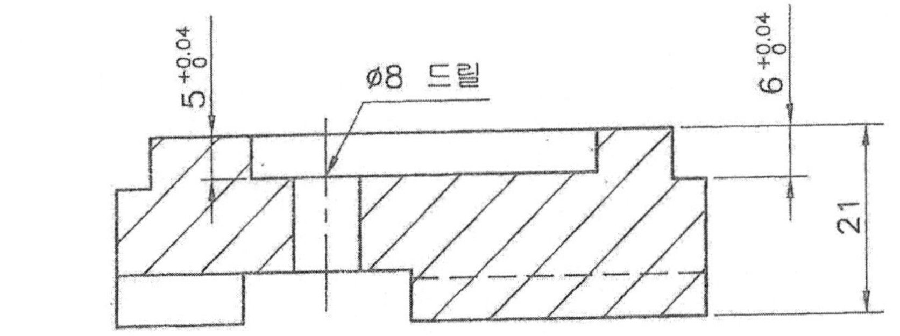

ø8 드릴

단면 B-B

1) 머시닝센터 프로그램 연습도면 ⓐ

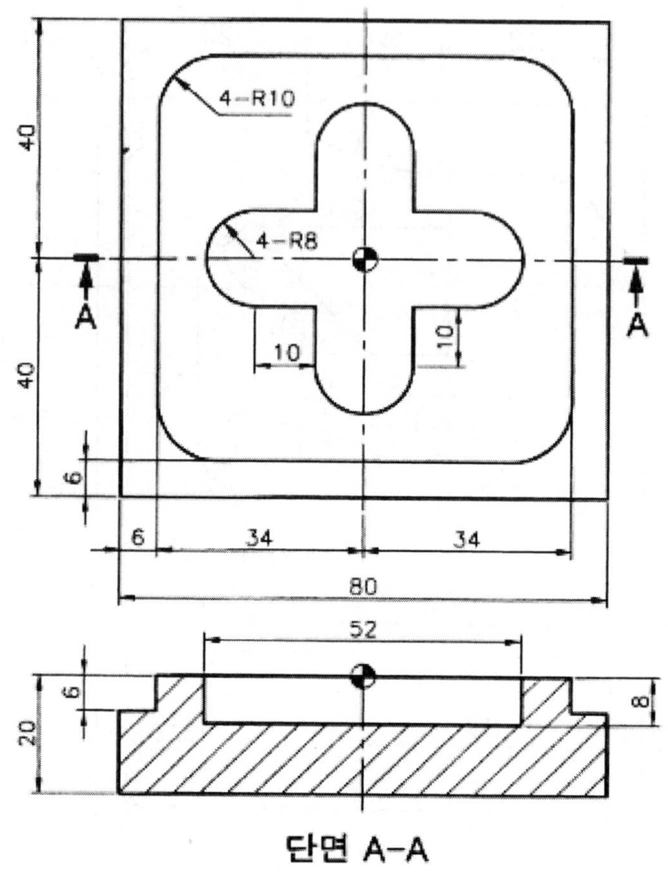

단면 A-A

머시닝센터 프로그램 연습도면 ⓐ풀이	
O0101; G40 G49 G80; G30 G91 Z0.0 M19; T02; M06;	G03 X48.0 Y22.0 R8.0; G01 X48.0 Y32.0; G40 Y40.0; G01 Z5.0; G00 Z150.0 M05;
G54 G90 G00 X-1.0 Y-15.0; G43 Z100. H02; S1000 M03; G00 Z5.0; G01 Z-6.0 F100;	M02; %
G01 X-1.0 Y81.0; X81.0 Y81.0; X81.0 Y-1.0; X-15.0 Y-1.0; G41 G01 X6.0 Y-15.0 D02	
G01 X6.0 Y64.0; G02 X16.0 Y74.0 R10.0; G01 X64.0 Y74.0; G02 X74.0 Y64.0 R10.0; G01 X74.0 Y16.0;	
G02 X64.0 Y6.0 R10.0; G01 X16.0 Y6.0; G02 X6.0 Y16.0 R10.0; G01 X6.0 Y25.0; G40 X-10.	
G00 Z10.0 G00 X40.0 Y40.0; Z5.0 G01 Z-8.0 F60 G01 G41 X48.0 Y32.0 D02;	
X58.0 Y32.0; G03 X58.0 Y48.0 R8.0; G01 X48.0 Y48.0; X48.0 Y58.0; G03 X32.0 Y58.0 R8.0;	
G01 X32.0 Y48.0; X22.0 Y48.0; G03 X22.0 Y32.0 R8.0; G01 X32.0 Y32.0; Y22.0;	

2) 머시닝센터 프로그램 연습도면 ⓑ

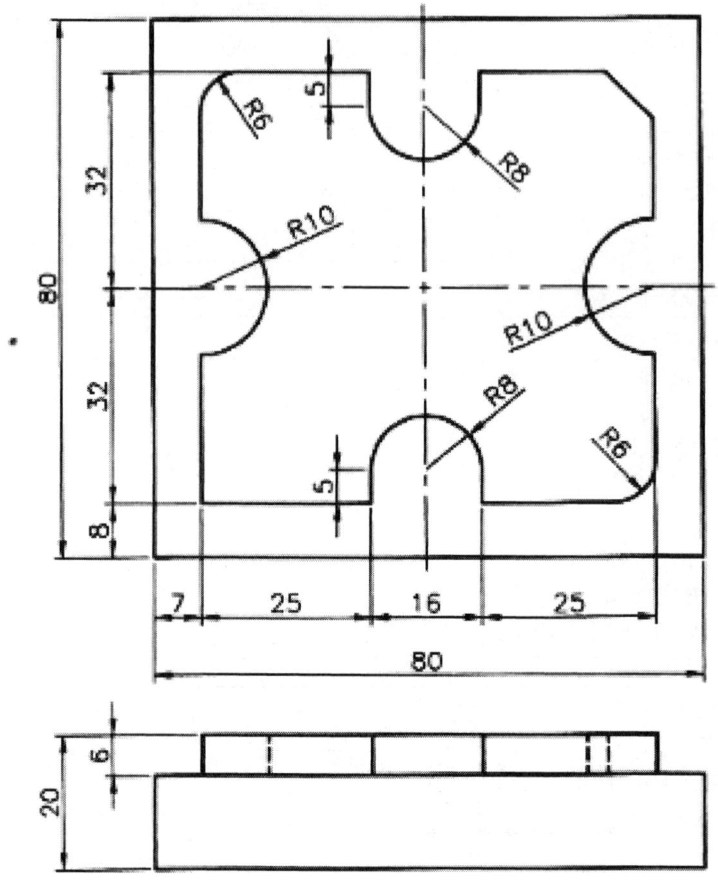

머시닝센터 프로그램 연습도면 ⓑ풀이	
G40 G49 G80; G91 G28 X0 Y0 Z0; T01; M06; S1200 M03;	공구 보정취소, 길이보정 취소, 사이클 취소 증분지정, 자동 원점 복귀 1번 공구 호출 공구교환 주축 1200으로 정회전
G90 G54 G00 X-10.0 Y-10.0; G43 Z100.0 H01; Z10.0; G01 Z-6.0 F100; G41 X7.0 D01;	절대지정, 공작물1번 좌표설정 공구길이 +보정, 1번 공구길이 보정값 호출 깊이 Z-6.0 이송100으로 지정 공구경 왼쪽보정 지정, 1번 공구보정값 호출
Y30.0; G03 Y50.0 R10.0; G01 Y66.0; G02 X13.0 Y72.0 R6.0; G01 X32.0;	도면에 의한 좌표값 도면에 의한 좌표값 도면에 의한 좌표값 도면에 의한 좌표값 도면에 의한 좌표값
Y67.0; G03 X48.0 Y67.0 R8.0; G01 Y72.0; X65.0; X73.0 Y64.0;	도면에 의한 좌표값 도면에 의한 좌표값 도면에 의한 좌표값 도면에 의한 좌표값 도면에 의한 좌표값
Y50.0; G03 Y30.0 R10.0; G01 Y14.0; G02 X67.0 Y8.0 R6.0; G01 X48.0;	도면에 의한 좌표값 도면에 의한 좌표값 도면에 의한 좌표값 도면에 의한 좌표값 도면에 의한 좌표값
Y13.0; G03 X32.0 R8.0; G01 Y8.0; X-7.0; G00 Y-20.0;	도면에 의한 좌표값 도면에 의한 좌표값 도면에 의한 좌표값 도면에 의한 좌표값 도면에 의한 좌표값
G40 G01 X2.0; Y77.0; X78.0; Y3.0; X-10.0;	공구보정 취소하며 도면에 의한 좌표값 도면에 의한 좌표값 도면에 의한 좌표값 도면에 의한 좌표값 도면에 의한 좌표값
G00 Z150.0 M05; G91 G28 X0 Y0 Z0; M02;	Z150 위치에서 주축정지 증분지정, 자동 원점 복귀 프로그램 종료

3) 머시닝센터 프로그램 연습도면 ⓒ

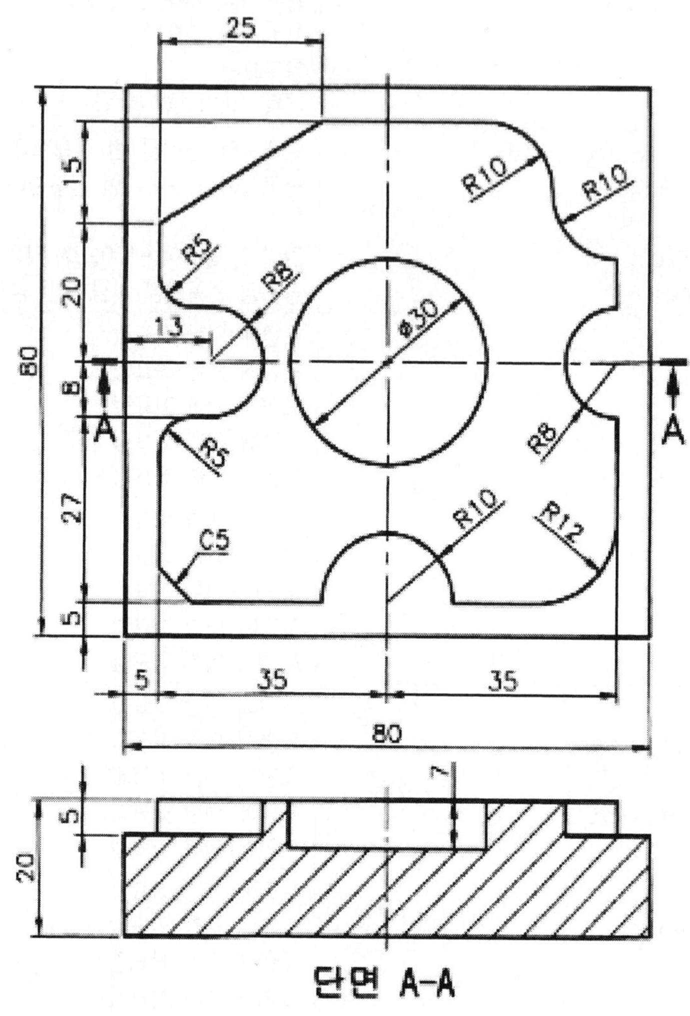

머시닝센터 프로그램 연습도면 ⓒ풀이	
O0102; G40 G49 G80; G30 G91 Z0.0 M19; T02; M06;	G00 Z30.0 G00 G40 X40.0 Y40.0; Z5.0 G01 Z-7.0 F60 G01 G41 X55.0 Y40.0 D02;
G54 G90 G00 X0.0 Y-10.0; G43 Z100. H02; S1000 M03; G00 Z5.0; G01 Z-5.0 F100;	G03 X25.0 Y40.0 R15.0; G03 X55.0 Y40.0 R15.0; G01 Z5.0; G00 Z100.0; G91 G28 Z0.;
G01 X-2.0 Y-15.0; X-2.0 Y75.0; X15.0 Y75.0; X15.0 Y82.0; X75.0 Y82.0;	M05; M02; %
X75.0 Y65.0; X82.0 Y65.0; X82.0 Y-2.0; X-15.0 Y-2.0; G41 G01 X5.0 Y-2.0 D02	
G01 X5.0 Y27.0; G02 X10.0 Y32.0 R5.0; G01 X13.0 Y32.0; G03 X13.0 Y48.0 R8.0; G01 X10.0 Y48.0;	
G02 X5.0 Y53.0 R5.0; G01 X5.0 Y60.0; X30.0 Y75.0; X55.0 Y75.0; G02 X65.0 Y65.0 R10.0;	
G03 X75.0 Y55.0 R10.0; G01 X75.0 Y48.0; G03 X75.0 Y32.0 R8.0; G01 X75.0 Y17.0; G02 X63.0 Y5.0 R12.0;	
G01 X50.0 Y5.0; G03 X30.0 Y5.0 R10.0; G01 X10.0 Y5.0; X5.0 Y10.0; X5.0 Y25.0;	

4) 머시닝센터 프로그램 연습도면 ⓓ

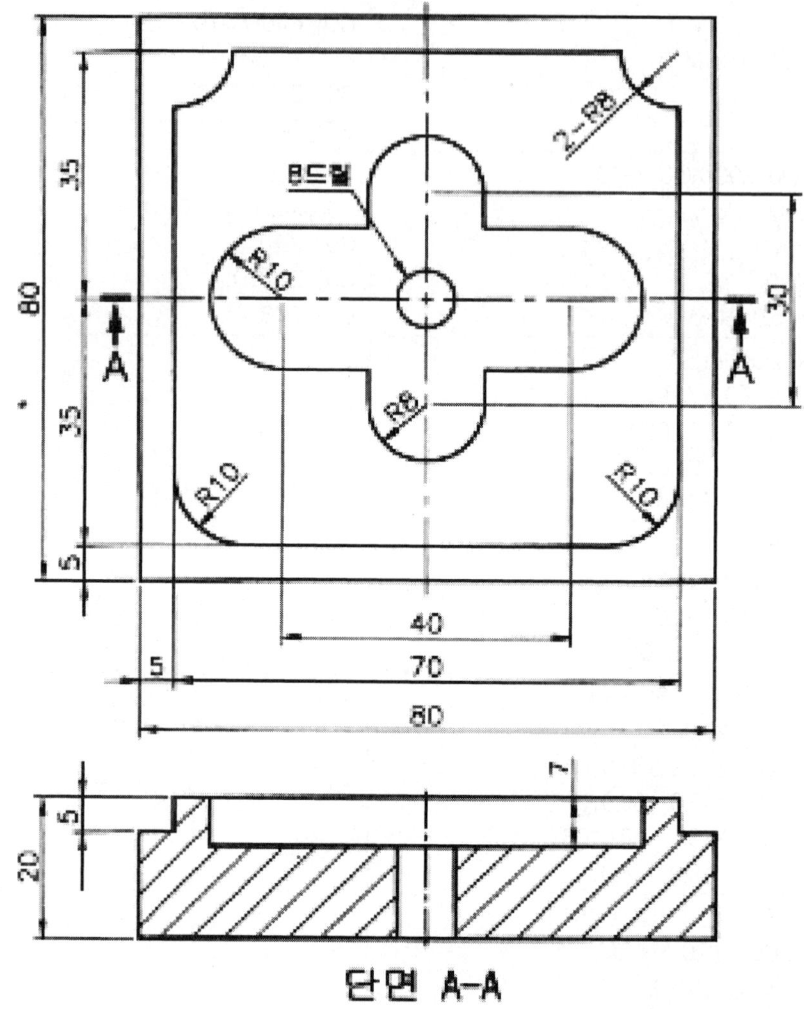

머시닝센터 프로그램 연습도면 ⓓ풀이	
O0103; G40 G49 G80; G00 G91 G28 Z0.0 M19; T01;(8mm 드릴) M06;	 G01 X15.0; G02 X5.0 Y15.0 R10.0; G01 Y30.0; X-20.0;
G00 G90 G54 X40.0 Y40.0; G43 H01 Z100.0; Z50.0 S1000 M03; Z5.0; G01 Z-30.0 F100;	G01 Z10.0; G40 G00 X40.0 Y40.0; G01 Z-7.0; X60.0; X20.0;
G01 Z10.0; G00 Z150.0 M05; G00 G91 G28 Z0.0 M19; T03;(10mm 엔드밀) M06;	X40.0; Y55.0; Y25.0; G41 G01 X48.0 D03; Y30.0;
G00 G90 G54 X-10.0 Y-15.0; G43 H03 Z100.0; S1000 M03 Z50.0; Z5.0; G01 Z-5.0 F100;	X60.0; G03 X60.0 Y50.0 R10.0; G01 X48.0; Y55.0; G03 X32.0 Y55.0 R8.0;
G41 X5.0 Y5.0 D03; G01 Y75.0; X75.0; Y5.0; X5.0;	G01 Y50.0; X20.0; G03 X20.0 Y30.0 R10.0; G01 X32.0; G01 Y25.0;
Y67.0; G03 X13.0 Y75.0 R8.0; G01 X67.0; G03 X75.0 Y67.0 R8.0; G01 Y15.0;	G03 X48.0 Y25.0 R8.0; G01 Y40.0; G01 Z10.0; G00 Z100.0 M05; G28 G91 Z0.0;
G02 X65.0 Y5.0 R10.0;	M02; %

5) 머시닝센터 프로그램 연습도면 ⓔ

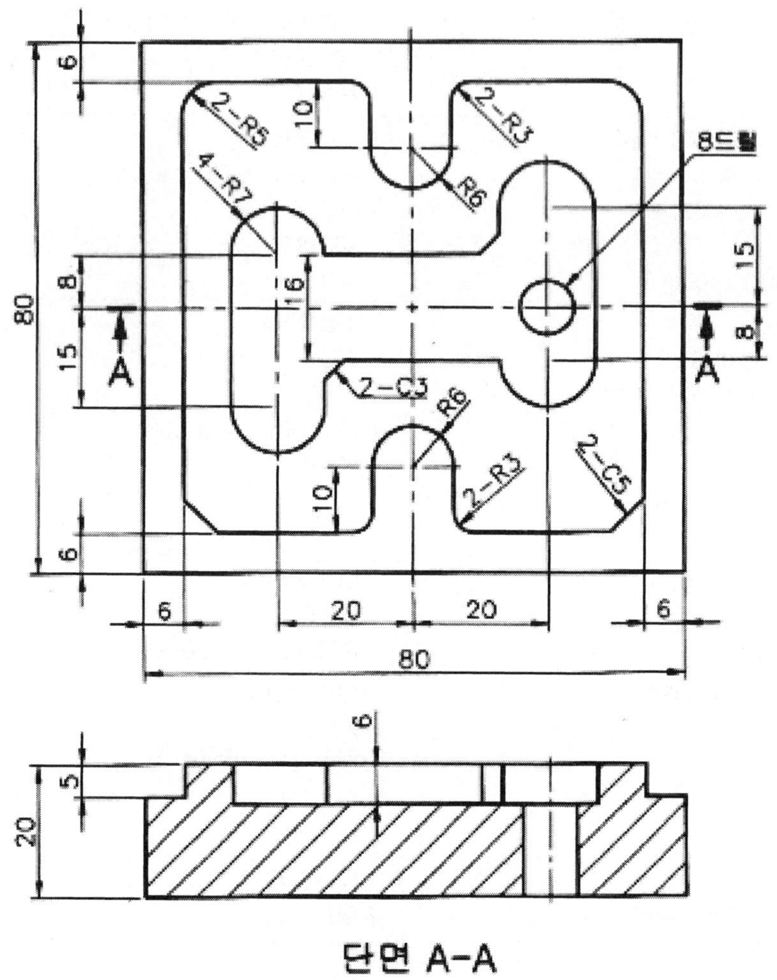

머시닝센터 프로그램 연습도면 ⓔ풀이

```
O0104;
G40 G49 G80;
G28 G91 Z0.0 M19;
T01;
M06;
G54 G00 G90 X60.0 Y40.0;
G43 H01 Z100.0;
S1000 M03 Z50.0;
Z10.0;
G01 Z-30.0 F100;
Z10.0;
G00 Z100.0 M05;
G28 G91 Z0.0 M19;
T03;
M06;
G54 G90 G00 X0.0 Y-15.0;
G43 H03 Z100.0;
S1200 M03 Z50.0;
G00 Z5.0;
G01 Z-5.0 F120;
X0.0 Y0.0;
Y80.0;
X80.0;
Y0.0;
X-15.0;
X6.0 Y-15.0;
G41 G01 X6.0 Y0.0 D03;
Y69.0;
G02 X11.0 Y74.0 R6.0;
G01 X31.0
G02 X34.0 Y71.0 R3.0;
G01 Y64.0;
G03 X46.0 Y64.0 R6.0;
G01 Y71.0;
G02 X49.0 Y74.0 R3.0;
G01 X69.0;
G02 X74.0 Y69.0 R5.0;
G01 Y11.0;
G01 X69.0 Y6.0;
X49.0;
G02 X46.0 Y9.0 R3.0;
G01 Y16.0;
G03 X34.0 Y16.0 R6.0;
G01 Y9.0;
G02 X31.0 Y6.0 R3.0;
G01 X11.0;
X6.0 Y11.0;
Y20.0;
Z10.0;
G40 G00 X60.0 Y40.0;
G01 Z-6.0;
Y55.0;
Y32.0;
Y40.0;
X20.0;
Y48.0;
Y25.0;
G41 Y32.0 D03;
X53.0;
G03 X67.0 Y32.0 R7.0;
G01 Y55.0;
G03 X53.0 Y55.0 R7.0;
G01 Y51.0;
X50.0 Y48.0;
X27.0;
G03 X13.0 Y48.0 R7.0;
G01 Y25.0;
G03 X27.0 Y25.0 R7.0;
G01 Y29.0;
X30.0 Y32.0;
X40.0;
G01 Z5.0;
G00 G40 Z50.;
G28 X0.0 Y0.0 Z0.0;
M05;
M02;
```

6) 머시닝센터 프로그램 연습도면 ⓕ

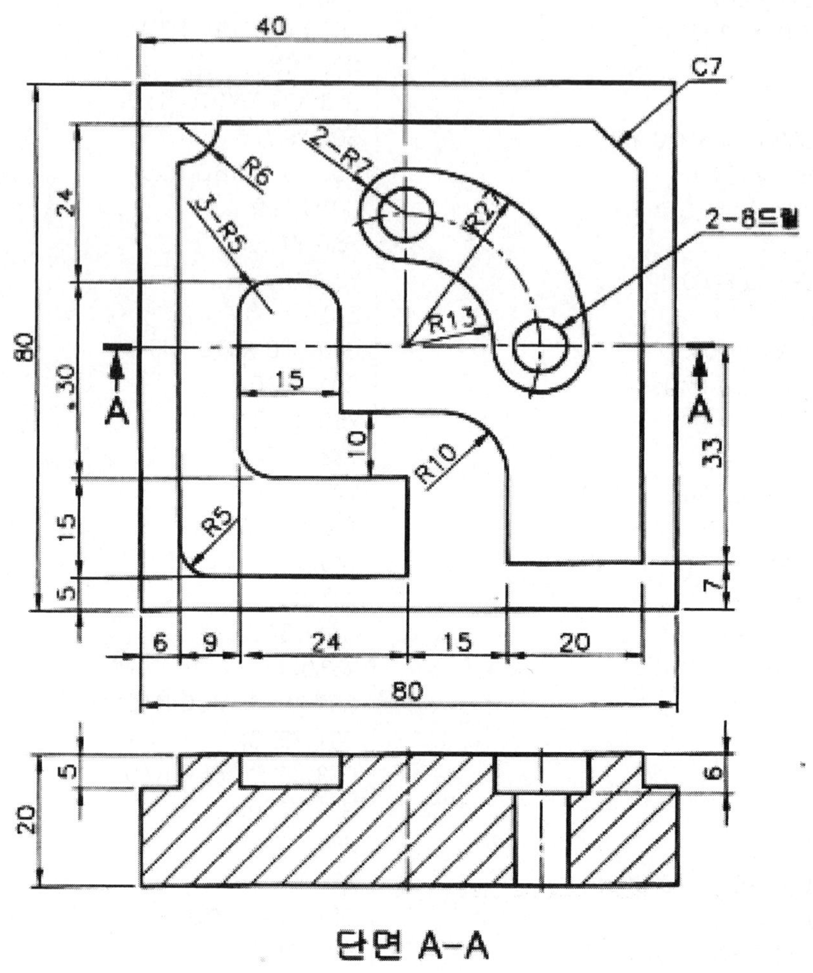

머시닝센터 프로그램 연습도면 ⓕ풀이	
O0105; G40 G49 G80; G91 G28 Z0. M19; T01; M06;	G01 X15. Y25.; G03 X20. Y20. R5.; G01 X39. Y20.; Y5.; X11. Y5.;
S800 M03; G90 G54 G00 X40. Y60.; G43 Z150. H01; Z10.; G01 Z-25. F80;	G03 X6. Y10. R5.; G01 Y20.; X-20.; G40 X-1.; G01 Y80.;
Z5.; G00 X60. Y40.0; G01 Z-25. F100; Z5.; G00 Z150. M09;	X80.; Y-1.; X-20.; G00 Z10.; X60. Y40.;
G49; M05; G91 G28 Z0. M19; T03; M06;	G01 Z-6. F100; G41 X67. Y40. D02; G03 X40. Y67. R27.; G03 X40. Y53.0 R7.; G02 X53. Y40. R13.;
S1200 M03; G90 G54 G00 X-20.; Y-20.; G43 Z150. H02; Z10.;	G03 X67. Y40. R7.; G00 G40 Z10.; Z150.; G49; G91 G28 Z0.;
G01 Z-5. F80; G41 X6. Y0. D03; Y68.; G03 X12. Y74. R6.; G01 X67.;	M05; M02; %
X74. Y67.0; Y7.; X54.; Y20.; G03 X44. Y30. R10.;	
G01 X30. Y30.; Y45.; G03 X25. Y50.0 R5.; G01 X20.; G03 X15. Y45. R5.;	

7) 머시닝센터 프로그램 연습도면 ⑨

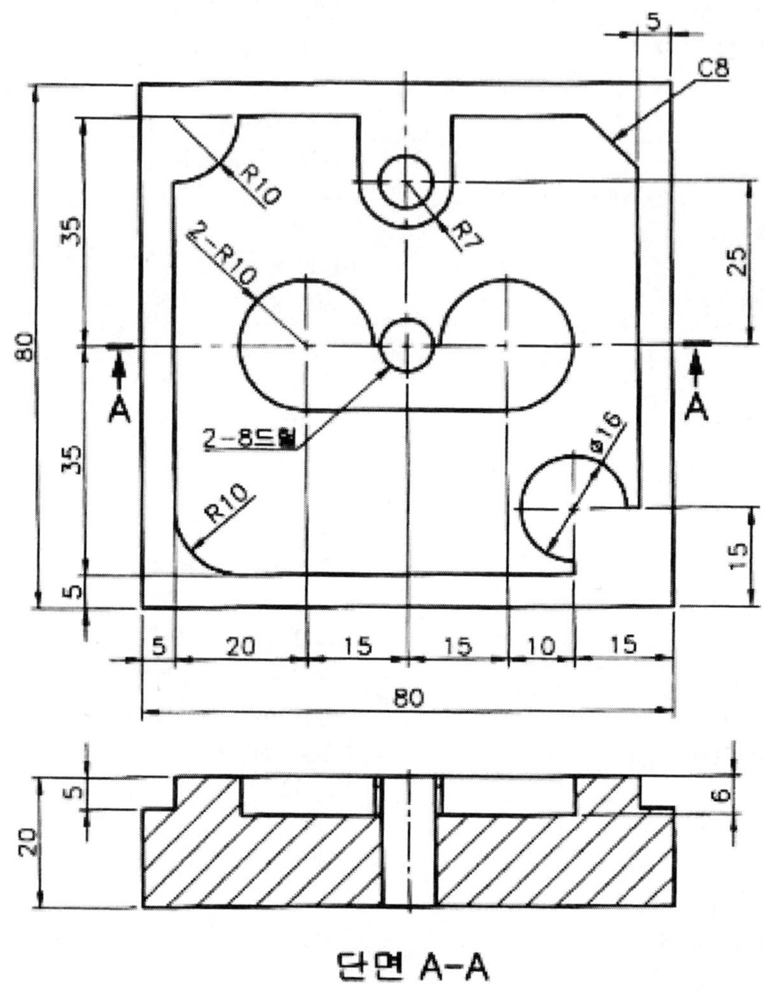

머시닝센터 프로그램 연습도면 ⑨풀이	
O0106; G40 G49 G80; G91 G28 Z0. M19; T01; M06;	G02 X5. Y15. R10.; G01 Y20.; X-20.; G40 X0.; G01 Y80.;
S800 M03; G90 G00 X40. Y65.; G43 Z150. H01; Z10.; G01 Z-20. F100;	X5. Y75.; Y80.; X77.; Y75.; X80.
Z10.; G00 X40. Y40.; G01 Z-20. F100; Z10.; G00 Z150. M09;	Y0.; X65. Y15.; G00 Z10. X55. Y40. G01 Z-6.0
G49; M05; G91 G28 Z0.0 M19; T03; M06;	Y35.; X25. Y40. G41 X35. Y40. D03; G03 X15. Y40. R10.;
S1200 M03; G90 G00 X-20. Y-20.; G43 Z150. H03; Z10.; G01 Z-5. F120;	G03 X25. Y30. R10.; G01 X55. Y30.; G03 X65. Y40. R10.; G03 X45. Y40. R10.; G40 G01 X57. Y40.
G41 X5. D03; X5. Y65.; G03 X15. Y75. R10.; G01 X33.; X33.Y65.;	G00 Z10. Z150.; X40. Y100.; G49; G91 G28 Z0.;
G03 X47. Y65. R7.; G01 Y75.; X67.; X75. Y67.; Y15.;	M05; M02; %
X73.; G03 X57. Y15. R8.; G03 X65. Y7. R8.; G01 Y5.; X15.;	

8) 머시닝센터 프로그램 연습도면 ⓗ

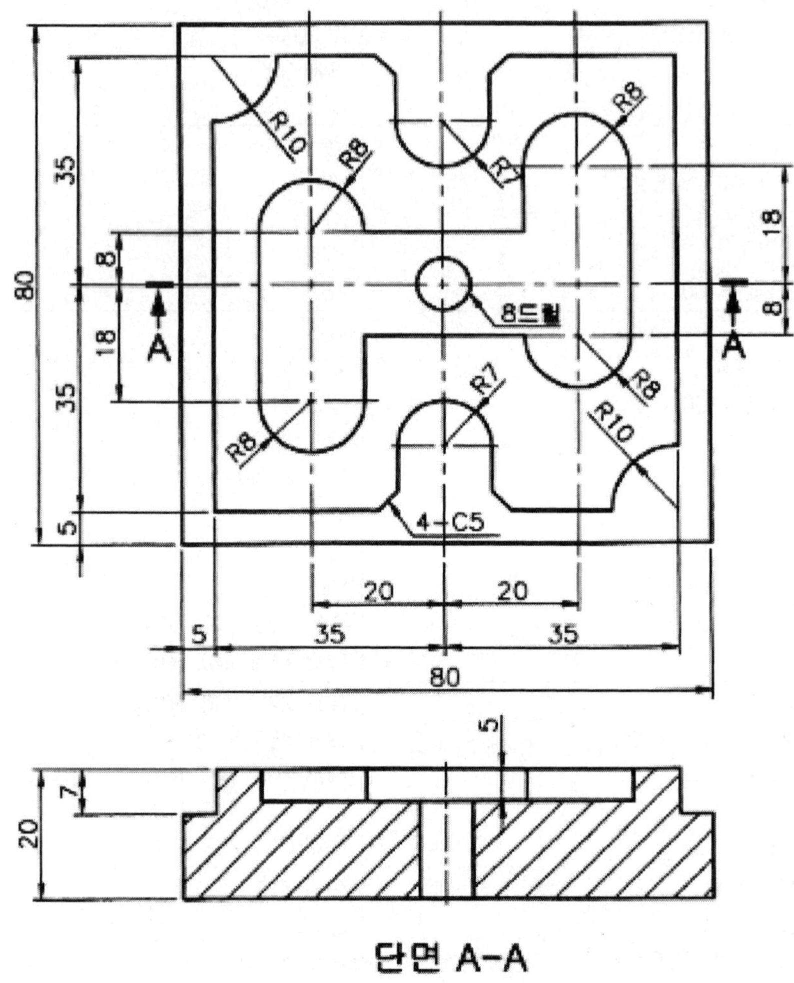

머시닝센터 프로그램 연습도면 ⓗ풀이	
O0107; G40 G49 G80; G91 G28 Z0. M19; T01; M06;	X28. Y5.; X-20.; G40 X-1.; G01 Y81.; X81.;
S800 M3; G90 G0 X40. Y40.; G43 Z150. H01; Z10.; G1 Z-25. F100;	Y-1.; X-20.; G00 Z10.; X40. Y40. G01 Z-7.0;
Z5.; G0 Z150. M09; G49; M05; G91 G28 Z0. M19;	G41 Y48. D02; X28.; G03 X12. R8.; G01 Y22.; G03 X28. R8.;
T02; M06; S1200 M03; G90 G00 X-20.; Y-20.;	G01 Y32.; X52.; G03 X68. R8.; G01 Y58.; G03 X52. R8.;
G43 Z150. H02; Z10.; G01 Z-7. F80; G41 X5. Y0. D02; Y65.;	G01 Y48.; X28.; Y40.; G40 G00 Z10.; Z150.;
G03 X15. Y75. R10.; G01 X28.; X33. Y70. Y65.; G03 Y65. X47. R7.;	G49; G91 G28 X0. Y0. Z0.; M05; M02; %
G01 Y70.; X52. Y75.; X75.; Y15.; G03 X65. Y5. R10.;	
G01 X52.; X47. Y10.; Y15.; G03 X33. Y15. R7.; G01 Y10.;	

MeMo

일반 공작기계 조작기술 [밀링, 선반]

CHAPTER 5

일반 공작기계 조작기술 [밀링, 선반]

01 밀링 실기 따라 하기

❶ 정면 밀링 커터 가공 순서 요약

① 정면 밀링 커터를 장착한다.
  ㉠ 콜릿 척과 정면 밀링커터의 조립 부위를 깨끗이 청소한다.
  ㉡ 주축속도를 90rpm으로 조정한다.
  ㉢ 콜릿 척을 시계 방향으로 돌려 척을 벌린다.
  ㉣ 정면 밀링커터를 장착하고 콜릿 척을 반 시계 방향으로 돌린다.
  ㉤ 훅 스패너를 사용하여 척이 돌아갈 때까지 단단하게 고정한다.
② 공작물을 평행 대를 대고 바이스 높이 보다 15 ~ 20mm 높게 고정시킨다.
③ 정면 밀링 커터의 팁 상태를 확인한다.
④ 공작물 중심이 정면 밀링 커터의 중심에 오도록 새들 이송핸들을 조작한다.
⑤ 바이트 끝이 공작물 높이 보다 5mm정도 높게 니이 이송 핸들을 조작한다.
⑥ 바이스 정면 밀링 커터의 직경만큼 좌측으로 이동시킨다.
⑦ 주축속도를 1000rpm으로 조정 한 후 회전시킨다.
⑧ 공작물 테이블 이송핸들을 사용하여 우측으로 천천히 이송한다.
⑨ 공작물의 좌측 1/3 지점에서 멈춘 후 니이 이송핸들을 사용하여 천천히 올려 접촉점을 찾는다.
⑩ 공작물을 좌측으로 이동한 후 니이 이송핸들을 1mm 올린다.
⑪ 테이블 이송 핸들을 천천히 돌려서 1mm를 가공한다.
⑫ 테이블을 좌측으로 옮겨 0.1mm를 절입 한 후 다듬질 절삭을 한다.
⑬ 공작물을 돌려 물린 후 도면의 치수로 완성 가공한다.
⑭ 1면, 2면, 3면, 4면, 5면, 6면을 가공한다.

1) 정면 밀링 커터 가공 시 주의사항

① 모따기, 정리정돈, 청소를 철저하게 한다.
② 안전유의, 측정기를 청결하며 올바르게 사용한다.
③ 사용 후 기계를 정 위치에 올바르게 위치시킨다.

❷ 엔드밀 가공 순서 요약

① 엔드밀을 장착한다.

㉠ 콜릿 척과 스프링 콜릿의 조립부위를 깨끗이 청소한다.

㉡ 주축속도를 90rpm으로 조정한다.

㉢ 콜릿 척을 시계 방향으로 돌려 척을 벌린다.

㉣ 엔드밀을 장착하고 콜릿 척을 반 시계 방향으로 돌린다.

㉤ 훅 스패너를 사용하여 척이 돌아갈 때까지 단단히 고정한다.

② 공작물을 엔드밀 가공 깊이보다 3 ~ 6mm 높게 고정시킨다.

③ 엔드밀과 공작물이 5mm정도의 간격이 되도록 니이 이송 핸들로 조정한다.

④ 4날의 경우 500rpm, 2날의 경우 715rpm으로 조정한 후 회전시킨다.

⑤ 절삭 깊이 5mm, 측면 절삭 5mm 정도로 한다.

⑥ 니 이송핸들을 시계 방향으로 돌려서 접촉점을 찾는다.

⑦ 니의 마이크로 칼라 눈금을 0으로 셋팅한다.

⑧ 공작물을 좌측 또는 작업자 방향으로 이동 한 후 니이 이송 핸들을 4mm 올린다. (이때 반드시 상향절삭이 되도록 이송방향을 조정한다.)

⑨ 테이블 이송 핸들을 천천히 돌려서 엔드밀의 측면의 접촉점을 찾아서 새들 또는 테이블 이송핸들 눈금을 0으로 셋팅한다.

⑩ 테이블 좌측 또는 작업자 방향으로 엔드밀의 반경만큼 이송 한 후 가공한다.

⑪ 깊이와 측면의 치수를 0.2 ~ 0.3mm 정도 남기고 거친 절삭한다.

⑫ 측면 치수를 다듬질 절삭 후 작업을 완료한다.

1) 엔드밀 가공 시 주의사항

① 모따기, 정리정돈, 청소를 철저하게 한다.

② 안전유의, 측정기를 청결하며 올바르게 사용한다.

③ 사용 후 기계를 정 위치에 올바르게 위치시킨다.

③ T홈 가공 순서 요약

T홈 가공전에 육면체 작업을 정확히 완성시킨다.

1) 부품 1의 좌측 홈 가공

① T커터의 회전수는 250 ~ 360rpm 사이 1회 절입량은 0.5 ~ 0.7mm 정도로 한다.
② T커터를 바닥면 및 측면을 접촉시켜 칼라 눈금을 0점 조정한다.
③ 상하깊이를 0.2mm 정도 측면 깊이를 0.3 ~ 0.5mm 남기고 가공한다.
④ 상하깊이를 도면 치수에서 가능한 (+)방향으로 완성시킨다.
⑤ 측면을 도면 치수에서 가능한 (-)방향으로 완성시킨다.
⑥ 니를 내려(0.5 ~ 0.7mm 절입) T홈 윗면을 도면 치수에서 가능한 (-)방향으로 완성시킨다.

2) 부품 1의 우측 홈 가공

① T커터를 바닥면 및 측면을 접촉시켜 칼라 눈금을 0점 조정한다.
② 상하 깊이를 0.2mm 정도 측면 깊이를 0.3 ~ 0.5mm 남기고 가공한다.
③ 상하 깊이를 도면 치수에서 가능한 (+)방향으로 완성시킨다.
④ 측면을 도면 치수에서 가능한 (-)방향으로 완성시킨다.
⑤ 니를 내려(0.5 ~ 0.7mm 절입) T홈 윗면을 도면 치수에서 가능한 (-)방향으로 완성시킨다.

3) 부품 2의 좌측 홈 가공

① T커터의 회전수는 250 ~ 360rpm 사이 1회 절입량은 0.5 ~ 0.7mm 정도로 한다.
② T커터를 바닥면 및 측면을 접촉시켜 칼라 눈금을 0점 조정한다.
③ 상하 깊이를 0.2mm 정도 측면 깊이를 0.3 ~ 0.5mm 남기고 가공한다.
④ 상하 깊이를 도면 치수에서 가능한 (+)방향으로 완성시킨다.
⑤ 측면을 도면 치수에서 가능한 (+)방향으로 완성시킨다.
⑥ 니를 내려(0.5 ~ 0.7mm 절입) T홈 윗면을 도면 치수에서 가능한 (-)방향으로 완성시킨다.

4) 부품 2의 우측면 가공

① T커터를 바닥면 및 측면을 접촉시켜 칼라 눈금을 0점 조정한다.
② 상하 깊이를 0.2mm 정도 측면 깊이를 0.3 ~ 0.5mm 남기고 가공한다.
③ 상하 깊이를 도면 치수에서 가능한 (+)방향으로 완성시킨다.
④ 측면을 도면 치수에서 가능한 (+)방향으로 완성시킨다.
⑤ 니를 내려(0.5 ~ 0.7mm 절입) T홈 윗면을 도면 치수에서 가능한 (-)방향으로 완성시킨다.

5) 주의사항

① 부품2는 부품1을 끼워 맞춰 보면서 가공한다.
② 끼워 맞춤이 이루어지지 않으면 부품 2를 수정한다.
③ 끼워 맞춤이 이루어진 후에 부품2를 바이스에서 풀어낸다.
④ 모따기를 완벽하게 정성을 기울어서 한다.
⑤ 가공하다가 실수를 하더라도 끝까지 그 부품으로 완성한다.

• 밀링머신의 정위치 상태

• 밀링머신의 조작반 1

• 밀링머신의 측면 모습

• 밀링머신 조작반 2

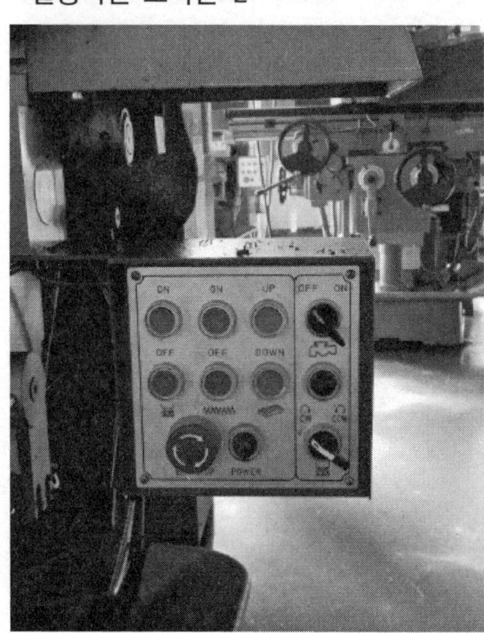

• 밀링머신의 정면 모습

• 밀링머신 조작반 3

• 밀링머신 조작반 4

• 밀링머신 조작반 5

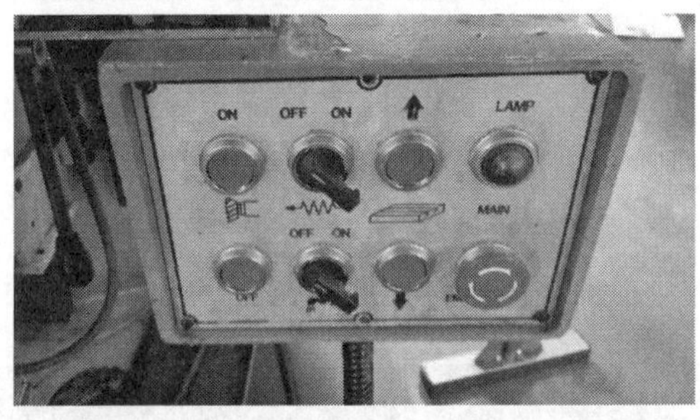

• 정면 밀링커터

• 어뎁터에 장착된 엔드밀

• 정면커터의 절삭방향

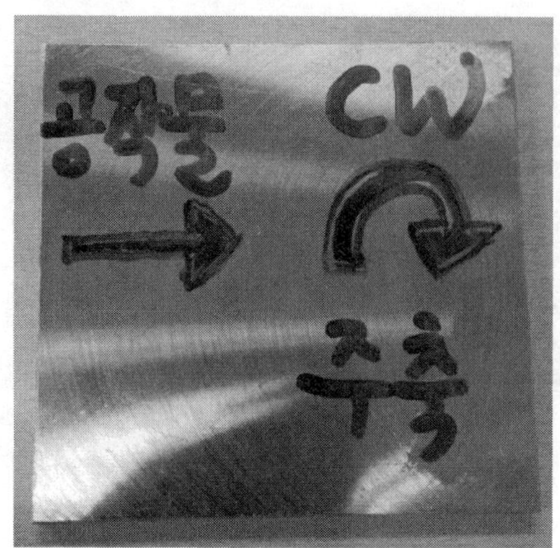

• 엔드밀의 절삭방향

02 컴퓨터응용밀링기능사 실기시험 요구사항

• **시험시간** : 총 3시간

- CNC 밀링가공 시험시간 : 2시간(프로그래밍 1시간, 기계가공 1시간)
- 범용밀링가공 시험시간 : 1시간

1) 요구사항

- 지급된 재료를 이용하여 도면과 같은 부품을 범용밀링과 머시닝센터를 이용하여 가공 후 제출한다.
- 지급된 도면과 같이 가공할 수 있도록 CNC 프로그램 입력장치에서 수동으로 프로그램하거나 CAM 소프트를 이용하여 자동으로 프로그램하여 저장장치에 저장하여 제출하고 차례로 범용가공 후 CNC 가공을 한다.
- 지급된 대료는 교환할 수 없다.
  (단, 지급된 재료에 이상이 있다고 감독위원이 판단할 경우 교환이 가능하다.)
- 기계가공 전 복장상태를 확인하고, 안전보호구(안전화, 보안경 등)을 착용해야 한다.

가) 범용밀링가공

① 지급된 재료를 범용 밀링을 이용하여 도면과 같이 가공하여야 한다.

나) 머시닝센터가공

① 범용 밀링에서 가공된 재료를 반대 면에 머시닝센터를 이용하여 가공하여야 한다.

② 저장장치에 저장된 프로그램을 머시닝센터에 입력시켜 제품을 가공한다.

③ 소재 윗면을 커터로 가공한 후 제품을 가공한다.(수동, 자동 모두 가능)

④ 공구세팅 및 좌표계 설정을 제외하고는 CNC 프로그램에 의한 자동운전으로 가공해야 한다.

⑤ 지급된 절삭 공구(센터드릴 등)는 반드시 사용해야 한다.

2) 수험자 유의사항

가) 범용밀링가공

① 시험시간은 1시간을 초과할 수 없고, 남는 시간을 CNC 가공 시간에 사용할 수 없다.

나) 머시닝센터가공

① 시험시간은 프로그래밍 시간, 기계가공 시간을 합하여 2시간이며, 프로그램 시간은 1시간을 초과할 수 없고, 남는 시간을 기계가공 시간에 사용할 수 없다.

② 작업 완료시 제품은 기계에서 분리하여 제출하고, 프로그램 및 공구보정을 삭제한 후, 다음 수험자가 가공하도록 한다.

1 범용밀링 실기 도면 1

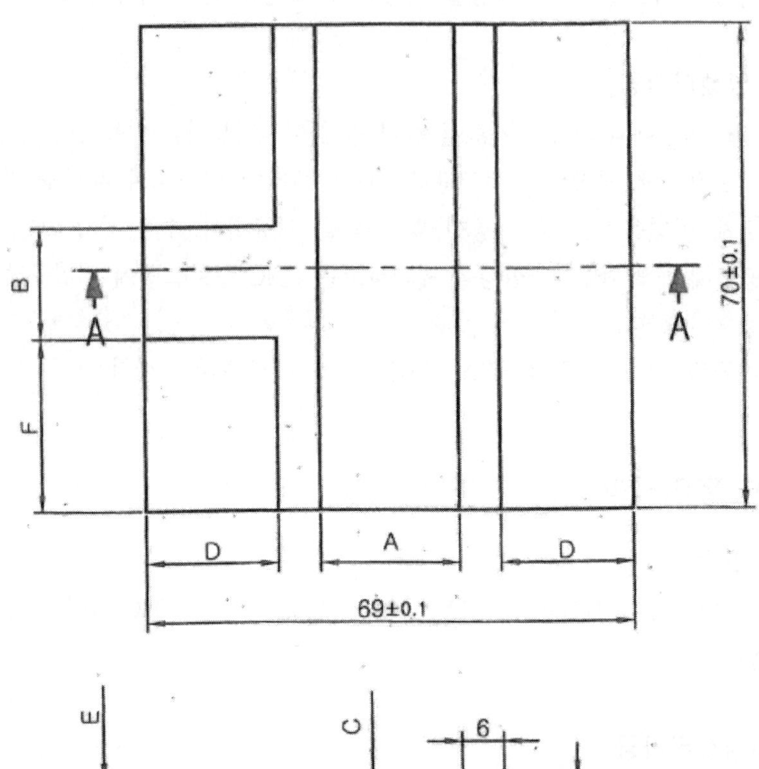

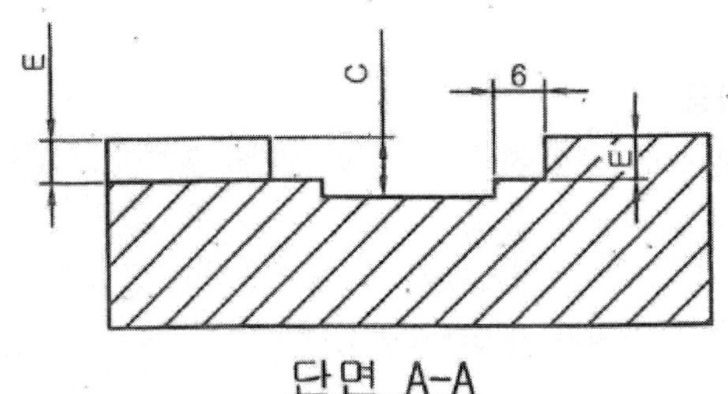

단면 A-A

가공치수 변화표

비번호	구분	A $^{+0.06}_{0}$	B $^{+0.08}_{0}$	C $^{0}_{-0.08}$	D±0.1	E±0.1	F±0.1
1, 4, 7	A형	20	16	7	19	5	25
2, 5, 8	B형	22	18	8	18	6	26
3, 6, 9	C형	18	17	7	20	4	27

2 범용밀링 실기 도면 2

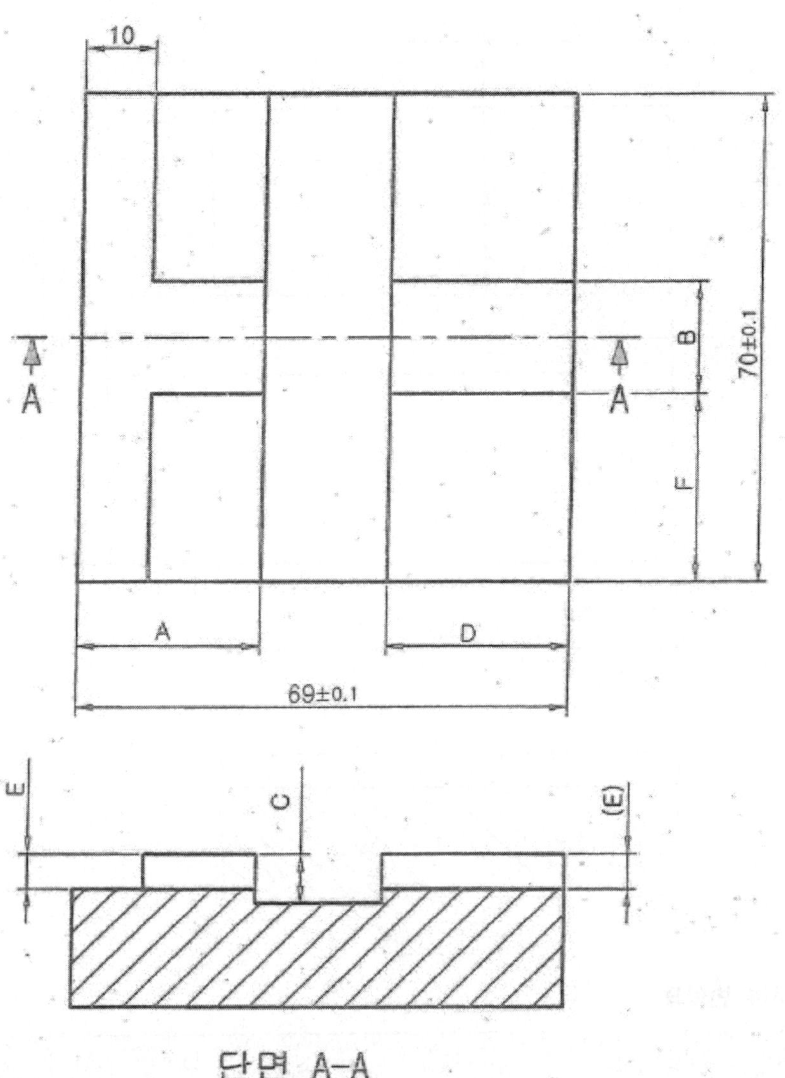

가공치수 변화표

비번호	구분	A $^{+0.06}_{0}$	B $^{+0.08}_{0}$	C $^{0}_{-0.08}$	D±0.1	E±0.1	F±0.1
1, 4, 7	A형	26	16	7	26	5	27
2, 5, 8	B형	27	18	6	25	5	26
3, 6, 9	C형	25	17	7	27	6	25

❸ 범용밀링 실기 도면 3

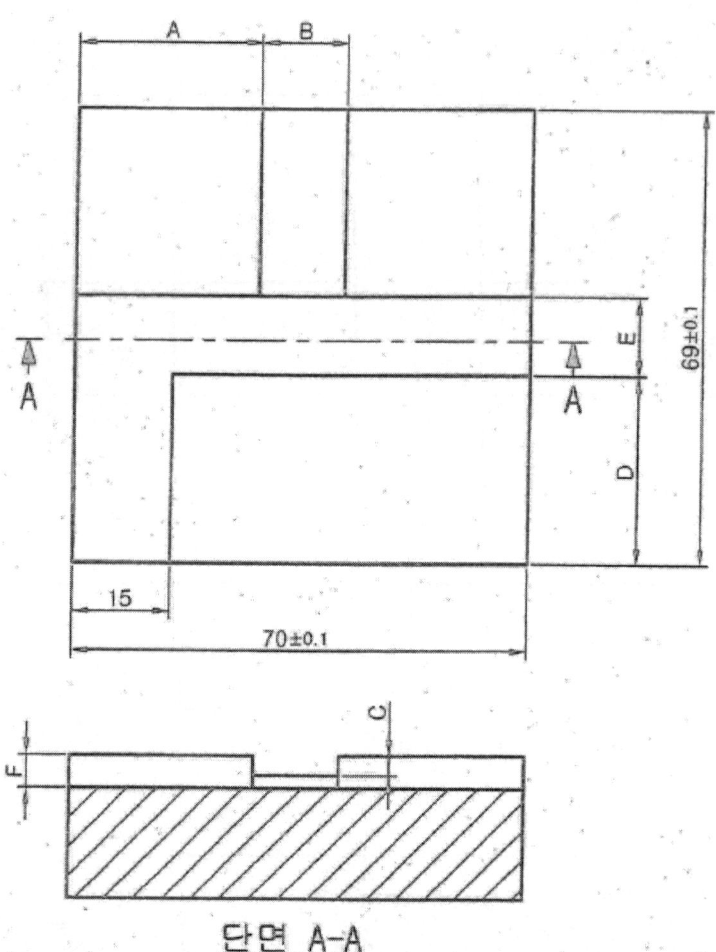

가공치수 변화표

비번호	구분	A±0.1	B $^{+0.08}_{0}$	C±0.1	D±0.1	E $^{+0.08}_{0}$	F $^{0}_{-0.06}$
1, 4, 7	A형	28	13	4	29	12	6
2, 5, 8	B형	27	14	5	27	14	7
3, 6, 9	C형	29	12	3	28	13	6

범용밀링 실기 도면 4

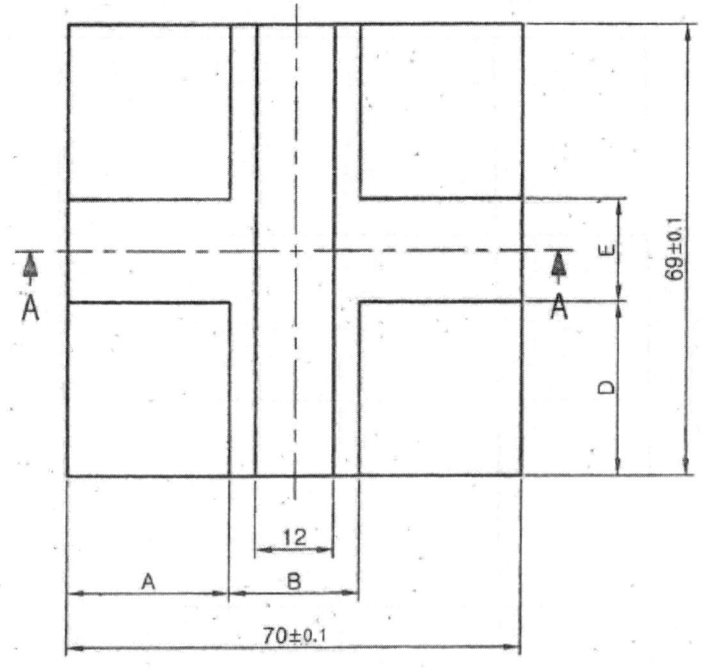

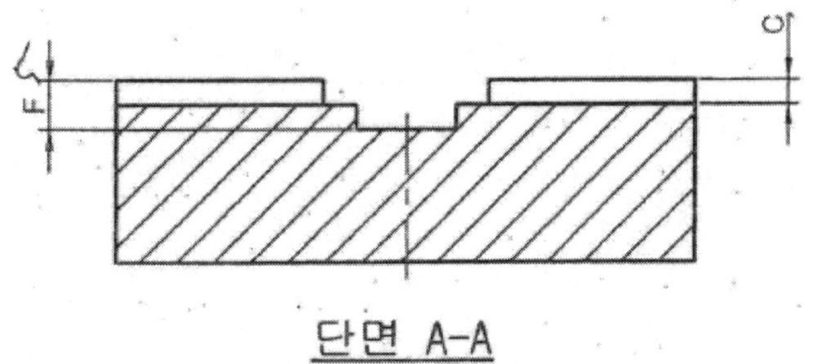

단면 A-A

가공치수 변화표

비번호	구분	A±0.1	B $^{+0.08}_{0}$	C±0.1	D±0.1	E $^{+0.08}_{0}$	F $^{0}_{-0.06}$
1, 4, 7, 0	A형	25	20	4	27	16	7
2, 5, 8	B형	26	21	4	26	17	6
3, 6, 9	C형	24	22	3	28	15	5

5 범용밀링 실기 도면 5

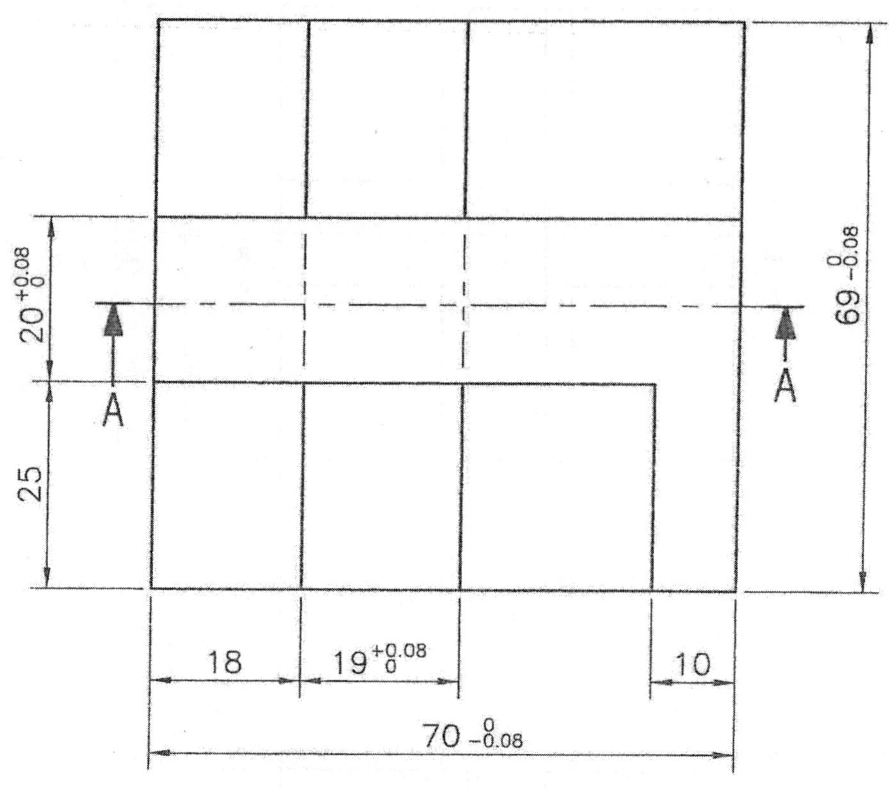

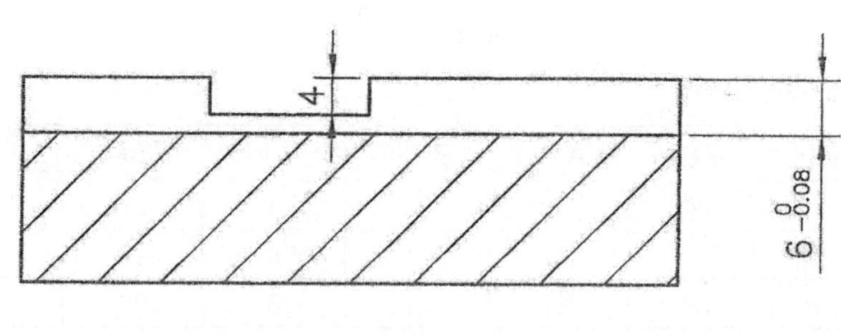

단면 A-A

6 범용밀링 실기 도면 6

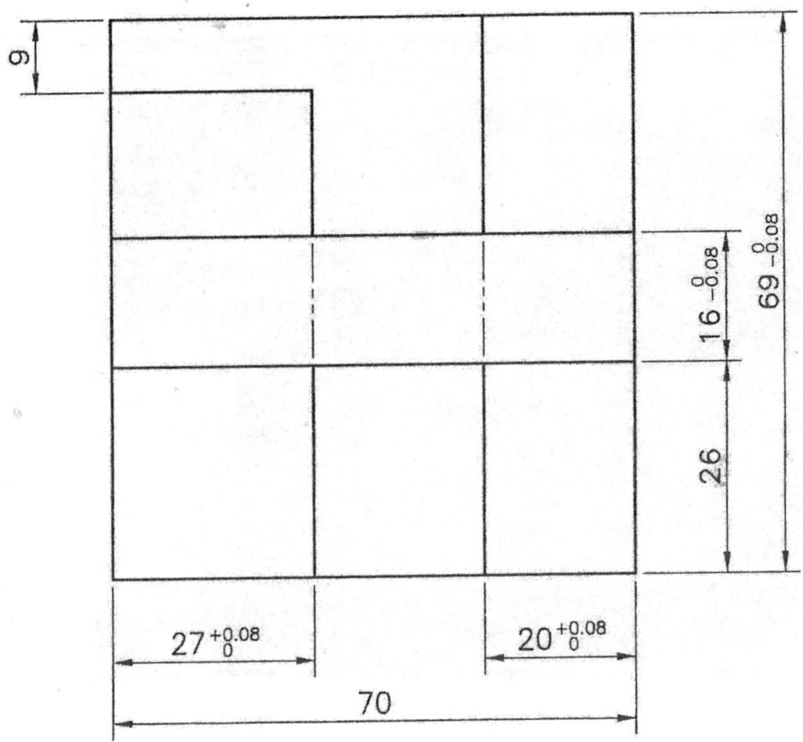
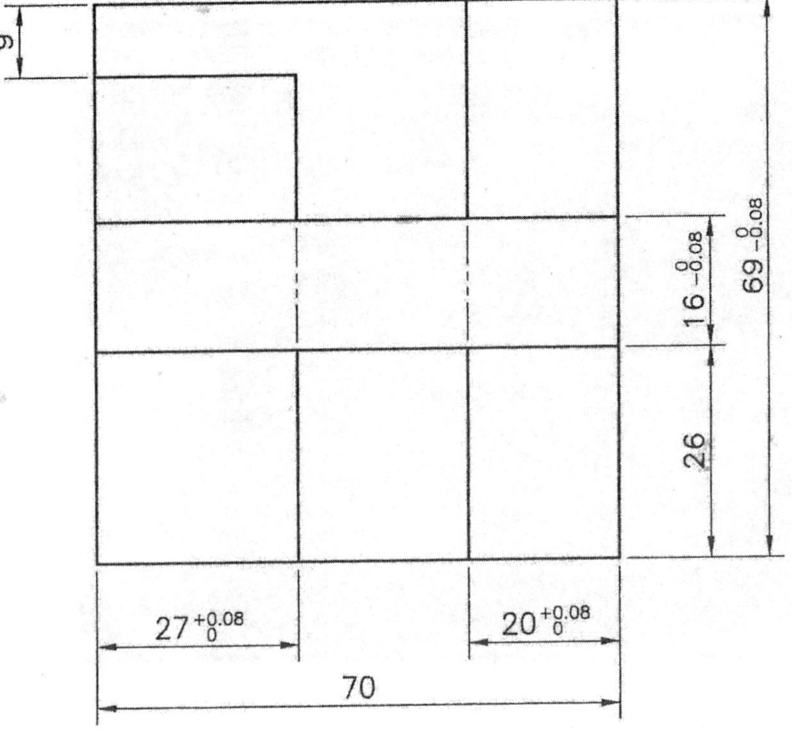

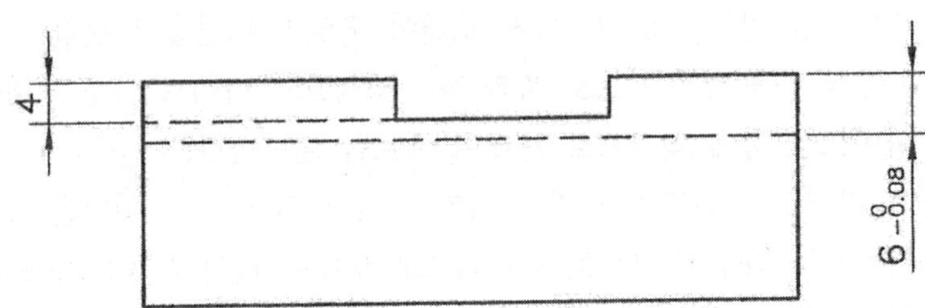

03 선반 실기 작업별 설명

1 선반에서 할 수 있는 작업별 설명

① **외경절삭** : 바이트를 회전축에 평행하게 보내어 원통의 외주를 깎는다.
② **내경절삭** : 바이트를 회전축에 평행하게 보내어 구멍의 내면을 깎는다.
③ **단면절삭** : 환봉의 면을 깎는 것으로 축과 직각 방향으로 바이트 날을 보내어 깎는다.
④ **절단작업** : 바이트를 축에 직각으로 보내어 재료를 절단한다.
⑤ **테이퍼 절삭** : 바이트를 회전축과 경사 시켜 보내어 외면 또는 내면을 깎는다.
⑥ **나사절삭** : 바이트를 좌우 방향으로 규칙적으로 보내어 나사의 형을 만드는 것이다.
⑦ **모방절삭** : 모방절삭 장치를 이용하여 공작물의 형상과 동일한 형상으로 가공한다.
⑧ **구면절삭** : 바이트에 좌우, 전후, 복합 이송을 주어 둥근 절삭을 하는 것이다.
⑨ **총형절삭** : 특수 형상의 날 끝의 바이트를 축과 직각 방향으로 보내어 깎는 것이다.
⑩ **드릴링** : 드릴을 심압대에 장착하여 좌우 방향으로 보내어 구멍을 뚫는 것이다.
⑪ **널링** : 널링 공구를 공작물의 외주에 밀어 넣어 좌우 방향으로 깎는 것이다.

• 주축 기어 변속 레버 모습

• 연동척과 공구대 모습

• 심압대와 왕복대의 모습

• 작업 전 상태의 모습 1

• 작업 전 상태의 모습 2

• 작업 전 상태의 모습 3

• 작업 전 상태의 모습 4

• 작업 전 상태의 모습 5

② 아래 도면에 의한 제품가공 순서

가공순서는 제품의 사용목적, 작업자의 판단에 따라 다르므로 참고용으로만 활용바람

• 캡 완성품 모습

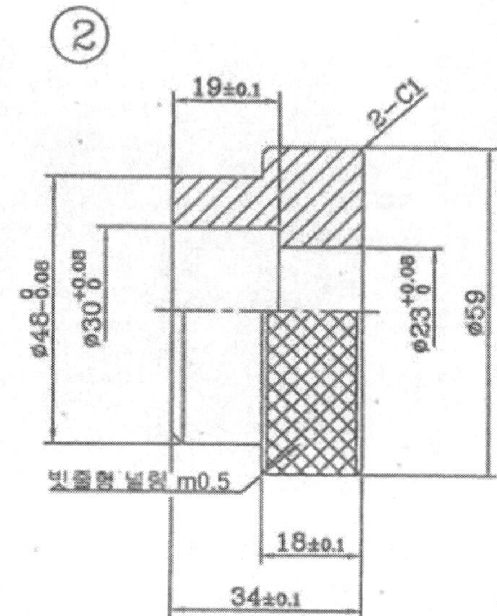

① 지급받은 재료를 척에 장착한 후 단면 및 널링부위 외경을 가공한다.

② 센터드릴을 사용하여 단면에 센터구멍을 뚫고 심압대에 베어링 센터를 장착 한 후 심압대 축을 공작물에 고정하여 흔들림을 방지한 후 널링을 공구대에 장착하여 널링 작업을 완성한다.

③ 베어링 센터를 제거 한 후 그 자리에 드릴을 장착하여 내경 드릴작업을 한다. 드릴은 작은 구멍을 먼저 뚫고 큰 구멍을 뚫어 드릴의 마모를 최소화 한다.

④ 드릴을 제거한 후 내경바이트를 설치하여 내경 ∅23 부위를 가공한 후 도면에 지시된 모따기를 완성하여 공작물을 풀어내고 자격시험 시에는 이때 감독관의 확인 마킹을 받고 돌려 물려야한다.

⑤ 공작물을 돌려 물린다. 이때 연동척의 조 안쪽에 미리 제작해놓은 면판을 설치한 후 널링 부위를 보호 판을 대고 척에 물려 전장 길이34 부위와 외경부위를 가공한다.

⑥ 내경 바이트를 이용하여 내경 직경∅30 부위와 길이19 부위를 가공 완성한다.

⑦ 모따기 바이트를 설치하여 도면에 지시된 모따기를 완성한 후 작업을 마무리한다.

다단 축	홈 축

다단 축 완성품 모습	홈 축 완성품 모습

널링 축	널링 테이퍼 축

널링 축 완성품 모습	널링 테이퍼 축 완성품 모습

기계가공조립 축(다이스 이용 나사 가공 전)	기계가공조립 축(다이스 이용 나사 가공 후)

다이스 가공 전 축 모습	다이스 가공 후 완성된 축 모습

04 2013년 이후 변경된 실기시험 방법

① 변경 전, 후 내용

구분	변경 전	변경 후	비고
시험 시간	표준시간 : 3시간	표준시간 : 3시간 30분 (CNC 선반프로그래밍 : 1시간, CNC 선반가공 : 1시간15분, 범용선반가공 : 1시간15분)	
실기 구성	• 범용선반 가공 • CNC 선반 가공	• 범용선반 가공에 널링가공 추가 • CNC 선반 가공에 홈가공(척킹부분) 추가	
재료 지급	• 범용선반재료 : 기초 및 모따기 가공 후 지급(L : 40mm)	• 범용선반재료 : 기초 및 모따기 가공없이 지급(L : 50mm)	
기타	• 출제기준에 따른 현재 작업요소	• 향후 출제기준에 따라 현재에 여러 작업 요소 추가 예정	

② 변경 후 적용시기

- 2013년 기능사 5회부터 현재까지 큰 변동없이 시행되고 있음

05 컴퓨터응용선반기능사 실기시험 요구사항

- **시험시간** : [표준시간 - 3시간 30분, 연장시간 - 없음]
  - CNC 선반가공 시험시간 : 2시간 15분(프로그램 1시간, 가공 1시간 15분)
  - 범용선반가공 시험시간 : 1시간 15분

1) 요구사항

※ 다음의 요구사항을 시험시간 내에 완성하시오.

① 지급된 재료를 이용하여 도면과 같은 부품 ①과 ②를 가공하여 조립한 후 제출하시오. (단, ①과 ②의 작업순서는 자유이며, 가공 후 제출하여 보관 중인 부품은 조립작업 시 재 지급받아 끼워맞춤 작업에 활용할 수 있습니다.)

② 지급된 도면과 같이 작업할 수 있도록 CNC 프로그램 입력장치에서 수동으로 프로그램하여 저장장치에 저장하여 제출하시오.

2) 주의사항

① 지급된 재료는 교환할 수 없습니다.
(단, 지급된 재료에 이상이 있다고 감독위원이 판단할 경우 교환이 가능합니다.)

② 기계가공 전 복장상태를 확인하고, 안전보호구(안전화, 보안경 등)을 착용하여야 합니다.

가) 범용 선반가공

부품 ②(캡)는 범용선반에서 가공하여야 합니다.

나) CNC 선반가공

① 부품 ①(축)은 CNC 선반에서 가공하여야 합니다.

② 저장장치에 저장된 프로그램을 CNC 선반에 입력시켜 제품을 가공합니다.

③ 척에 고정되는 부분(∅49 등)은 핸들운전(MPG), 반자동, 프로그램에 의한 자동운전 중에서 수험자가 원하는 방법으로 가공할 수 있습니다.

④ 공구세팅 및 좌표계 설정을 제외하고는 CNC 프로그램에 의한 자동운전으로 가공해야 합니다.

CNC 선반에서 나사 절삭 데이터(참고용)

절입 횟수	피치	1회	2회	3회	4회	5회	6회	7회	8회	계	비고
매회절삭 깊이	1.5	0.35	0.20	0.14	0.10	0.05	0.05			0.89	반경
	20.	0.35	0.25	0.19	0.12	0.10	0.08	0.05	0.05	1.19	

❶ 범용선반 캡 실기 도면 1

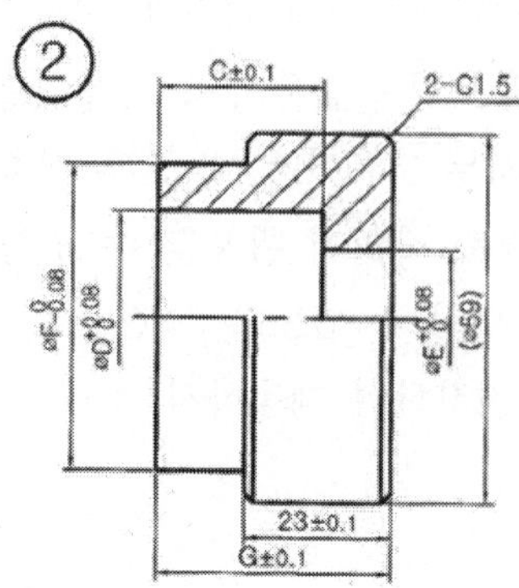

가공치수 변화표

비번호	구분	A	B	C	D	E	F	G	H
1, 4, 7	A형	97	32	26	34	22	49	37	77
2, 5, 8	B형	98	33	27	35	23	51	38	79
3, 6	C형	96	31	25	36	24	50	36	75

❷ 범용선반 캡 실기 도면 2

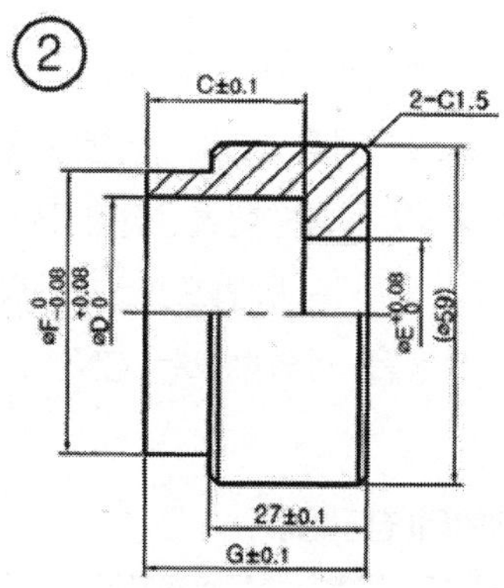

가공치수 변화표

비번호	구분	A	B	C	D	E	F	G	H
1, 4, 7	A형	97	35	27	40	26	49	38	73
2, 5, 8	B형	96	33	25	39	24	48	36	96
3, 6	C형	98	34	26	38	25	47	37	71

3 범용선반 캡 실기 도면 3

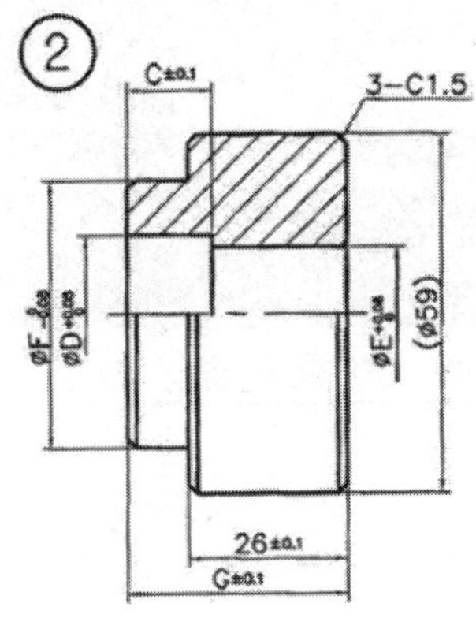

가공치수 변화표

비번호	구분	A	B	C	D	E	F	G	H
1, 4, 7	A형	97	32	14	26	22	44	36	100
2, 5, 8	B형	98	33	13	27	23	45	37	102
3, 6	C형	96	31	15	27	22	43	38	101

4 범용선반 캡 실기 도면 4

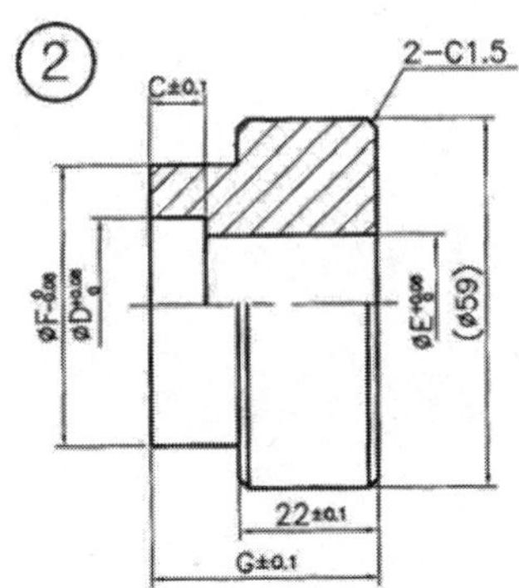

가공치수 변화표

비번호	구분	A	B	C	D	E	F	G	H
1, 4, 7	A형	98	32	9	25	22	45	36	105
2, 5, 8	B형	97	31	10	26	23	44	37	104
3, 6	C형	96	30	8	26	22	43	38	106

범용선반 캡 가공실물	CNC 선반 축 가공실물	범용선반 캡 과 CNC 선반 축의 가공후 조립된 실물
범용선반 캡 완성품 모습	CNC 선반 축 완성품 모습	축과 켑 조립 후 모습

CHAPTER 6

기계가공 조립기술

CHAPTER 6

기계가공 조립기술

01 기계가공 조립 실기에 필요한 수기가공

1 수기가공

공작기계를 사용하지 않고 수공구로서 기계부품을 완성하는 작업을 말하며, 기계작업의 마무리(끝손질)작업도 이에 속한다.

1) 수기가공 종류

① 금 긋기 작업
② 절단작업
③ 줄 작업
④ 스크레이퍼 작업
⑤ 구멍 뚫기 작업
⑥ 탭 및 다이스작업(암나사, 수나사)

2) 수기가공용 장비와 공구

① 작업대
② 정반
③ 바이스
④ 해머
⑤ 쇠톱
⑥ 정
⑦ 스패너
⑧ 드라이버, 펀치, 탁상드릴, 양두그라인더, 핸드드릴, 금 긋기 바늘, 직선 자, 컴퍼스, 중심내기 자, 직각자, 하이트 게이지, 버니어 등

2 금 긋기(Marking off)작업

주어진 공작물에 작업지시서(시방서)나 도면 등을 보고 정해진 치수 모양 등을 가공하기 전 나타내는 표시의 작업을 말한다.

• **주의사항** : 가공여유를 두어서 금 긋기 한다.

1) 금 긋기 용 공구

펀치와 해머, 컴퍼스, 트럼 멜, 금 긋기 바늘, 서어피스 게이지, V 블록, 평행 대, 직각자, 각도기, 중심 자, 스크류우 잭 등이 있다.

2) 금 긋기 작업 방식

첫 번 금 긋기와 두 번째 금 긋기가 있는데 첫 번째 금 긋기란 흑 피물 등에 금을 긋는 것이고, 두 번째 금 긋기라고 하는 것은 가공한 다음 금을 긋는 것을 말한다.

3) 금 긋기의 기준

① **다듬면을 기준으로 하는 방법** : 다듬면을 직접 정반위에 올려놓고 정반 면으로부터 필요한 치수와 높이만큼 금 긋기를 하는 방법이다.

② **중심 면을 기준으로 하는 방법** : 중심선을 먼저 긋고, 이를 기준으로 아래 위로 각각 금 긋기를 사용하는 방법이다.

③ **다듬면과 중심 면을 기준으로 하는 방법** : 전술한 두 가지 방법을 병용한 것이다.

3 절단작업(정 작업, 쇠톱작업)

공작물 표면에 정(Chisel)을 대고 해머로 타격을 가하여 공작물을 깎아 내거나, 쇠톱으로 잘라내는 작업을 말한다.

1) 정 작업

정을 공작물에 대고 해머로 쳐서 절단하거나 따내는 작업을 말한다.

2) 정 종류

평정, 캡 정, 기름 홈 정, 반달 등

3) 쇠톱 절단작업

① **쇠톱** : 고정 형, 자재 형 등이 있으며 나비너트, 프레임, 손잡이, 조임 대, 핀 등으로 구성되어 있다.
② **톱날** : 날의 크기표시 1 "내의 잇 수"로 표시한다. 방향 → 손잡이 반대방향(밀면서 절단되게 실시한다)
③ **작업 요령** : 밀면서 절단이 되게 한다.
㉠ 봉제절단, ㉡ 얇은 판재절단, ㉢ 파이프절단

4 줄 작업

1) 줄의 종류

① **용도에 따라** : 철공용, 목재용, 가죽용, 고무용 등
② **형상에 따라(5종)** : 평줄, 사각줄, 삼각줄, 원형줄, 반원줄
③ **길이에 따라(7종)** : 4인치(100mm), 6인치(150mm), 8인치(200mm), 10인치(250mm), 12인치(300mm), 14인치(350mm), 16인치(400mm),
④ **날의 거칠기에 따라(4종)** : 황목, 중목, 세목, 유목
⑤ **날 눈의 방식에 따라** : 단목, 복목, 귀목, 파목
⑥ **기타** : 조줄(set줄), (5본조, 7본조, 8본조, 10본조, 12본조)

2) 줄 사용상의 주의사항

① 서로 겹쳐 놓지 않는다.
② 새 줄과 헌 줄을 구별 사용한다.
③ 새 줄은 흑피, 단단한 것을 가공하지 않는다.
④ 황목, 중목, 세목, 유목의 순으로 사용한다.
⑤ 줄 자루는 줄의 크기에 알맞은 것을 단단히 고정하여 사용한다.
⑥ 줄눈이 막히면 즉시 제거 후 사용한다.

3) 줄 작업의 종류

① **직진 법** : 길이 방향으로 조절하는 방법으로 최종 다듬질에 사용하지만 숙련이 되지 않으면 평면이 잘 나오지 않는다.

② **사진 법** : 우(좌)측 전방으로 밀어서 하는 방법으로 절삭 량이 많으므로 거친 절삭에 적합하다.

③ **병진 법** : 가늘고 긴 공작물을 줄질할 때 사용하는 방법, 한 방향의 고운 다듬질 면을 얻을 수 있다.

02 여러 가지 구멍 가공

드릴링 머신(drilling machine)으로 할 수 있는 여러 가지 구멍 가공 방법을 나타낸 것이다.

① **구멍 뚫기(drilling)** : 드릴을 사용하여 구멍을 뚫는 작업. 표준 드릴의 날 끝 각(point angle)은 118°이다.

② **구멍 다듬기(reaming)** : 리머를 사용하여 드릴로 뚫은 구멍을 정밀하게 다듬는 작업.

③ **깊은 자리 파기(counter boring)** : 볼트의 머리 부분이 들어갈 수 있도록 구멍을 깊고 넓게 파는 작업

④ **접시 자리 파기(counter sinking)** : 접시머리 나사의 머리 부분이 들어갈 수 있도록 구멍을 원추형으로 가공하는 작업

⑤ **자리 파기(spot facing)** : **볼트** 머리나 너트와의 접촉을 좋게 하기 위하여 표면을 깎아 내거나 약 2mm 정도의 깊이로 파내는 작업

⑥ **자리 매김(seating)** : 거친 면에 원형의 자리를 볼록 튀어나오게 만드는 작업. 드릴링 머신으로 할 수 있는 작업은 이 외에도 구멍에 암나사를 내는 태핑(tapping), 구멍을 크게 넓히는 보링(boring) 등이 있다.

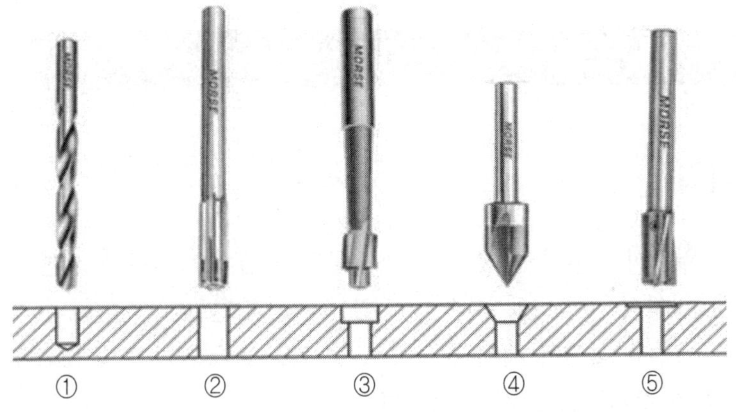

• 기계가공 조립에 사용되는 대표적인 탁상 드릴링 모습

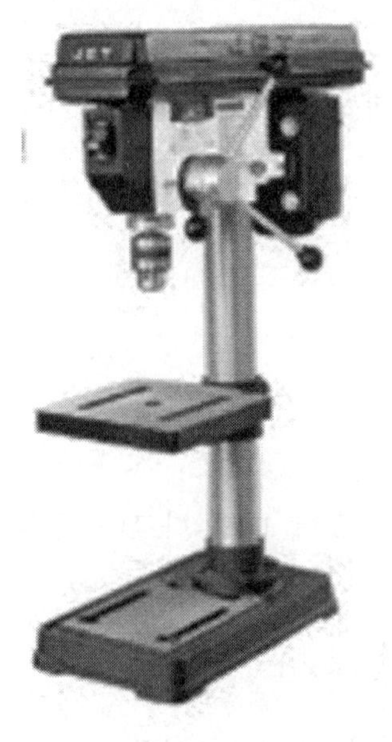

• 드릴이 장착되어 회전하고 있는 모습

기계가공조립은 범용선반, 범용밀링 드릴링을 이용하여 제한된 시간 안에 조립되는 제품을 완성하는 작업이며 선반과 밀링은 앞 편에서 기술한 내용을 숙지하고 드릴링은 주축이 회전하고 공구는 주로 드릴을 사용하여 구멍 뚫기를 하는 공작기계이다. 이 공작 기계는 구멍 뚫기를 위한 단일 작업 기계이기는 하지만 다른 적당한 공구를 사용함으로서 리밍, 보링, 카운터 보링, 스폿 페이싱, 태핑, 카운터 싱킹 등 기계가공조립 과제 제작에는 필수 공작기계이다.

03 기계가공 조립 작업에 필요한 암나사 및 수나사 작업

① 암나사 작업

탭을 이용한 암나사 절삭은 먼저 탭의 기초구멍을 탭의 피치만큼 작은 드릴을 뚫어주고 구멍에 탭을 넣어서 수평면에 직각이 되었는가를 확인한다.
또한 절삭유를 주유 하면서 시계 방향으로 절삭을 하다가 가끔 후진하여 칩을 제거하면서 무리한 힘을 주지 않으면서 완성한다.

1) 암나사 작업 시 주의사항

- 공작물을 수평으로 놓을 것
- 탭 구멍은 드릴로 나사의 골 지름 보다 다소 크게 뚫을 것
- 조절 탭 렌치는 양손으로 돌릴 것
- 2/3 회전 할 때마다 조금씩 되돌릴 것
- 절삭유를 충분히 사용할 것

2) 암나사 작업 요령

탭이 들어가는 구멍의 치수는 공작물의 재질 또는 용도에 따라 다르나 다음과 같은 간편 계산으로 한다.

- 미터나사의 경우 $d = D - p$, 인치나사의 경우 $d = 25.4 \times d - \frac{25.4}{N}$

d : 나사구멍 드릴의 지름(mm) D : 나사의 바깥지름(호칭 지름)
P : 나사의 피치 N : 1인치(25.4mm당의 산수)

② 수나사 작업

다이스를 이용한 수나사 절삭은 다이스 핸들에 다이스를 고정하여 공작물과 직각이 되도록 설치한다. 절삭 작업은 절삭유를 주입하면서 다이스를 전진 및 후퇴 동작을 반복하면서 밀어 넣는다. 이때 공작물의 축선과 직각이 유지되는지를 확인하면서 절삭을 완성한다.

1) 수나사 작업할 시 주의사항

- 재료를 깨끗이 한다.
- 절삭 량은 점차로 늘린다.
- 다이스의 앞쪽으로 절삭한다. 뒤쪽인 경우는 파손되기 쉽다.
- 다이스는 핸들에 정확히 고정한다.
- 나사 낼 부분은 모따기를 한다.
- 다이스와 일감은 항상 90°를 이루도록하여 작업한다.(작업 중 경사지지 않도록 한다.)

수나사 작업 전 모습	수나사 작업 후 모습

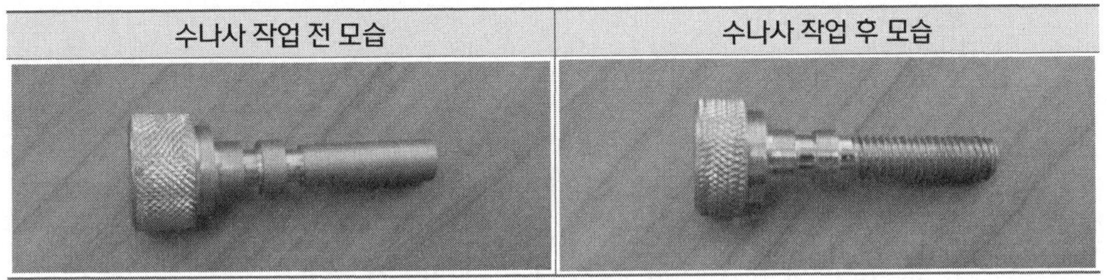

04 기계가공 조립기능사 실기시험 요구사항

- **시험시간** : [표준시간 - 4시간, 연장시간 - 20분]
  - 선반 가공시간 : 1시간, 연장시간 : 없음
  - 기타 기계가공시간 : 3시간, 연장시간 : 20분

1) 요구사항

※ 지급된 재료를 이용하여 도면과 같이 부품 ①, ②, ③을 지시된 표시를 가공하고 부품 ④를 선반가공하여 조립하시오.

[작업조건]

① 일반치수는 기준치수 6 이하 ±0.1, 6 초과 30 이하 ±0.2, 30 초과 120 이하는 ±0.3으로 가공하며, 일반 모떼기는 C0.02로 가공합니다.

② 부품 ④의 나사가공은 다이스 또는 선반으로 가공할 수 있습니다.

③ 부품 ①, ②, ③에서 줄가공으로 표시된 부분은 반드시 지정된 가공으로 작업해야 합니다.

④ 선반가공은 1시간을 초과할 수 없으며, 선반가공 시간이 남을 경우에는 기타 기계 가공시간으로 사용할 수 없습니다.

2) 수험자 유의사항

① 본인이 지참한 공구와 지정된 시설만을 사용하며 정리 정돈을 잘하고, 안전수칙을 준수하여야 합니다.

② 재료의 재 지급은 허용되지 않으며, 도면은 작업이 완료된 후 작품과 동시에 제출합니다.

③ 다음과 같은 경우에는 채점대상에서 제외합니다.

㉠ 미완성 작품

- 주어진 과제 내용 중 1개소라도 미 가공된 작품
- 각 가공에 시험시간(표준시간 + 연장시간)을 초과한 작품

㉡ 오 작품

- 주어진 도면치수 중 ±1mm를 초과하는 부분이 3개소 이상이 있는 작품
- 주어진 도면치수에서 1개소라도 ±3mm를 초과하는 부분이 있는 작품
- 폭이나 길이가 3mm 이상인 홈이 1개소라도 있는 작품
- 분해, 조립이 불가능한 작품
- 지시된 공작기계 또는 가공방법으로 가공하지 않은 작품

④ 주어진 표준시간을 초과하여 연장시간을 사용한 경우 초과된 시간 10분 이내마다 전체 득점에서 5점씩 감점합니다.

⑤ 공단에서 지정한 각인을 각 부품별로 반드시 날인받아야 하며, 각인이 날인되지 않은 과제를 제출할 경우에는 채점하지 아니하고, 불합격처리합니다.

❶ 기계가공 조립 실기 도면 1

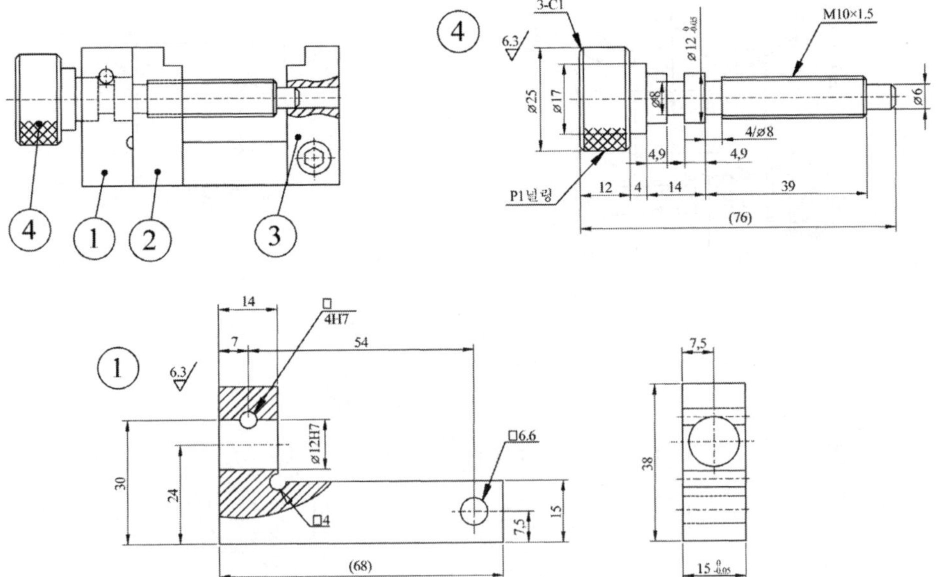

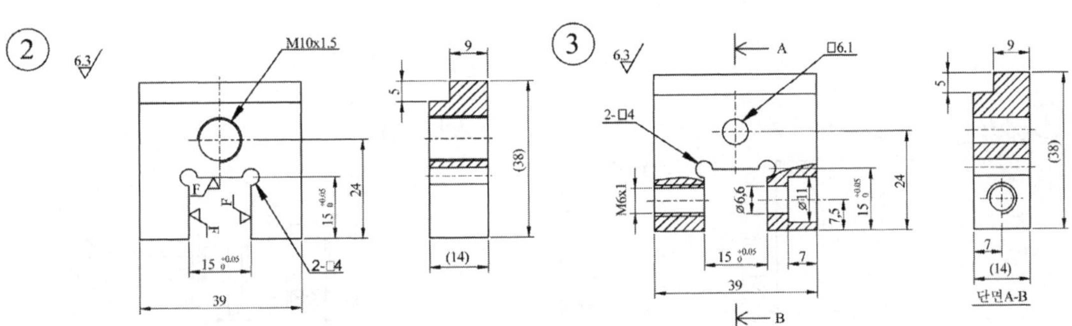

❷ 기계가공 조립 실기 도면 2

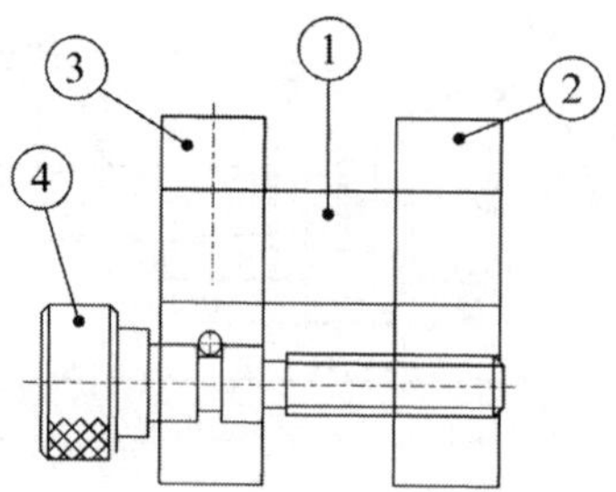

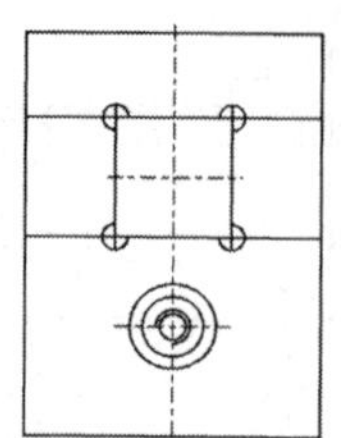

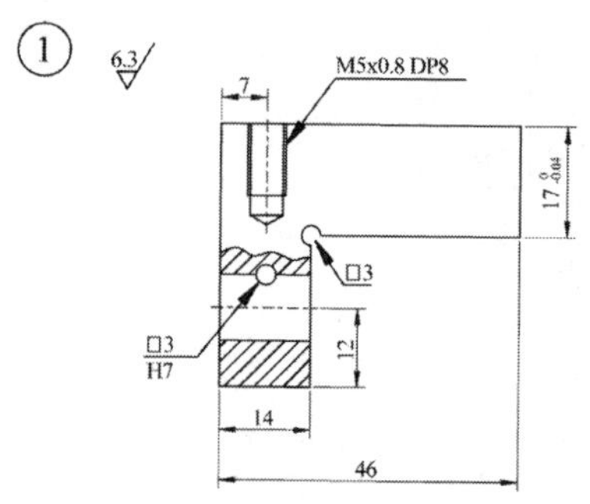

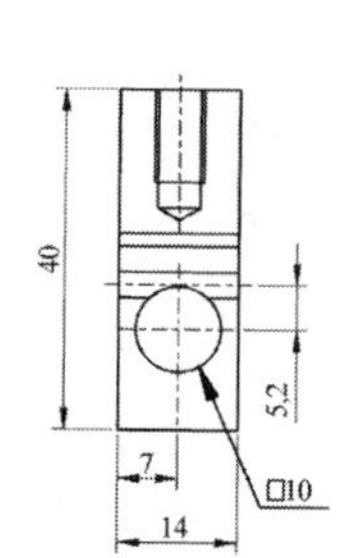

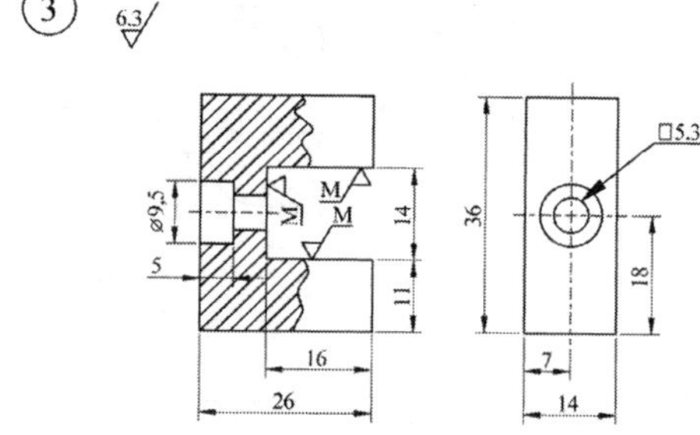

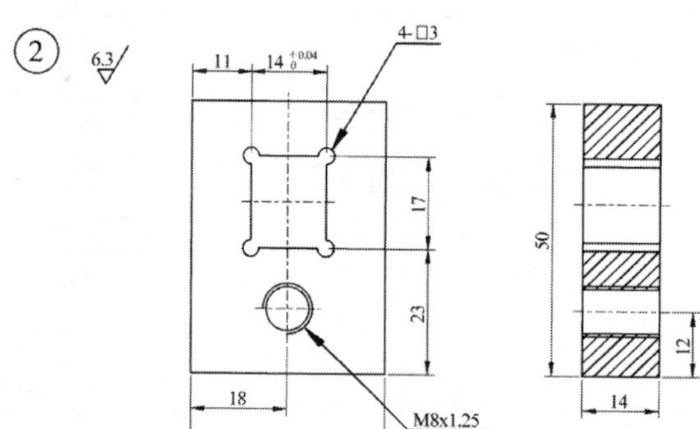

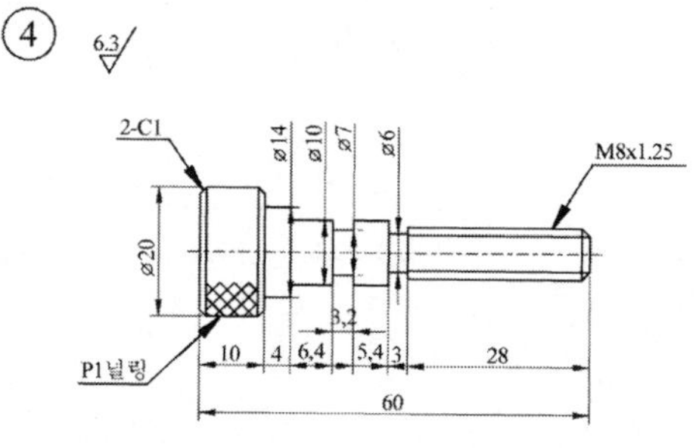

3 기계가공 조립 실기 도면 3

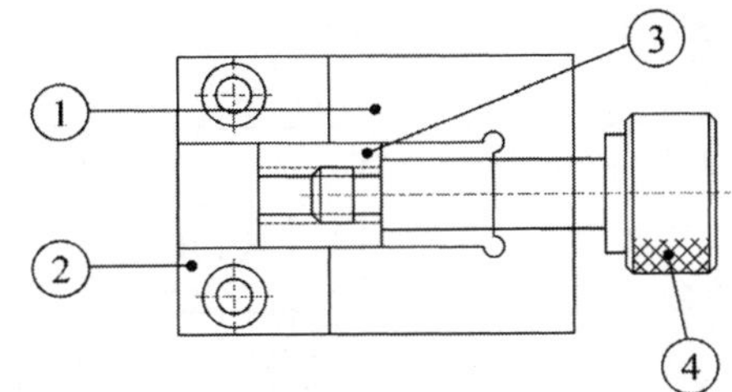

* 주서 : 지시하지 않은 모떼기는 C 0.2로 할 것
MF = 밀링가공 후 줄작업,
6.3 = 전 부품의 표면거칠기

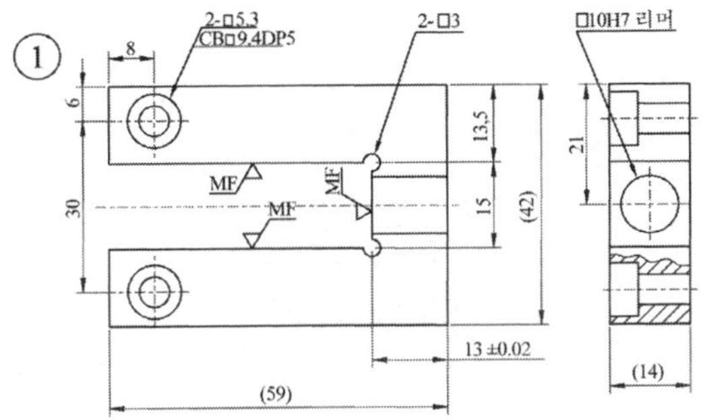

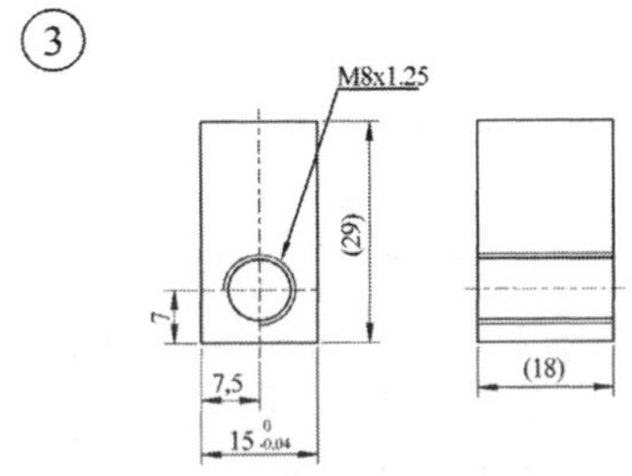

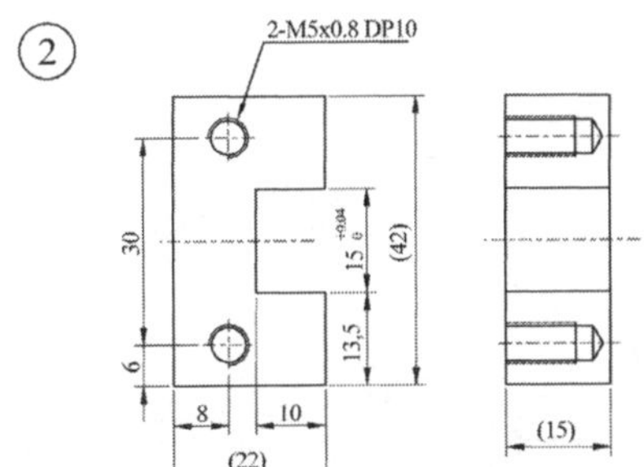

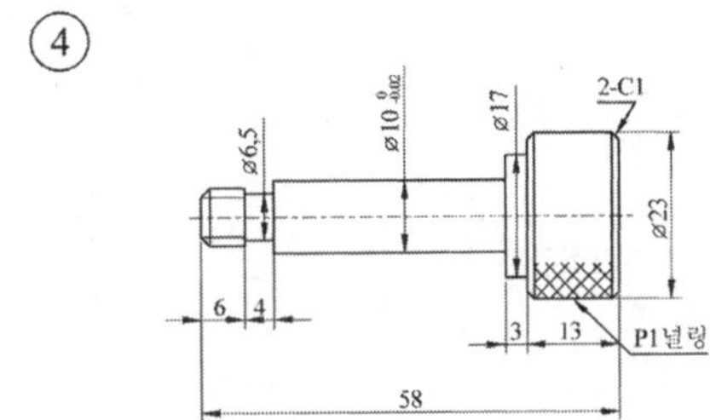

CHAPTER 6 기계가공 조립기술

4 기계가공 조립 실기 도면 4

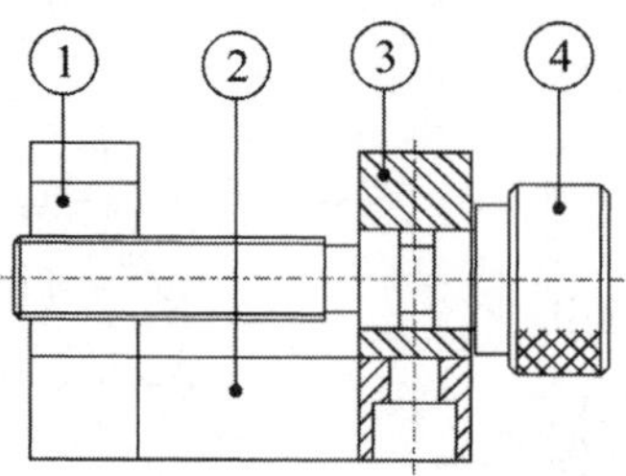

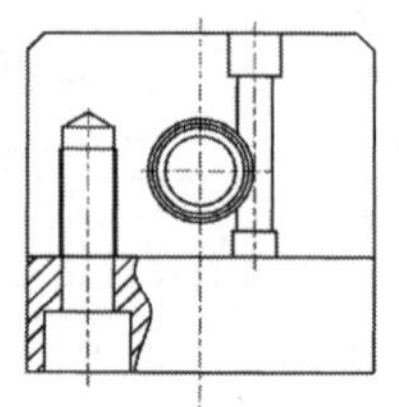

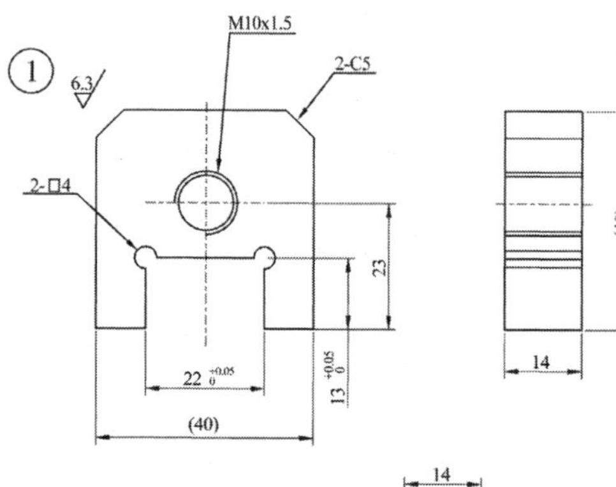

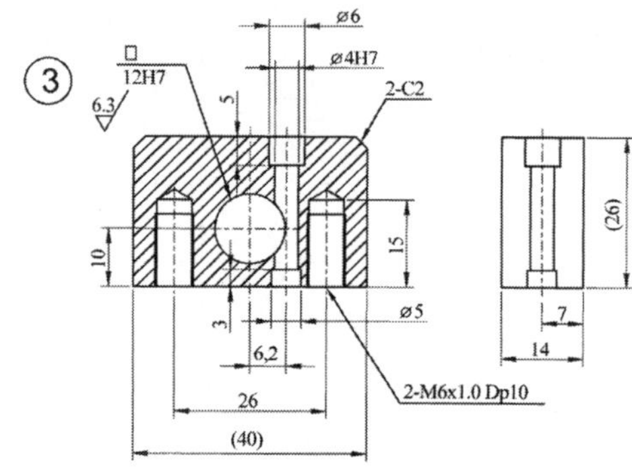

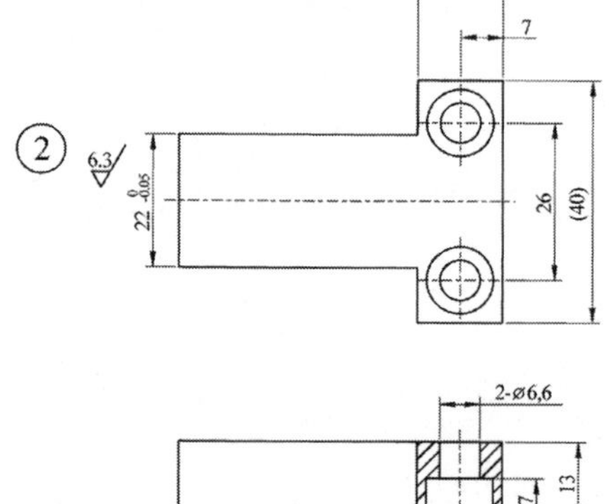

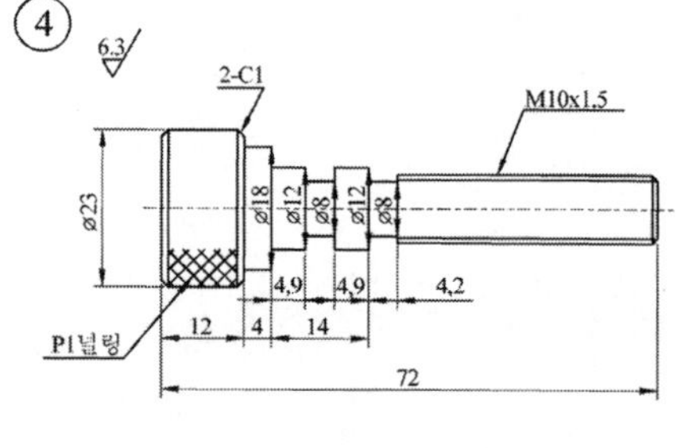

Appendix

부록

CNC 선반, 머시닝센터 프로그램 해독 및 조작 기술

CNC 선반 프로그램 좌표값 연습 도면 [No.0]

※ 아래 도면을 보고 우측 해당란에 X축 좌표값과 Z축 좌표값을 기록 하면서 익히세요.

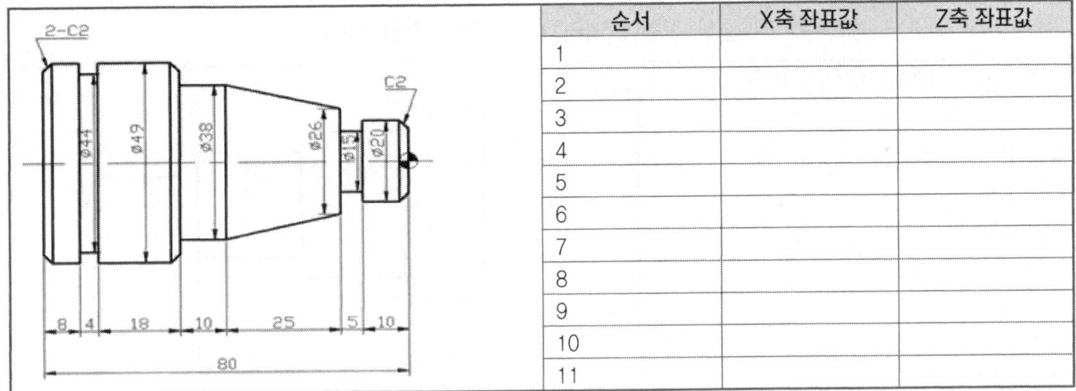

순서	X축 좌표값	Z축 좌표값
1		
2		
3		
4		
5		
6		
7		
8		
9		
10		
11		

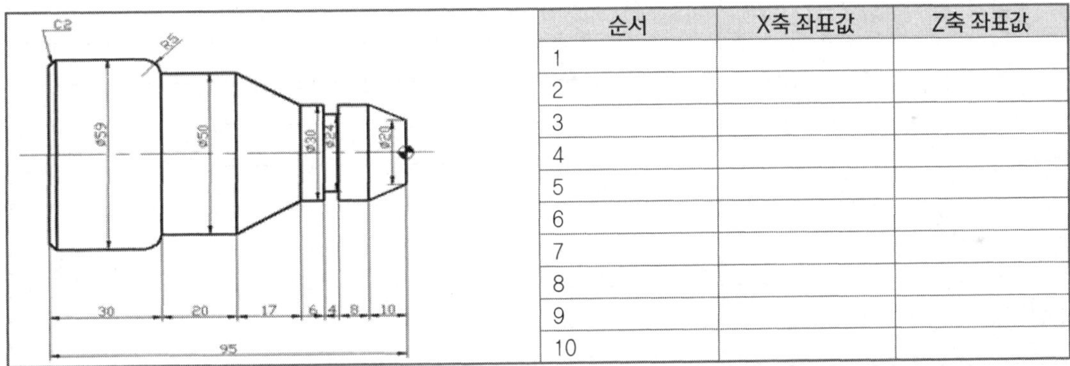

순서	X축 좌표값	Z축 좌표값
1		
2		
3		
4		
5		
6		
7		
8		
9		
10		

2-C2
R5
Ø10
Ø59
Ø45
Ø36
Ø26
Ø20
30 15 10 10 5 15 15
100

순서	X축 좌표값	Z축 좌표값
1		
2		
3		
4		
5		
6		
7		
8		
9		
10		
11		
12		
13		
14		

프로그램 풀이 도면

1. CNC 선반 프로그램 작성 문제 도면(사이클을 사용하지 않는 수동프로그램) [N0.0-1]

※ 아래 도면을 보고 주어진 절삭 조건에 따라 프로그램을 작성하세요.

절삭조건		
구분	황삭	정삭
최고회전수	S1500	S1500
공구번호	T0101	T0303
절삭속도	S180	S200
이송량	F0.2	F0.1
절입량	4	
정삭여유X	0.2	
정삭여유Z	0.1	
소재	Ø60×120	

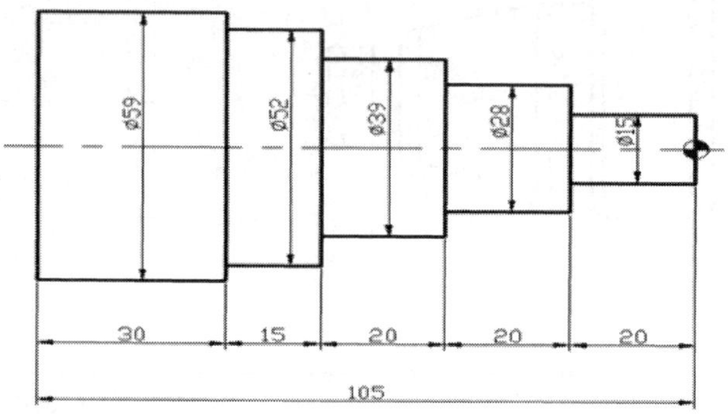

2. CNC 선반 프로그램 작성 문제 도면(사이클을 사용하지 않는 수동프로그램) [NO.0-2]

※ 아래 도면을 보고 주어진 절삭 조건에 따라 프로그램을 작성하세요. **(참고용 풀이)**

절삭조건		
구분	황삭	정삭
최고회전수	S1500	S1500
공구번호	T0101	T0303
절삭속도	S180	S200
이송량	F0.2	F0.1
절입량	4	
정삭여유X	0.2	
정삭여유Z	0.1	
소재	∅60×120	

∮60 ∮50 ∮40 ∮30 ∮20

15 15 15 15 15

```
G28U0.0W0.0;    (황삭가공)
G50  S1500 T0100;
G96  S180 M03;
G00  X65.0 Z0.1 T0101 M08;
G01  X-1.6 F0.2;
G00  X56.0 Z4.0;
G01  Z-59.9 ;
U1.0  W1.0;
G00  Z4.0;
X52.0;
G01Z-59.9;
U1.0  W1.0;
G00  Z4.0;
X50.2;
G01  Z-59.9;
U1.0  W1.0;
G00  Z4.0;
X46.2;
G01  Z-44.9;
U1.0  W1.0;
G00 Z4.0;
X42.2;
G01  Z-44.9;
U1.0  W1.0;
G00  Z4.0;
X40.2;
G01  Z-44.9;
U1.0  W1.0;
G00  Z4.0;
X36.2;
G01  Z-29.9;
U1.0  W1.0;
G00  Z4.0;
X32.2;
G01  Z-29.9;
U1.0  W1.0;
G00  Z4.0;
X30.2;
G01  Z-29.9;
U1.0  W1.0;
G00  Z4.0;
X26.2;
G01 Z-14.9;
U1.0 W1.0;
G00 Z4.0;
X22.2;
G01 Z-14.9;
U1.0 W1.0;
G00 Z4.0;
X20.2;
G01 Z-14.9;
G00 X150.  Z150. T0100 M09;
M05;
M01;
```

```
G28U0.0W0.0;  (정삭가공)
G50 S1500  T0300;
G96 S200 M03;
G00 X24.0  Z0.0 T0303 M08;
G01 X-2.0  F0.1;
G00 X20.0 Z4.0;
G01 Z-15.0;
X30.0;
Z-30.0;
X40.0;
Z-45.0;
X50.0;
Z-60.0;
X64.0;
G00 X150.  Z150. T0300 M09;
M05;
M02;
```

3. CNC 선반 프로그램 작성 문제 도면 [NO.0-3]

※ 아래 도면을 보고 주어진 절삭 조건에 따라 프로그램을 작성하세요.

절삭조건		
구분	황삭	정삭
최고회전수	S1500	S1500
공구번호	T0101	T0303
절삭속도	S180	S200
이송량	F0.2	F0.1
절입량	4	
정삭여유X	0.4	
정삭여유Z	0.2	
소재	Ø60×120	

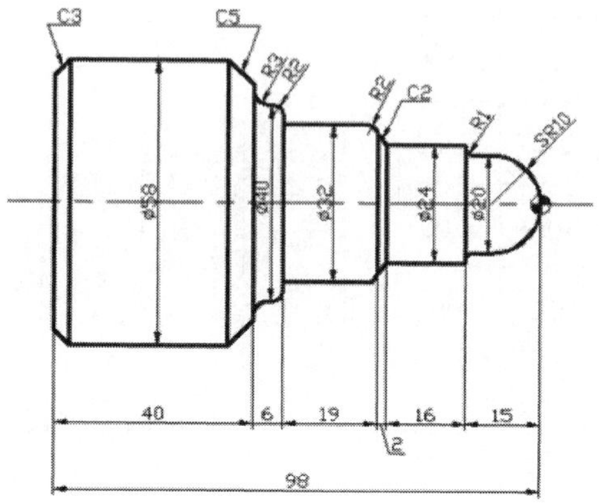

4. CNC 선반 프로그램 작성 문제 도면 [N0.0-4]

※ 아래 도면을 보고 주어진 절삭 조건에 따라 프로그램을 작성하세요. **(참고용 풀이)**

절삭조건		
구분	황삭	정삭
최고회전수	S1500	S1500
공구번호	T0101	T0303
절삭속도	S180	S200
이송량	F0.2	F0.1
절입량	4	
정삭여유X	0.4	
정삭여유Z	0.2	
소재	∅60×120	

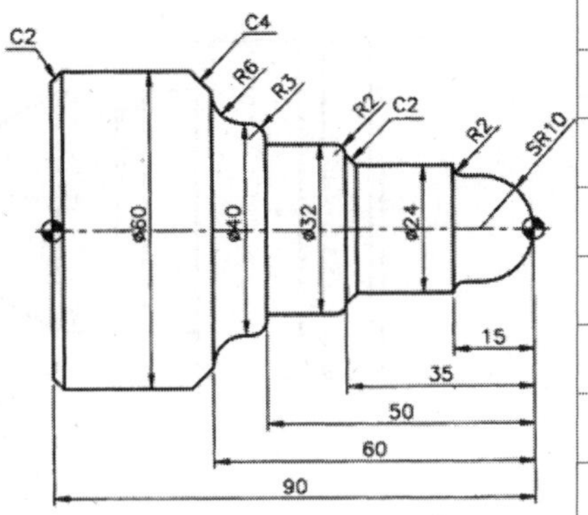

G28U0.0W0.0; (정삭가공)
G50 S1500 T0300;
G00 X64.0 Z2.0 T0303 M08;
G70 P1 Q2 F0.1;
M05;

G28U0.0W0.0; (황삭가공)	G01 Z-50.0;	
G50 S1500 T0100;	G01 X34.0;	
G96 S180 M03;	G03 X40.0 Z-53.0 R3.0;	
G00 X64.0 Z0.1 T0101 M08;	G01 Z-54.0;	
G01 X-1.6 F0.1;	G02 X52.0 Z-60.0 R6.0;	
G00 X64.0 Z4.0;	G01X60.0 Z-64.0;	
G71 P1 Q2 U0.4 W0.2 D2000 F0.2;	N2 X64.0;	
N1 G42 G00 X0.0;	G40 G00 X150. Z150. T0100 M09;	
G01 Z0.0 F0.15;	M05;	
G03 X20.0 Z-10.0 R10.0;	M01;	
G01 Z-13.0;		
G02 X24.0 Z-15.0 R2.0;		
G01 Z-33.0;		
X28.0 Z-35.0;		
G03 X32.0 Z-37.0 R2.0;		

5. CNC 선반 프로그램 작성 문제 도면 [NO.0-5]

※ 아래 도면을 보고 주어진 절삭 조건에 따라 프로그램을 작성하세요.

절삭조건			
구분	황삭	정삭	홈
최고회전수	S1500	S1500	500
공구번호	T0101	T0303	0505
절삭속도	S180	S200	
이송량	F0.2	F0.1	F0.07
절입량	4		
정삭여유X	0.4		
정삭여유Z	0.2		
소재	Ø60×120		

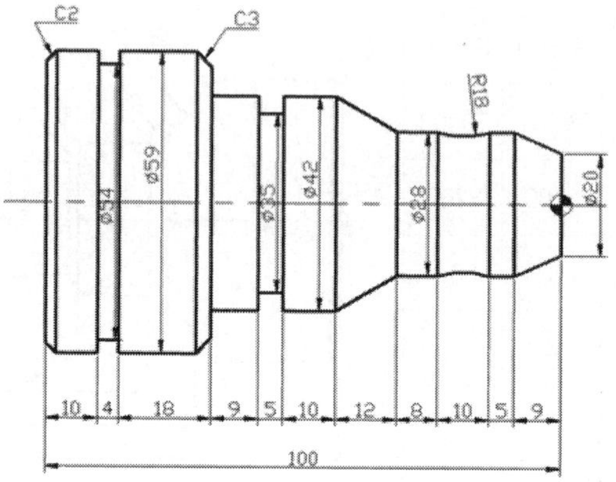

6. CNC 선반 프로그램 작성 문제 도면 [N0.0-6]

※ 아래 도면을 보고 주어진 절삭 조건에 따라 프로그램을 작성하세요. **(참고용 풀이)**

절삭조건			
구분	황삭	정삭	홈
최고회전수	S1500	S1500	500
공구번호	T0101	T0303	0505
절삭속도	S180	S200	
이송량	F0.2	F0.1	F0.07
절입량	4		
정삭여유X	0.2		
정삭여유Z	0.1		
소재	Ø60×120		

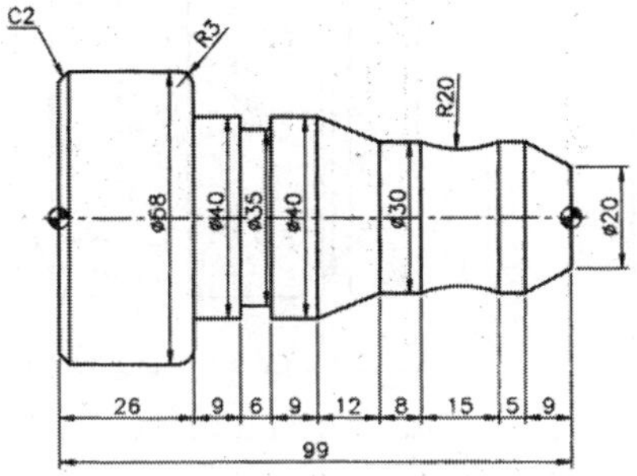

G28U0.0W0.0; (황삭가공)
G50 S1300 T0100;
G96 S130 M03;
G00 X64.0 Z10.0 T0101 M08;
G71 P1 Q2 U0.4 W0.2 D2000 F0.2;
N1 G42 G00 X-1.6;
G00 Z0.0 F0.15;
X20.0;
X30.0 Z-9.0;
Z-37.0;
X40.0 Z-49.0;
Z-73.0;
X52.0;
G03 X58.0 Z-76.0 R3.0;
N2 G01 X64.0;
G40 G00 X150. Z150. T0100 M09;
M05;
M01;
(정삭가공)
G28 U0.0 W0.0;
G50 S1800 T0300;
G96 S150 M03;
G00 X64.0 Z4.0 T0303 M08;
G70 P1 Q2 F0.1;
G00 X34.0 Z-14.0;
G01 X30.0;
G02 X30.0 Z-29.0 R20.0;
G00 X34.0;
G40 G00 X150. Z150. T0300 M09;
M05;
M01 ;
(홈가공)
G50 S500 T0500;
G00 X44.0 Z-64.0 T0505 M08;
G01 X35.0 F0.07;
G01 X44.0;
X35.0;
G04 X2.0;
G00 X150. Z150. T0500 M09;
M02 ;

7. CNC 선반 프로그램 작성 문제 도면 [NO.0-7]

※ 아래 도면을 보고 주어진 절삭 조건에 따라 프로그램을 작성하세요.

절삭조건			
구분	황삭	정삭	홈
최고회전수	S1500	S1500	500
공구번호	T0101	T0303	0505
절삭속도	S180	S200	
이송량	F0.2	F0.1	0.1
절입량	4		
정삭여유X	0.4		
정삭여유Z	0.2		
소재	Ø60×105		

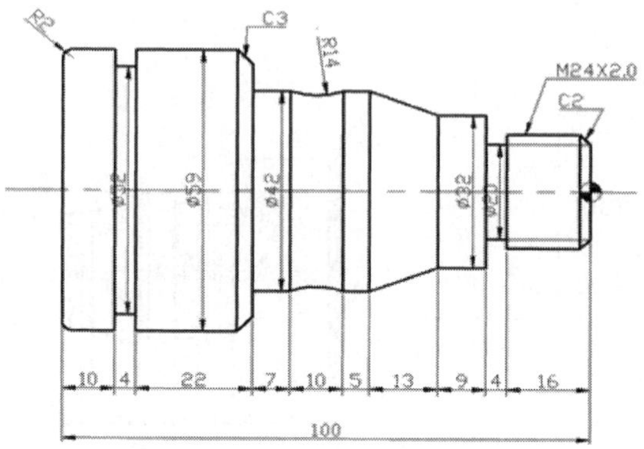

8. CNC 선반 프로그램 작성 문제 도면 [N0.0-7-1]

※ 아래 도면을 보고 주어진 절삭 조건에 따라 프로그램을 작성하세요. **(참고용 풀이)**

절삭조건			
구분	황삭	정삭	홈
최고회전수	S1500	S1500	500
공구번호	T0101	T0303	0505
절삭속도	S180	S200	
이송량	F0.2	F0.1	0.1
절입량	4		
정삭여유X	0.4		
정삭여유Z	0.2		
소재	∅60×105		

```
G28U0.0W0.0;  (황삭가공)
G50  S1500 T0100;
G96  S180 M03;
G00 X64.0 Z10.0 T0101 M08;
G71 P1 Q2 U0.4 W0.2 D2000 F0.2;
G42  G00 X-1.6;
G00  Z0.0 F0.15;
X20.0;
X23.8  Z-2.0;
Z-20.0;
X32.0;
Z-29.0;
X42.0;  Z-42.0;
Z-62.0;
G02  X46.0 Z-64.0 R2.0;
G01  X52.0;
G03  X58.0 Z-67.0 R3.0;
G01  X64.0;
G40 G00 X150. Z150. T0100 M09;
M05;
M01;
(정삭가공)
G28 U0.0  W0.0;
G50 S1800  T0300;
G96  S200 M03;
G00 X64.0  Z4.0 T0303 M08;
G70P1Q2  F0.1;
G00 X46.0  Z-47.0;
G01 X42.0;
G02 X42.0  Z-57.0 R15.0;
G01  X46.0;
G40 G00 X150.  Z150. T0300 M09;
M05;
M01;
(홈가공)
G28 U0.0 W0.0;
G50 S500  T0500;
G97 S500 M03;
G00 X36.0  Z-20.0 T0505 M08;
G01 X20.0  F0.07;
G04  X1.0;
G01 X36.0;
M05;
(나사가공)
G50 S500  T0700;
G00 X28.0  Z4.0 T0707 M08;
X22.9;
X22.42;
X22.22
G00 X150.  Z150. T0700 M09;
M05;
M02 ;
(도면의 왼쪽 기준면가공)
G28 U0.0  W0.0;
G50 S1500  T0100;
G96 S130 M03;
G00 X64.0  Z0.0 T0101 M08;
G01 X-1.6  F0.07;
X54.0;
X58.0 Z-2.0;
Z-50.0;
X64.0;
G00 X150.  Z150. T0700 M09;
M05;
M02 ;
```

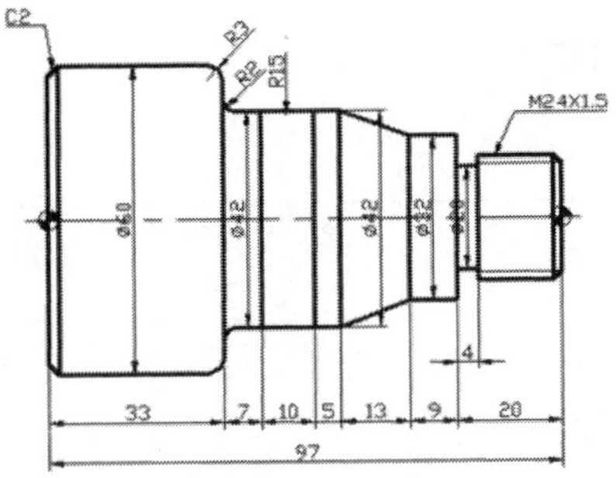

APPENDIX

2. 프로그램 풀이 도면

일반프로그램 초급 연습도면

1. 일반프로그램 초급 연습도면 NO.1

※ 아래 도면을 보고 프로그램을 작성하세요.

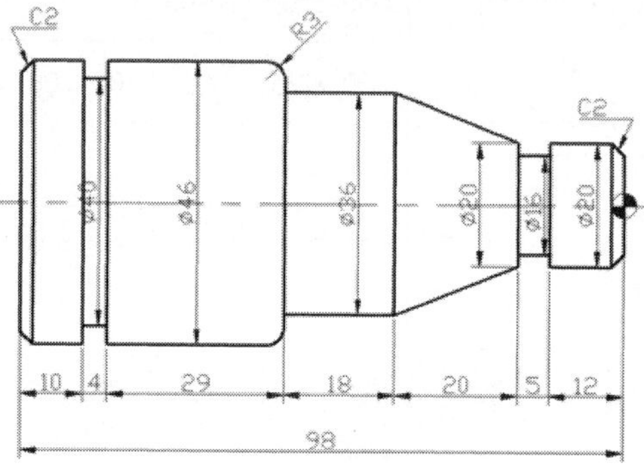

절삭조건		
황삭	정삭	홈
최고회전수S1500	최고회전수S1500	최고회전수S500
T0101	T0303	T0505
주축속도S180	주축속도S200	회전수S500
F0.2	F0.15	F0.07
절입량4		
X축정삭여유 0.4		
Z축정삭여유 0.2		
소재치수 ∅60×100		

2. 일반프로그램 초급 연습도면 NO.2

※ 아래 도면을 보고 프로그램을 작성하세요.

절삭조건		
황삭	정삭	홈
최고회전수S1500	최고회전수S1500	최고회전수S500
T0101	T0303	T0505
주축속도S180	주축속도S200	회전수S500
F0.2	F0.15	F0.07
절입량4		
X축정삭여유 0.4		
Z축정삭여유 0.2		
소재치수 ∅60×100		

3. 일반프로그램 초급 연습도면 NO.3

※ 아래 도면을 보고 프로그램을 작성하세요.

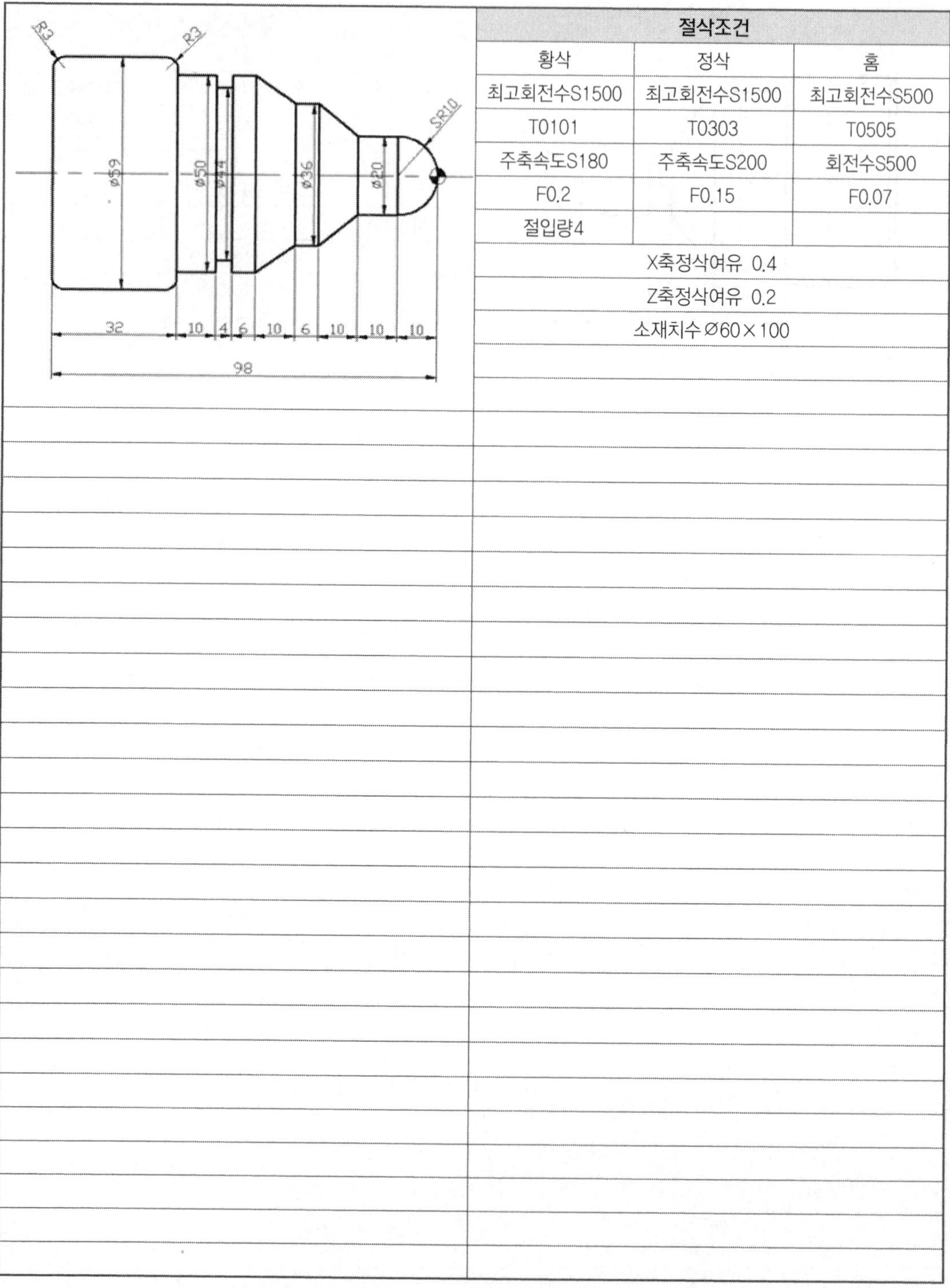

절삭조건		
황삭	정삭	홈
최고회전수S1500	최고회전수S1500	최고회전수S500
T0101	T0303	T0505
주축속도S180	주축속도S200	회전수S500
F0.2	F0.15	F0.07
절입량4		
X축정삭여유 0.4		
Z축정삭여유 0.2		
소재치수 Ø60×100		

4. 일반프로그램 초급 연습도면 NO.4

※ 아래 도면을 보고 프로그램을 작성하세요.

절삭조건		
황삭	정삭	홈
최고회전수S1500	최고회전수S1500	최고회전수S500
T0101	T0303	T0505
주축속도S180	주축속도S200	회전수S500
F0.2	F0.15	F0.07
절입량4		
X축정삭여유 0.4		
Z축정삭여유 0.2		
소재치수 Ø60×100		

R2, R2, R5, R3, ø59, ø45, ø36, ø26, ø20, 24, 8, 15, 20, 16, 15, 98

5. 일반프로그램 초급 연습도면 NO.5

※ 아래 도면을 보고 프로그램을 작성하세요.

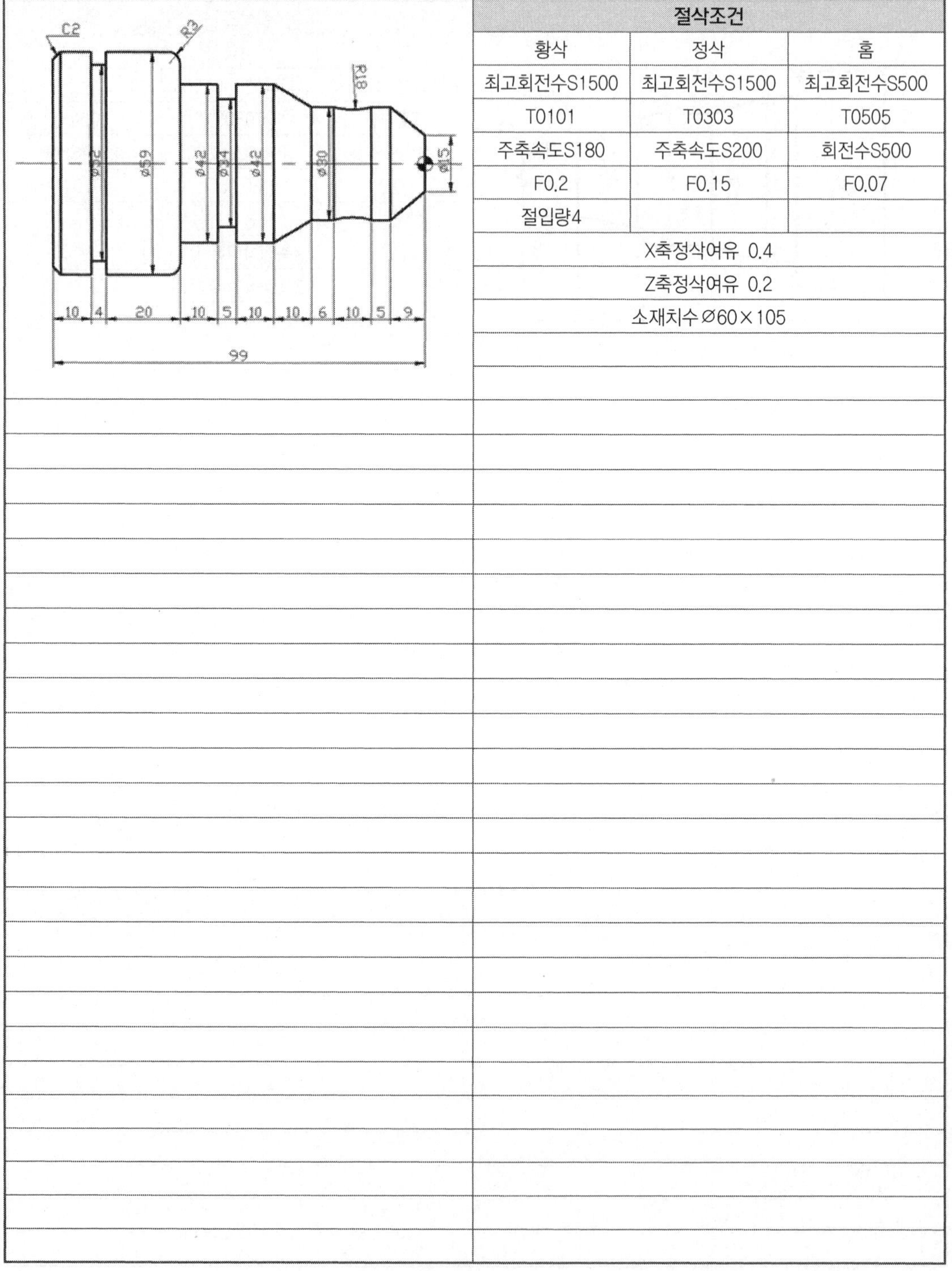

절삭조건		
황삭	정삭	홈
최고회전수S1500	최고회전수S1500	최고회전수S500
T0101	T0303	T0505
주축속도S180	주축속도S200	회전수S500
F0.2	F0.15	F0.07
절입량4		
X축정삭여유 0.4		
Z축정삭여유 0.2		
소재치수∅60×105		

6. 일반프로그램 초급 연습도면 NO.6

※ 아래 도면을 보고 프로그램을 작성하세요.

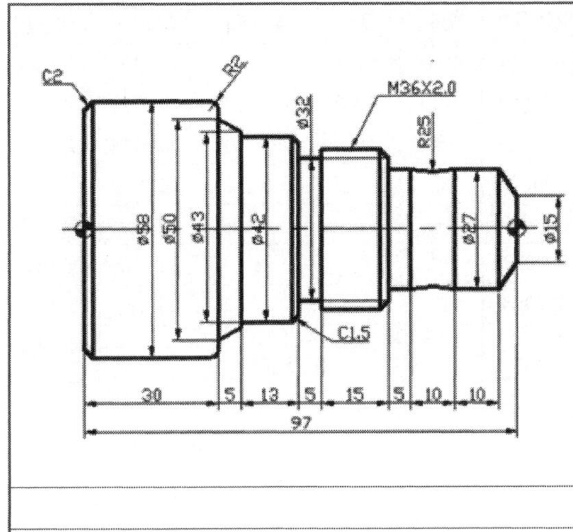

절삭조건	황삭	정삭	홈, 나사	피치 1.5	피치 2.0
최고회전수	1500	1500	500	1회 0.35	1회 0.35
공구번호	T0101	T0303	T0505,T0707	2회 0.20	2회 0.25
절삭속도	180	200	회전수500	3회 0.14	3회 0.19
이송량	0.2	0.15	0.07	4회 0.10	4회 0.12
절입량	4			5회 0.05	5회 0.10
정삭여유X	0.4			6회 0.05	6회 0.08
정삭여유Z	0.2			계 0.89	7회 0.05
소재	Ø60×105				8회 0.05
					계 1.19

7. 일반프로그램 초급 연습도면 NO.7

※ 아래 도면을 보고 프로그램을 작성하세요.

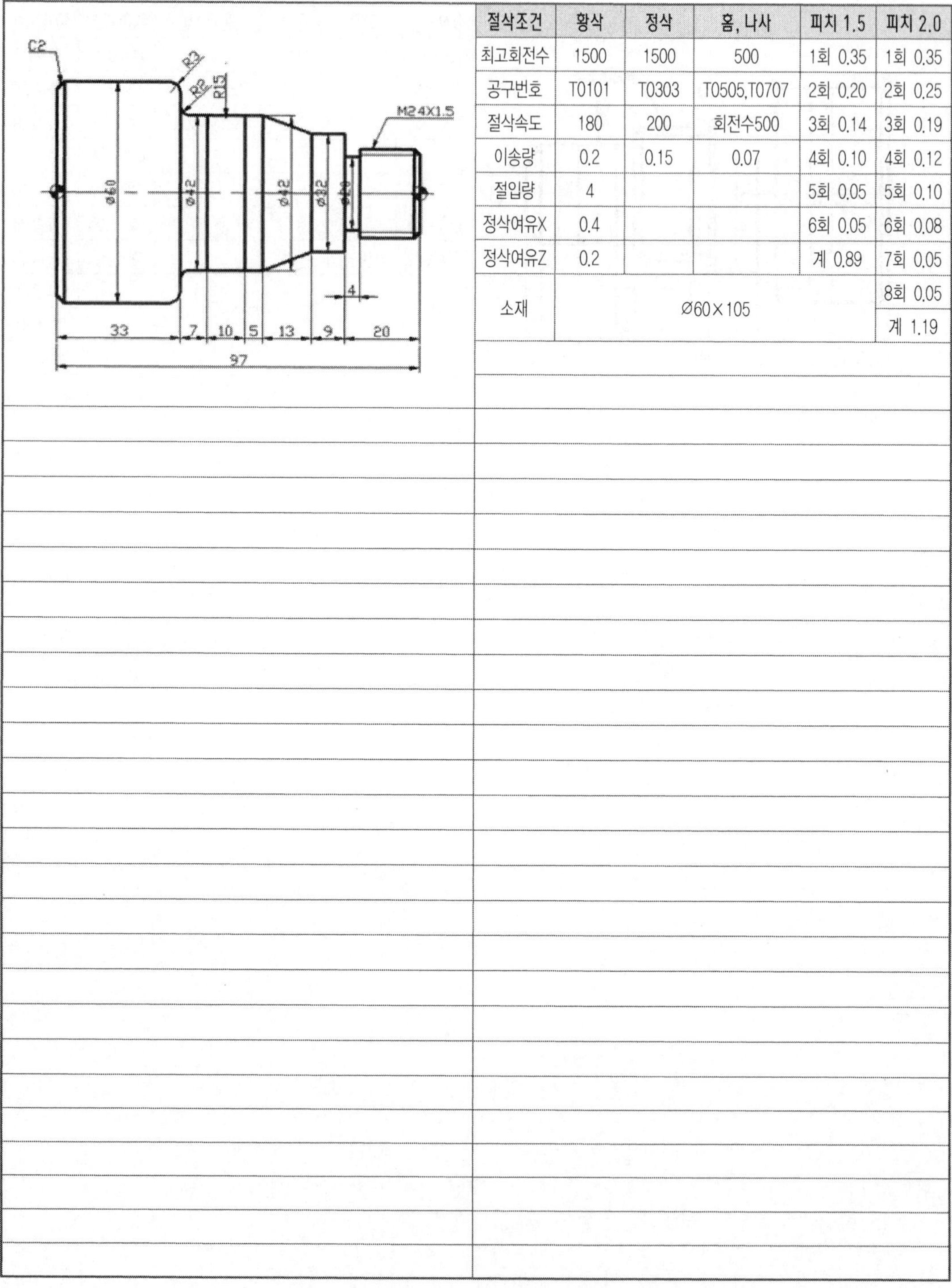

절삭조건	황삭	정삭	홈, 나사	피치 1.5	피치 2.0
최고회전수	1500	1500	500	1회 0.35	1회 0.35
공구번호	T0101	T0303	T0505,T0707	2회 0.20	2회 0.25
절삭속도	180	200	회전수500	3회 0.14	3회 0.19
이송량	0.2	0.15	0.07	4회 0.10	4회 0.12
절입량	4			5회 0.05	5회 0.10
정삭여유X	0.4			6회 0.05	6회 0.08
정삭여유Z	0.2			계 0.89	7회 0.05
소재	Ø60×105				8회 0.05
					계 1.19

8. 일반프로그램 초급 연습도면 NO.8

※ 아래 도면을 보고 프로그램을 작성하세요.

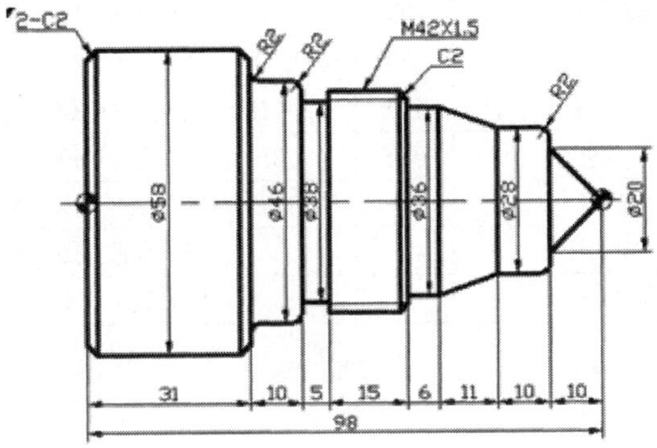

절삭조건	황삭	정삭	홈, 나사	피치 1.5	피치 2.0
최고회전수	1500	1500	500	1회 0.35	1회 0.35
공구번호	T0101	T0303	T0505,T0707	2회 0.20	2회 0.25
절삭속도	180	200	회전수500	3회 0.14	3회 0.19
이송량	0.2	0.15	0.07	4회 0.10	4회 0.12
절입량	4			5회 0.05	5회 0.10
정삭여유X	0.4			6회 0.05	6회 0.08
정삭여유Z	0.2			계 0.89	7회 0.05
소재	Ø60×105				8회 0.05
					계 1.19

9. 일반프로그램 초급 연습도면 NO.9

※ 아래 도면을 보고 프로그램을 작성하세요.

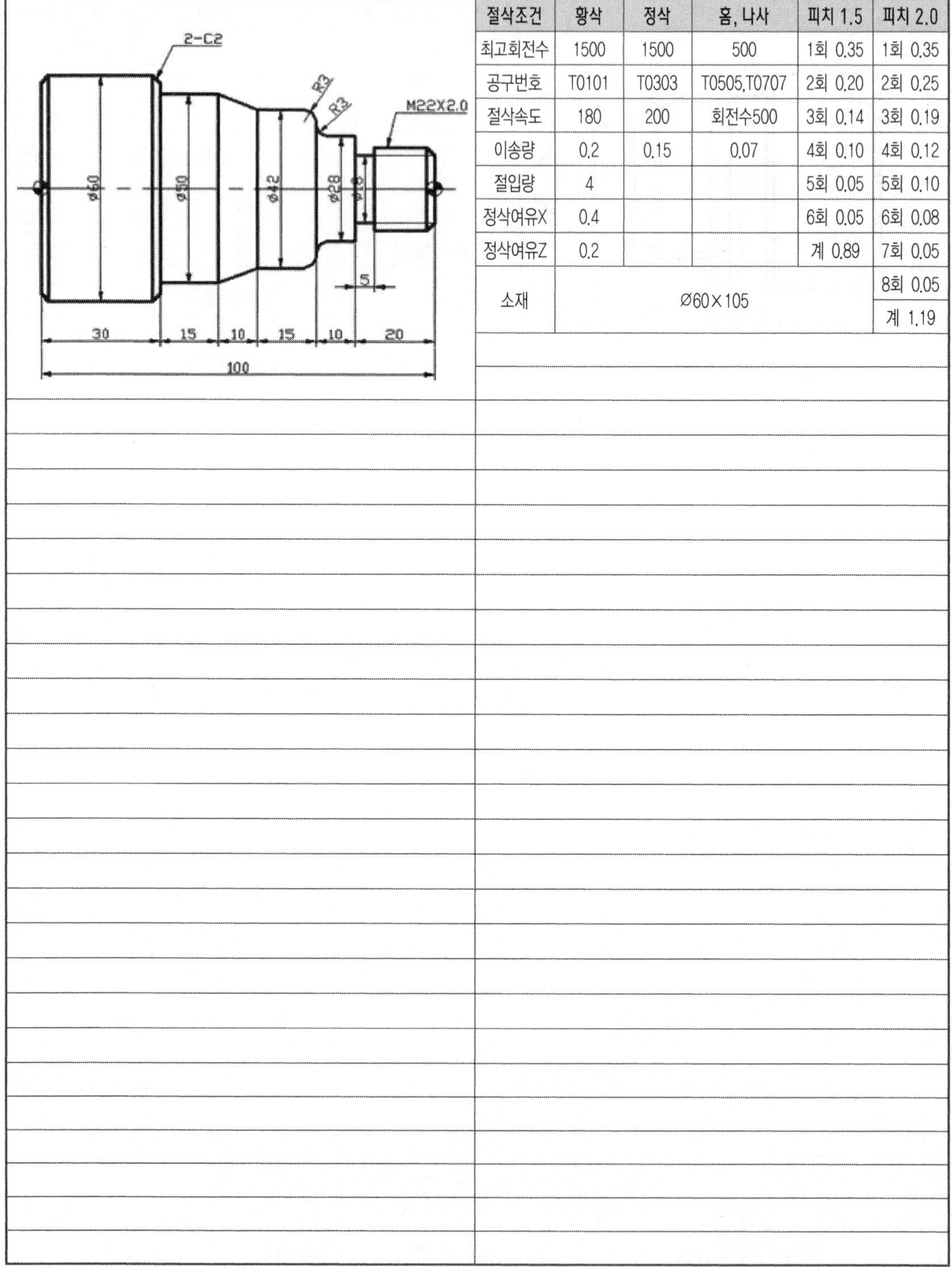

절삭조건	황삭	정삭	홈, 나사	피치 1.5	피치 2.0
최고회전수	1500	1500	500	1회 0.35	1회 0.35
공구번호	T0101	T0303	T0505,T0707	2회 0.20	2회 0.25
절삭속도	180	200	회전수500	3회 0.14	3회 0.19
이송량	0.2	0.15	0.07	4회 0.10	4회 0.12
절입량	4			5회 0.05	5회 0.10
정삭여유X	0.4			6회 0.05	6회 0.08
정삭여유Z	0.2			계 0.89	7회 0.05
소재	Ø60×105				8회 0.05
					계 1.19

10. 일반프로그램 초급 연습도면 NO.10

※ 아래 도면을 보고 프로그램을 작성하세요.

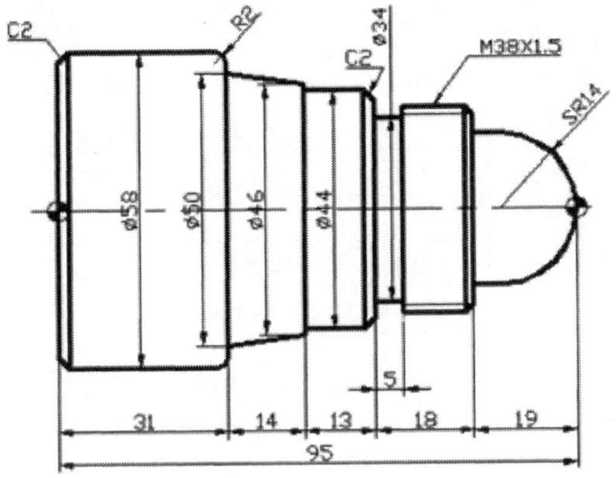

절삭조건	황삭	정삭	홈, 나사	피치 1.5	피치 2.0
최고회전수	1500	1500	500	1회 0.35	1회 0.35
공구번호	T0101	T0303	T0505,T0707	2회 0.20	2회 0.25
절삭속도	180	200	회전수500	3회 0.14	3회 0.19
이송량	0.2	0.15	0.07	4회 0.10	4회 0.12
절입량	4			5회 0.05	5회 0.10
정삭여유X	0.4			6회 0.05	6회 0.08
정삭여유Z	0.2			계 0.89	7회 0.05
소재	Ø60×105				8회 0.05
					계 1.19

C2, R2, Ø34, C2, M38X1.5, SR14, Ø58, Ø50, Ø46, Ø44, 5, 31, 14, 13, 18, 19, 95

APPENDIX

3. 일반프로그램 초급 연습도면

11. 일반프로그램 초급 연습도면 NO.11

※ 아래 도면을 보고 프로그램을 작성하세요.

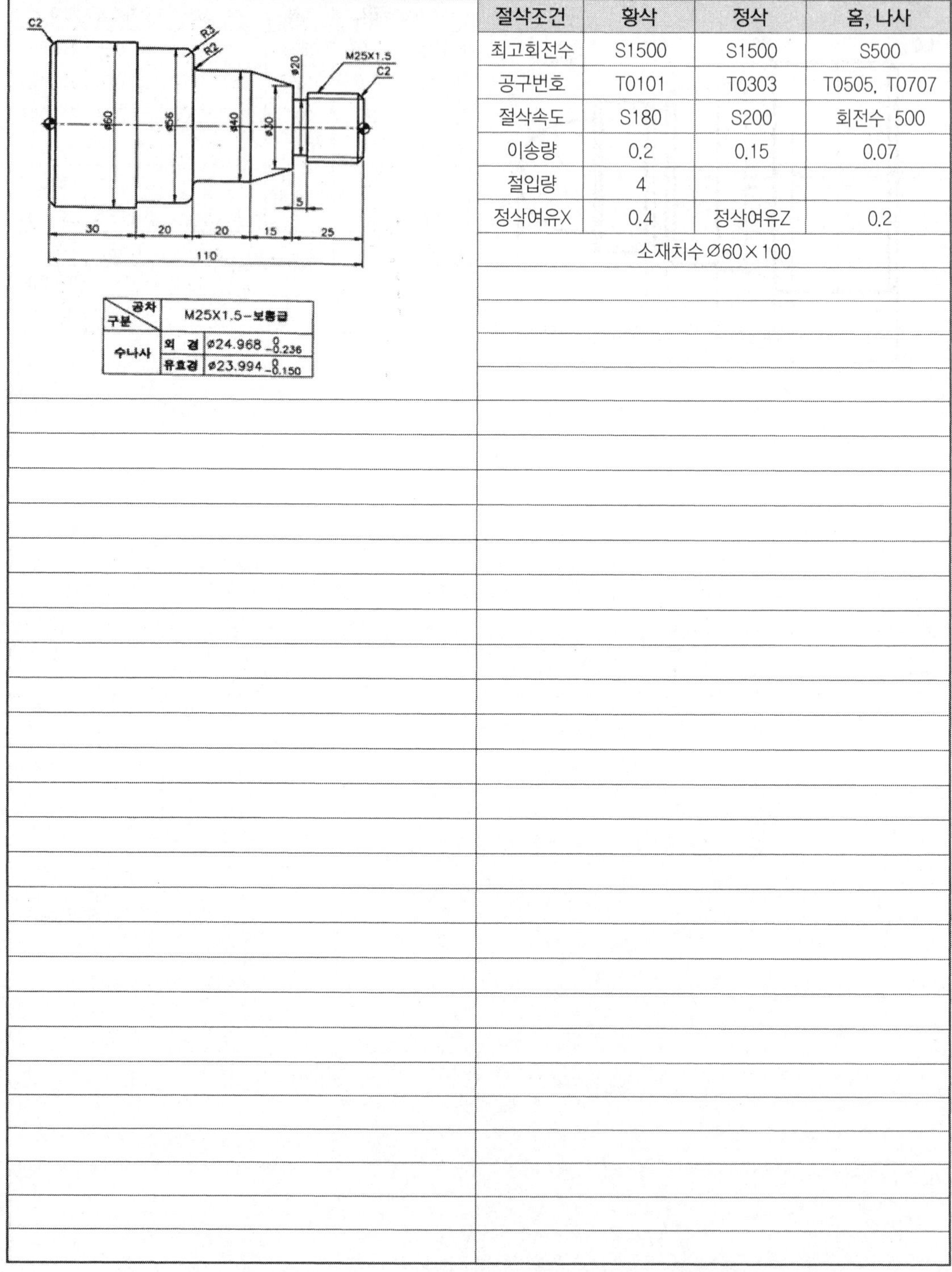

구분 \ 공차		M25X1.5-보통급
수나사	외 경	ø24.968 $^{0}_{-0.236}$
	유효경	ø23.994 $^{0}_{-0.150}$

절삭조건	황삭	정삭	홈, 나사
최고회전수	S1500	S1500	S500
공구번호	T0101	T0303	T0505, T0707
절삭속도	S180	S200	회전수 500
이송량	0.2	0.15	0.07
절입량	4		
정삭여유X	0.4	정삭여유Z	0.2
소재치수 Ø60×100			

12. 일반프로그램 초급 연습도면 NO.12

※ 아래 도면을 보고 프로그램을 작성하세요.

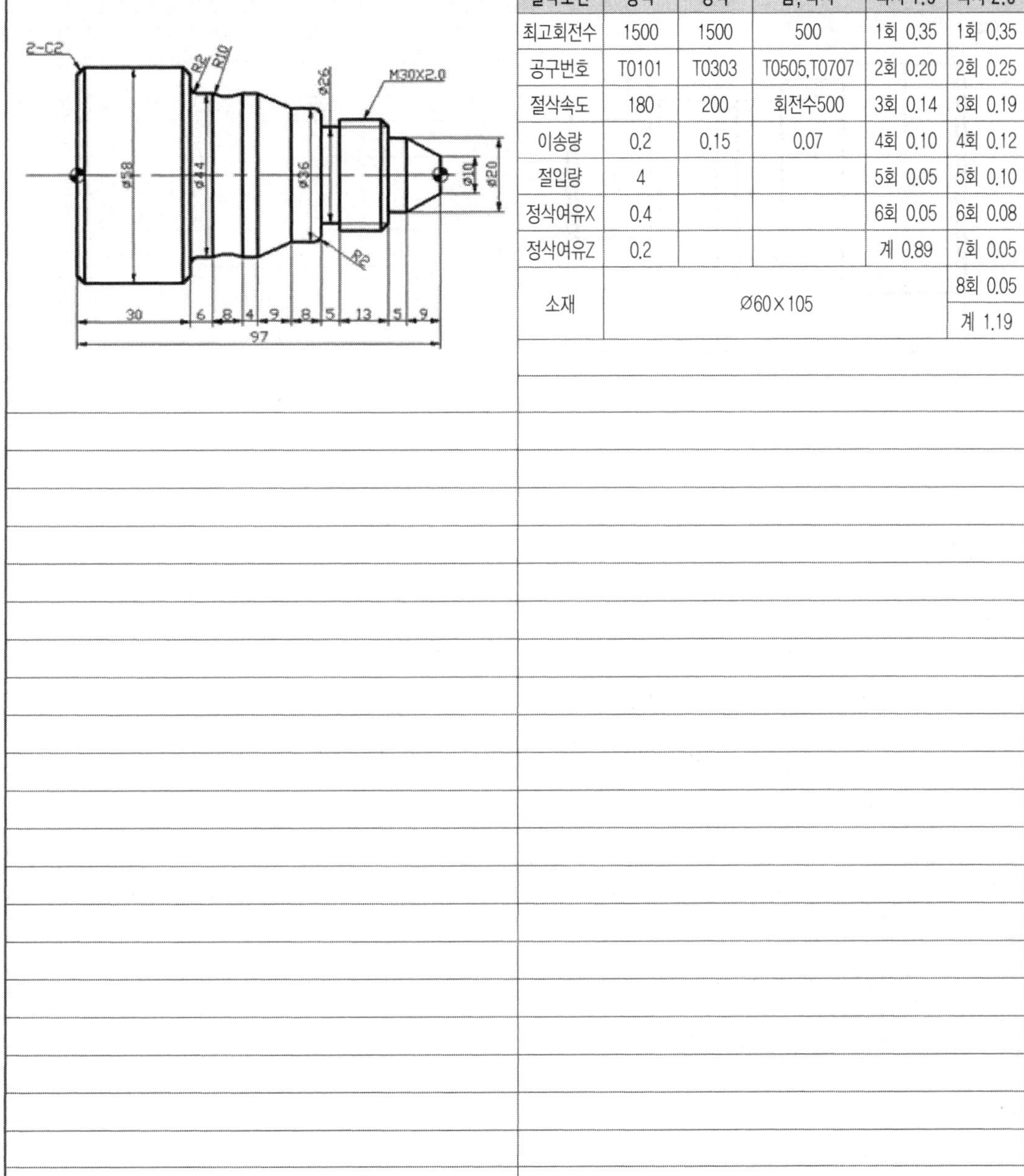

절삭조건	황삭	정삭	홈, 나사	피치 1.5	피치 2.0
최고회전수	1500	1500	500	1회 0.35	1회 0.35
공구번호	T0101	T0303	T0505,T0707	2회 0.20	2회 0.25
절삭속도	180	200	회전수500	3회 0.14	3회 0.19
이송량	0.2	0.15	0.07	4회 0.10	4회 0.12
절입량	4			5회 0.05	5회 0.10
정삭여유X	0.4			6회 0.05	6회 0.08
정삭여유Z	0.2			계 0.89	7회 0.05
소재	Ø60×105				8회 0.05
					계 1.19

APPENDIX

3. 일반프로그램 초급 연습도면

13. 일반프로그램 초급 연습도면 NO.13

※ 아래 도면을 보고 프로그램을 작성하세요.

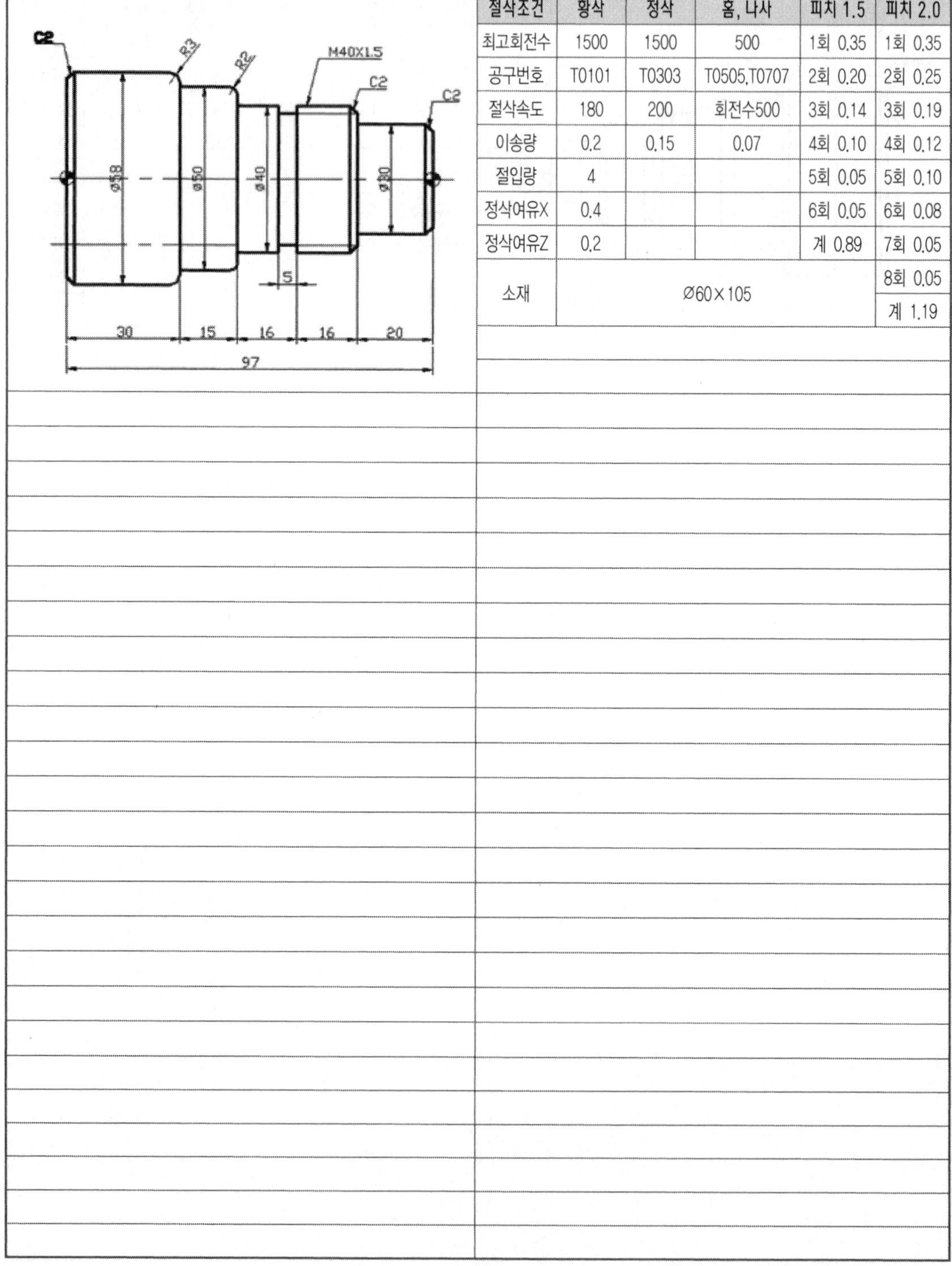

절삭조건	황삭	정삭	홈, 나사	피치 1.5	피치 2.0
최고회전수	1500	1500	500	1회 0.35	1회 0.35
공구번호	T0101	T0303	T0505,T0707	2회 0.20	2회 0.25
절삭속도	180	200	회전수500	3회 0.14	3회 0.19
이송량	0.2	0.15	0.07	4회 0.10	4회 0.12
절입량	4			5회 0.05	5회 0.10
정삭여유X	0.4			6회 0.05	6회 0.08
정삭여유Z	0.2			계 0.89	7회 0.05
소재	Ø60×105				8회 0.05
					계 1.19

14. 일반프로그램 초급 연습도면 NO.14

※ 아래 도면을 보고 프로그램을 작성하세요.

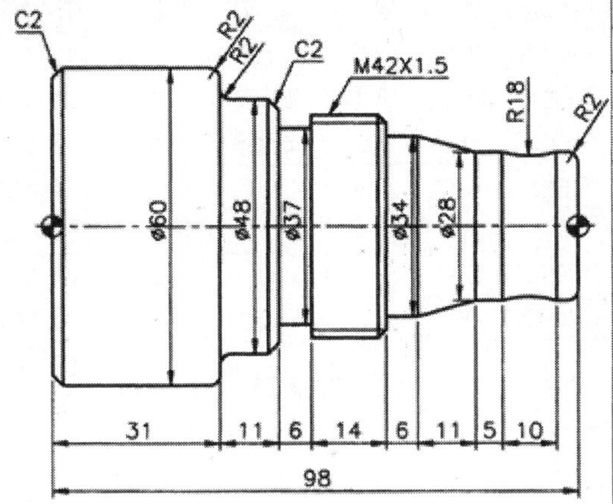

C2
R2
R2
C2
M42X1.5
R18
R2
ø60
ø48
ø37
ø34
ø28
31
11
6
14
6
11
5
10
98

절삭조건	황삭	정삭	홈, 나사	피치 1.5	피치 2.0
최고회전수	1500	1500	500	1회 0.35	1회 0.35
공구번호	T0101	T0303	T0505,T0707	2회 0.20	2회 0.25
절삭속도	180	200	회전수500	3회 0.14	3회 0.19
이송량	0.2	0.15	0.07	4회 0.10	4회 0.12
절입량	4			5회 0.05	5회 0.10
정삭여유X	0.4			6회 0.05	6회 0.08
정삭여유Z	0.2			계 0.89	7회 0.05
소재	Ø60×105				8회 0.05
					계 1.19

APPENDIX

3. 일반프로그램 초급 연습도면

15. 일반프로그램 초급 연습도면 NO.15

※ 아래 도면을 보고 프로그램을 작성하세요.

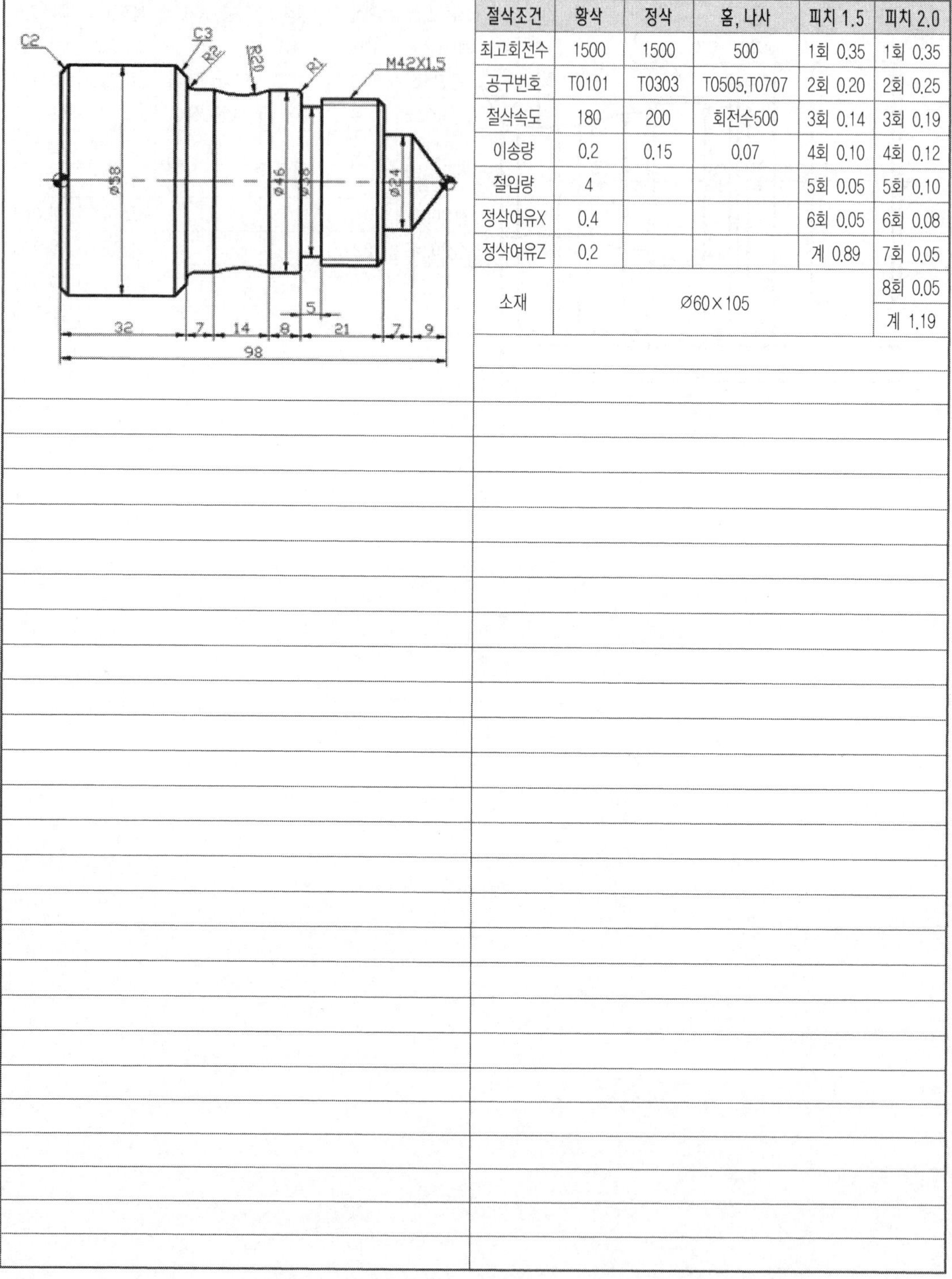

절삭조건	황삭	정삭	홈, 나사	피치 1.5	피치 2.0
최고회전수	1500	1500	500	1회 0.35	1회 0.35
공구번호	T0101	T0303	T0505,T0707	2회 0.20	2회 0.25
절삭속도	180	200	회전수500	3회 0.14	3회 0.19
이송량	0.2	0.15	0.07	4회 0.10	4회 0.12
절입량	4			5회 0.05	5회 0.10
정삭여유X	0.4			6회 0.05	6회 0.08
정삭여유Z	0.2			계 0.89	7회 0.05
소재	Ø60×105				8회 0.05
					계 1.19

16. 일반프로그램 초급 연습도면 NO.16

※ 아래 도면을 보고 프로그램을 작성하세요.

절삭조건	황삭	정삭	홈, 나사	피치 1.5	피치 2.0
최고회전수	1500	1500	500	1회 0.35	1회 0.35
공구번호	T0101	T0303	T0505,T0707	2회 0.20	2회 0.25
절삭속도	180	200	회전수500	3회 0.14	3회 0.19
이송량	0.2	0.15	0.07	4회 0.10	4회 0.12
절입량	4			5회 0.05	5회 0.10
정삭여유X	0.4			6회 0.05	6회 0.08
정삭여유Z	0.2			계 0.89	7회 0.05
소재	Ø60×105				8회 0.05
					계 1.19

17. 일반프로그램 초급 연습도면 NO.17

※ 아래 도면을 보고 프로그램을 작성하세요.

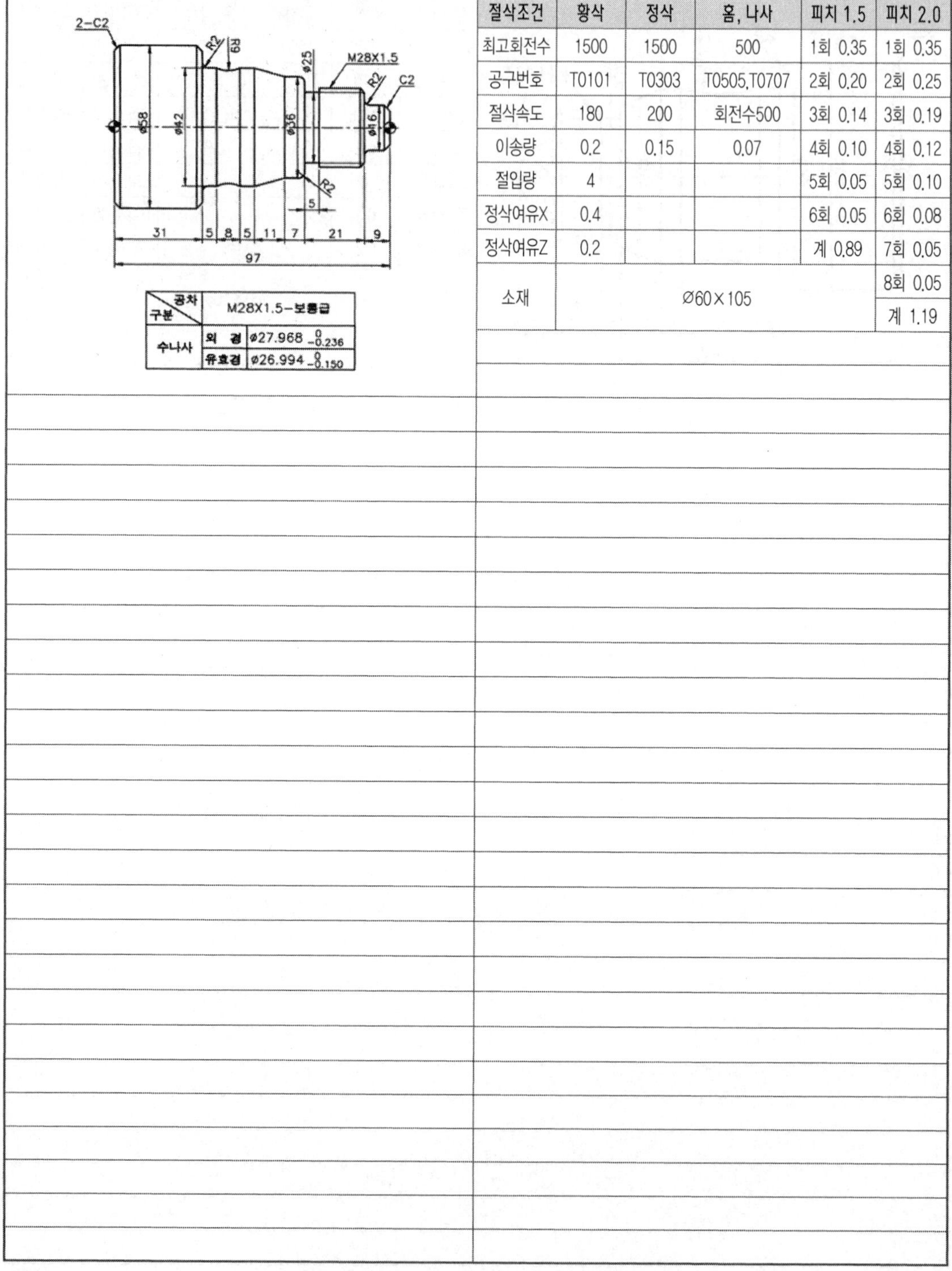

절삭조건	황삭	정삭	홈, 나사	피치 1.5	피치 2.0
최고회전수	1500	1500	500	1회 0.35	1회 0.35
공구번호	T0101	T0303	T0505,T0707	2회 0.20	2회 0.25
절삭속도	180	200	회전수500	3회 0.14	3회 0.19
이송량	0.2	0.15	0.07	4회 0.10	4회 0.12
절입량	4			5회 0.05	5회 0.10
정삭여유X	0.4			6회 0.05	6회 0.08
정삭여유Z	0.2			계 0.89	7회 0.05
소재	Ø60×105				8회 0.05
					계 1.19

18. 일반프로그램 초급 연습도면 NO.18

※ 아래 도면을 보고 프로그램을 작성하세요.

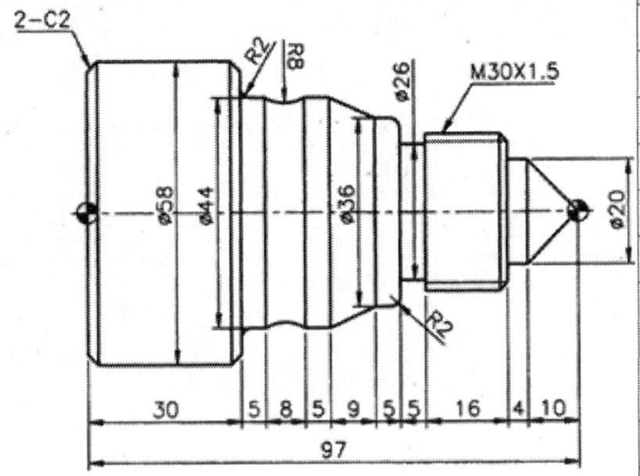

절삭조건	황삭	정삭	홈, 나사	피치 1.5	피치 2.0
최고회전수	1500	1500	500	1회 0.35	1회 0.35
공구번호	T0101	T0303	T0505,T0707	2회 0.20	2회 0.25
절삭속도	180	200	회전수500	3회 0.14	3회 0.19
이송량	0.2	0.15	0.07	4회 0.10	4회 0.12
절입량	4			5회 0.05	5회 0.10
정삭여유X	0.4			6회 0.05	6회 0.08
정삭여유Z	0.2			계 0.89	7회 0.05
소재	Ø60×105				8회 0.05
					계 1.19

APPENDIX

3. 일반프로그램 초급 연습도면

19. 일반프로그램 초급 연습도면 NO.19

※ 아래 도면을 보고 프로그램을 작성하세요.

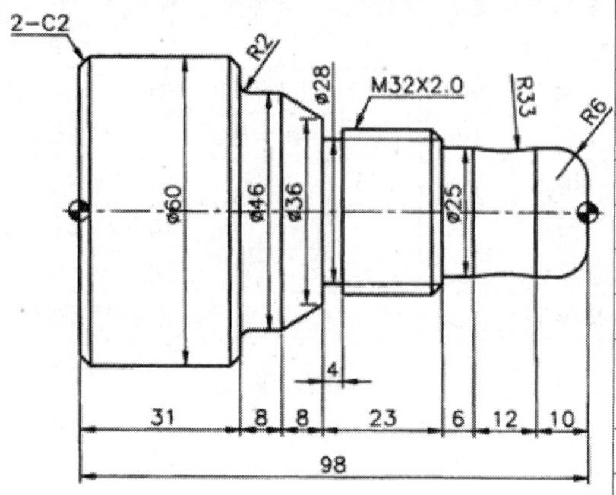

2-C2
R2
ø28
M32X2.0
R33
R6
ø60
ø46
ø36
ø25
4
31
8
8
23
6
12
10
98

절삭조건	황삭	정삭	홈, 나사	피치 1.5	피치 2.0
최고회전수	1500	1500	500	1회 0.35	1회 0.35
공구번호	T0101	T0303	T0505,T0707	2회 0.20	2회 0.25
절삭속도	180	200	회전수500	3회 0.14	3회 0.19
이송량	0.2	0.15	0.07	4회 0.10	4회 0.12
절입량	4			5회 0.05	5회 0.10
정삭여유X	0.4			6회 0.05	6회 0.08
정삭여유Z	0.2			계 0.89	7회 0.05
소재	Ø60×105				8회 0.05
					계 1.19

20. 일반프로그램 초급 연습도면 NO.20

※ 아래 도면을 보고 프로그램을 작성하세요.

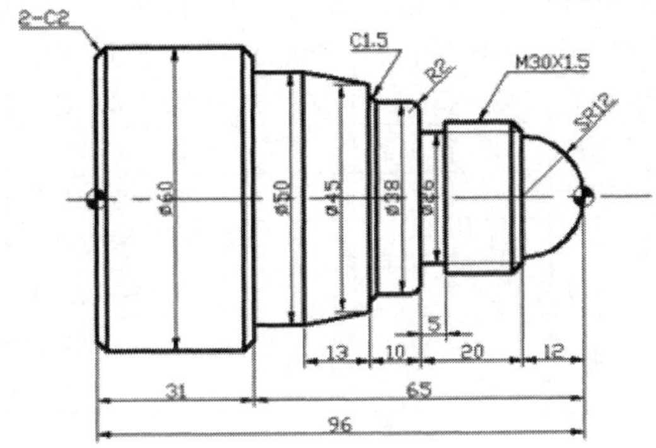

2-C2
C1.5
R2
M30X1.5
SR12
ø60 ø50 ø45 ø38 ø26
5
13 10 20 12
31 65
96

절삭조건	황삭	정삭	홈, 나사	피치 1.5	피치 2.0
최고회전수	1500	1500	500	1회 0.35	1회 0.35
공구번호	T0101	T0303	T0505,T0707	2회 0.20	2회 0.25
절삭속도	180	200	회전수500	3회 0.14	3회 0.19
이송량	0.2	0.15	0.07	4회 0.10	4회 0.12
절입량	4			5회 0.05	5회 0.10
정삭여유X	0.4			6회 0.05	6회 0.08
정삭여유Z	0.2			계 0.89	7회 0.05
소재	Ø60×105				8회 0.05
					계 1.19

21. 일반프로그램 초급 연습도면 NO.21

※ 아래 도면을 보고 프로그램을 작성하세요.

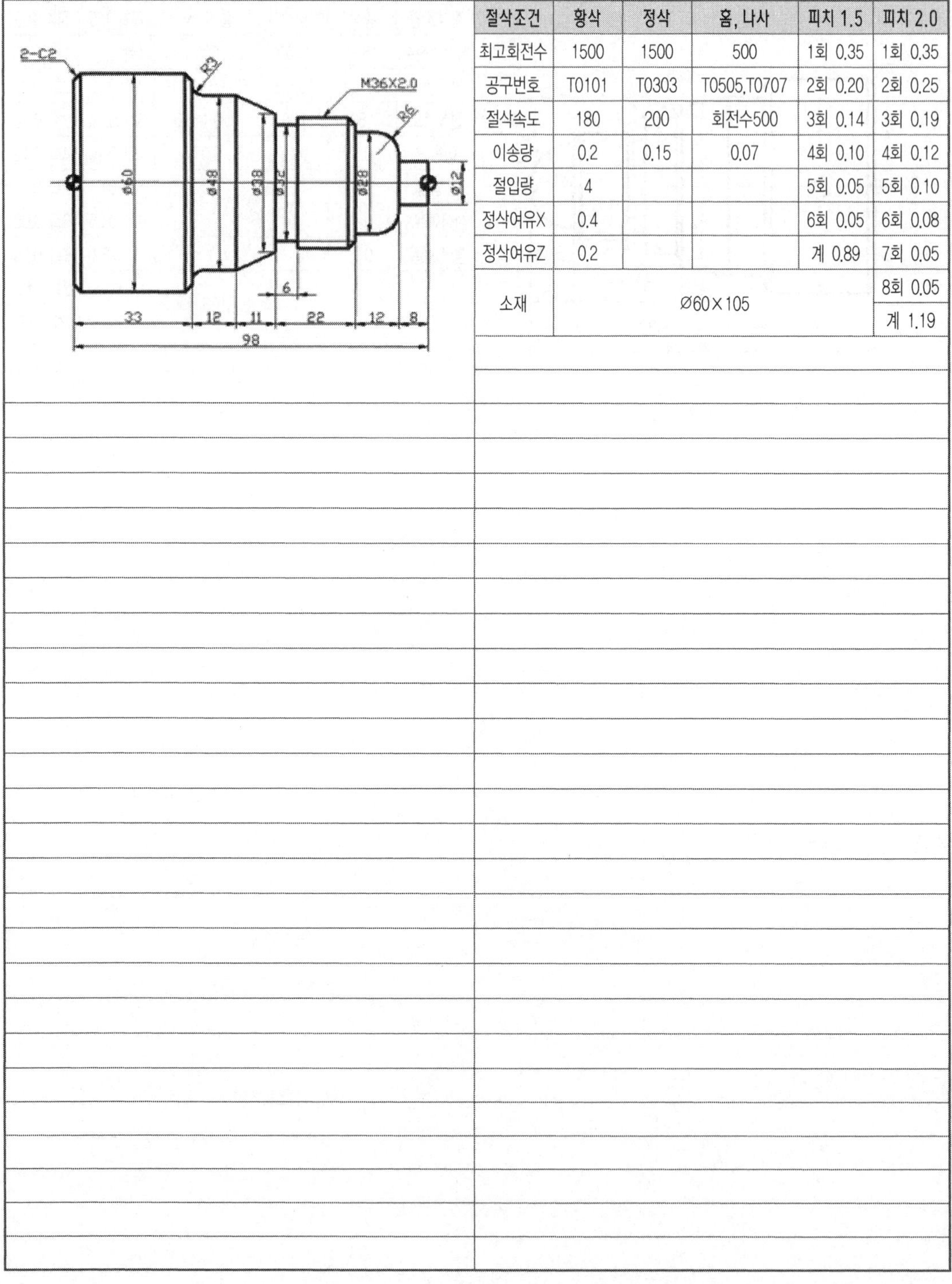

절삭조건	황삭	정삭	홈, 나사	피치 1.5	피치 2.0
최고회전수	1500	1500	500	1회 0.35	1회 0.35
공구번호	T0101	T0303	T0505,T0707	2회 0.20	2회 0.25
절삭속도	180	200	회전수500	3회 0.14	3회 0.19
이송량	0.2	0.15	0.07	4회 0.10	4회 0.12
절입량	4			5회 0.05	5회 0.10
정삭여유X	0.4			6회 0.05	6회 0.08
정삭여유Z	0.2			계 0.89	7회 0.05
소재	Ø60×105				8회 0.05
					계 1.19

22. 일반프로그램 초급 연습도면 NO.22

※ 아래 도면을 보고 프로그램을 작성하세요.

절삭조건	황삭	정삭	홈, 나사	피치 1.5	피치 2.0
최고회전수	1500	1500	500	1회 0.35	1회 0.35
공구번호	T0101	T0303	T0505,T0707	2회 0.20	2회 0.25
절삭속도	180	200	회전수500	3회 0.14	3회 0.19
이송량	0.2	0.15	0.07	4회 0.10	4회 0.12
절입량	4			5회 0.05	5회 0.10
정삭여유X	0.4			6회 0.05	6회 0.08
정삭여유Z	0.2			계 0.89	7회 0.05
소재	Ø60×105				8회 0.05
					계 1.19

23. 일반프로그램 초급 연습도면 NO.23

※ 아래 도면을 보고 프로그램을 작성하세요.

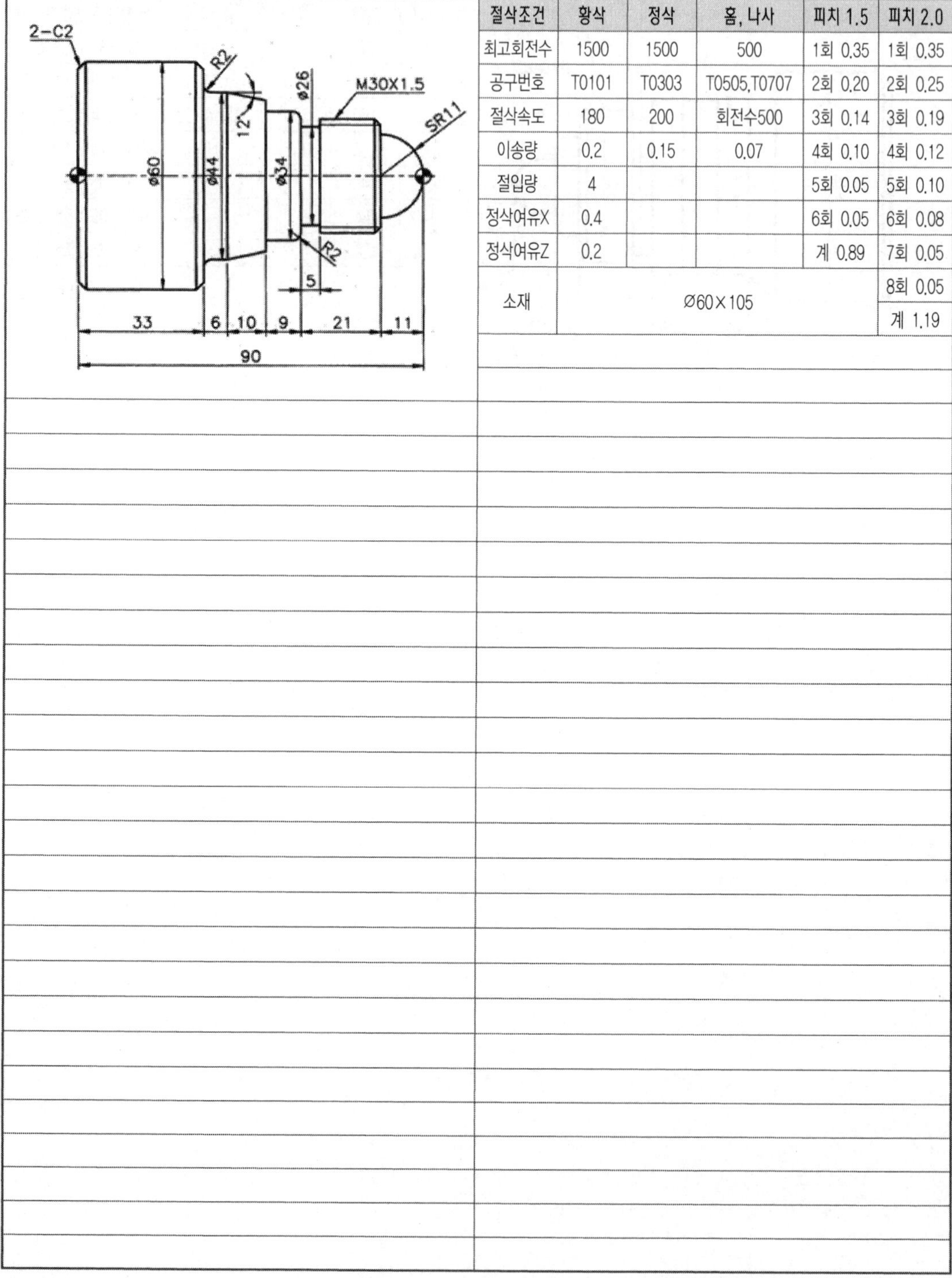

절삭조건	황삭	정삭	홈, 나사	피치 1.5	피치 2.0
최고회전수	1500	1500	500	1회 0.35	1회 0.35
공구번호	T0101	T0303	T0505,T0707	2회 0.20	2회 0.25
절삭속도	180	200	회전수500	3회 0.14	3회 0.19
이송량	0.2	0.15	0.07	4회 0.10	4회 0.12
절입량	4			5회 0.05	5회 0.10
정삭여유X	0.4			6회 0.05	6회 0.08
정삭여유Z	0.2			계 0.89	7회 0.05
소재	Ø60×105				8회 0.05
					계 1.19

일반프로그램 중급 연습도면

1. 일반프로그램 중급 연습도면 NO.24

※ 아래 도면을 보고 프로그램을 작성하세요.

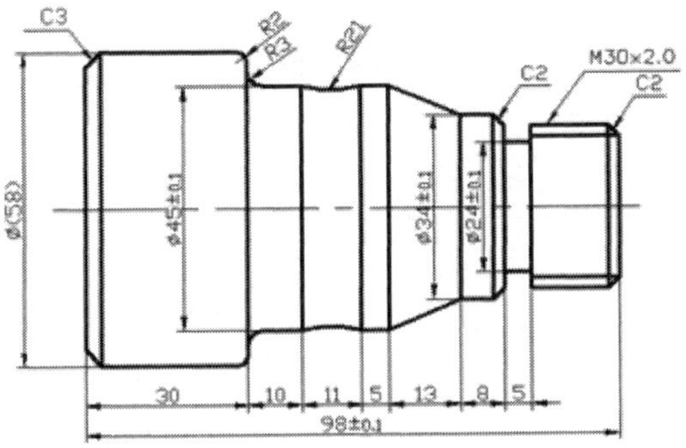

절삭조건	황삭	정삭	홈, 나사	피치 1.5	피치 2.0
최고회전수	1500	1500	500	1회 0.35	1회 0.35
공구번호	T0101	T0303	T0505,T0707	2회 0.20	2회 0.25
절삭속도	180	200	회전수500	3회 0.14	3회 0.19
이송량	0.2	0.15	0.07	4회 0.10	4회 0.12
절입량	4			5회 0.05	5회 0.10
정삭여유X	0.4			6회 0.05	6회 0.08
정삭여유Z	0.2			계 0.89	7회 0.05
소재	Ø60×105				8회 0.05
					계 1.19

2. 일반프로그램 중급 연습도면 NO.25

※ 아래 도면을 보고 프로그램을 작성하세요.

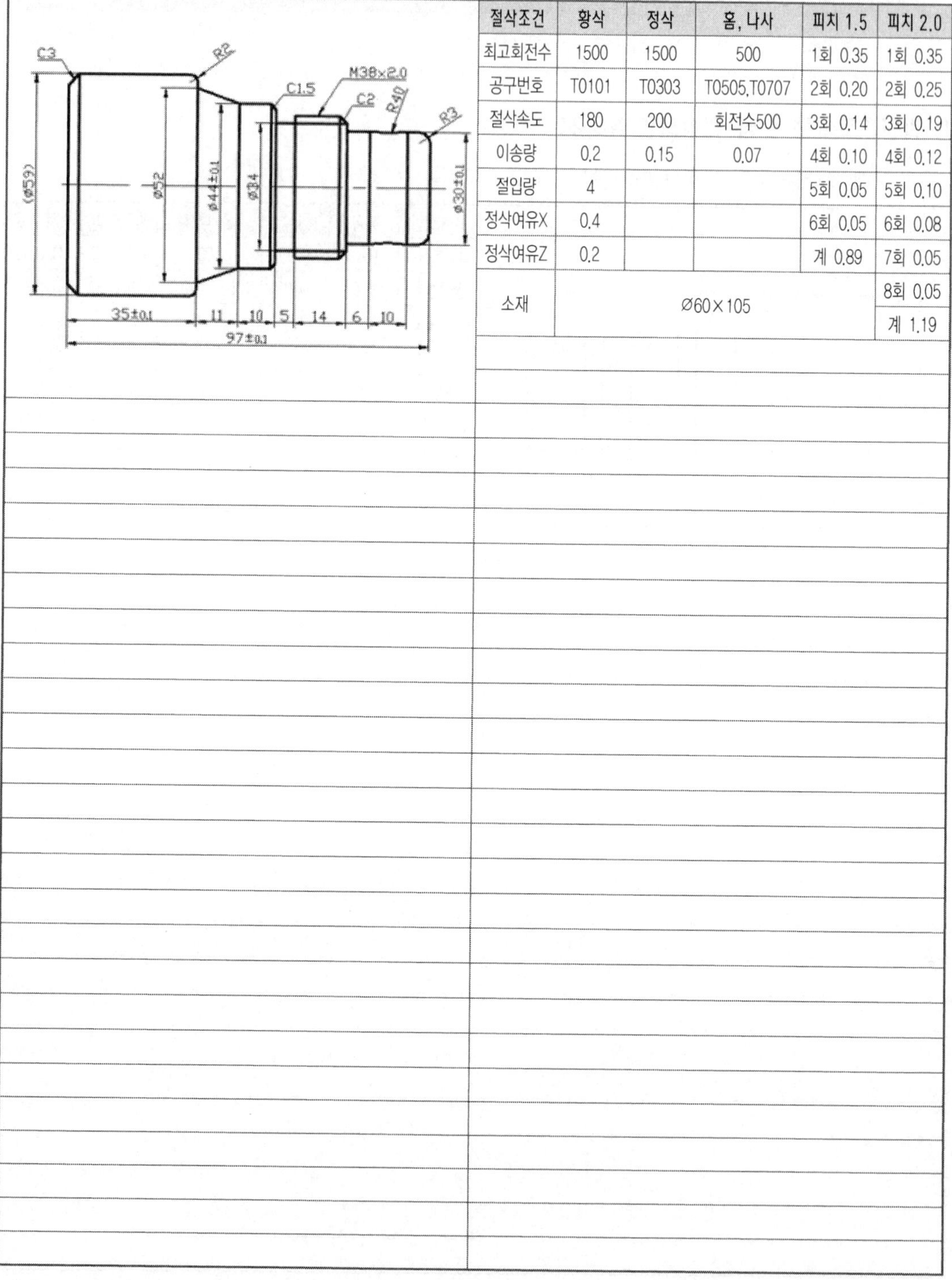

절삭조건	황삭	정삭	홈, 나사	피치 1.5	피치 2.0
최고회전수	1500	1500	500	1회 0.35	1회 0.35
공구번호	T0101	T0303	T0505,T0707	2회 0.20	2회 0.25
절삭속도	180	200	회전수500	3회 0.14	3회 0.19
이송량	0.2	0.15	0.07	4회 0.10	4회 0.12
절입량	4			5회 0.05	5회 0.10
정삭여유X	0.4			6회 0.05	6회 0.08
정삭여유Z	0.2			계 0.89	7회 0.05
소재	Ø60×105				8회 0.05
					계 1.19

3. 일반프로그램 중급 연습도면 NO.26

※ 아래 도면을 보고 프로그램을 작성하세요.

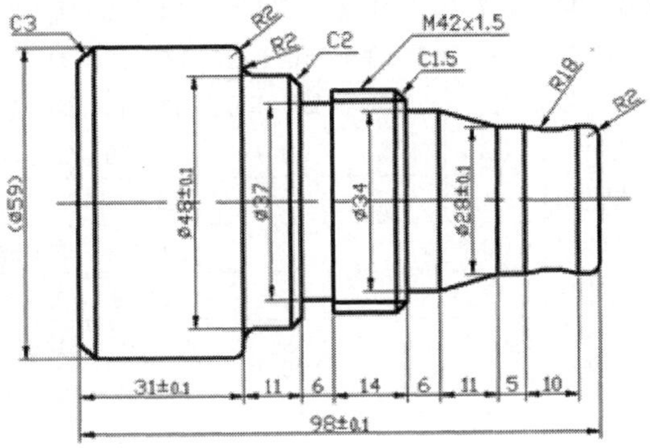

절삭조건	황삭	정삭	홈, 나사	피치 1.5	피치 2.0
최고회전수	1500	1500	500	1회 0.35	1회 0.35
공구번호	T0101	T0303	T0505,T0707	2회 0.20	2회 0.25
절삭속도	180	200	회전수500	3회 0.14	3회 0.19
이송량	0.2	0.15	0.07	4회 0.10	4회 0.12
절입량	4			5회 0.05	5회 0.10
정삭여유X	0.4			6회 0.05	6회 0.08
정삭여유Z	0.2			계 0.89	7회 0.05
소재	Ø60×105				8회 0.05
					계 1.19

4. 일반프로그램 중급 연습도면 NO.27

※ 아래 도면을 보고 프로그램을 작성하세요.

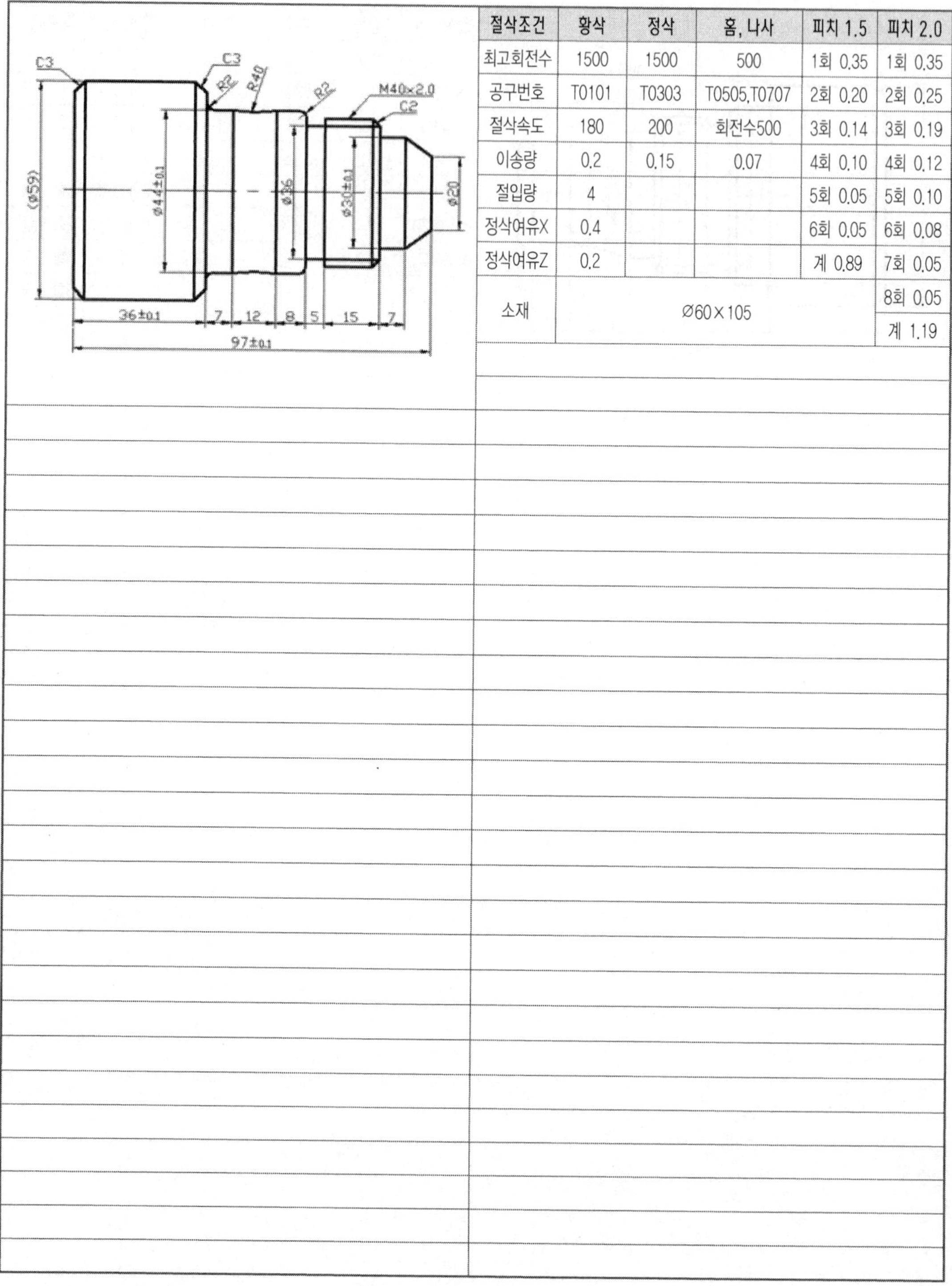

절삭조건	황삭	정삭	홈, 나사	피치 1.5	피치 2.0
최고회전수	1500	1500	500	1회 0.35	1회 0.35
공구번호	T0101	T0303	T0505,T0707	2회 0.20	2회 0.25
절삭속도	180	200	회전수500	3회 0.14	3회 0.19
이송량	0.2	0.15	0.07	4회 0.10	4회 0.12
절입량	4			5회 0.05	5회 0.10
정삭여유X	0.4			6회 0.05	6회 0.08
정삭여유Z	0.2			계 0.89	7회 0.05
소재	Ø60×105				8회 0.05
					계 1.19

5. 일반프로그램 중급 연습도면 NO.28

※ 아래 도면을 보고 프로그램을 작성하세요.

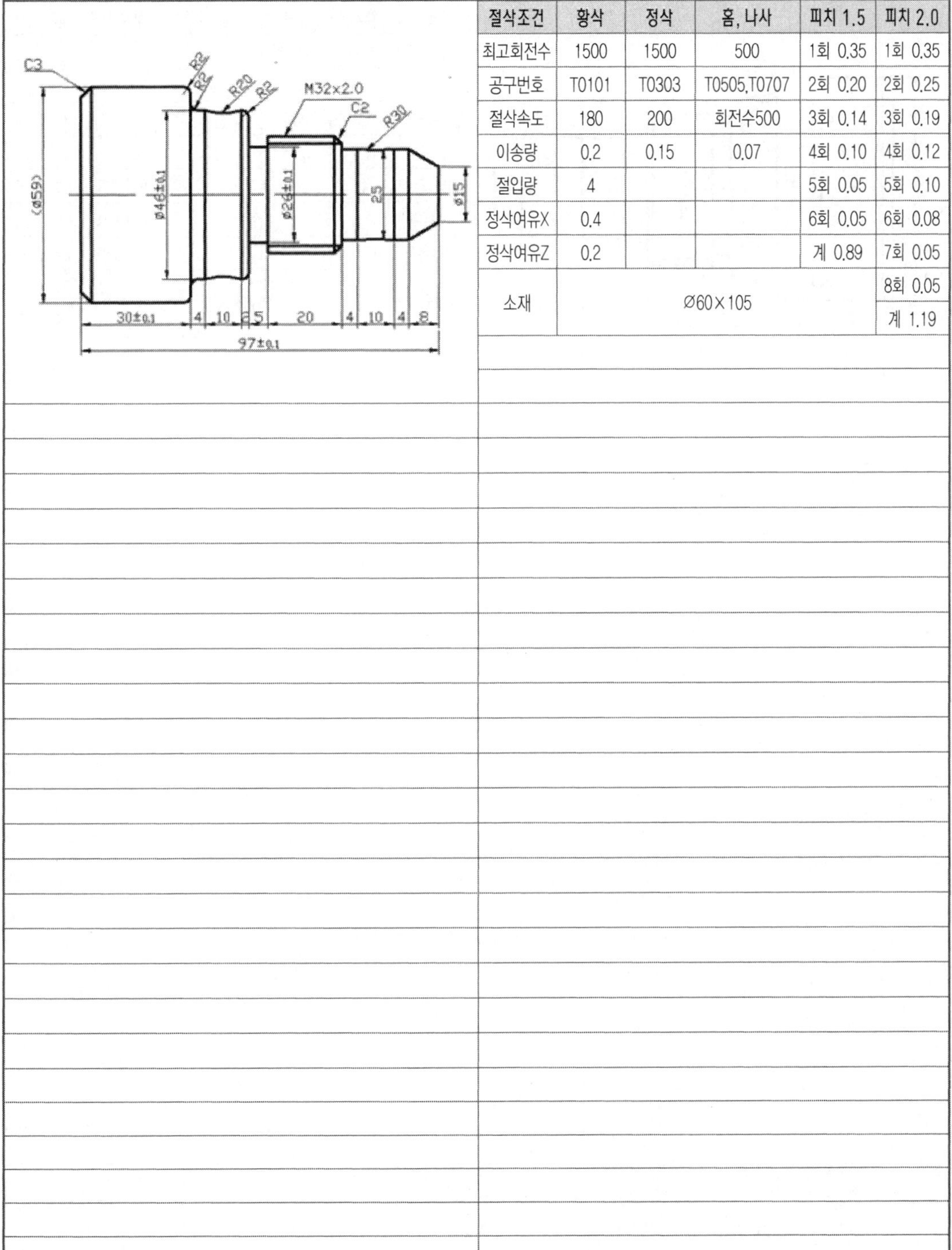

절삭조건	황삭	정삭	홈, 나사	피치 1.5	피치 2.0
최고회전수	1500	1500	500	1회 0.35	1회 0.35
공구번호	T0101	T0303	T0505,T0707	2회 0.20	2회 0.25
절삭속도	180	200	회전수500	3회 0.14	3회 0.19
이송량	0.2	0.15	0.07	4회 0.10	4회 0.12
절입량	4			5회 0.05	5회 0.10
정삭여유X	0.4			6회 0.05	6회 0.08
정삭여유Z	0.2			계 0.89	7회 0.05
소재	Ø60×105				8회 0.05
					계 1.19

6. 일반프로그램 중급 연습도면 NO.29

※ 아래 도면을 보고 프로그램을 작성하세요.

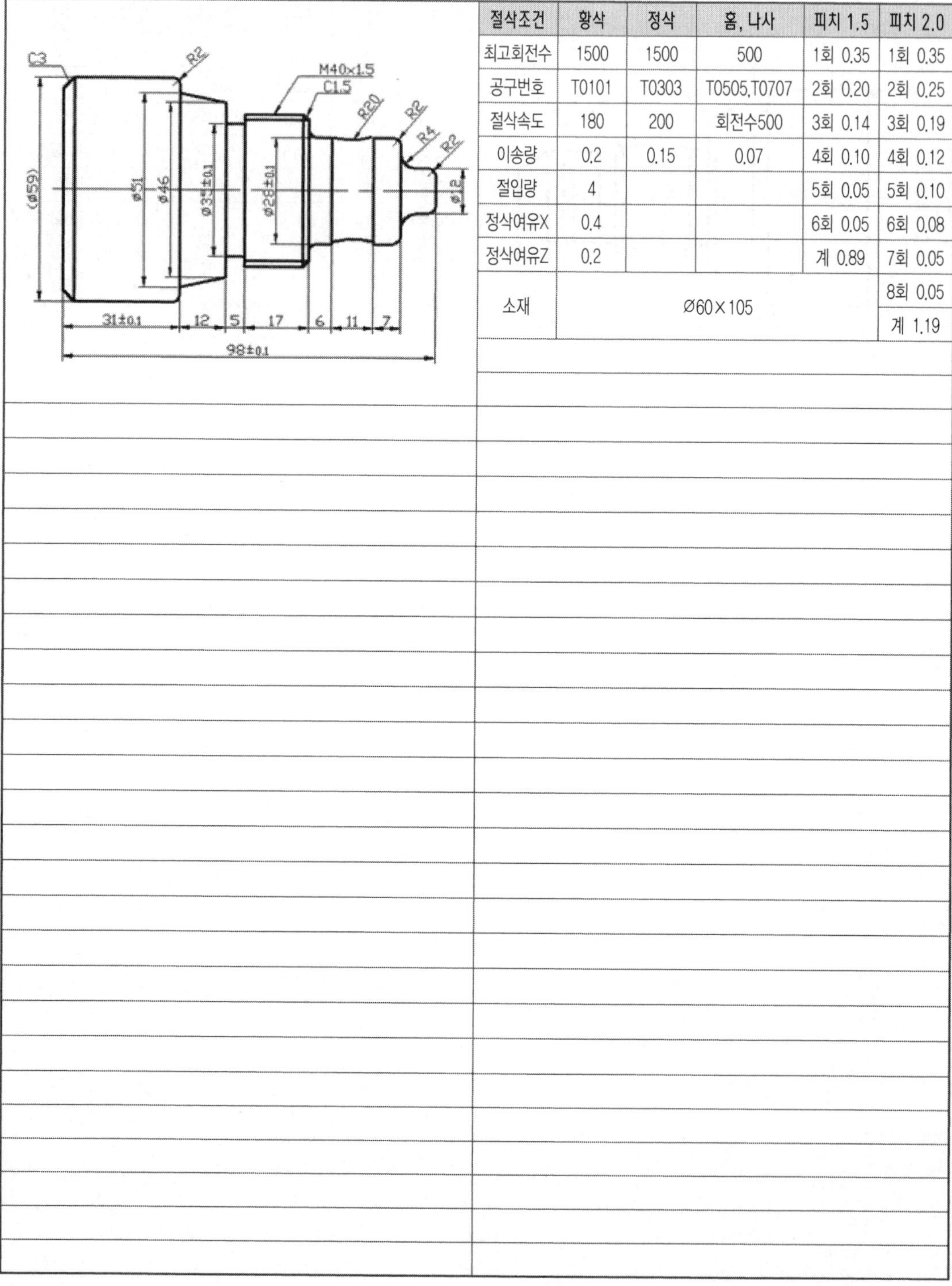

절삭조건	황삭	정삭	홈, 나사	피치 1.5	피치 2.0
최고회전수	1500	1500	500	1회 0.35	1회 0.35
공구번호	T0101	T0303	T0505,T0707	2회 0.20	2회 0.25
절삭속도	180	200	회전수500	3회 0.14	3회 0.19
이송량	0.2	0.15	0.07	4회 0.10	4회 0.12
절입량	4			5회 0.05	5회 0.10
정삭여유X	0.4			6회 0.05	6회 0.08
정삭여유Z	0.2			계 0.89	7회 0.05
소재	Ø60×105				8회 0.05
					계 1.19

7. 일반프로그램 중급 연습도면 NO.30

※ 아래 도면을 보고 프로그램을 작성하세요.

절삭조건	황삭	정삭	홈, 나사	피치 1.5	피치 2.0
최고회전수	1500	1500	500	1회 0.35	1회 0.35
공구번호	T0101	T0303	T0505,T0707	2회 0.20	2회 0.25
절삭속도	180	200	회전수500	3회 0.14	3회 0.19
이송량	0.2	0.15	0.07	4회 0.10	4회 0.12
절입량	4			5회 0.05	5회 0.10
정삭여유X	0.4			6회 0.05	6회 0.08
정삭여유Z	0.2			계 0.89	7회 0.05
소재	Ø60×105				8회 0.05
					계 1.19

8. 일반프로그램 중급 연습도면 NO.31

※ 아래 도면을 보고 프로그램을 작성하세요.

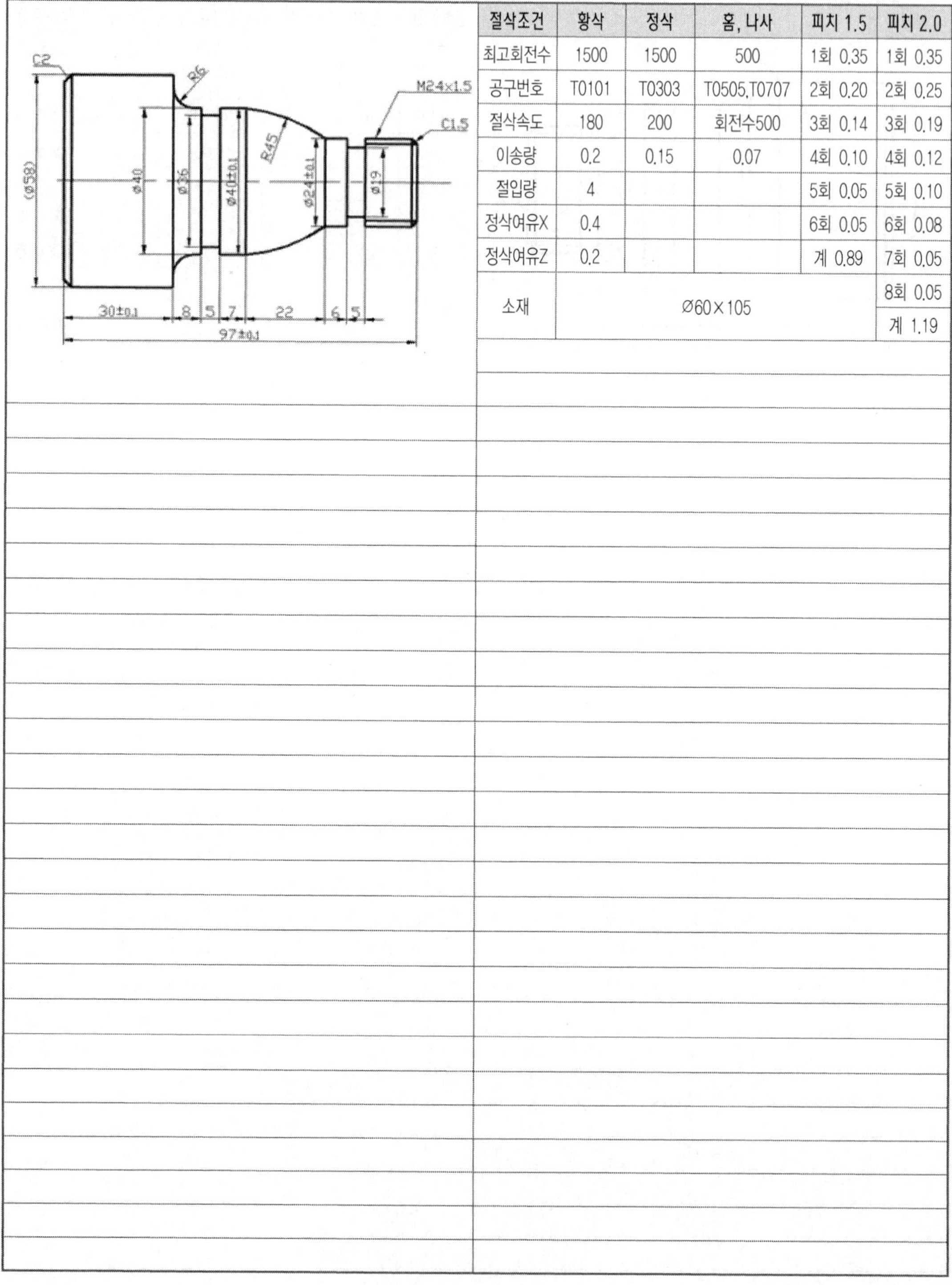

절삭조건	황삭	정삭	홈, 나사	피치 1.5	피치 2.0
최고회전수	1500	1500	500	1회 0.35	1회 0.35
공구번호	T0101	T0303	T0505,T0707	2회 0.20	2회 0.25
절삭속도	180	200	회전수500	3회 0.14	3회 0.19
이송량	0.2	0.15	0.07	4회 0.10	4회 0.12
절입량	4			5회 0.05	5회 0.10
정삭여유X	0.4			6회 0.05	6회 0.08
정삭여유Z	0.2			계 0.89	7회 0.05
소재	Ø60×105				8회 0.05
					계 1.19

9. 일반프로그램 중급 연습도면 NO.32

※ 아래 도면을 보고 프로그램을 작성하세요.

절삭조건	황삭	정삭	홈, 나사	피치 1.5	피치 2.0
최고회전수	1500	1500	500	1회 0.35	1회 0.35
공구번호	T0101	T0303	T0505,T0707	2회 0.20	2회 0.25
절삭속도	180	200	회전수500	3회 0.14	3회 0.19
이송량	0.2	0.15	0.07	4회 0.10	4회 0.12
절입량	4			5회 0.05	5회 0.10
정삭여유X	0.4			6회 0.05	6회 0.08
정삭여유Z	0.2			계 0.89	7회 0.05
소재	Ø60×105				8회 0.05
					계 1.19

10. 일반프로그램 중급 연습도면 NO.33

※ 아래 도면을 보고 프로그램을 작성하세요.

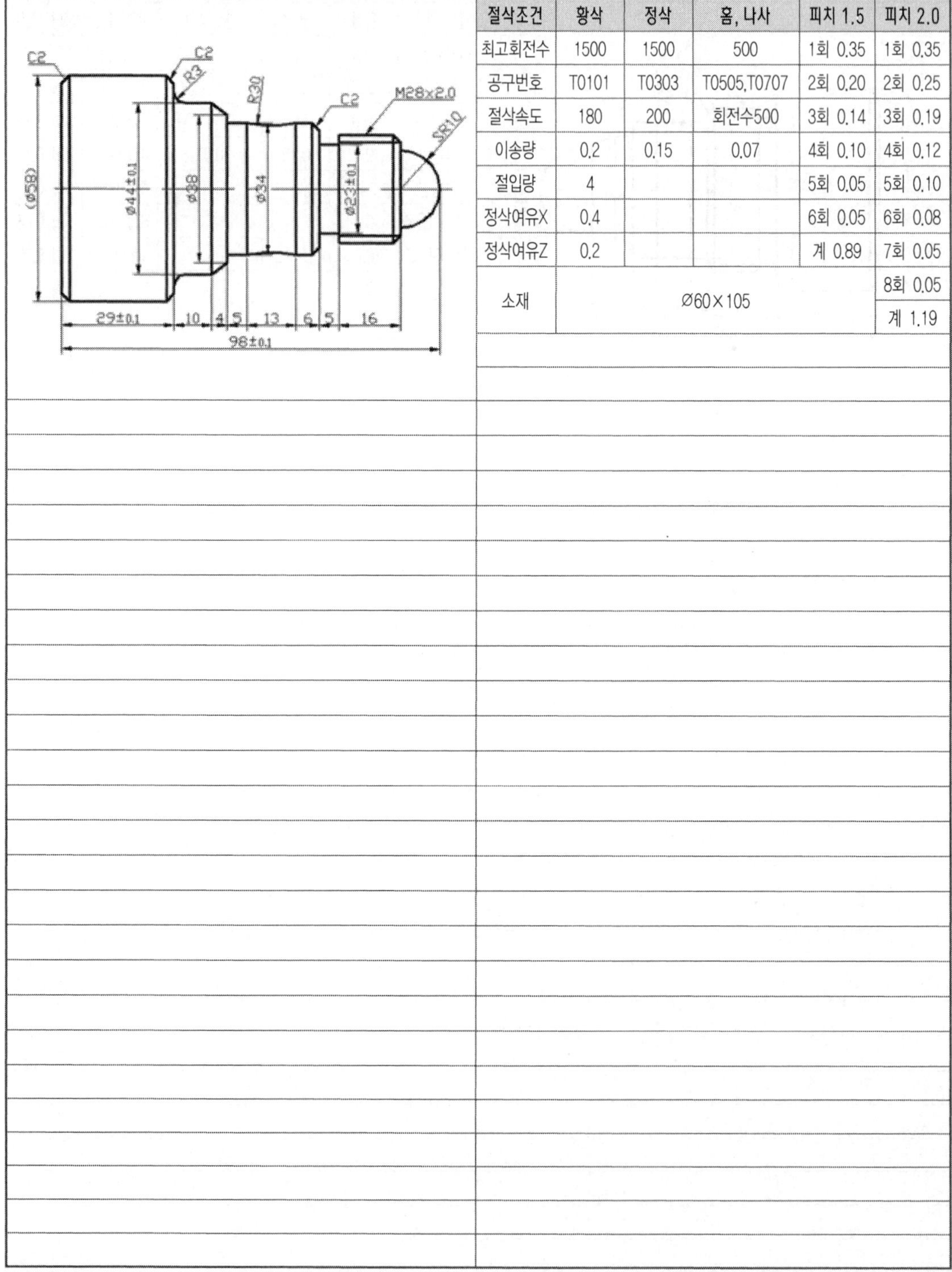

절삭조건	황삭	정삭	홈, 나사	피치 1.5	피치 2.0
최고회전수	1500	1500	500	1회 0.35	1회 0.35
공구번호	T0101	T0303	T0505,T0707	2회 0.20	2회 0.25
절삭속도	180	200	회전수500	3회 0.14	3회 0.19
이송량	0.2	0.15	0.07	4회 0.10	4회 0.12
절입량	4			5회 0.05	5회 0.10
정삭여유X	0.4			6회 0.05	6회 0.08
정삭여유Z	0.2			계 0.89	7회 0.05
소재	Ø60×105				8회 0.05
					계 1.19

11. 일반프로그램 중급 연습도면 NO.34

※ 아래 도면을 보고 프로그램을 작성하세요.

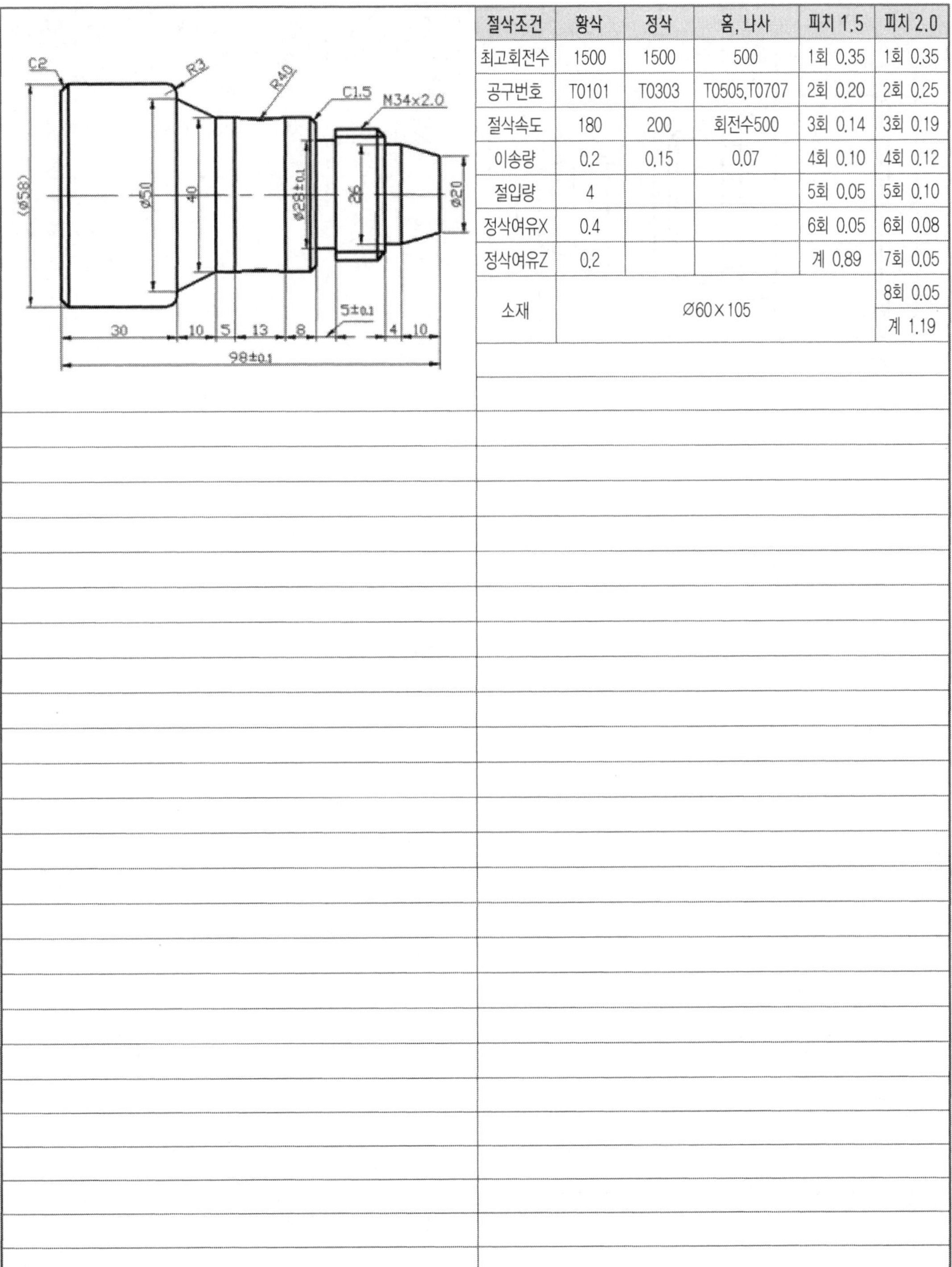

절삭조건	황삭	정삭	홈, 나사	피치 1.5	피치 2.0
최고회전수	1500	1500	500	1회 0.35	1회 0.35
공구번호	T0101	T0303	T0505,T0707	2회 0.20	2회 0.25
절삭속도	180	200	회전수500	3회 0.14	3회 0.19
이송량	0.2	0.15	0.07	4회 0.10	4회 0.12
절입량	4			5회 0.05	5회 0.10
정삭여유X	0.4			6회 0.05	6회 0.08
정삭여유Z	0.2			계 0.89	7회 0.05
소재	Ø60×105				8회 0.05
					계 1.19

12. 일반프로그램 중급 연습도면 NO.35

※ 아래 도면을 보고 프로그램을 작성하세요.

절삭조건	황삭	정삭	홈, 나사	피치 1.5	피치 2.0
최고회전수	1500	1500	500	1회 0.35	1회 0.35
공구번호	T0101	T0303	T0505,T0707	2회 0.20	2회 0.25
절삭속도	180	200	회전수500	3회 0.14	3회 0.19
이송량	0.2	0.15	0.07	4회 0.10	4회 0.12
절입량	4			5회 0.05	5회 0.10
정삭여유X	0.4			6회 0.05	6회 0.08
정삭여유Z	0.2			계 0.89	7회 0.05
소재	Ø60×105				8회 0.05
					계 1.19

13. 일반프로그램 중급 연습도면 NO.36

※ 아래 도면을 보고 프로그램을 작성하세요.

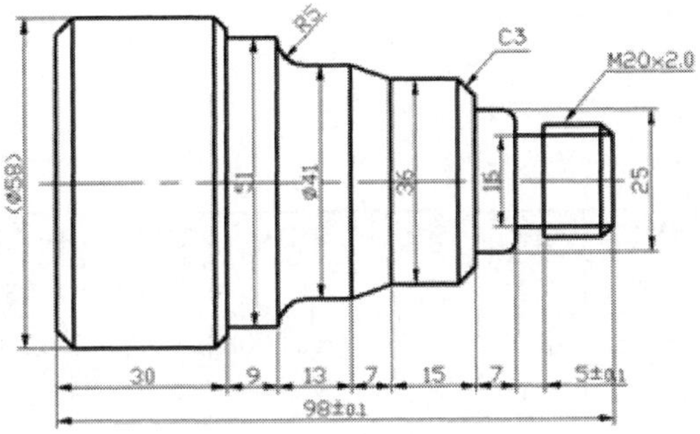

절삭조건	황삭	정삭	홈, 나사	피치 1.5	피치 2.0
최고회전수	1500	1500	500	1회 0.35	1회 0.35
공구번호	T0101	T0303	T0505,T0707	2회 0.20	2회 0.25
절삭속도	180	200	회전수500	3회 0.14	3회 0.19
이송량	0.2	0.15	0.07	4회 0.10	4회 0.12
절입량	4			5회 0.05	5회 0.10
정삭여유X	0.4			6회 0.05	6회 0.08
정삭여유Z	0.2			계 0.89	7회 0.05
소재	Ø60×105				8회 0.05
					계 1.19

APPENDIX

4. 일반프로그램 중급 연습도면

일반프로그램 고급 연습도면

1. 일반프로그램 고급 연습도면 NO.37

※ 아래 도면을 보고 프로그램을 작성하세요.

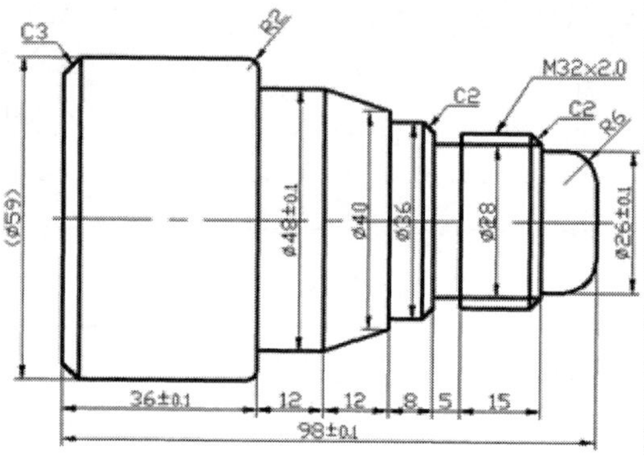

절삭조건	황삭	정삭	홈, 나사	피치 1.5	피치 2.0
최고회전수	1500	1500	500	1회 0.35	1회 0.35
공구번호	T0101	T0303	T0505,T0707	2회 0.20	2회 0.25
절삭속도	180	200	회전수500	3회 0.14	3회 0.19
이송량	0.2	0.15	0.07	4회 0.10	4회 0.12
절입량	4			5회 0.05	5회 0.10
정삭여유X	0.4			6회 0.05	6회 0.08
정삭여유Z	0.2			계 0.89	7회 0.05
소재	Ø60×105				8회 0.05
					계 1.19

2. 일반프로그램 고급 연습도면 NO.38

※ 아래 도면을 보고 프로그램을 작성하세요.

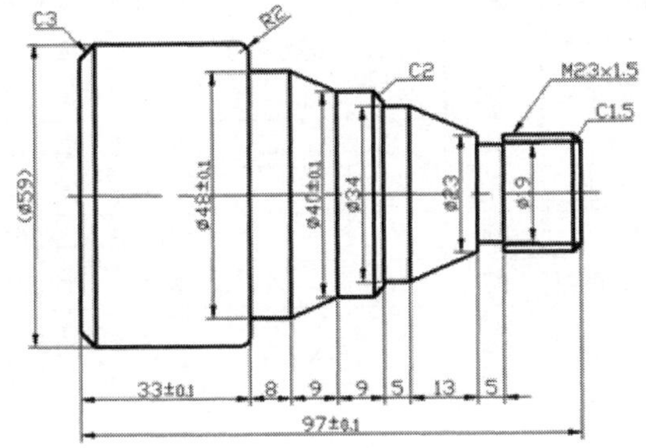

절삭조건	황삭	정삭	홈, 나사	피치 1.5	피치 2.0
최고회전수	1500	1500	500	1회 0.35	1회 0.35
공구번호	T0101	T0303	T0505,T0707	2회 0.20	2회 0.25
절삭속도	180	200	회전수500	3회 0.14	3회 0.19
이송량	0.2	0.15	0.07	4회 0.10	4회 0.12
절입량	4			5회 0.05	5회 0.10
정삭여유X	0.4			6회 0.05	6회 0.08
정삭여유Z	0.2			계 0.89	7회 0.05
소재	Ø60×105				8회 0.05
					계 1.19

3. 일반프로그램 고급 연습도면 NO.39

※ 아래 도면을 보고 프로그램을 작성하세요.

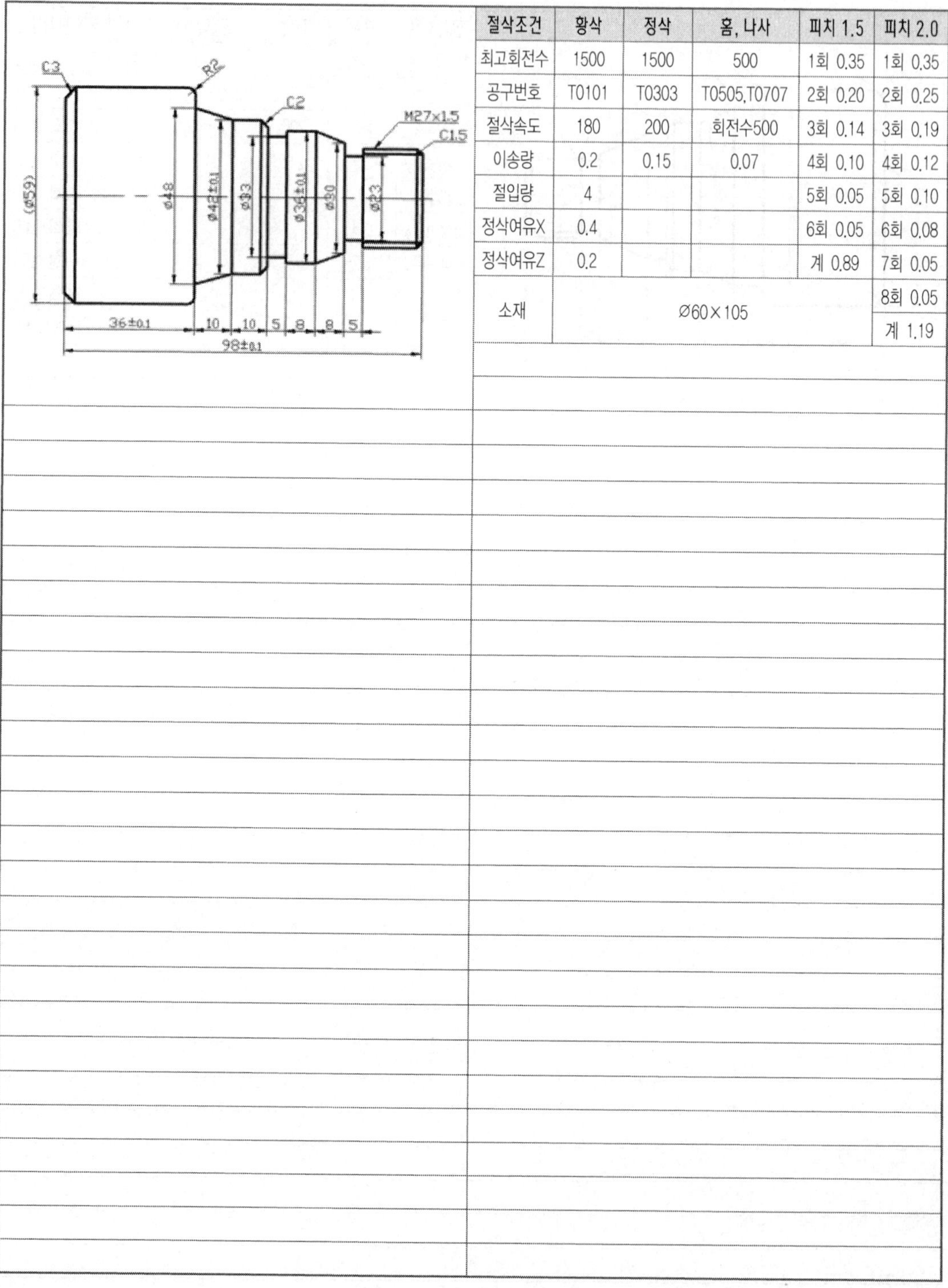

절삭조건	황삭	정삭	홈, 나사	피치 1.5	피치 2.0
최고회전수	1500	1500	500	1회 0.35	1회 0.35
공구번호	T0101	T0303	T0505,T0707	2회 0.20	2회 0.25
절삭속도	180	200	회전수500	3회 0.14	3회 0.19
이송량	0.2	0.15	0.07	4회 0.10	4회 0.12
절입량	4			5회 0.05	5회 0.10
정삭여유X	0.4			6회 0.05	6회 0.08
정삭여유Z	0.2			계 0.89	7회 0.05
소재	Ø60×105				8회 0.05
					계 1.19

4. 일반프로그램 고급 연습도면 NO.40

※ 아래 도면을 보고 프로그램을 작성하세요.

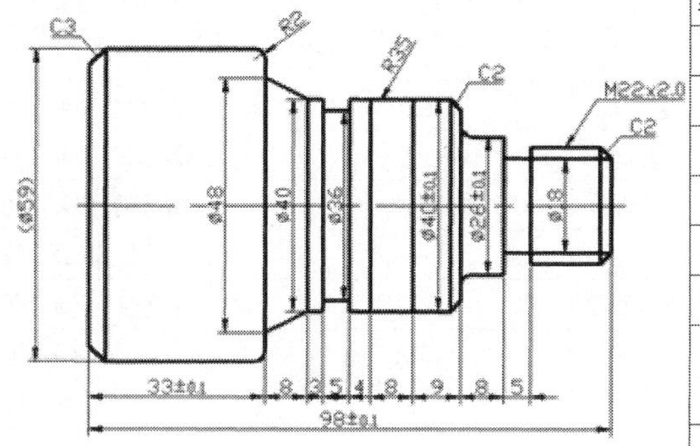

절삭조건	황삭	정삭	홈, 나사	피치 1.5	피치 2.0
최고회전수	1500	1500	500	1회 0.35	1회 0.35
공구번호	T0101	T0303	T0505,T0707	2회 0.20	2회 0.25
절삭속도	180	200	회전수500	3회 0.14	3회 0.19
이송량	0.2	0.15	0.07	4회 0.10	4회 0.12
절입량	4			5회 0.05	5회 0.10
정삭여유X	0.4			6회 0.05	6회 0.08
정삭여유Z	0.2			계 0.89	7회 0.05
소재	Ø60×105				8회 0.05
					계 1.19

5. 일반프로그램 고급 연습도면 NO.41

※ 아래 도면을 보고 프로그램을 작성하세요.

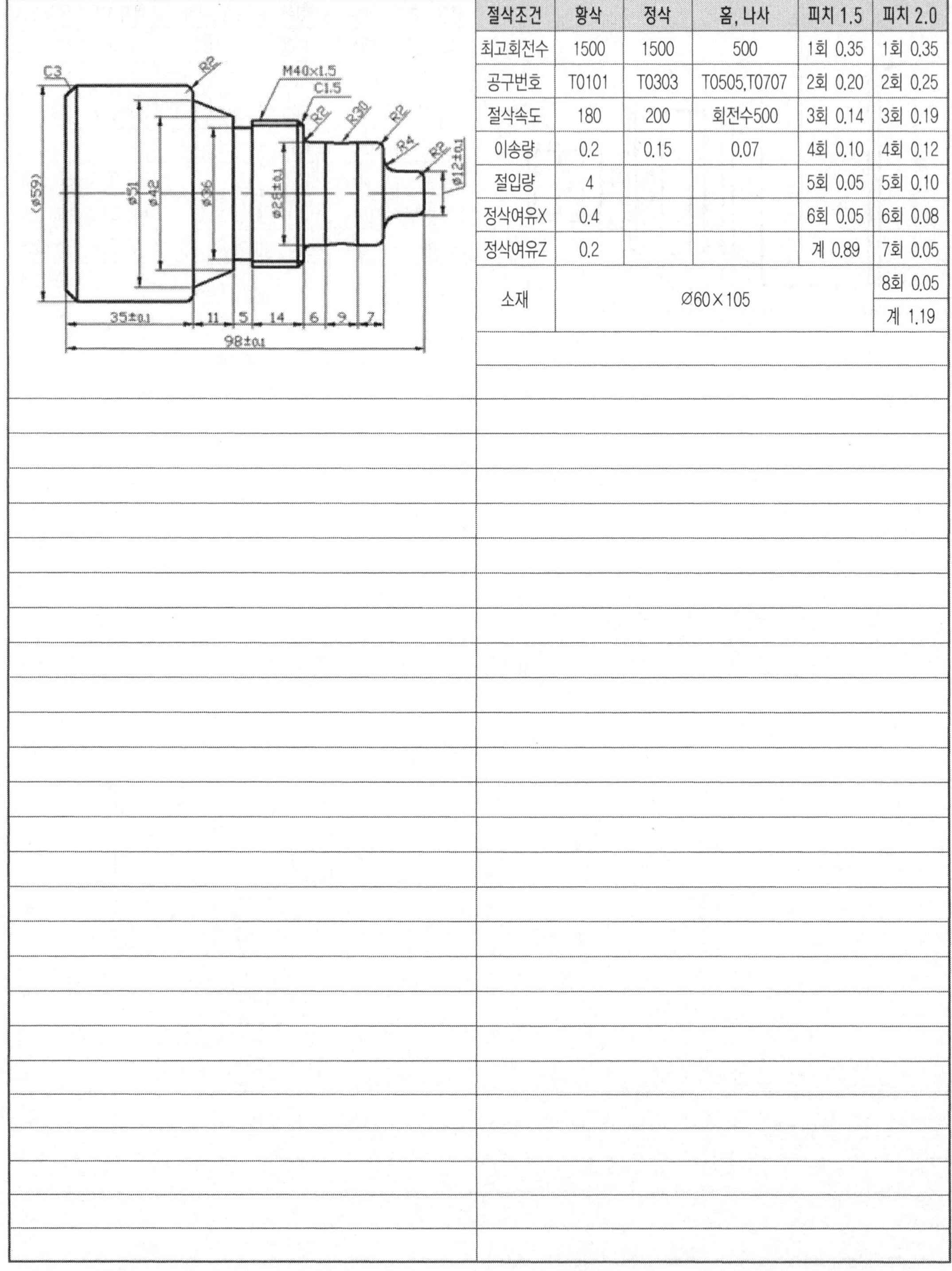

절삭조건	황삭	정삭	홈, 나사	피치 1.5	피치 2.0
최고회전수	1500	1500	500	1회 0.35	1회 0.35
공구번호	T0101	T0303	T0505,T0707	2회 0.20	2회 0.25
절삭속도	180	200	회전수500	3회 0.14	3회 0.19
이송량	0.2	0.15	0.07	4회 0.10	4회 0.12
절입량	4			5회 0.05	5회 0.10
정삭여유X	0.4			6회 0.05	6회 0.08
정삭여유Z	0.2			계 0.89	7회 0.05
소재	Ø60×105				8회 0.05
					계 1.19

6. 일반프로그램 고급 연습도면 NO.42

※ 아래 도면을 보고 프로그램을 작성하세요.

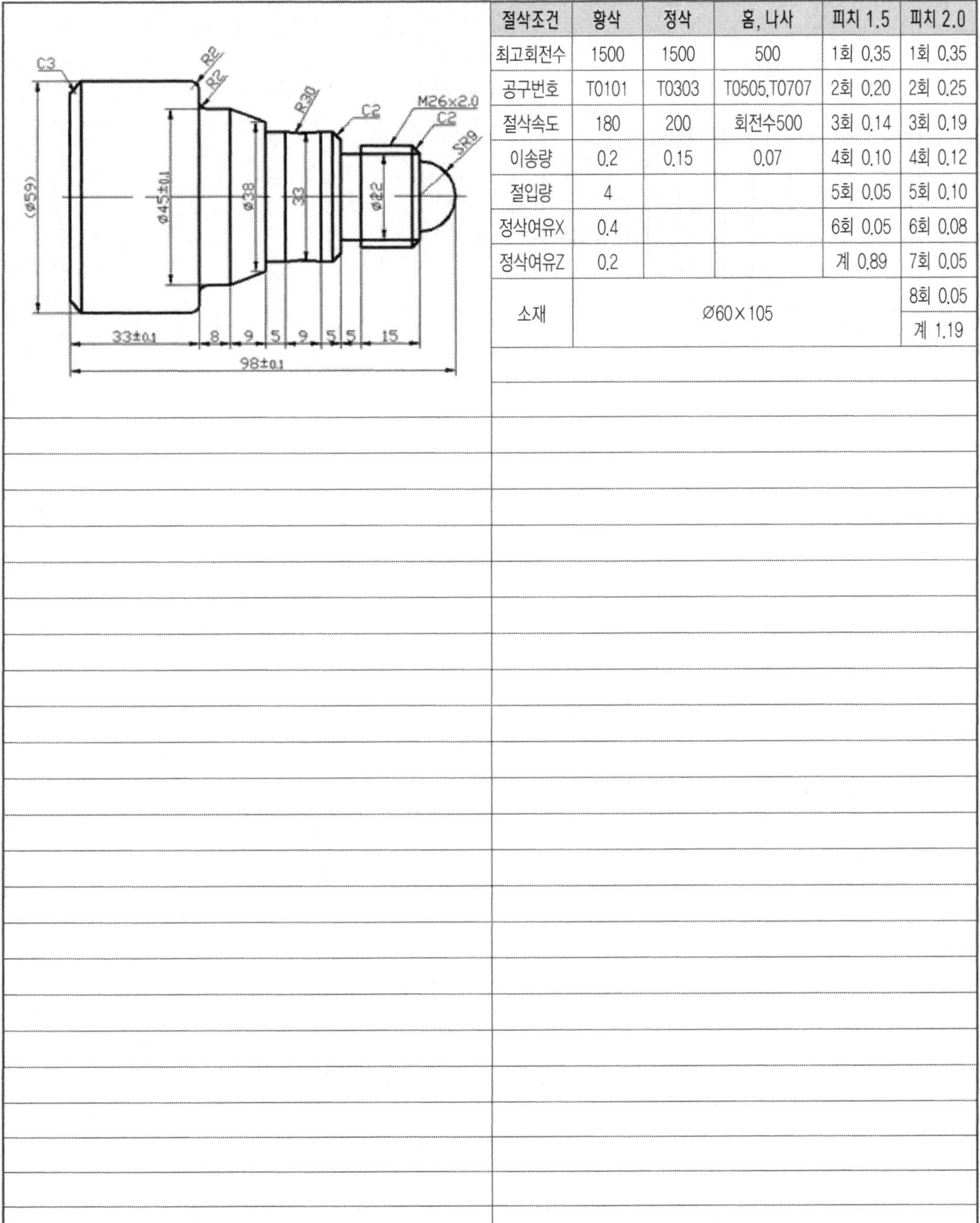

절삭조건	황삭	정삭	홈, 나사	피치 1.5	피치 2.0
최고회전수	1500	1500	500	1회 0.35	1회 0.35
공구번호	T0101	T0303	T0505,T0707	2회 0.20	2회 0.25
절삭속도	180	200	회전수500	3회 0.14	3회 0.19
이송량	0.2	0.15	0.07	4회 0.10	4회 0.12
절입량	4			5회 0.05	5회 0.10
정삭여유X	0.4			6회 0.05	6회 0.08
정삭여유Z	0.2			계 0.89	7회 0.05
소재	Ø60×105				8회 0.05
					계 1.19

7. 일반프로그램 고급 연습도면 NO.43

※ 아래 도면을 보고 프로그램을 작성하세요.

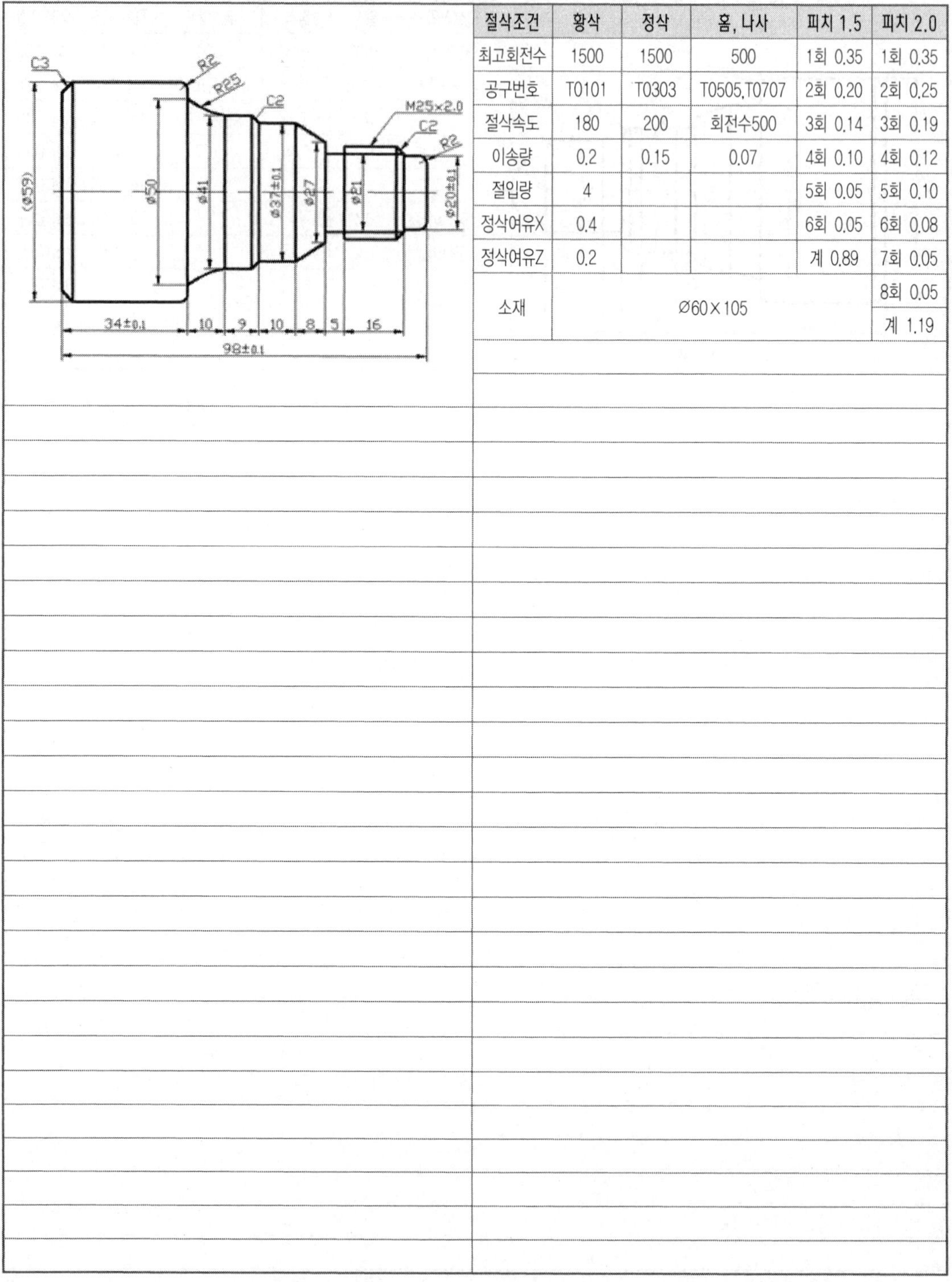

절삭조건	황삭	정삭	홈, 나사	피치 1.5	피치 2.0
최고회전수	1500	1500	500	1회 0.35	1회 0.35
공구번호	T0101	T0303	T0505,T0707	2회 0.20	2회 0.25
절삭속도	180	200	회전수500	3회 0.14	3회 0.19
이송량	0.2	0.15	0.07	4회 0.10	4회 0.12
절입량	4			5회 0.05	5회 0.10
정삭여유X	0.4			6회 0.05	6회 0.08
정삭여유Z	0.2			계 0.89	7회 0.05
소재	Ø60×105				8회 0.05
					계 1.19

8. 일반프로그램 고급 연습도면 NO.44

※ 아래 도면을 보고 프로그램을 작성하세요.

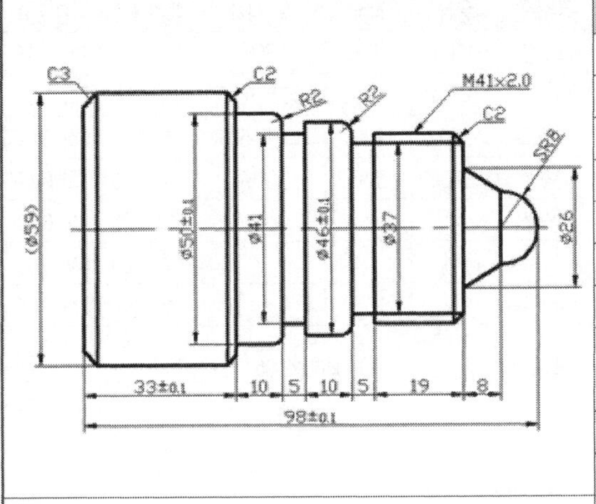

절삭조건	황삭	정삭	홈, 나사	피치 1.5	피치 2.0
최고회전수	1500	1500	500	1회 0.35	1회 0.35
공구번호	T0101	T0303	T0505,T0707	2회 0.20	2회 0.25
절삭속도	180	200	회전수500	3회 0.14	3회 0.19
이송량	0.2	0.15	0.07	4회 0.10	4회 0.12
절입량	4			5회 0.05	5회 0.10
정삭여유X	0.4			6회 0.05	6회 0.08
정삭여유Z	0.2			계 0.89	7회 0.05
소재	Ø60×105				8회 0.05
					계 1.19

9. 일반프로그램 고급 연습도면 NO.45

※ 아래 도면을 보고 프로그램을 작성하세요.

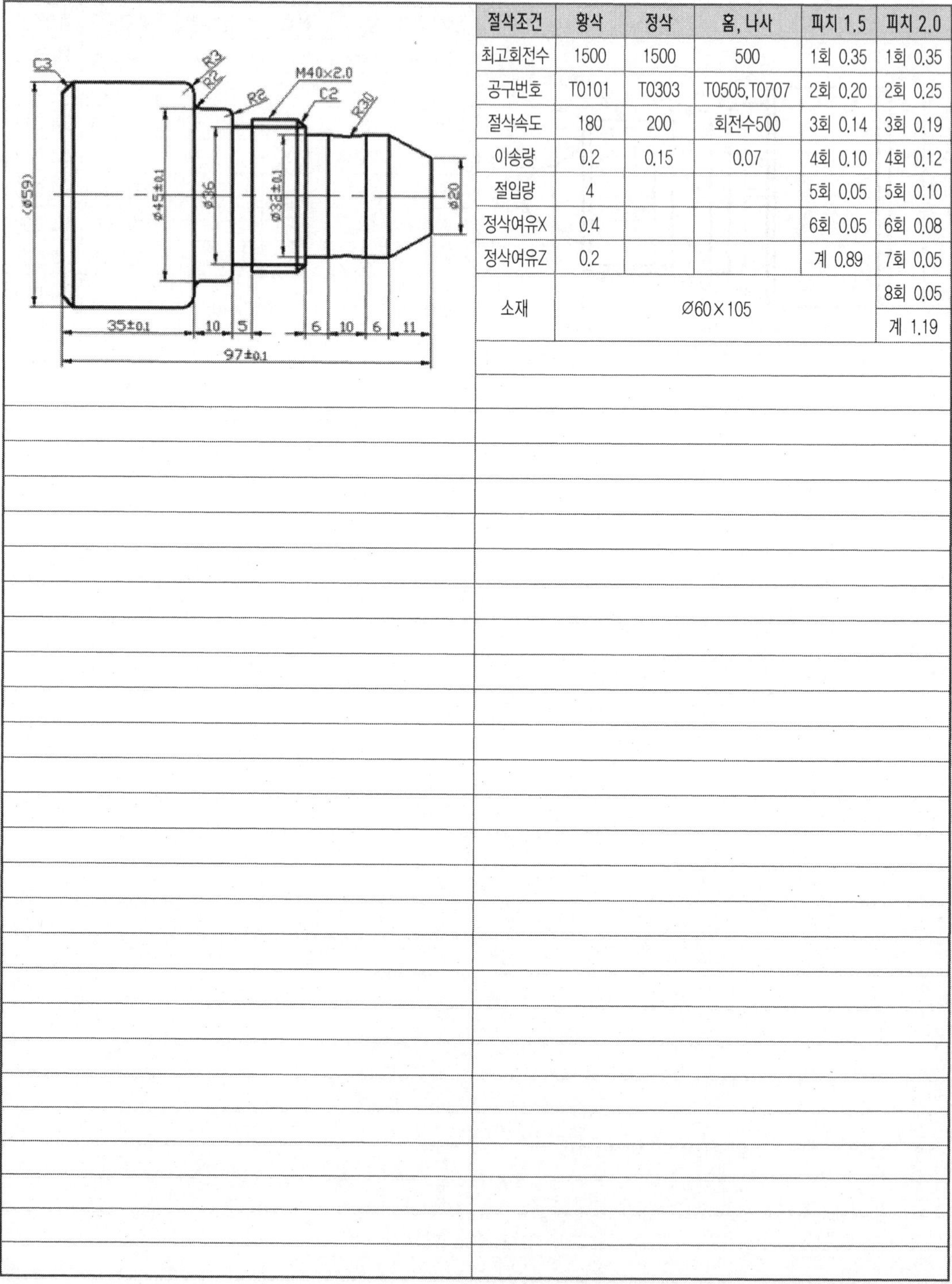

절삭조건	황삭	정삭	홈, 나사	피치 1.5	피치 2.0
최고회전수	1500	1500	500	1회 0.35	1회 0.35
공구번호	T0101	T0303	T0505,T0707	2회 0.20	2회 0.25
절삭속도	180	200	회전수500	3회 0.14	3회 0.19
이송량	0.2	0.15	0.07	4회 0.10	4회 0.12
절입량	4			5회 0.05	5회 0.10
정삭여유X	0.4			6회 0.05	6회 0.08
정삭여유Z	0.2			계 0.89	7회 0.05
소재	Ø60×105				8회 0.05
					계 1.19

10. 일반프로그램 고급 연습도면 NO.46

※ 아래 도면을 보고 프로그램을 작성하세요.

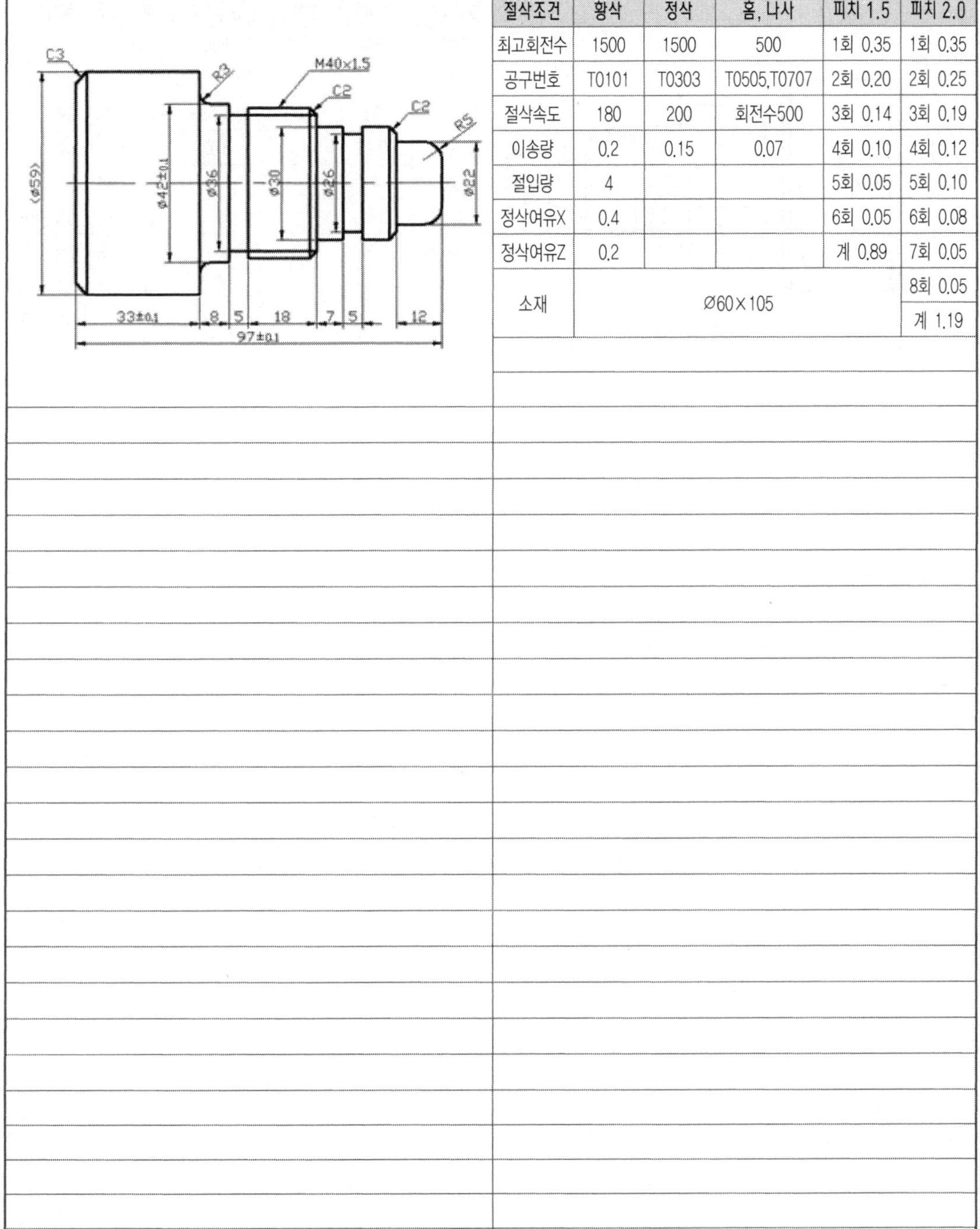

절삭조건	황삭	정삭	홈, 나사	피치 1.5	피치 2.0
최고회전수	1500	1500	500	1회 0.35	1회 0.35
공구번호	T0101	T0303	T0505,T0707	2회 0.20	2회 0.25
절삭속도	180	200	회전수500	3회 0.14	3회 0.19
이송량	0.2	0.15	0.07	4회 0.10	4회 0.12
절입량	4			5회 0.05	5회 0.10
정삭여유X	0.4			6회 0.05	6회 0.08
정삭여유Z	0.2			계 0.89	7회 0.05
소재	Ø60×105				8회 0.05
					계 1.19

11. 일반프로그램 고급 연습도면 NO.47

※ 아래 도면을 보고 프로그램을 작성하세요.

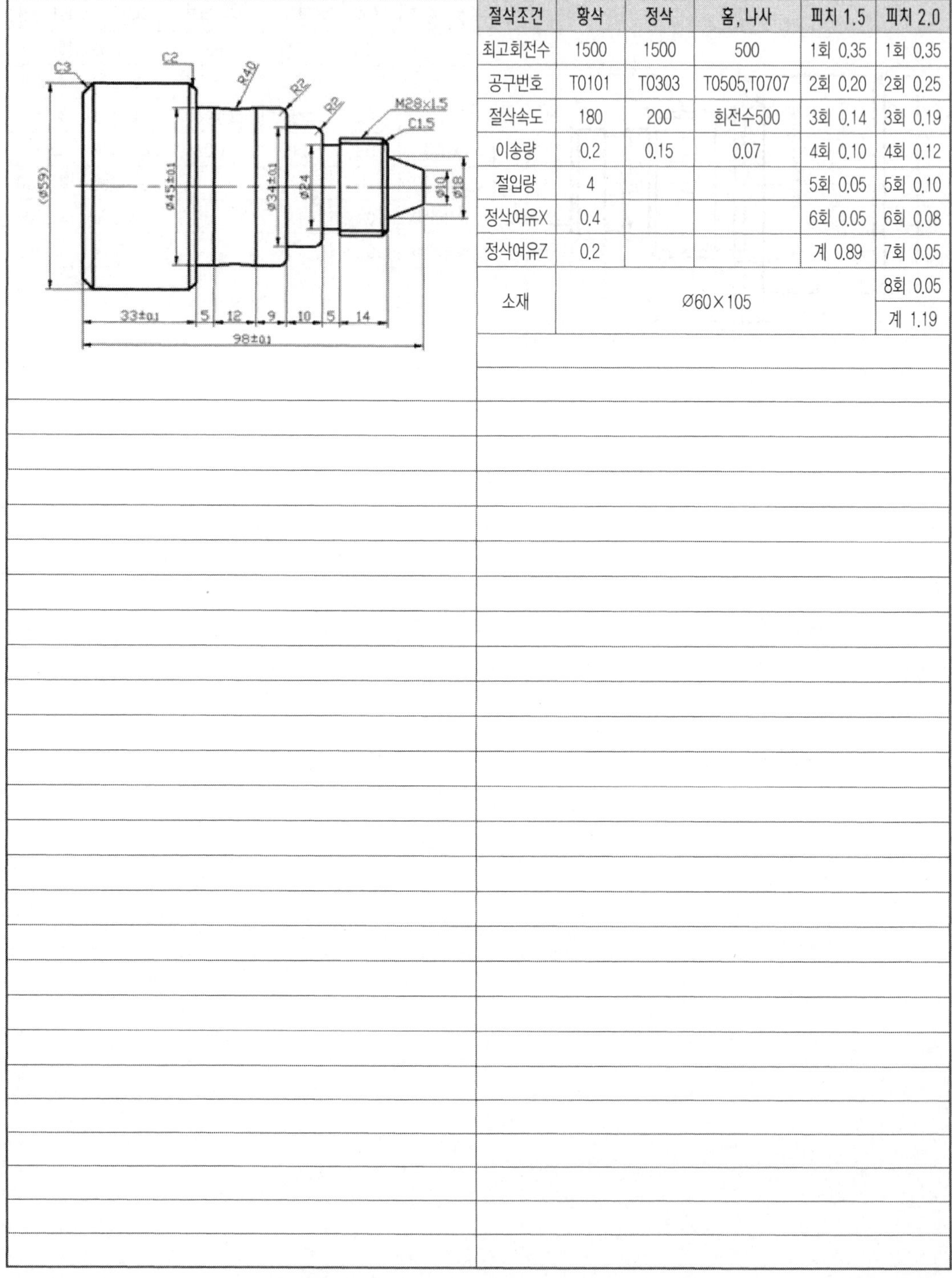

절삭조건	황삭	정삭	홈, 나사	피치 1.5	피치 2.0
최고회전수	1500	1500	500	1회 0.35	1회 0.35
공구번호	T0101	T0303	T0505,T0707	2회 0.20	2회 0.25
절삭속도	180	200	회전수500	3회 0.14	3회 0.19
이송량	0.2	0.15	0.07	4회 0.10	4회 0.12
절입량	4			5회 0.05	5회 0.10
정삭여유X	0.4			6회 0.05	6회 0.08
정삭여유Z	0.2			계 0.89	7회 0.05
소재	Ø60×105				8회 0.05
					계 1.19

12. 일반프로그램 고급 연습도면 NO.48

※ 아래 도면을 보고 프로그램을 작성하세요.

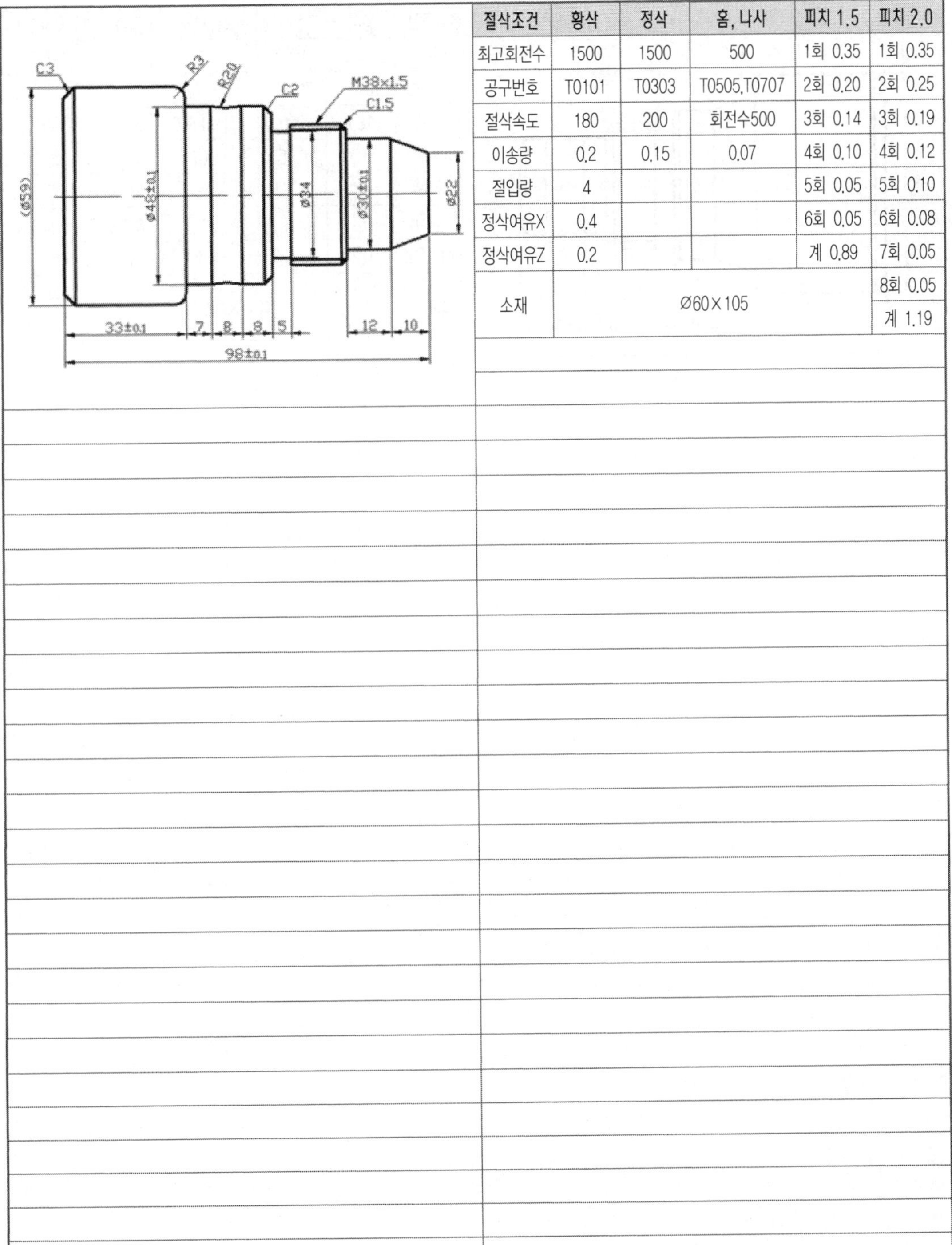

절삭조건	황삭	정삭	홈, 나사	피치 1.5	피치 2.0
최고회전수	1500	1500	500	1회 0.35	1회 0.35
공구번호	T0101	T0303	T0505,T0707	2회 0.20	2회 0.25
절삭속도	180	200	회전수500	3회 0.14	3회 0.19
이송량	0.2	0.15	0.07	4회 0.10	4회 0.12
절입량	4			5회 0.05	5회 0.10
정삭여유X	0.4			6회 0.05	6회 0.08
정삭여유Z	0.2			계 0.89	7회 0.05
소재	Ø60×105				8회 0.05
					계 1.19

13. 일반프로그램 고급 연습도면 NO.49

※ 아래 도면을 보고 프로그램을 작성하세요.

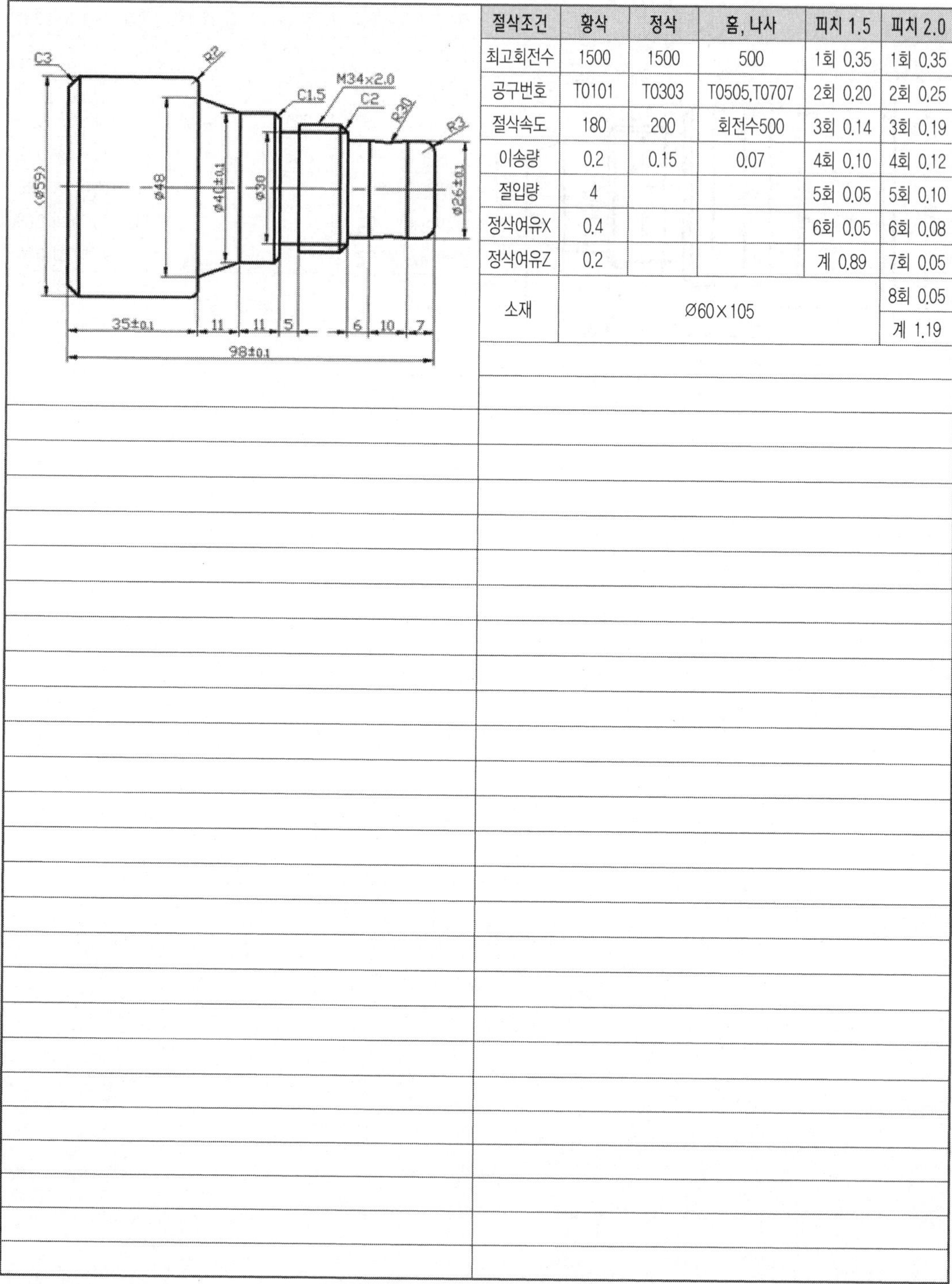

절삭조건	황삭	정삭	홈, 나사	피치 1.5	피치 2.0
최고회전수	1500	1500	500	1회 0.35	1회 0.35
공구번호	T0101	T0303	T0505,T0707	2회 0.20	2회 0.25
절삭속도	180	200	회전수500	3회 0.14	3회 0.19
이송량	0.2	0.15	0.07	4회 0.10	4회 0.12
절입량	4			5회 0.05	5회 0.10
정삭여유X	0.4			6회 0.05	6회 0.08
정삭여유Z	0.2			계 0.89	7회 0.05
소재	Ø60×105				8회 0.05
					계 1.19

머시닝센터 일반프로그램 초급 연습도면

1. 머시닝센터 일반프로그램 초급 연습도면 NO.1

※ 아래 도면을 보고 프로그램을 작성하세요.

※주요절삭조건 : 엔드밀 8 Ø	
공구번호 : T02	주축회전 : 1000rpm
보정번호 : H02, D02	이송속도 : 80mm/min

2. 머시닝센터 일반프로그램 초급 연습도면 NO.2

※ 아래 도면을 보고 프로그램을 작성하세요. **[프로그램 풀이 참고용]**

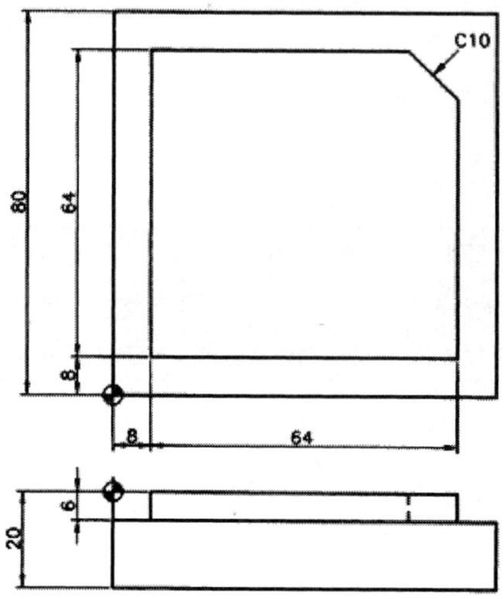

※주요절삭조건 : 엔드밀 8 Ø	
공구번호 : T02	주축회전 : 1000rpm
보정번호 : H02, D02	이송속도 : 80mm/min
	X72.0 Y62.0;
	Y8.0;
	G40 X-20.0;
	G00 Z50.0;
	G28 G91 Z0;
	M05; 주축정지
	M02; 프로그램종료

O0202;	프로그램 번호
G40 G49 G80;	모든 보정값 취소
G28 G91 X0 Y0 Z0;	증분으로 축을 자동 원점 복귀
T02 M06;	엔드밀이 장착된 2번공구호출
G54 G00 G90 X-20.0;	절대방식으로 공작물 1번좌표계값을 불러온다.
G43 H02 Z150.0;	공구 길이 보정값을 인식하며 Z축을 150mm까지 위치한다.
Z50.0 S1000 M03;	Z축을 50mm까지 내리면서 스핀들을 정회전한다.
Z5.0;	Z축을 공작물의 윗면에서 +쪽 5mm까지 위치한다.
Z-6.0;	Z축을 -60mm까지 깊이를 절입한다.
X0.0;	엔드밀의 가운데가 0이 되어 4mm(엔드밀 8 Ø)
G01 Y76.0 F80.0;	좌표값에 의한 y축 76mm 위치까지 외곽가공한다.
X76.0;	좌표값에 의한 x축 76mm 위치까지 외곽가공한다.
Y0.0;	좌표값에 의한 y축 0mm 위치까지 외곽가공한다. (엔드밀 8 Ø의 중심)
X-20.0;	폭 4mm로 외곽 1차가공을 완성한다.
G00 G41 D02 X8.0 Y-20.0;	엔드밀의 왼쪽 보정으로 외곽 마무리 가공한다.
G01 Y72.0;	
X62.0;	

3. 머시닝센터 일반프로그램 초급 연습도면 NO.3

※ 아래 도면을 보고 프로그램을 작성하세요.

※주요절삭조건 : 엔드밀 12 ∅	
공구번호 : T02	주축회전 : 1000rpm
보정번호 : H02, D02	이송속도 : 80mm/min

4. 머시닝센터 일반프로그램 초급 연습도면 NO.4

※ 아래 도면을 보고 프로그램을 작성하세요. **[프로그램 풀이 참고용]**

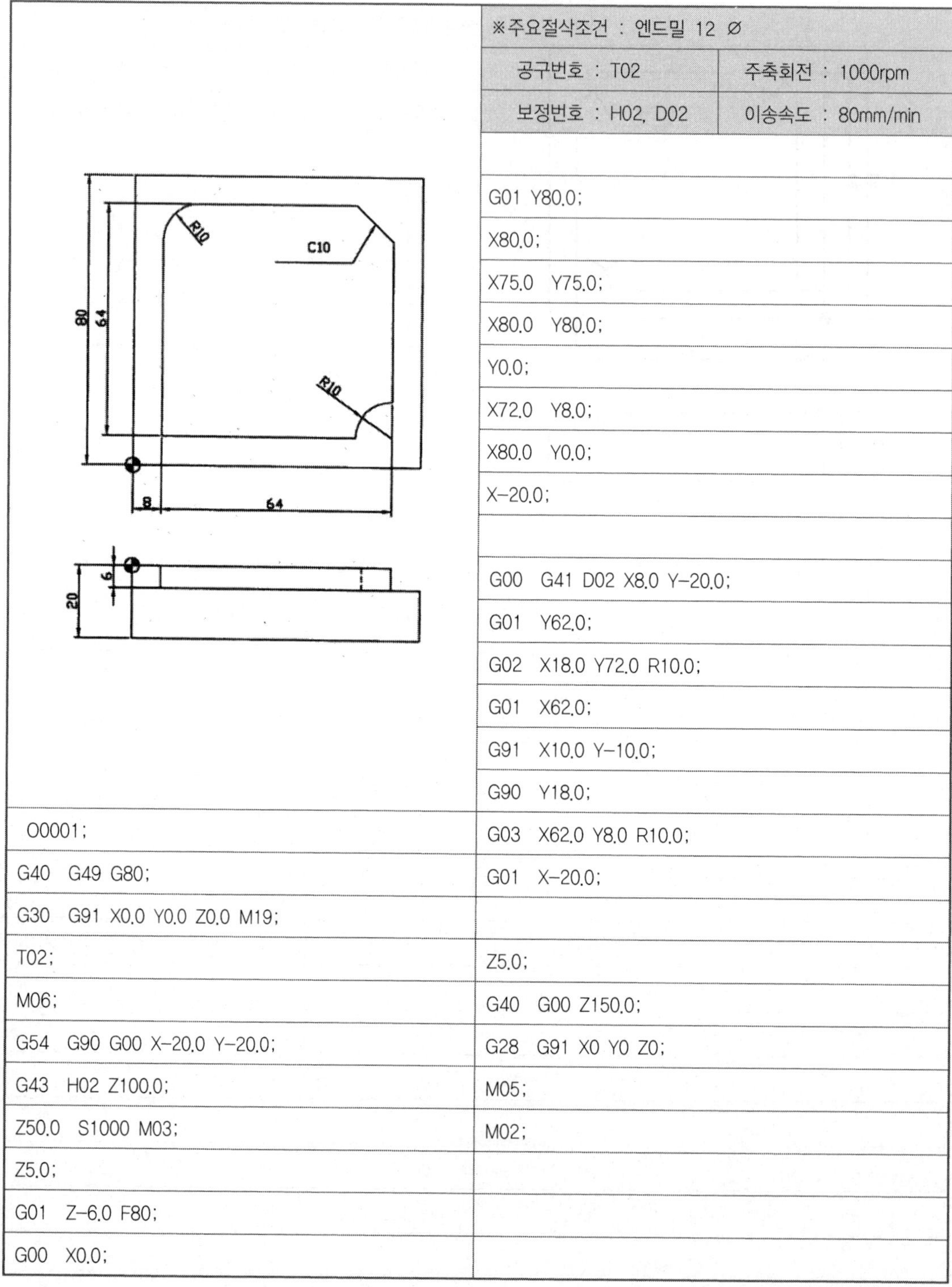

	※주요절삭조건 : 엔드밀 12 ∅	
	공구번호 : T02	주축회전 : 1000rpm
	보정번호 : H02, D02	이송속도 : 80mm/min
	G01 Y80.0;	
	X80.0;	
	X75.0 Y75.0;	
	X80.0 Y80.0;	
	Y0.0;	
	X72.0 Y8.0;	
	X80.0 Y0.0;	
	X-20.0;	
	G00 G41 D02 X8.0 Y-20.0;	
	G01 Y62.0;	
	G02 X18.0 Y72.0 R10.0;	
	G01 X62.0;	
	G91 X10.0 Y-10.0;	
	G90 Y18.0;	
O0001;	G03 X62.0 Y8.0 R10.0;	
G40 G49 G80;	G01 X-20.0;	
G30 G91 X0.0 Y0.0 Z0.0 M19;		
T02;	Z5.0;	
M06;	G40 G00 Z150.0;	
G54 G90 G00 X-20.0 Y-20.0;	G28 G91 X0 Y0 Z0;	
G43 H02 Z100.0;	M05;	
Z50.0 S1000 M03;	M02;	
Z5.0;		
G01 Z-6.0 F80;		
G00 X0.0;		

5. 머시닝센터 일반프로그램 초급 연습도면 NO.5

※ 아래 도면을 보고 프로그램을 작성하세요.

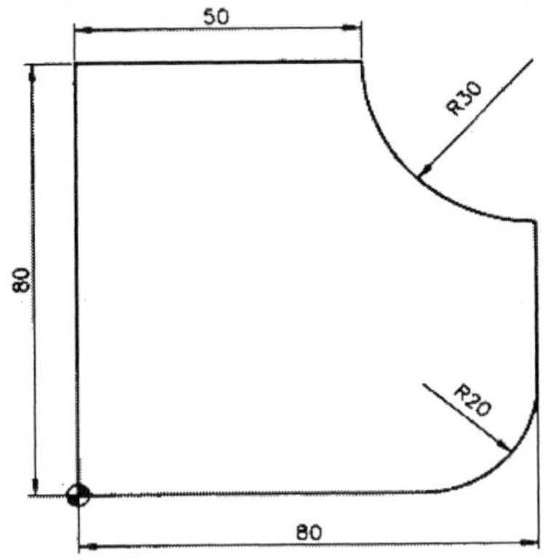

50

R30

80

R20

80

※주요절삭조건 : 엔드밀 10 Ø	
공구번호 : T02	주축회전 : 1000rpm
보정번호 : H02, D02	이송속도 : 80mm/min

6. 머시닝센터 일반프로그램 초급 연습도면 NO.6

※ 아래 도면을 보고 프로그램을 작성하세요.

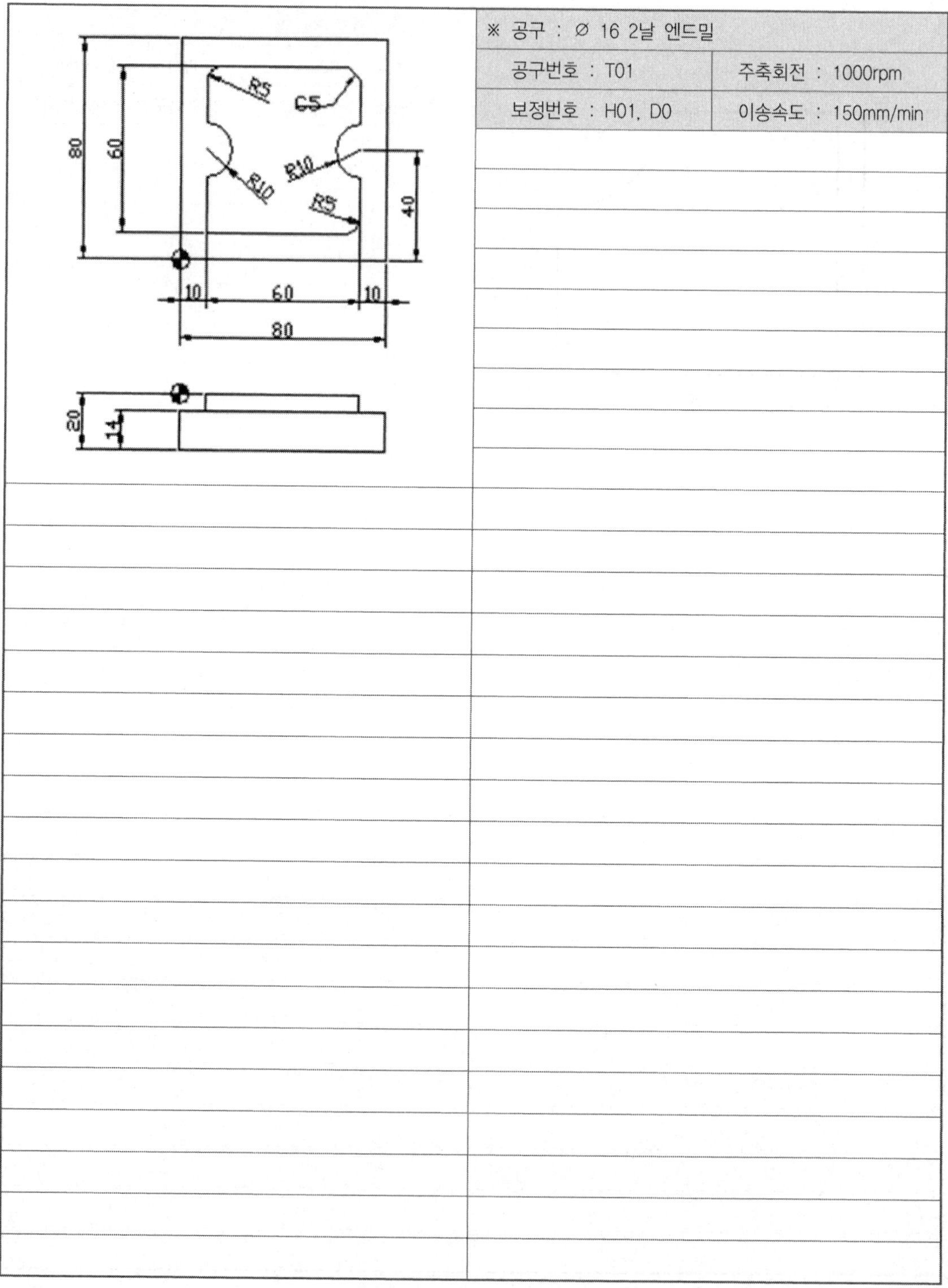

※ 공구 : Ø 16 2날 엔드밀	
공구번호 : T01	주축회전 : 1000rpm
보정번호 : H01, D0	이송속도 : 150mm/min

7. 머시닝센터 일반프로그램 초급 연습도면 NO.6-1

※ 아래 도면을 보고 프로그램을 작성하세요.

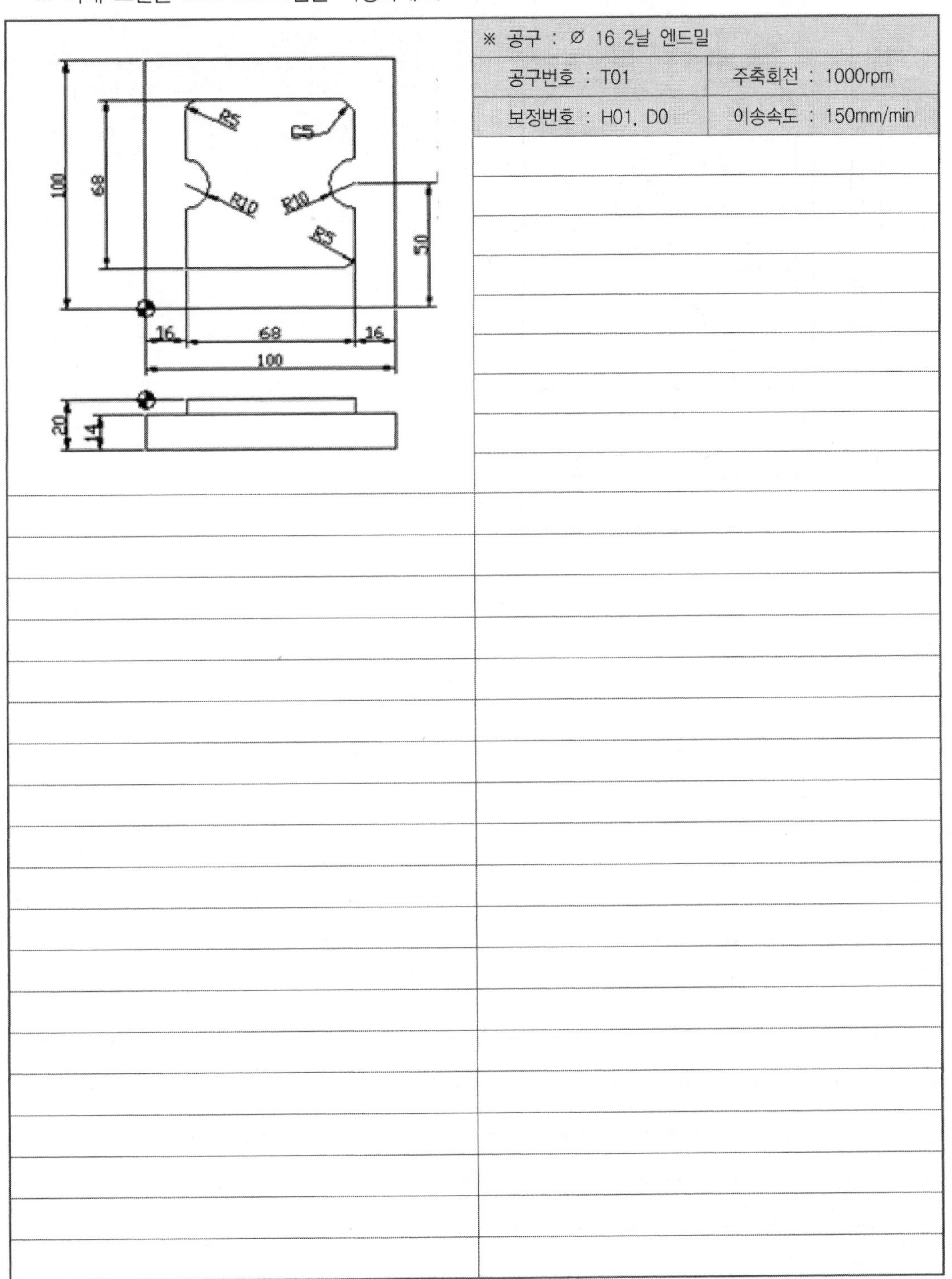

※ 공구 : Ø 16 2날 엔드밀	
공구번호 : T01	주축회전 : 1000rpm
보정번호 : H01, D0	이송속도 : 150mm/min

8. 머시닝센터 일반프로그램 초급 연습도면 NO.7

※ 아래 도면을 보고 프로그램을 작성하세요.

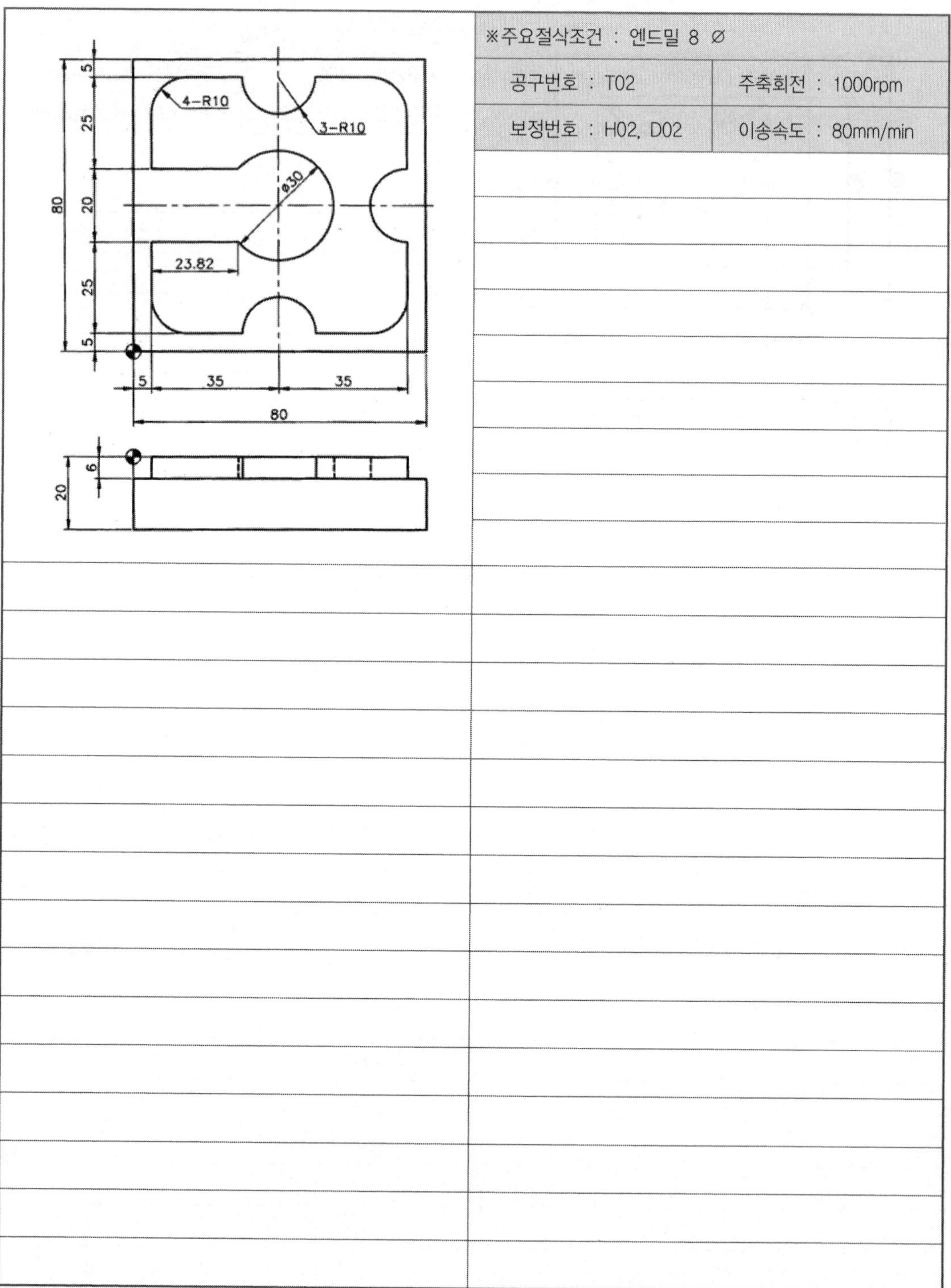

※주요절삭조건 : 엔드밀 8 Ø	
공구번호 : T02	주축회전 : 1000rpm
보정번호 : H02, D02	이송속도 : 80mm/min

9. 머시닝센터 일반프로그램 초급 연습도면 NO.8

※ 아래 도면을 보고 프로그램을 작성하세요. **[프로그램 풀이 참고용]**

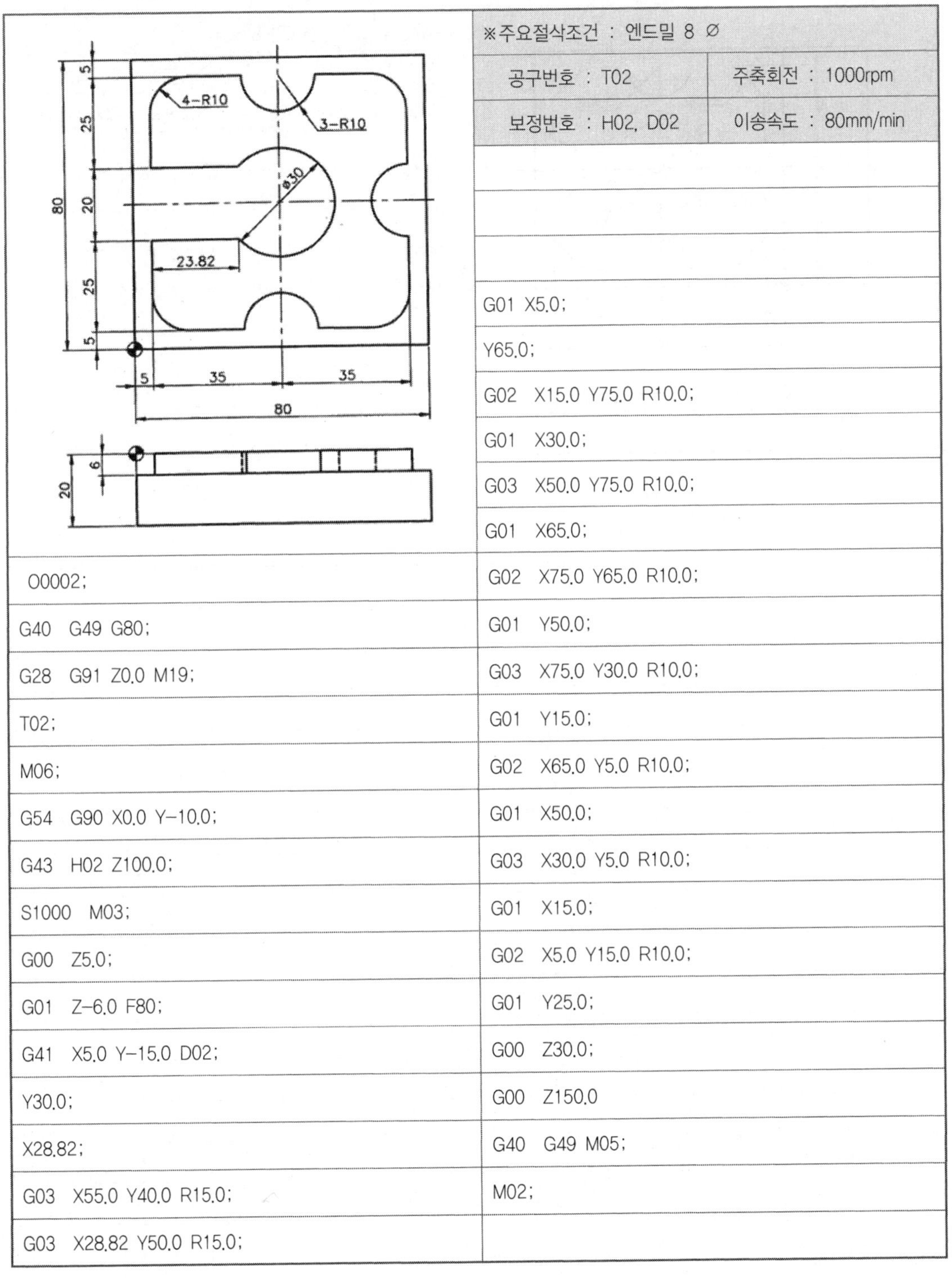

※주요절삭조건 : 엔드밀 8 Ø	
공구번호 : T02	주축회전 : 1000rpm
보정번호 : H02, D02	이송속도 : 80mm/min

	G01 X5.0;
	Y65.0;
	G02 X15.0 Y75.0 R10.0;
	G01 X30.0;
	G03 X50.0 Y75.0 R10.0;
	G01 X65.0;
O0002;	G02 X75.0 Y65.0 R10.0;
G40 G49 G80;	G01 Y50.0;
G28 G91 Z0.0 M19;	G03 X75.0 Y30.0 R10.0;
T02;	G01 Y15.0;
M06;	G02 X65.0 Y5.0 R10.0;
G54 G90 X0.0 Y-10.0;	G01 X50.0;
G43 H02 Z100.0;	G03 X30.0 Y5.0 R10.0;
S1000 M03;	G01 X15.0;
G00 Z5.0;	G02 X5.0 Y15.0 R10.0;
G01 Z-6.0 F80;	G01 Y25.0;
G41 X5.0 Y-15.0 D02;	G00 Z30.0;
Y30.0;	G00 Z150.0
X28.82;	G40 G49 M05;
G03 X55.0 Y40.0 R15.0;	M02;
G03 X28.82 Y50.0 R15.0;	

APPENDIX

6. 머시닝센터 일반프로그램 초급 연습도면

10. 머시닝센터 일반프로그램 초급 연습도면 NO.9

※ 아래 도면을 보고 프로그램을 작성하세요.

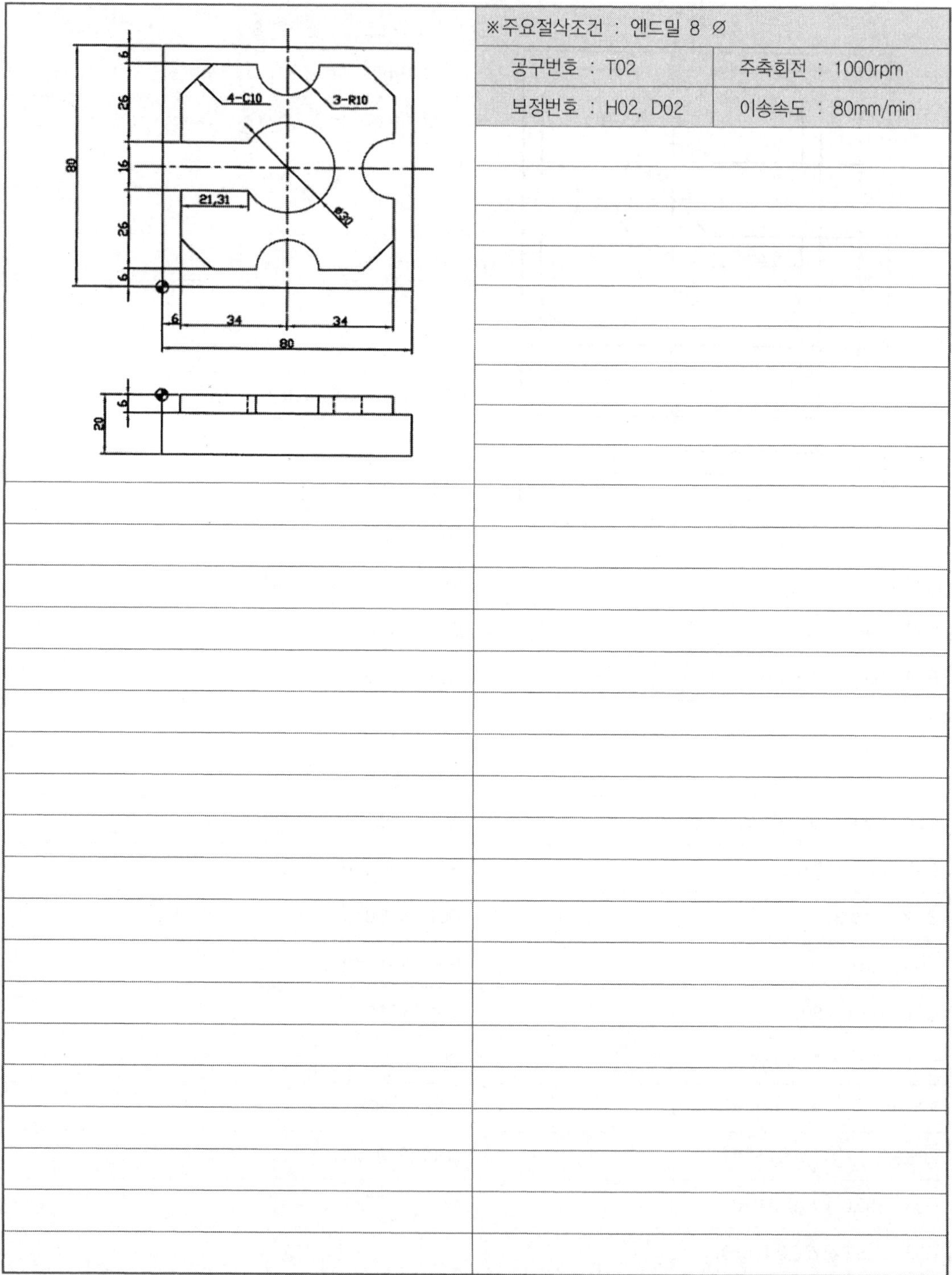

※주요절삭조건 : 엔드밀 8 Ø	
공구번호 : T02	주축회전 : 1000rpm
보정번호 : H02, D02	이송속도 : 80mm/min

11. 머시닝센터 일반프로그램 초급 연습도면 NO.9-1

※ 아래 도면을 보고 프로그램을 작성하세요.

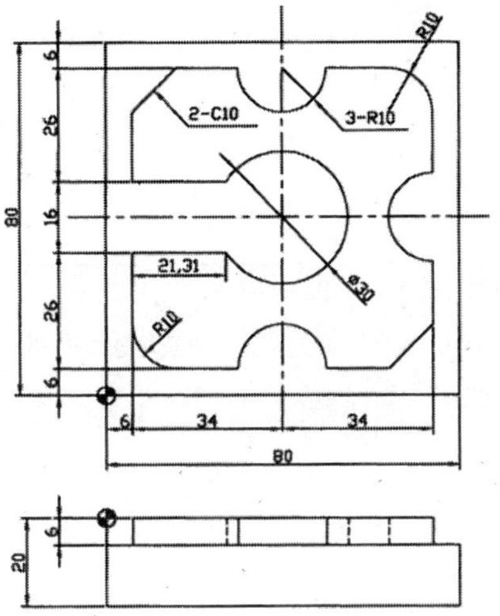

※주요절삭조건 : 엔드밀 8 ∅	
공구번호 : T03	주축회전 : 1000rpm
보정번호 : H03, D03	이송속도 : 80mm/min

R10
2-C10
3-R10
80
6
26
16
26
6
21.31
⌀30
R10
6
34
34
80
6
20

머시닝센터 일반프로그램 중급 연습도면

1. 머시닝센터 일반프로그램 중급 연습도면 NO.10

※ 아래 도면을 보고 프로그램을 작성하세요.

※주요절삭조건 : Ø10 엔드밀	
공구번호 : T02	주축회전 : 1000rpm
보정번호 : H02, D02	이송속도 : 80mm/min

4-R10
4-R8
40
40
6
6
34
34
80
10
10
A
A
52
6
20
8

단면 A-A

2. 머시닝센터 일반프로그램 중급 연습도면 NO.11

※ 아래 도면을 보고 프로그램을 작성하세요.

※주요절삭조건 : Ø10 엔드밀	
공구번호 : T02	주축회전 : 1000rpm
보정번호 : H02, D02	이송속도 : 80mm/min

3. 머시닝센터 일반프로그램 중급 연습도면 NO.12

※ 아래 도면을 보고 프로그램을 작성하세요. **[프로그램 풀이 참고용]**

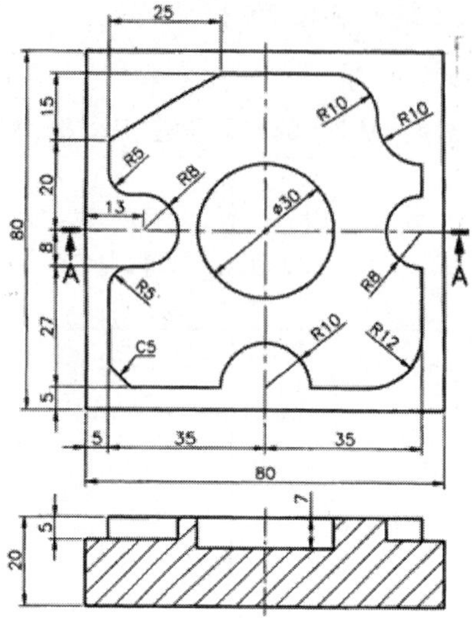

※주요절삭조건 : Ø10 엔드밀	
공구번호 : T02	주축회전 : 1000rpm
보정번호 : H02, D02	이송속도 : 80mm/min
	G01 X50.0 Y5.0;
	G03 X30.0 Y5.0 R10.0;
	G01 X10.0 Y5.0;
	X5.0 Y10.0;
	Y25.0;
	G00 Z30.0;
	G40 X40.0 Y40.0;
	Z5.0;
	G01 Z-7.0 ;

O0012;	X-15.0 Y-2.0;	G41 X55.0 Y40.0 D02;
G40 G49 G80;	G41 G01 X5.0 Y-2.0 D02;	G03 X25.0 Y40.0 R15.0;
G30 G91 Z0.0 M19;	G01 X5.0 Y27.0;	X55.0 R15.0;
T02;	G02 X10.0 Y32.0 R5.0;	G01 Z5.0;
M06;	G01 X13.0 Y32.0;	G00 Z100.0;
G54 G90 G00 X0.0 Y-10.0;	G03 Y48.0 R8.0;	G91 G28 Z0.0;
G43 Z100.0 H02;	G01 X100.0 Y48.0;	M05;
S1000 M03;	G02 X5.0 Y53.0 R5.0;	M02;
G00 Z5.0;	G01 X5.0 Y60.0;	
G01 Z-5.0 F80;	X30.0 Y75.0;	
G01 X-2.0 Y-15.0;	X55.0 ;	
X-2.0 Y75.0;	G02 X65.0 Y65.0 R10.0;	
X15.0 Y75.0;	G03 X75.0 Y55.0 R10.0;	
Y82.0;	G01 X75.0 Y48.0;	
X75.0 Y65.0;	G03 Y32.0 R8.0;	
X82.0 Y65.0;	G01 Y17.0;	
Y-2.0;	G02 X63.0 Y5.0 R12.0;	

4. 머시닝센터 일반프로그램 중급 연습도면 NO.13

※ 아래 도면을 보고 프로그램을 작성하세요.

단면 A-A

※주요절삭조건 : Ø8 엔드밀	드릴 : T01 Ø8mm
공구번호 : T02	주축회전 : 800rpm
보정번호 : H02, D02	이송속도 : 60mm/min

5. 머시닝센터 일반프로그램 중급 연습도면 NO.14

※ 아래 도면을 보고 프로그램을 작성하세요. **[프로그램 풀이 참고용]**

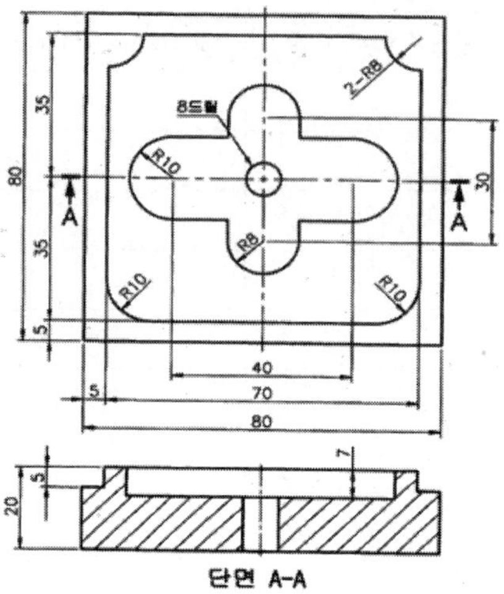

	※주요절삭조건 : Ø8 엔드밀	드릴 : T01 Ø8mm
	공구번호 : T02	주축회전 : 700rpm
	보정번호 : H02, D02	이송속도 : 60mm/min
	Z50.0 S1000 M03;	
	Z5.0;	X40.0 Y40.0; [포켓가공]
	G01 Z-5.0 F80.0;	G01 Z-7.0 F80.0;
	X0;	X60.0;
	Y80.0;	X20.0;
	X5.0 Y75.0;	X40.0;
	X0 Y80.0;	Y55.0;
	X80.0;	Y25.0;
	X75.0 Y75.0;	Y40.0;
	X80.0 Y80.0;	G01 G41 D02 X32.0;
O0014;	Y0.0;	Y25.0;
G40 G49 G80;	X75.0 Y5.0;	G03 X48.0 R8.0;
G28 G91 X0.0 Y0.0 Z0.0 M19;	X80.0 Y0.0;	G01 Y30.0;
T01; [드릴]	X-20.0;	X60.0;
M06;	G00 Y-20.0; [윤곽가공]	G03 Y50.0 R10.0;
G54 G90 G00 X40.0 Y40.0;	G01 G41 D02 X5.0;	G01 X48.0;
G43 H01 Z100.0;	Y67.0;	Y55.0;
Z50.0 S70 0M03;	G03 X13.0 Y75.0 R8.0;	G03 X32.0 R8.0;
Z5.0;	G01 X67.0;	G01 Y50.0;
G83 Z-30.0 R5.0 Q3.0 F60;	G03 X75.0 Y67.0 R8.0;	X20.0;
G80 Z5.0;	G01 Y15.0;	G03 Y30.0 R10.0;
G00 Z150.0;	G02 X65.0 Y5.0 R10.0;	G01 X40.0;
G28 G91 X0.0 Y0.0 Z0.0;	G01 X15.0;	Y40.0;
T02;	G02 X5.0 Y15.0 R10.0;	G00 Z5.0;
M06;	G01 Y30.0;	G00 G40 Z150.0;
G54 G90 G00 X-20.0 Y-20.0;	X-20.0;	M05;
G43 H02 Z100.0;	G00 G40 Z10.0;	M02;

6. 머시닝센터 일반프로그램 중급 연습도면 NO.15

※ 아래 도면을 보고 프로그램을 작성하세요.

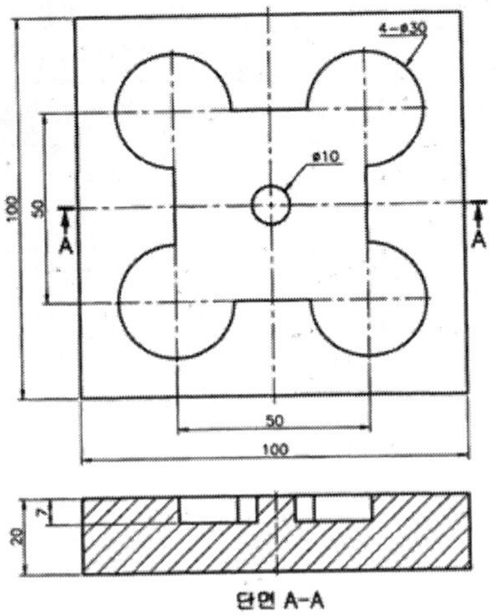

4-ø30
ø10
100
50
A
A
50
100
7
20
단면 A-A

※주요절삭조건 : 엔드밀 10 ∅	
공구번호 : T02	주축회전 : 1000rpm
보정번호 : H02, D02	이송속도 : 80mm/min

7. 머시닝센터 일반프로그램 중급 연습도면 NO.16

※ 아래 도면을 보고 프로그램을 작성하세요. **[프로그램 풀이 참고용]**

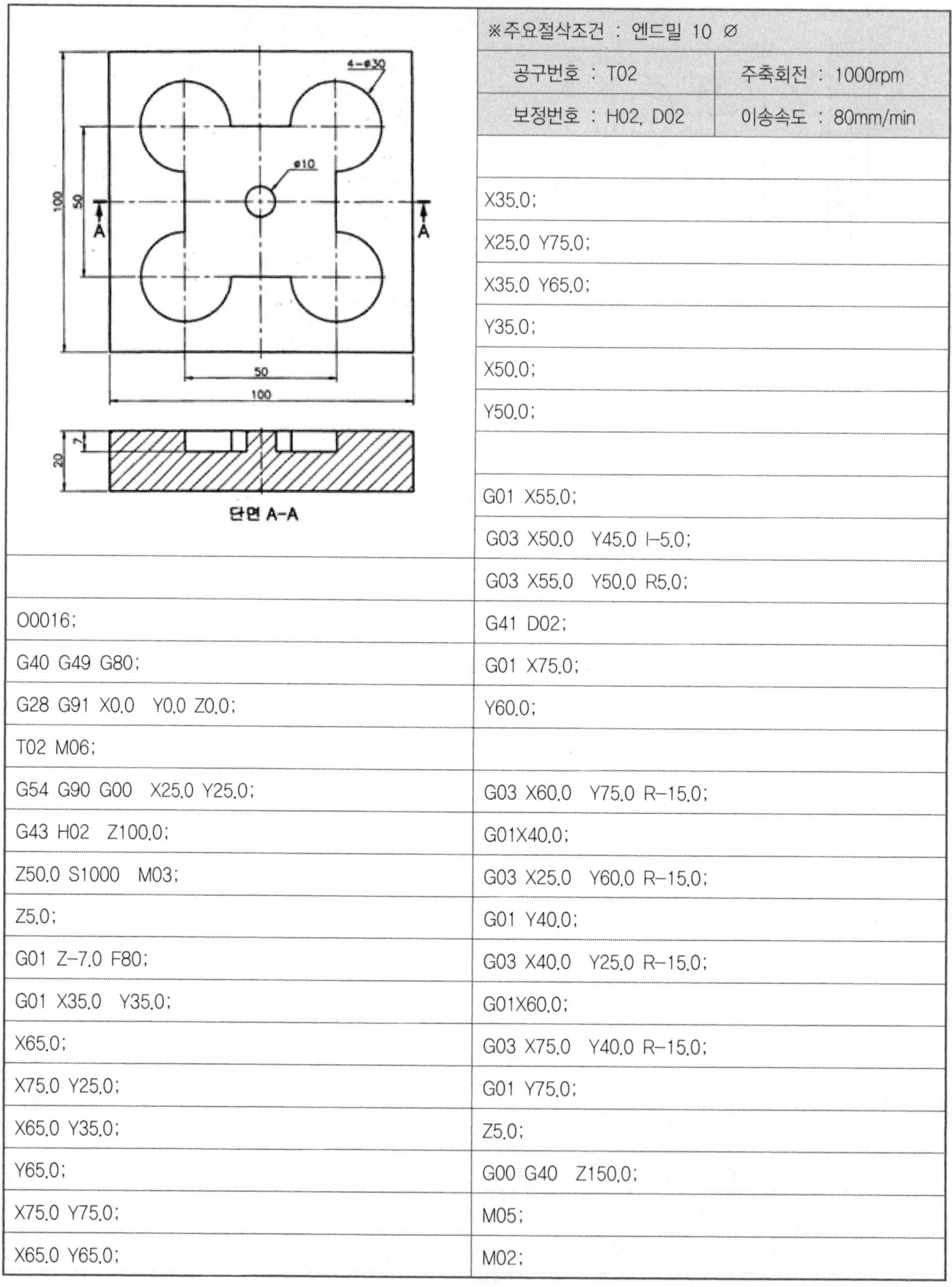

※주요절삭조건 : 엔드밀 10 ∅	
공구번호 : T02	주축회전 : 1000rpm
보정번호 : H02, D02	이송속도 : 80mm/min

	X35.0;
	X25.0 Y75.0;
	X35.0 Y65.0;
	Y35.0;
	X50.0;
	Y50.0;
	G01 X55.0;
	G03 X50.0 Y45.0 I-5.0;
	G03 X55.0 Y50.0 R5.0;
O0016;	G41 D02;
G40 G49 G80;	G01 X75.0;
G28 G91 X0.0 Y0.0 Z0.0;	Y60.0;
T02 M06;	
G54 G90 G00 X25.0 Y25.0;	G03 X60.0 Y75.0 R-15.0;
G43 H02 Z100.0;	G01X40.0;
Z50.0 S1000 M03;	G03 X25.0 Y60.0 R-15.0;
Z5.0;	G01 Y40.0;
G01 Z-7.0 F80;	G03 X40.0 Y25.0 R-15.0;
G01 X35.0 Y35.0;	G01X60.0;
X65.0;	G03 X75.0 Y40.0 R-15.0;
X75.0 Y25.0;	G01 Y75.0;
X65.0 Y35.0;	Z5.0;
Y65.0;	G00 G40 Z150.0;
X75.0 Y75.0;	M05;
X65.0 Y65.0;	M02;

8. 머시닝센터 일반프로그램 중급 연습도면 NO.17

※ 아래 도면을 보고 프로그램을 작성하세요.

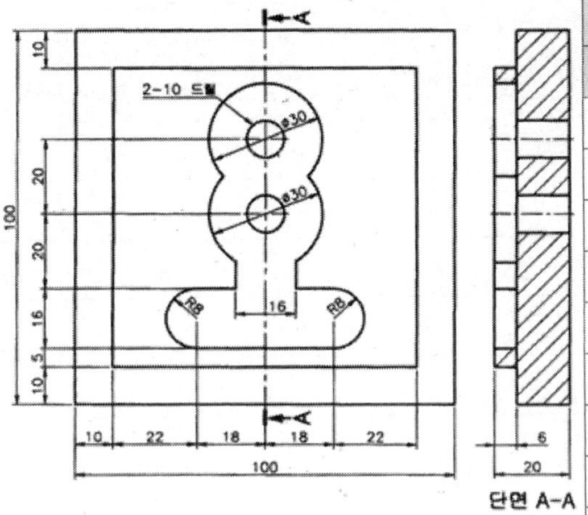

※ 공구 : ∅ 12 엔드밀	∅ 10드릴 : T01 H01
공구번호 : T01	주축회전 : 1000rpm
보정번호 : H01, D0	이송속도 : 80mm/min

2-10 드릴

∅30

∅30

R8

R8

16

10 | 20 | 20 | 16 | 5 | 10 | 100

10 | 22 | 18 | 18 | 22 | 100

6 | 20

단면 A-A

9. 머시닝센터 일반프로그램 중급 연습도면 NO.18

※ 아래 도면을 보고 프로그램을 작성하세요.

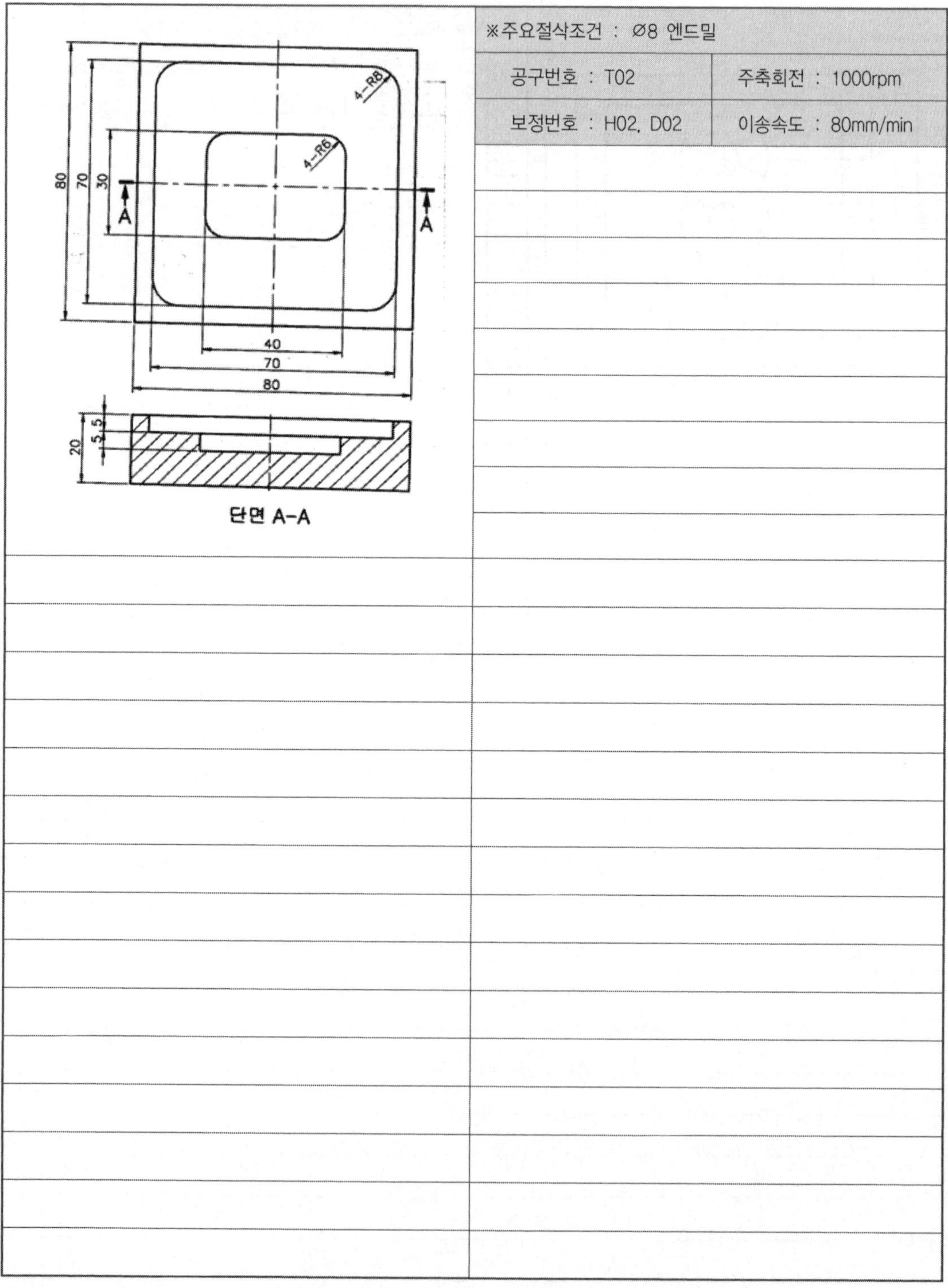

※주요절삭조건 : Ø8 엔드밀	
공구번호 : T02	주축회전 : 1000rpm
보정번호 : H02, D02	이송속도 : 80mm/min

머시닝센터 일반프로그램 고급 연습도면

1. 머시닝센터 일반프로그램 고급 연습도면 NO.19

※ 아래 도면을 보고 프로그램을 작성하세요.

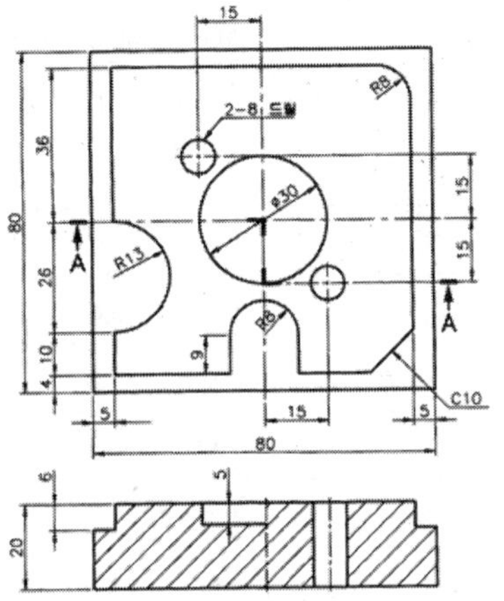

	※ 8∅ 2날 엔드밀	드릴 : T01 ∅8mm
	공구번호 : T03	주축회전 : 1000rpm
	보정번호 : H03, D03	이송속도 : 80mm/min

2. 머시닝센터 일반프로그램 고급 연습도면 NO.19-1

※ 아래 도면을 보고 프로그램을 작성하세요. **[프로그램 풀이 참고용]**

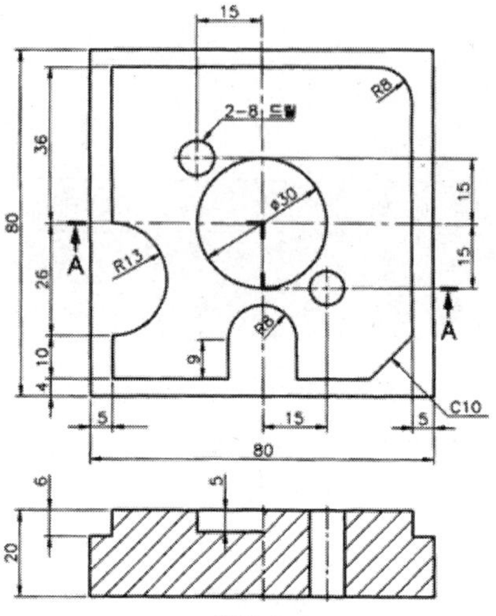

	※ 8Ø 2날 엔드밀	드릴 : T01 Ø8mm
	공구번호 : T03	주축회전 : 1000rpm
	보정번호 : H03, D03	이송속도 : 80mm/min
	G28 G91 X0.0 Y0.0 Z0.0 M19;	G41 D03 G01 X5.0;
	T03;	Y14.0;
	M06;	G03 Y40.0 R13.0;
	G54 G90 G00 X-20.0 Y-20.0;	G01 Y76.0;
	G43 H03 Z100.0;	X67.0;
	Z50.0 S1000 M03;	G02 X75.0 Y68.0 R8.0;
	Z5.0;	G01 Y15.0;
	G01 Z-6.0 F80;	X65.0 Y4.0;
	X0.0;	X48.0;
	Y27.0;	Y13.0;
	X10.0;	G03 X32.0 R8.0;
O0019(19-1);	X0.0;	G01 Y4.0;
G40 G49 G80;	Y80.0;	X-20.0;
G28 G91 X0.0 Y0.0 Z0.0 M19;	X80.0;	Z5.0;
T01;	Y0.0;	G00 G40 X40.0 Y40.0;
M06;	X75.0 Y5.0;	G01 Z-5.0 F100;
G54 G90 G00 X25.0 Y55.0;	X80.0 Y0.0;	X46.0;
G43 H01 Z100.0;	X40.0;	G03 I-6.0;
Z50.0 S1000 M03;	Y13.0;	G41 D03 G01 X55.0;
Z5.0;	Y0.0;	G03 I-15.0;
	X-20.0;	G01 G40 X40.0 Y40.0;
G83 G99 Z-30.0 R3.0 Q5.0 F80;	Y-20.0;	
G98 X55.0 Y25.0;		Z5.0;
G00 G80 Z150.0;		G00 Z150.0;
		G28 G91 Z0;
		M05;

3. 머시닝센터 일반프로그램 고급 연습도면 NO.20

※ 아래 도면을 보고 프로그램을 작성하세요.

※ 10∅ 2날 엔드밀	드릴 : T01 ∅8mm
공구번호 : T03	주축회전 : 1000rpm
보정번호 : H03, D03	이송속도 : 80mm/min

단면 A-A

4. 머시닝센터 일반프로그램 고급 연습도면 NO.21

※ 아래 도면을 보고 프로그램을 작성하세요. **[프로그램 풀이 참고용]**

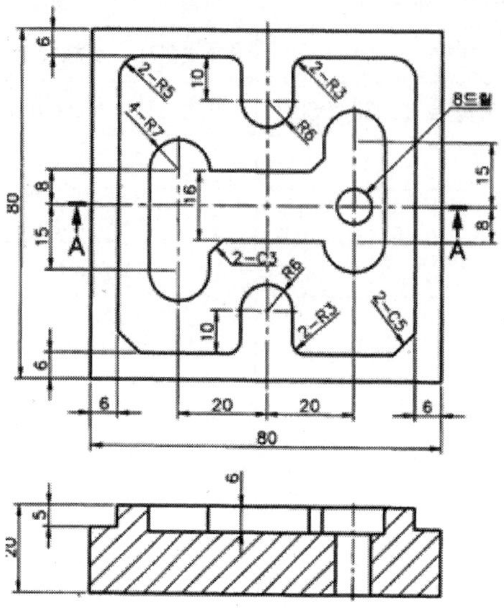

단면 A-A

		※ 8∅ 2날 엔드밀	드릴 : T01 ∅8mm
		공구번호 : T03	주축회전 : 1000rpm
		보정번호 : H03, D03	이송속도 : 80mm/min
		G03 X46.0 Y64.0 R6.0;	G01 Y55.0;
		G01 Y71.0;	G03 X53.0 Y55.0 R7.0;
		G02 X49.0 Y74.0 R3.0;	G01 Y51.0;
		G01 X69.0;	X50.0 Y48.0;
		G02 X74.0 Y69.0 R5.0;	X27.0;
		G01 Y11.0;	G03 X13.0 Y48.0 R7.0;
		X69.0 Y6.0;	G01 Y25.0;
		X49.0;	G03 X27.0 Y25.0 R7.0;
		G02 X46.0 Y9.0 R3.0;	G01 Y29.0;
		G01 Y16.0;	X30.0 Y32.0;
O0021;	S1000 M03 Z50.0;	G03 X34.0 Y16.0 R6.0;	X40.0;
G40 G49 G80;	G00 Z5.0;	G01 Y9.0;	G01 Z5.0;
G28 G91 Z0.0 M19;		G02 X31.0 Y6.0 R3.0;	G00 G40 Z50.0;
T01;	G01 Z-5.0 F80;	G01 X11.0;	G28 X0.0 Y0.0 Z0.0;
M06;	X0.0 Y0.0;	X6.0 Y11.0;	M05;
G54 G00 G90 X60.0 Y40.0;	Y80.0;	Y20.0;	M02;
G43 H01 Z100.0;		Z10.0;	
S1000 M03 Z50.0;	X80.0;	G40 G00 X60.0 Y40.0;	
Z10.0;	Y0.0;	G01 Z-6.0;	
G01 Z-30.0 F80;	X-15.0;	Y55.0;	
Z10.0;	X6.0 Y-15.0;	Y32.0;	
G00 Z100.0 M05;	G41G01X6.0Y0.0D03;	Y40.0;X20.0;	
G28 G91 Z0.0 M19;	Y69.0;	Y48.0;	
T03;	G02 X11.0 Y74.0 R6.0;	Y25.0;	
M06;	G01 X31.0;	G41 Y32.0 D03;	
G54 G90 G00 X0.0 Y-15.0;	G02 X34.0 Y71.0 R3.0;	X53.0;	
G43 H03 Z100.0;	G01 Y64.0;	G03 X67.0 Y32.0 R7.0;	

5. 머시닝센터 일반프로그램 고급 연습도면 NO.22

※ 아래 도면을 보고 프로그램을 작성하세요.

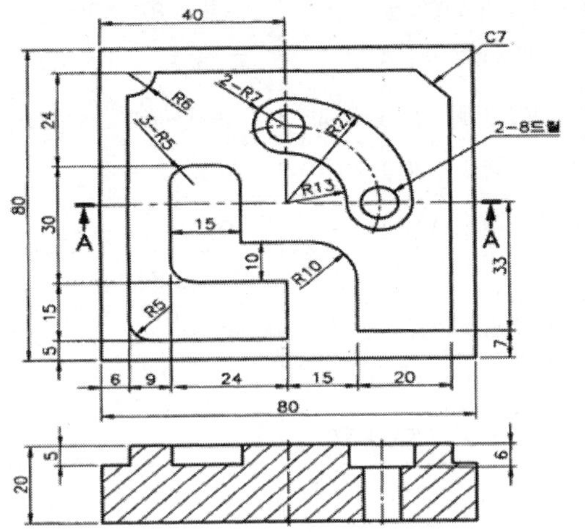

※ Ø10 2날 엔드밀	드릴 : T01 Ø8mm
공구번호 : T03	주축회전 : 1000rpm
보정번호 : H03, D03	이송속도 : 100mm/min

단면 A-A

6. 머시닝센터 일반프로그램 고급 연습도면 NO.23

※ 아래 도면을 보고 프로그램을 작성하세요. **[프로그램 풀이 참고용]**

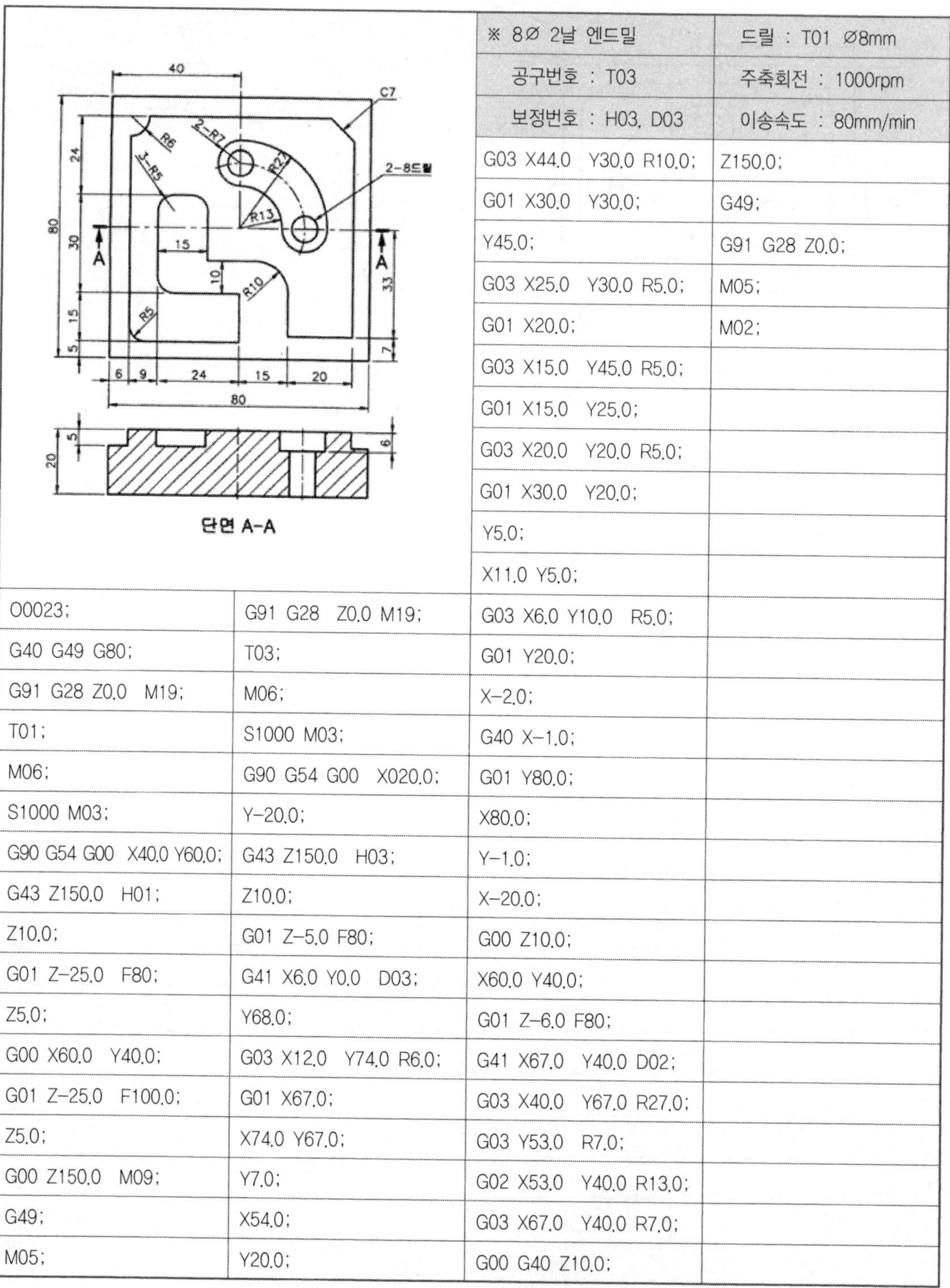

		※ 8∅ 2날 엔드밀	드릴 : T01 ∅8mm
		공구번호 : T03	주축회전 : 1000rpm
		보정번호 : H03, D03	이송속도 : 80mm/min
		G03 X44.0 Y30.0 R10.0;	Z150.0;
		G01 X30.0 Y30.0;	G49;
		Y45.0;	G91 G28 Z0.0;
		G03 X25.0 Y30.0 R5.0;	M05;
		G01 X20.0;	M02;
		G03 X15.0 Y45.0 R5.0;	
		G01 X15.0 Y25.0;	
		G03 X20.0 Y20.0 R5.0;	
		G01 X30.0 Y20.0;	
		Y5.0;	
		X11.0 Y5.0;	
O0023;	G91 G28 Z0.0 M19;	G03 X6.0 Y10.0 R5.0;	
G40 G49 G80;	T03;	G01 Y20.0;	
G91 G28 Z0.0 M19;	M06;	X-2.0;	
T01;	S1000 M03;	G40 X-1.0;	
M06;	G90 G54 G00 X020.0;	G01 Y80.0;	
S1000 M03;	Y-20.0;	X80.0;	
G90 G54 G00 X40.0 Y60.0;	G43 Z150.0 H03;	Y-1.0;	
G43 Z150.0 H01;	Z10.0;	X-20.0;	
Z10.0;	G01 Z-5.0 F80;	G00 Z10.0;	
G01 Z-25.0 F80;	G41 X6.0 Y0.0 D03;	X60.0 Y40.0;	
Z5.0;	Y68.0;	G01 Z-6.0 F80;	
G00 X60.0 Y40.0;	G03 X12.0 Y74.0 R6.0;	G41 X67.0 Y40.0 D02;	
G01 Z-25.0 F100.0;	G01 X67.0;	G03 X40.0 Y67.0 R27.0;	
Z5.0;	X74.0 Y67.0;	G03 Y53.0 R7.0;	
G00 Z150.0 M09;	Y7.0;	G02 X53.0 Y40.0 R13.0;	
G49;	X54.0;	G03 X67.0 Y40.0 R7.0;	
M05;	Y20.0;	G00 G40 Z10.0;	

7. 머시닝센터 일반프로그램 고급 연습도면 NO.24

※ 아래 도면을 보고 프로그램을 작성하세요.

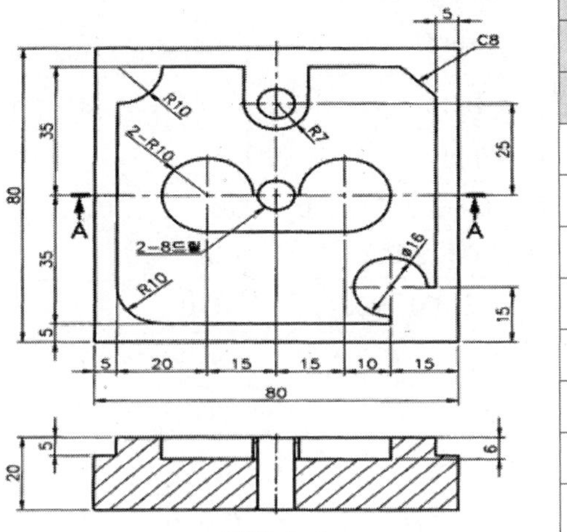

※ 8∅ 2날 엔드밀	드릴 : T01 ∅8mm
공구번호 : T03	주축회전 : 1000rpm
보정번호 : H03, D03	이송속도 : 80mm/min

8. 머시닝센터 일반프로그램 고급 연습도면 NO.25

※ 아래 도면을 보고 프로그램을 작성하세요. **[24번 도면 프로그램 풀이 (참고용)]**

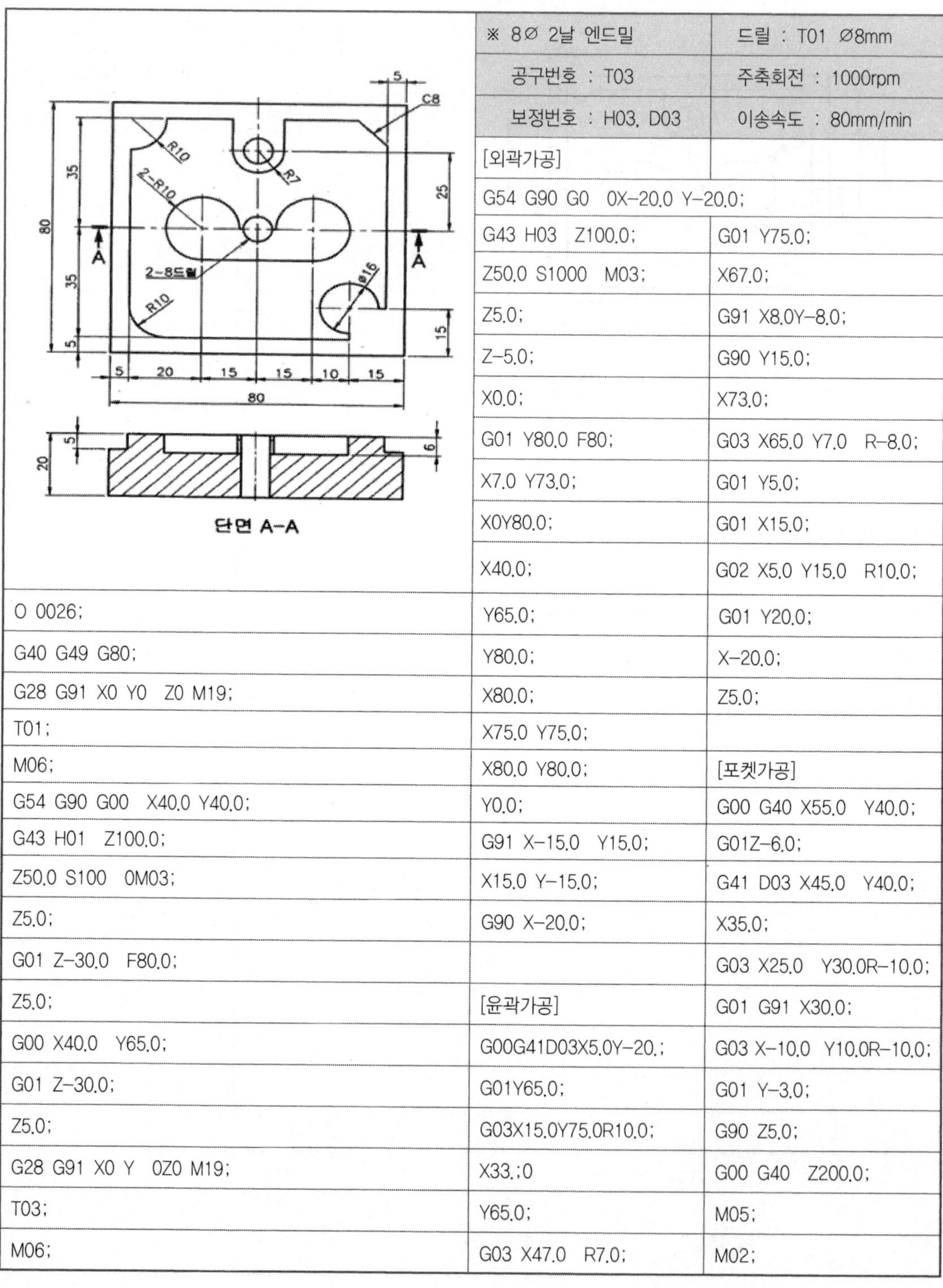

	※ 8∅ 2날 엔드밀	드릴 : T01 ∅8mm
	공구번호 : T03	주축회전 : 1000rpm
	보정번호 : H03, D03	이송속도 : 80mm/min
	[외곽가공]	
	G54 G90 G0 0X-20.0 Y-20.0;	
	G43 H03 Z100.0;	G01 Y75.0;
	Z50.0 S1000 M03;	X67.0;
	Z5.0;	G91 X8.0Y-8.0;
	Z-5.0;	G90 Y15.0;
	X0.0;	X73.0;
	G01 Y80.0 F80;	G03 X65.0 Y7.0 R-8.0;
	X7.0 Y73.0;	G01 Y5.0;
	X0Y80.0;	G01 X15.0;
	X40.0;	G02 X5.0 Y15.0 R10.0;
O 0026;	Y65.0;	G01 Y20.0;
G40 G49 G80;	Y80.0;	X-20.0;
G28 G91 X0 Y0 Z0 M19;	X80.0;	Z5.0;
T01;	X75.0 Y75.0;	
M06;	X80.0 Y80.0;	[포켓가공]
G54 G90 G00 X40.0 Y40.0;	Y0.0;	G00 G40 X55.0 Y40.0;
G43 H01 Z100.0;	G91 X-15.0 Y15.0;	G01Z-6.0;
Z50.0 S100 0M03;	X15.0 Y-15.0;	G41 D03 X45.0 Y40.0;
Z5.0;	G90 X-20.0;	X35.0;
G01 Z-30.0 F80.0;		G03 X25.0 Y30.0R-10.0;
Z5.0;	[윤곽가공]	G01 G91 X30.0;
G00 X40.0 Y65.0;	G00G41D03X5.0Y-20.;	G03 X-10.0 Y10.0R-10.0;
G01 Z-30.0;	G01Y65.0;	G01 Y-3.0;
Z5.0;	G03X15.0Y75.0R10.0;	G90 Z5.0;
G28 G91 X0 Y 0Z0 M19;	X33.;0	G00 G40 Z200.0;
T03;	Y65.0;	M05;
M06;	G03 X47.0 R7.0;	M02;

9. 머시닝센터 일반프로그램 고급 연습도면 NO.26

※ 아래 도면을 보고 프로그램을 작성하세요.

※ 10∅ 2날 엔드밀	드릴 : T01 ∅8mm
공구번호 : T03	주축회전 : 1000rpm
보정번호 : H03, D03	이송속도 : 80mm/min

10. 머시닝센터 일반프로그램 고급 연습도면 NO.27

※ 아래 도면을 보고 프로그램을 작성하세요. **[27번 도면 프로그램 풀이 (참고용)]**

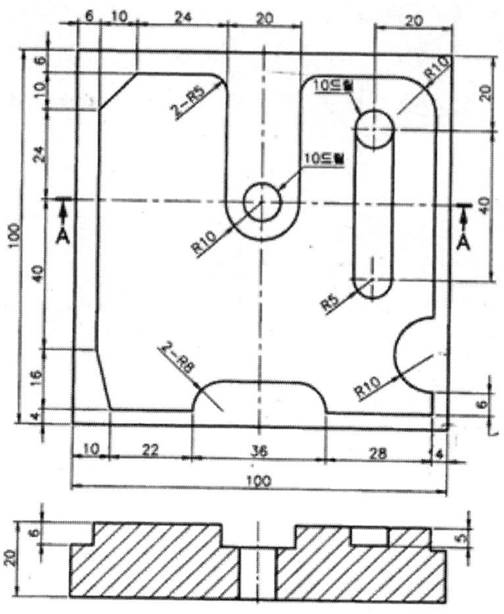

	※ 10∅ 2날 엔드밀	드릴 : T01 ∅8mm
	공구번호 : T03	주축회전 : 1000rpm
	보정번호 : H03, D03	이송속도 : 80mm/min
	[외곽가공]	
	G54G90G00X-20.0Y-20.0;	
	G43 H03 Z100.0;	G03 X60.0 R10.0;
	Z50.0 S100 0M03;	G01Y89.0;
	Z5.0;	G02 X65.0 Y94.0 R5.0;
	Z-6.0;	G01 X86.0;
	X0.0;	G02 X96.0Y84.0R10.0;
	G01 Y100.0 F80;	G01 Y30.0;
	X7.0 Y93.0;	G03 Y10.0 R10.0;
	X0 Y100.0;	G01 Y4.0;
단면 A-A	X50.0;	X68.0;
O0028;	Y60.0;	G03 X60.0 Y12.0 R8.0;
G40 G49 G80;	Y100.0;	G01 G91X-20.0;
G28 G91 X0 Y0 Z0 M19;	X102.0;	G03 X-8.0 Y-8.0 R8.0;
T01;	Y20.0;	G01 X-22.0;
M06;	X93.0;	G90 X6.0 Y20.0;
G54 G90 G00 X50.0 Y60.0;	X102.0;	Y25.0;
G43 H01 Z100.0;	Y-2.0;	X-10.0;
Z50.0 S100 0M03;	X-20.0;	Z5.0;
Z5.0;		[보정취소 부분]
G01 Z-30.0 F80.0;	[윤곽가공]	G00 G40 X80.0 Y80.0;
Z5.0;	G00 G41 D03 X6.0Y-20.0;	G01 Z-5.0;
G00 X80.0 Y80.0;	G01 Y85.0;	Y40.0;
G01 Z-30.0;	X16.0 Y94.0;	G04 X1.0;
Z5.0;	X35.0;	Z5.0;
G28 G91 X0 Y0 Z0 M19;	G02 X40.0 Y89.0 R5.0;	G00 Z150.0;
T03;	G01 Y60.0;	M05;
M06;		M02;

11. 머시닝센터 일반프로그램 고급 연습도면 NO.28

※ 아래 도면을 보고 프로그램을 작성하세요.

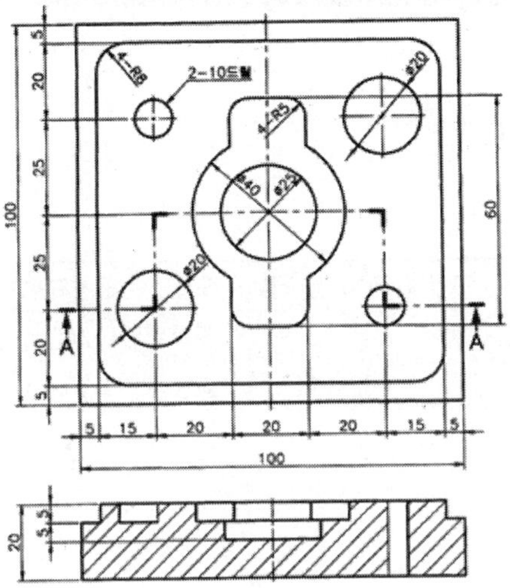

단면 A-A

※ 8∅ 2날 엔드밀	드릴 : T01 ∅10mm
공구번호 : T03	주축회전 : 1000rpm
보정번호 : H03, D03	이송속도 : 80mm/min

APPENDIX

머시닝센터 일반프로그램 응용 연습도면

1. 머시닝센터 일반프로그램 고급 연습도면 NO.29

※ 아래 도면을 보고 프로그램을 작성하세요.

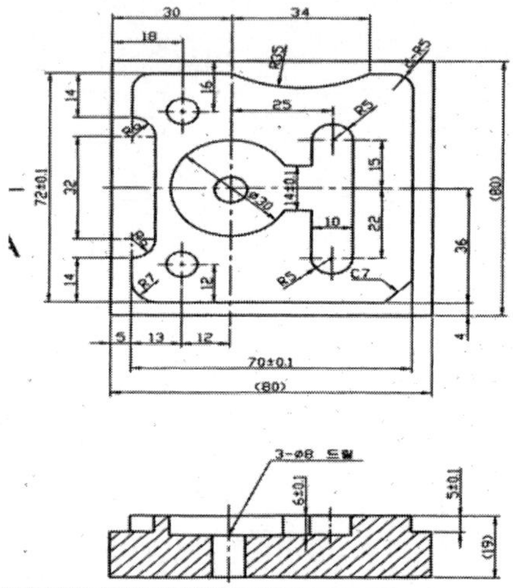

※ 절삭조건 : Ø10 엔드밀	드릴 : Ø8 공구번호 : T01
공구번호 : T02	주축회전 : 1000rpm
보정번호 : H02, D02	이송속도 : 80mm/min

2. 머시닝센터 일반프로그램 고급 연습도면 NO.30

※ 아래 도면을 보고 프로그램을 작성하세요.

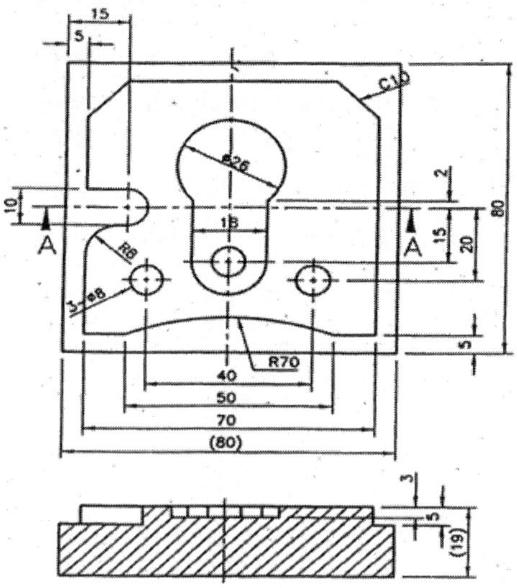

※ 절삭조건 : Ø10 엔드밀	드릴 : Ø8 공구번호 : T01
공구번호 : T02	주축회전 : 1000rpm
보정번호 : H02, D02	이송속도 : 80mm/min

3. 머시닝센터 일반프로그램 고급 연습도면 NO.31

※ 아래 도면을 보고 프로그램을 작성하세요.

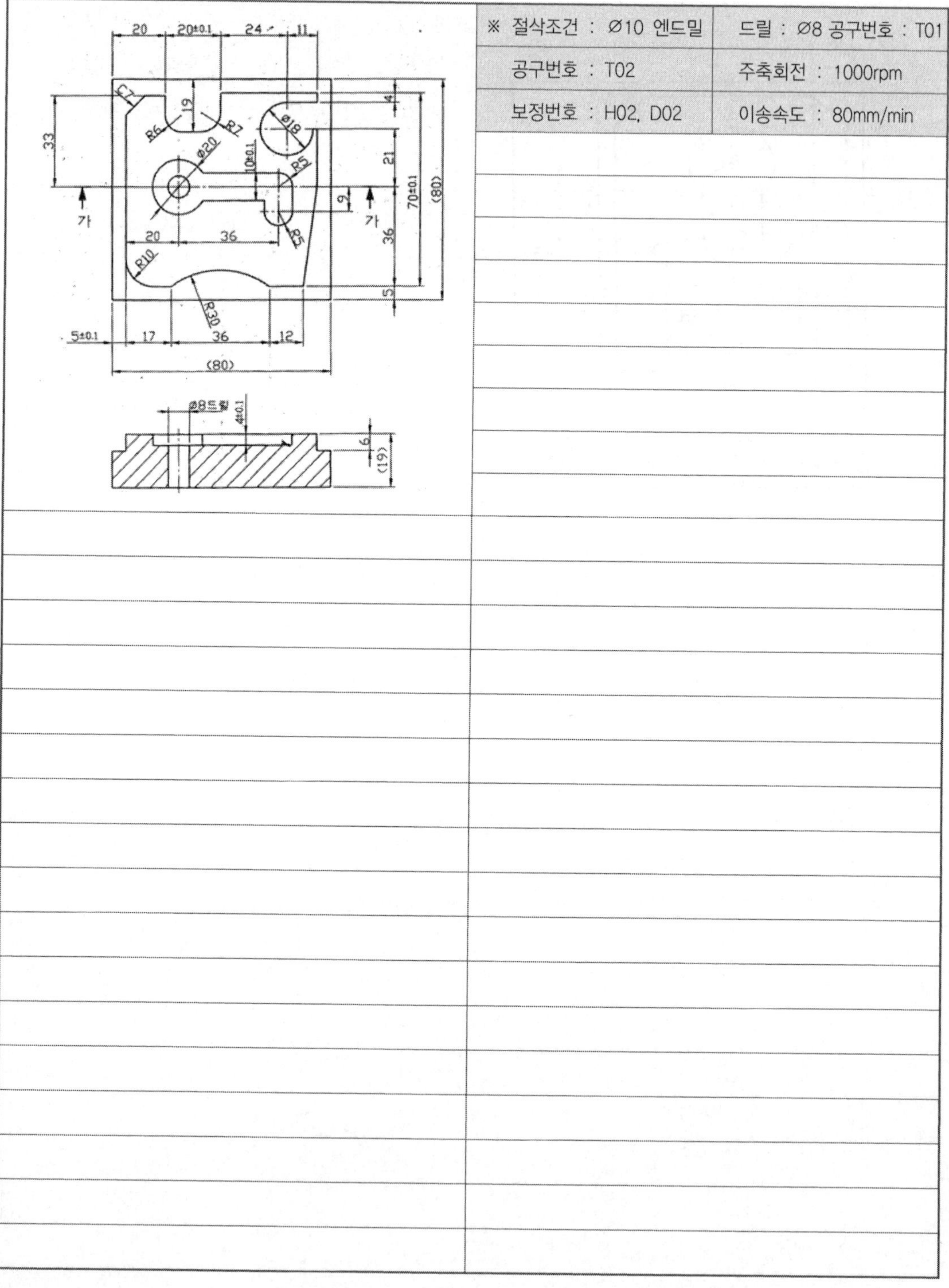

※ 절삭조건 : Ø10 엔드밀	드릴 : Ø8 공구번호 : T01
공구번호 : T02	주축회전 : 1000rpm
보정번호 : H02, D02	이송속도 : 80mm/min

4. 머시닝센터 일반프로그램 고급 연습도면 NO.32

※ 아래 도면을 보고 프로그램을 작성하세요.

※ 절삭조건 : ∅10 엔드밀	드릴 : ∅8 공구번호 : T01
공구번호 : T02	주축회전 : 1000rpm
보정번호 : H02, D02	이송속도 : 80mm/min

5. 머시닝센터 일반프로그램 고급 연습도면 NO.33

※ 아래 도면을 보고 프로그램을 작성하세요.

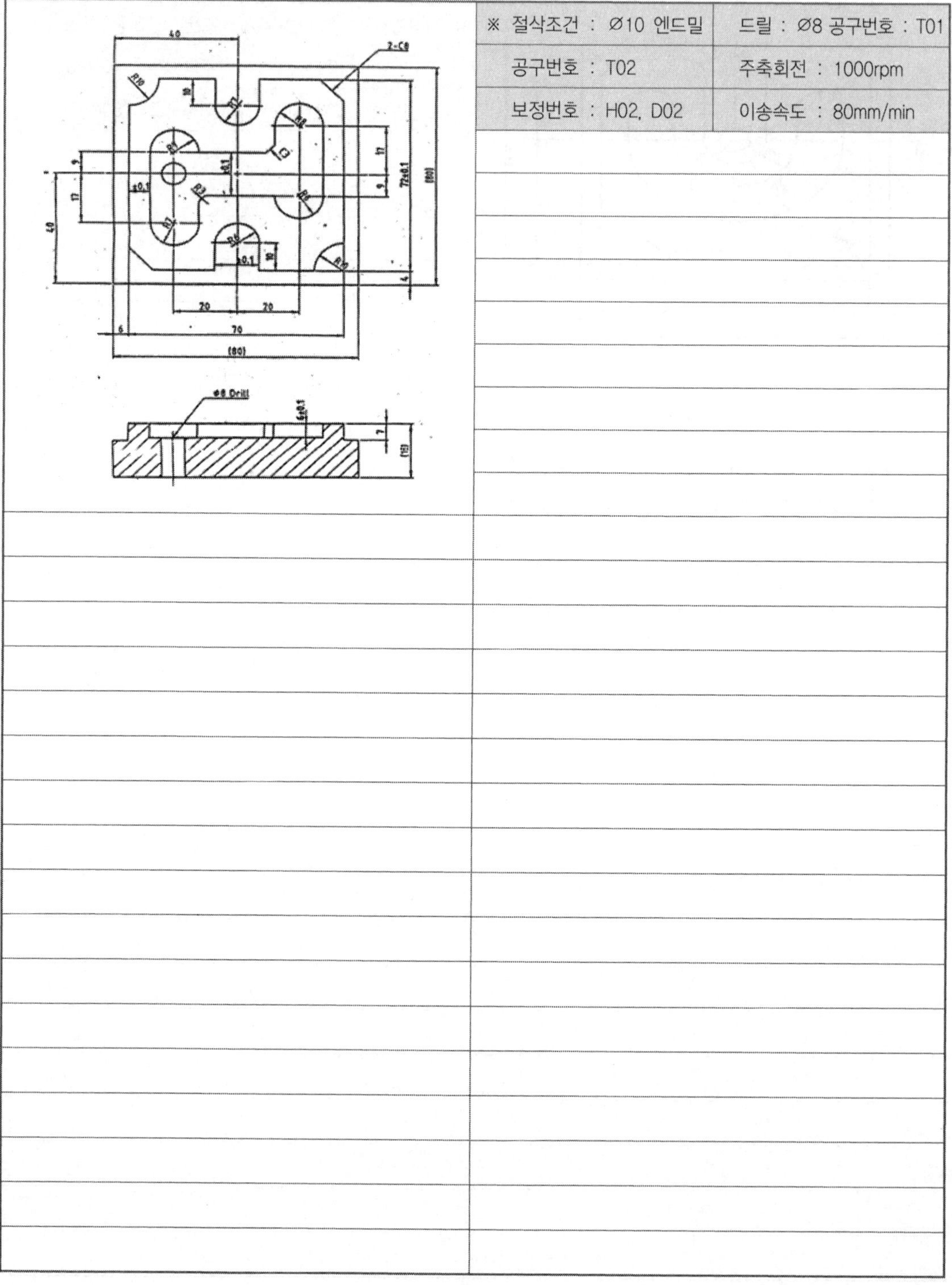

※ 절삭조건 : Ø10 엔드밀	드릴 : Ø8 공구번호 : T01
공구번호 : T02	주축회전 : 1000rpm
보정번호 : H02, D02	이송속도 : 80mm/min

6. 머시닝센터 일반프로그램 고급 연습도면 NO.34

※ 아래 도면을 보고 프로그램을 작성하세요.

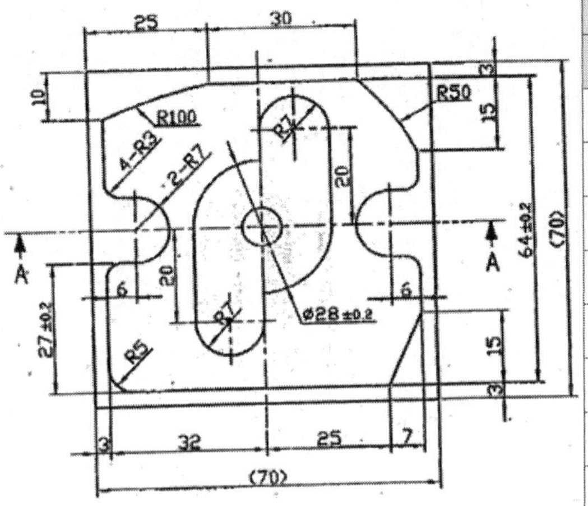

※ 절삭조건 : Ø10 엔드밀	드릴 : Ø8 공구번호 : T01
공구번호 : T02	주축회전 : 1000rpm
보정번호 : H02, D02	이송속도 : 80mm/min

7. 머시닝센터 일반프로그램 고급 연습도면 NO.35

※ 아래 도면을 보고 프로그램을 작성하세요.

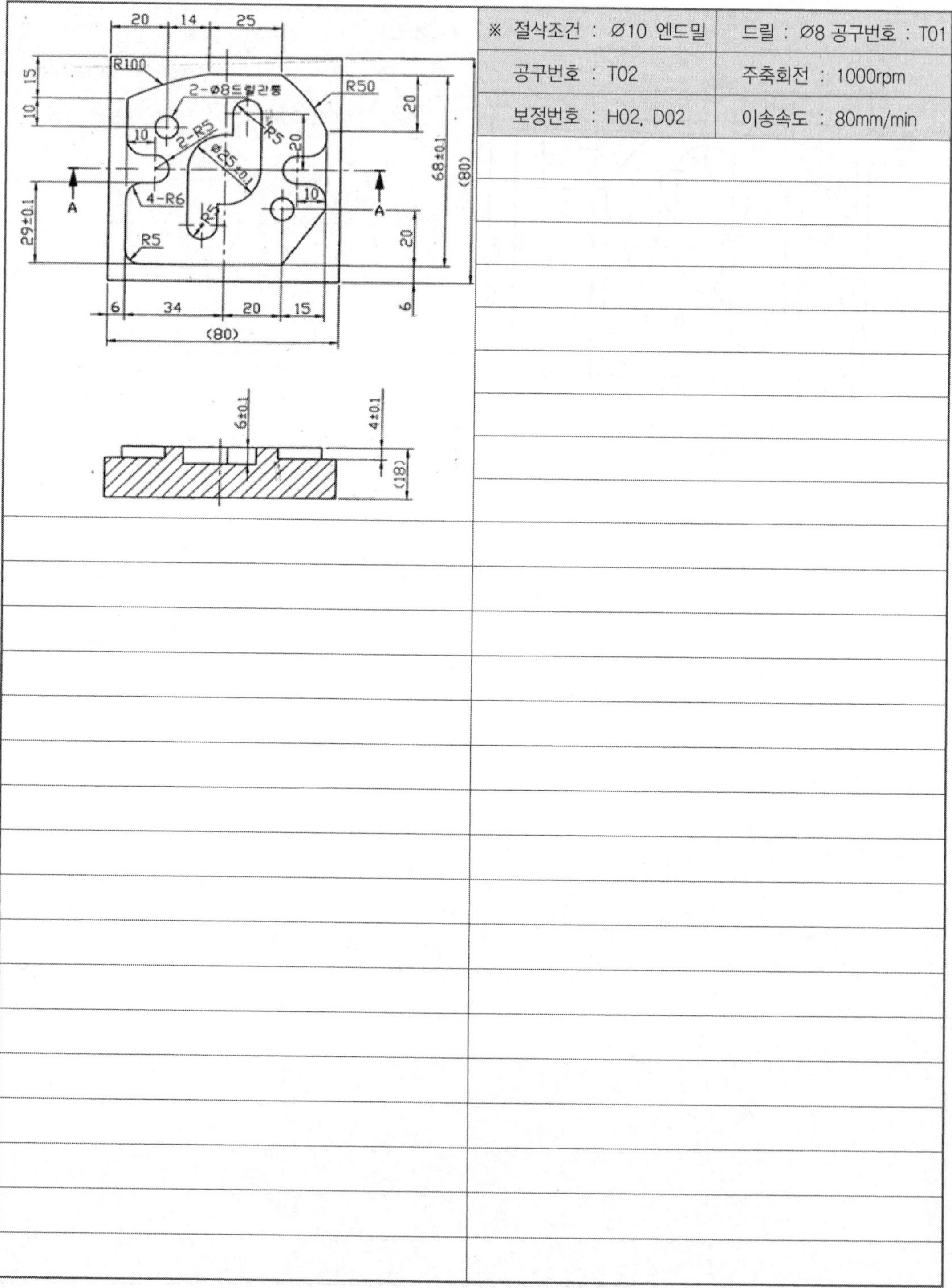

※ 절삭조건 : Ø10 엔드밀	드릴 : Ø8 공구번호 : T01
공구번호 : T02	주축회전 : 1000rpm
보정번호 : H02, D02	이송속도 : 80mm/min

8. 머시닝센터 일반프로그램 고급 연습도면 NO.36

※ 아래 도면을 보고 프로그램을 작성하세요.

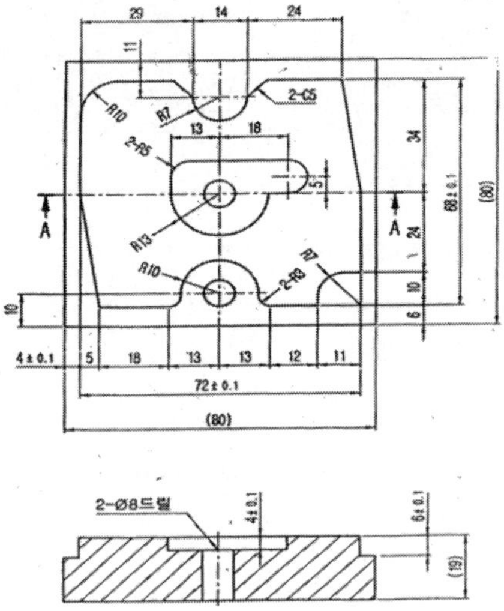

※ 절삭조건 : Ø10 엔드밀	드릴 : Ø8 공구번호 : T01
공구번호 : T02	주축회전 : 1000rpm
보정번호 : H02, D02	이송속도 : 80mm/min

9. 머시닝센터 일반프로그램 고급 연습도면 NO.37

※ 아래 도면을 보고 프로그램을 작성하세요.

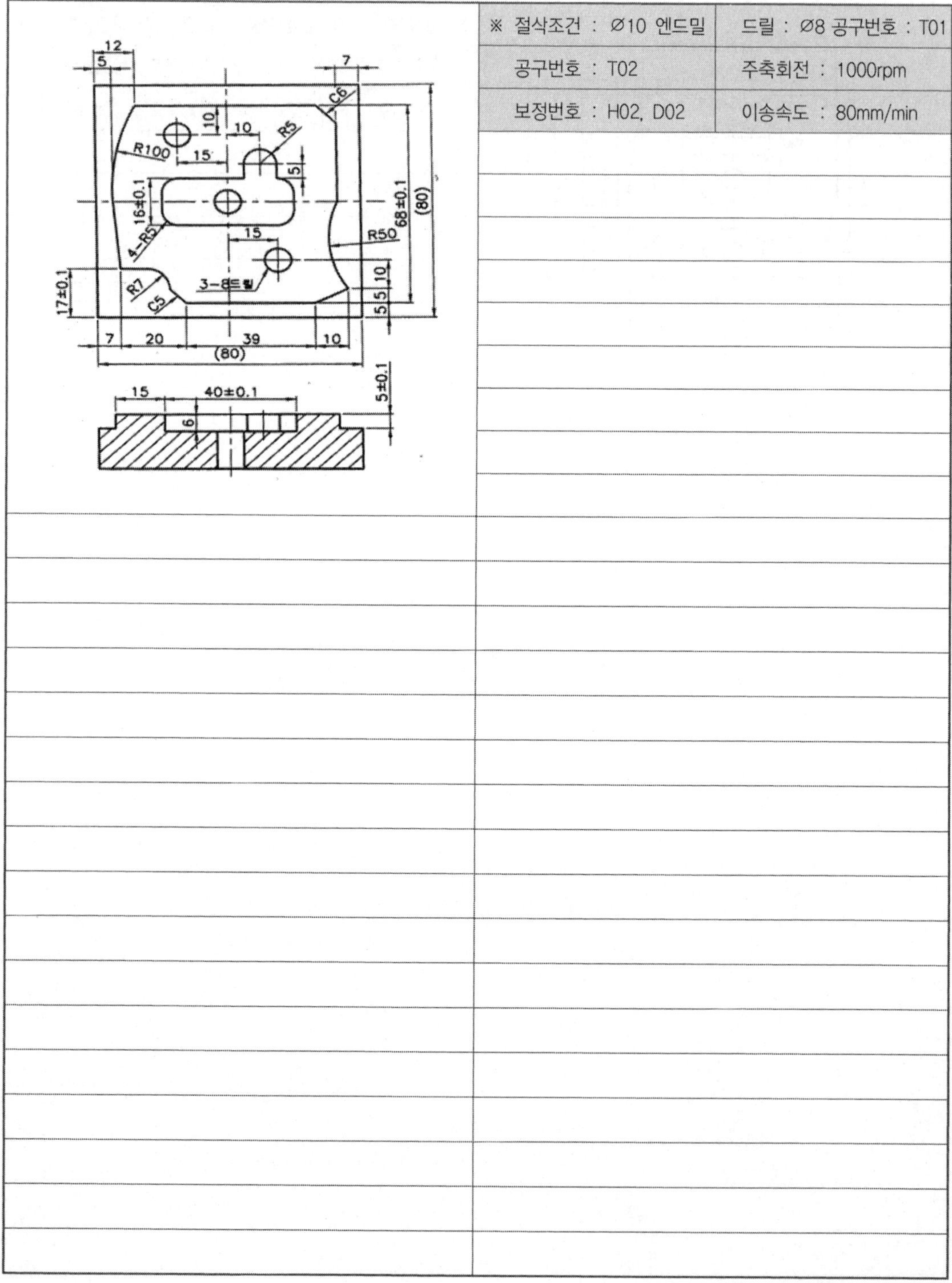

※ 절삭조건 : Ø10 엔드밀	드릴 : Ø8 공구번호 : T01
공구번호 : T02	주축회전 : 1000rpm
보정번호 : H02, D02	이송속도 : 80mm/min

10. 머시닝센터 일반프로그램 고급 연습도면 NO.38

※ 아래 도면을 보고 프로그램을 작성하세요.

※ 절삭조건 : Ø10 엔드밀	드릴 : Ø8 공구번호 : T01
공구번호 : T02	주축회전 : 1000rpm
보정번호 : H02, D02	이송속도 : 80mm/min

11. 머시닝센터 일반프로그램 고급 연습도면 NO.39

※ 아래 도면을 보고 프로그램을 작성하세요.

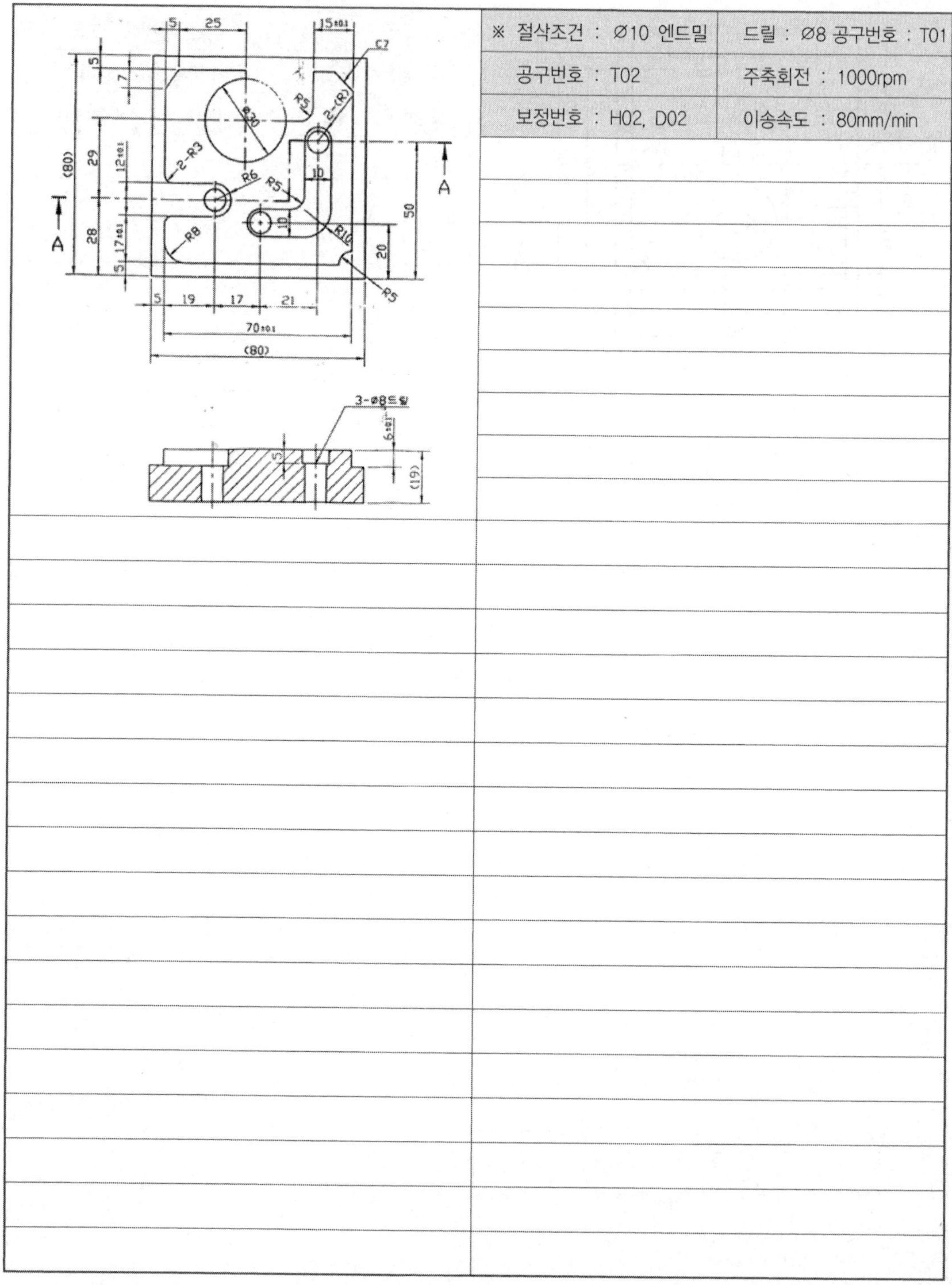

※ 절삭조건 : Ø10 엔드밀	드릴 : Ø8 공구번호 : T01
공구번호 : T02	주축회전 : 1000rpm
보정번호 : H02, D02	이송속도 : 80mm/min

12. 머시닝센터 일반프로그램 고급 연습도면 NO.40

※ 아래 도면을 보고 프로그램을 작성하세요.

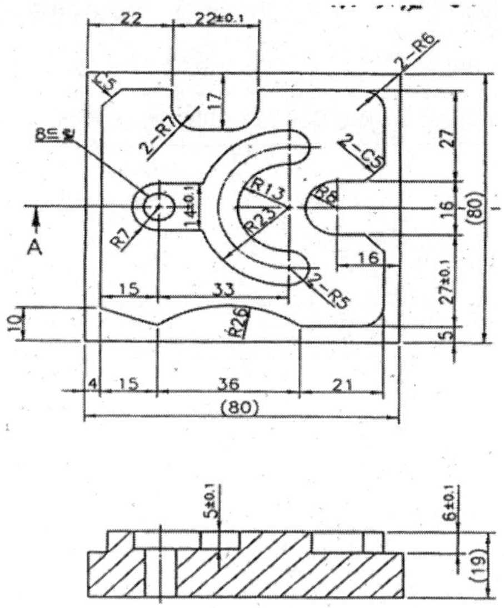

※ 절삭조건 : Ø10 엔드밀	드릴 : Ø8 공구번호 : T01
공구번호 : T02	주축회전 : 1000rpm
보정번호 : H02, D02	이송속도 : 80mm/min

APPENDIX

9. 머시닝센터 일반프로그램 응용 연습도면

13. 머시닝센터 일반프로그램 고급 연습도면 NO.41

※ 아래 도면을 보고 프로그램을 작성하세요.

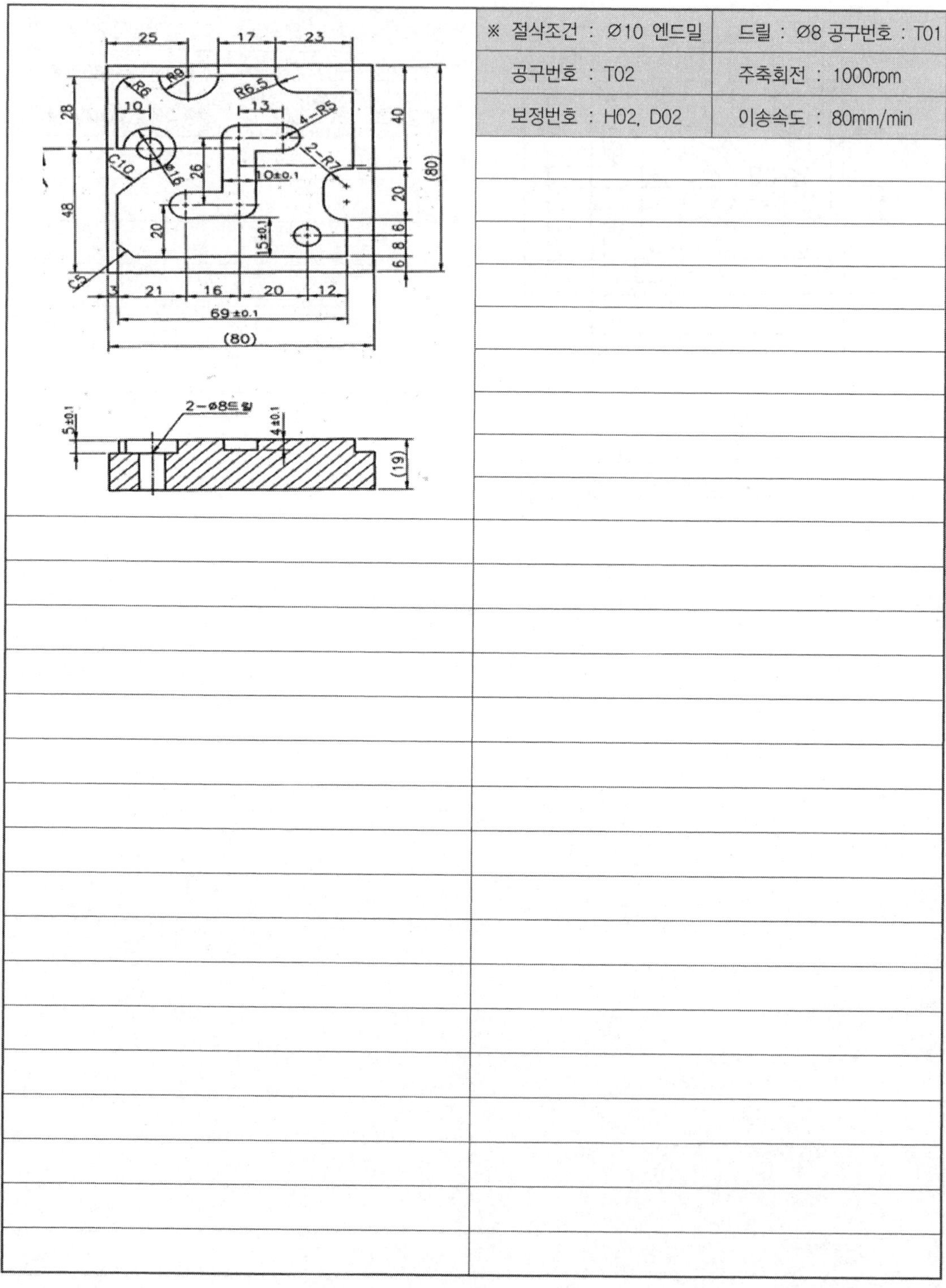

※ 절삭조건 : Ø10 엔드밀	드릴 : Ø8 공구번호 : T01
공구번호 : T02	주축회전 : 1000rpm
보정번호 : H02, D02	이송속도 : 80mm/min

14. 머시닝센터 일반프로그램 고급 연습도면 NO.42

※ 아래 도면을 보고 프로그램을 작성하세요.

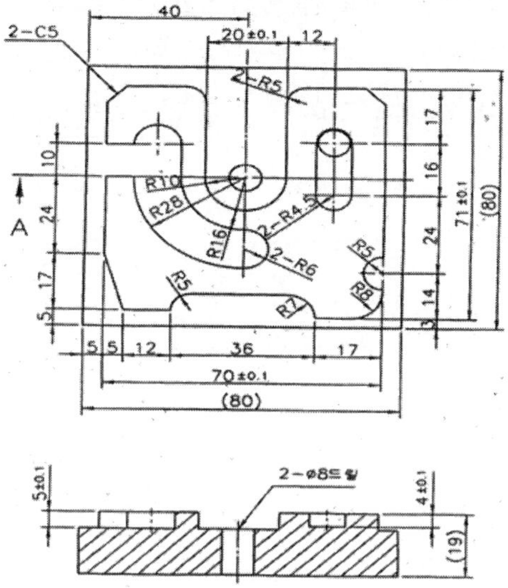

※ 절삭조건 : Ø10 엔드밀	드릴 : Ø8 공구번호 : T01
공구번호 : T02	주축회전 : 1000rpm
보정번호 : H02, D02	이송속도 : 80mm/min

15. 머시닝센터 일반프로그램 고급 연습도면 NO.43

※ 아래 도면을 보고 프로그램을 작성하세요.

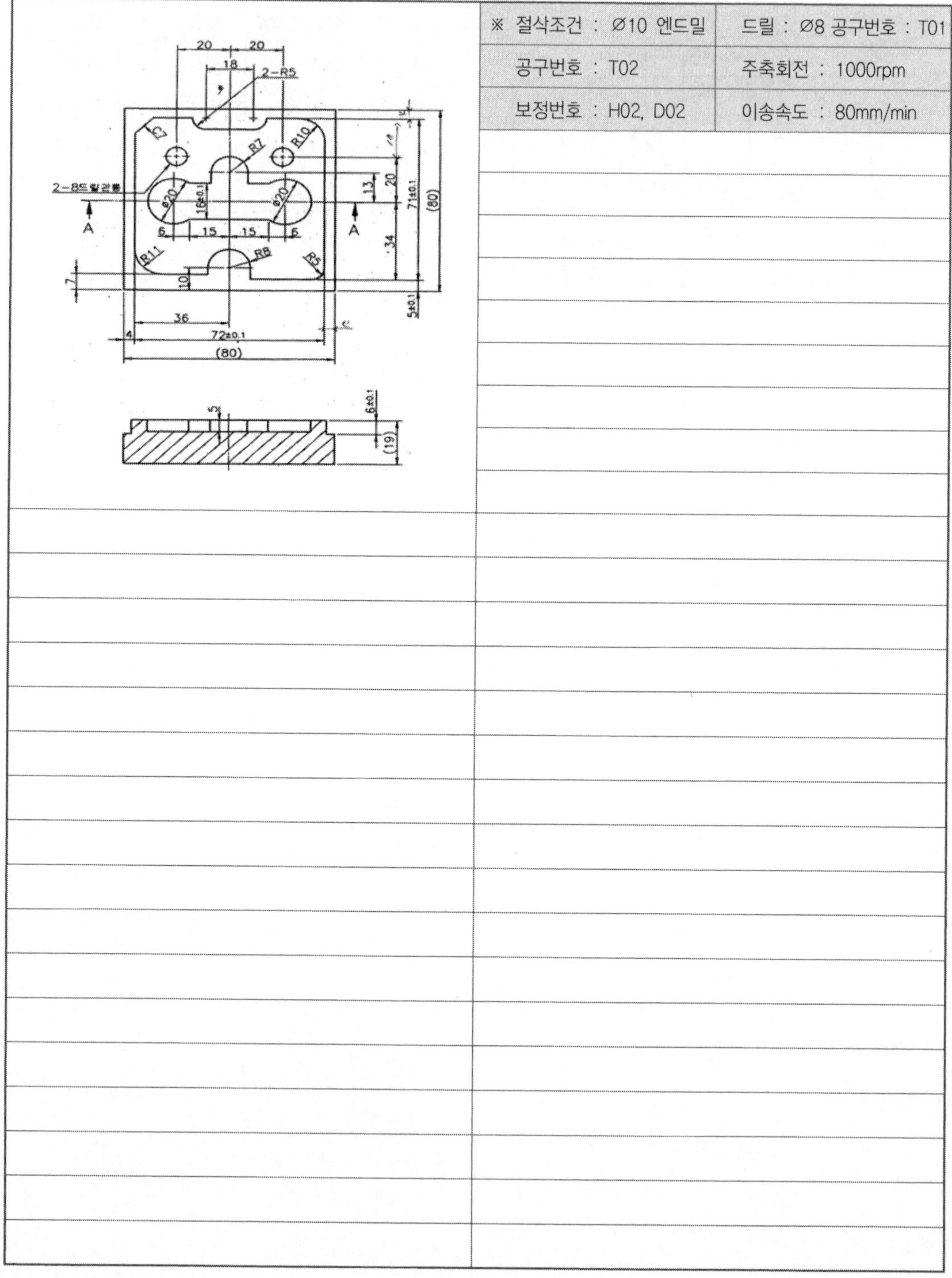

※ 절삭조건 : Ø10 엔드밀	드릴 : Ø8 공구번호 : T01
공구번호 : T02	주축회전 : 1000rpm
보정번호 : H02, D02	이송속도 : 80mm/min

16. 머시닝센터 일반프로그램 고급 연습도면 NO.44

※ 아래 도면을 보고 프로그램을 작성하세요.

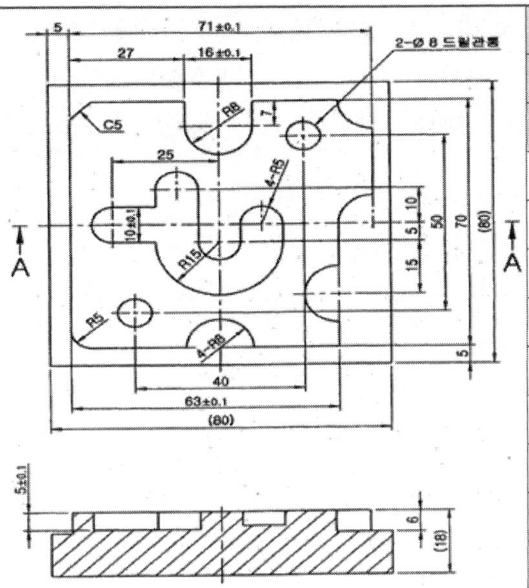

※ 절삭조건 : Ø10 엔드밀	드릴 : Ø8 공구번호 : T01
공구번호 : T02	주축회전 : 1000rpm
보정번호 : H02, D02	이송속도 : 80mm/min

17. 머시닝센터 일반프로그램 고급 연습도면 NO.45

※ 아래 도면을 보고 프로그램을 작성하세요.(외곽깊이 5, 내곽깊이 4)

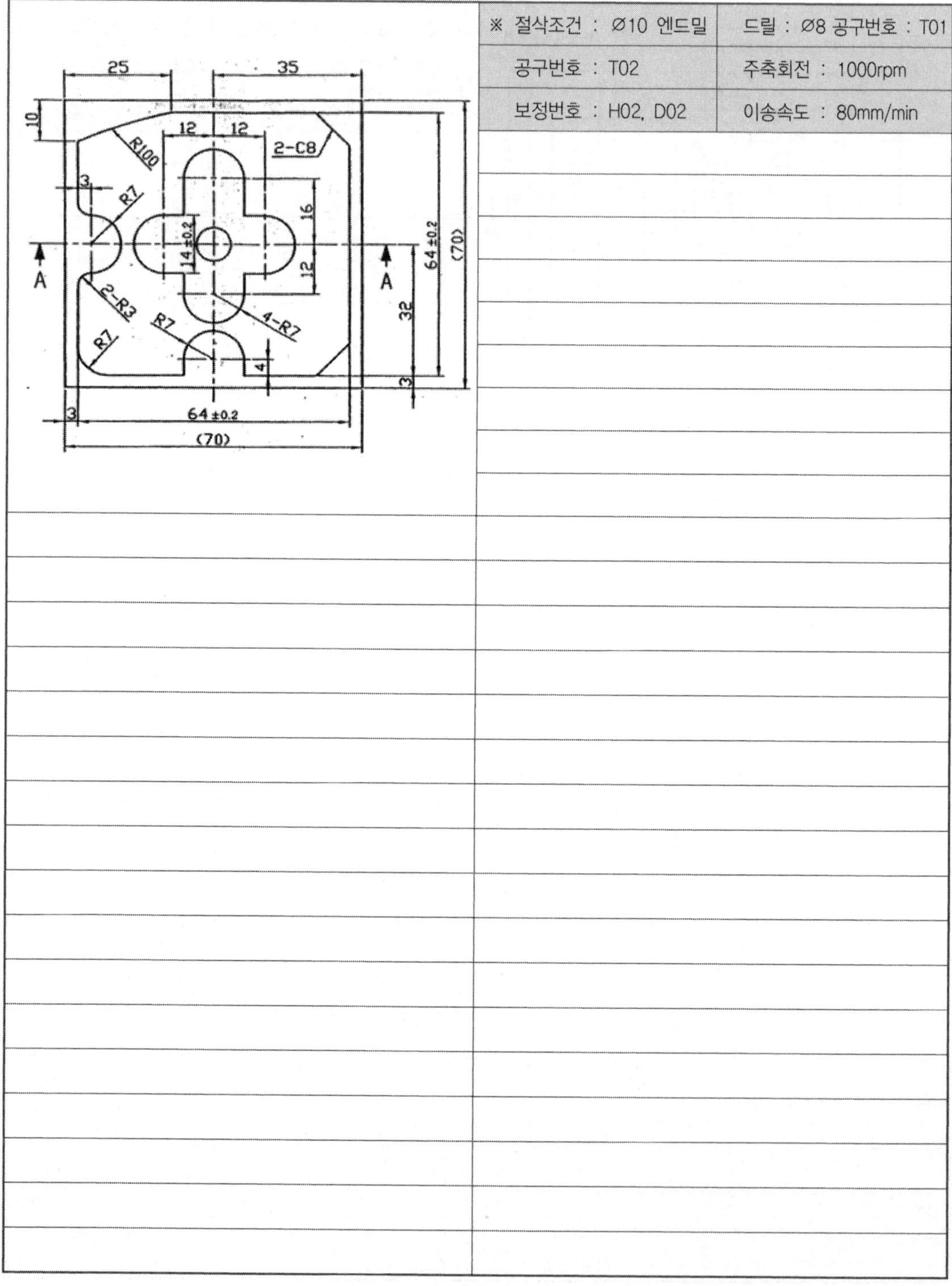

※ 절삭조건 : Ø10 엔드밀	드릴 : Ø8 공구번호 : T01
공구번호 : T02	주축회전 : 1000rpm
보정번호 : H02, D02	이송속도 : 80mm/min

18. 머시닝센터 일반프로그램 고급 연습도면 NO.46

※ 아래 도면을 보고 프로그램을 작성하세요.(외곽깊이 6, 내곽깊이 5)

※ 절삭조건 : Ø10 엔드밀	드릴 : Ø8 공구번호 : T01
공구번호 : T02	주축회전 : 1000rpm
보정번호 : H02, D02	이송속도 : 80mm/min

APPENDIX

9. 머시닝센터 일반프로그램 응용 연습도면

19. 머시닝센터 일반프로그램 고급 연습도면 NO.47

※ 아래 도면을 보고 프로그램을 작성하세요.(외곽깊이 4, 내곽깊이 5)

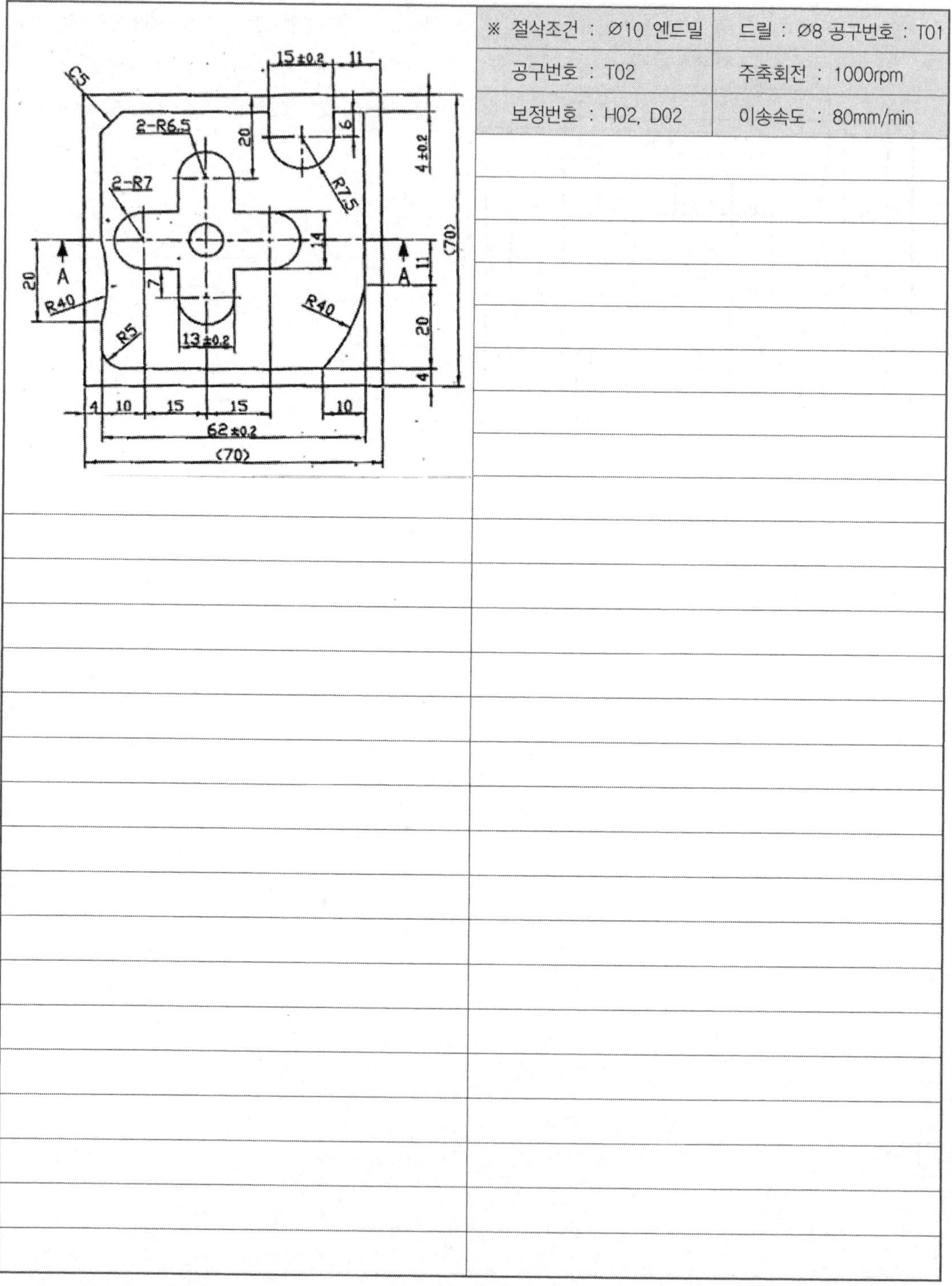

※ 절삭조건 : Ø10 엔드밀	드릴 : Ø8 공구번호 : T01
공구번호 : T02	주축회전 : 1000rpm
보정번호 : H02, D02	이송속도 : 80mm/min

20. 머시닝센터 일반프로그램 고급 연습도면 NO.48

※ 아래 도면을 보고 프로그램을 작성하세요.(외곽깊이 5, 내곽깊이 3)

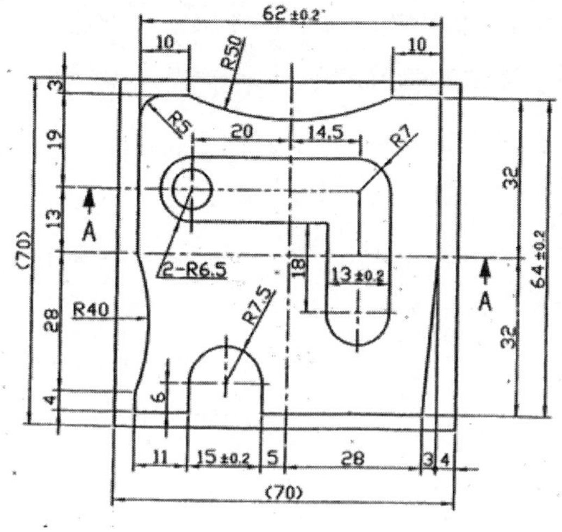

※ 절삭조건 : Ø10 엔드밀	드릴 : Ø8 공구번호 : T01
공구번호 : T02	주축회전 : 1000rpm
보정번호 : H02, D02	이송속도 : 80mm/min

21. 머시닝센터 일반프로그램 고급 연습도면 NO.49

※ 아래 도면을 보고 프로그램을 작성하세요.

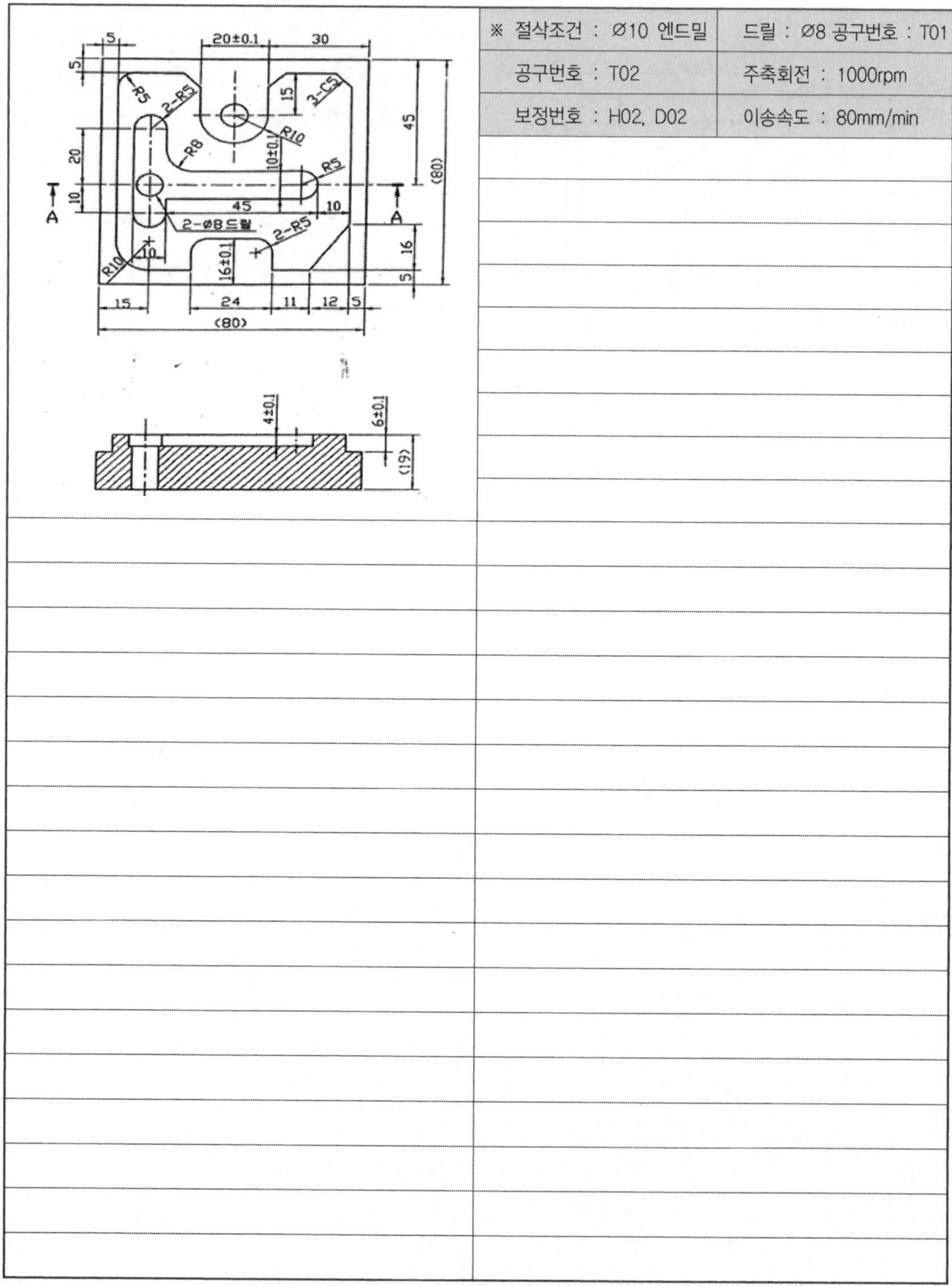

※ 절삭조건 : Ø10 엔드밀	드릴 : Ø8 공구번호 : T01
공구번호 : T02	주축회전 : 1000rpm
보정번호 : H02, D02	이송속도 : 80mm/min

22. 머시닝센터 일반프로그램 고급 연습도면 NO.50

※ 아래 도면을 보고 프로그램을 작성하세요.(외곽깊이 5, 내곽깊이 6)

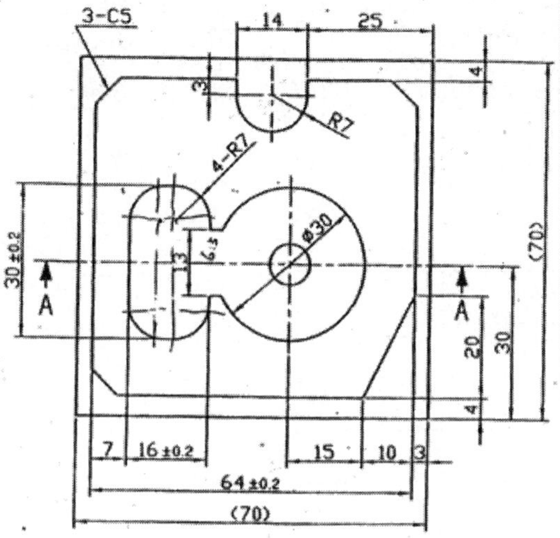

※ 절삭조건 : Ø10 엔드밀	드릴 : Ø8 공구번호 : T01
공구번호 : T02	주축회전 : 1000rpm
보정번호 : H02, D02	이송속도 : 80mm/min

APPENDIX

9. 머시닝센터 일반프로그램 응용 연습도면

23. 머시닝센터 일반프로그램 고급 연습도면 NO.51

※ 아래 도면을 보고 프로그램을 작성하세요.(외곽깊이 4.5, 내곽깊이 3.5)

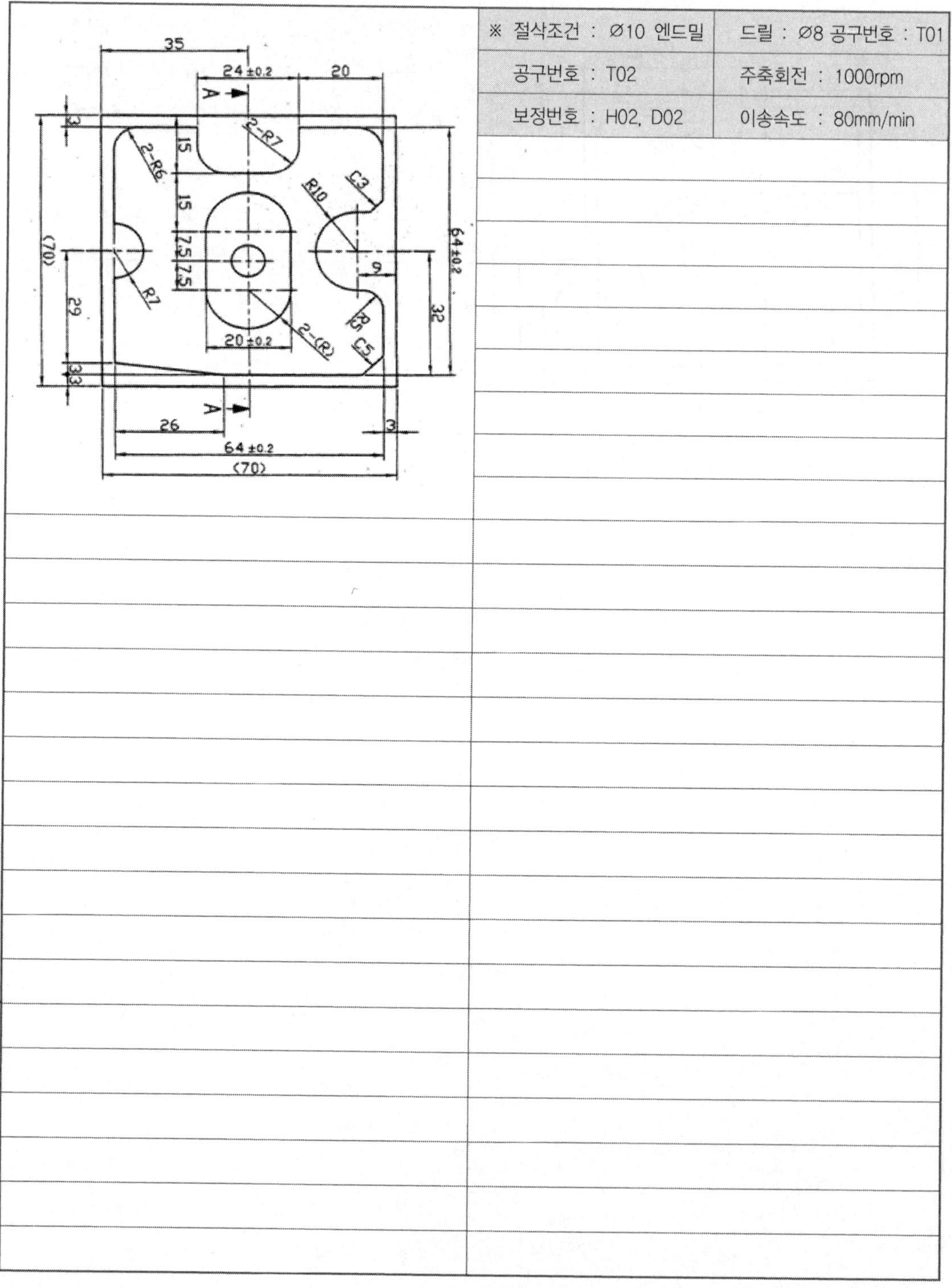

※ 절삭조건 : Ø10 엔드밀	드릴 : Ø8 공구번호 : T01
공구번호 : T02	주축회전 : 1000rpm
보정번호 : H02, D02	이송속도 : 80mm/min

24. 머시닝센터 일반프로그램 고급 연습도면 NO.52

※ 아래 도면을 보고 프로그램을 작성하세요.

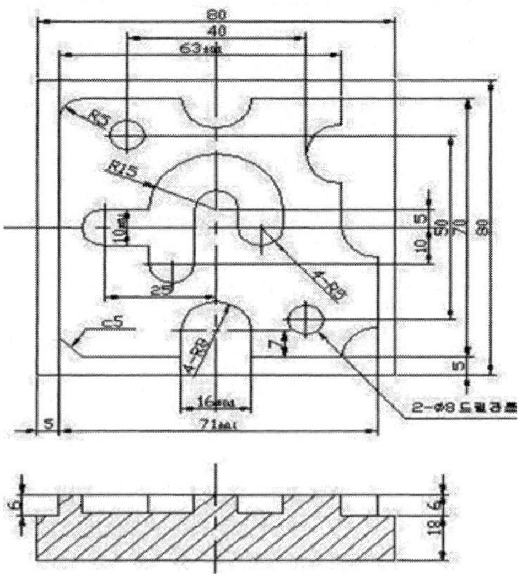

※ 절삭조건 : Ø10 엔드밀	드릴 : Ø8 공구번호 : T01
공구번호 : T02	주축회전 : 1000rpm
보정번호 : H02, D02	이송속도 : 80mm/min

25. 머시닝센터 일반프로그램 고급 연습도면 NO.53

※ 아래 도면을 보고 프로그램을 작성하세요.

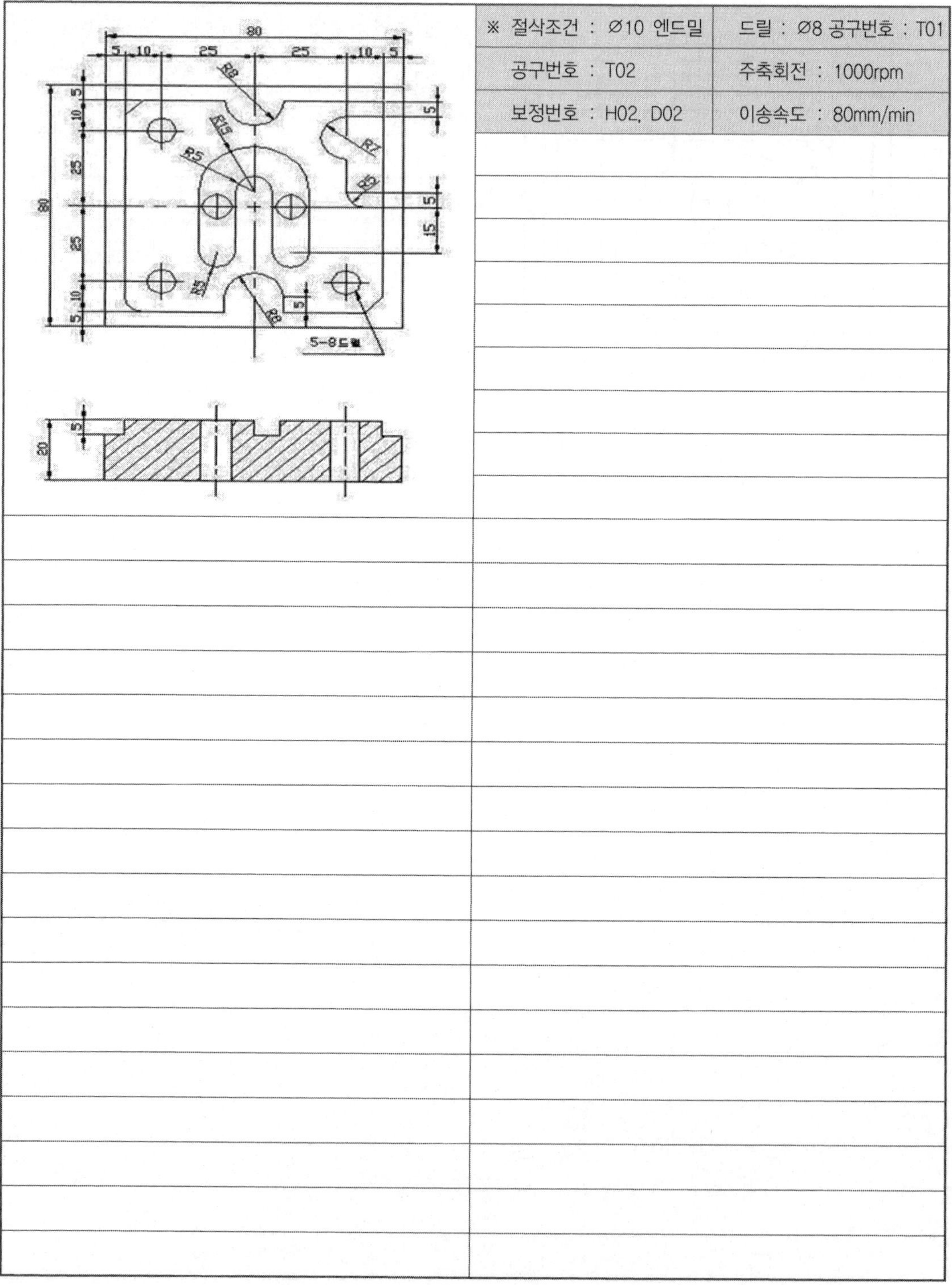

※ 절삭조건 : Ø10 엔드밀	드릴 : Ø8 공구번호 : T01
공구번호 : T02	주축회전 : 1000rpm
보정번호 : H02, D02	이송속도 : 80mm/min

26. 머시닝센터 일반프로그램 고급 연습도면 NO.54

※ 아래 도면을 보고 프로그램을 작성하세요.(외곽깊이 5.5, 내곽깊이 4.5)

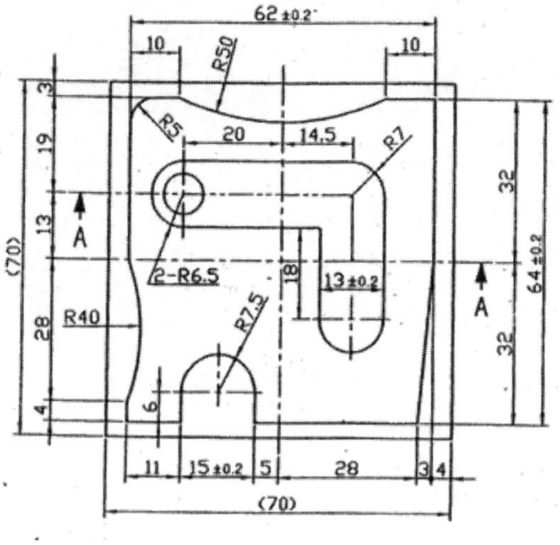

※ 절삭조건 : Ø10 엔드밀	드릴 : Ø8 공구번호 : T01
공구번호 : T02	주축회전 : 1000rpm
보정번호 : H02, D02	이송속도 : 80mm/min

27. 머시닝센터 일반프로그램 고급 연습도면 NO.55

※ 아래 도면을 보고 프로그램을 작성하세요.

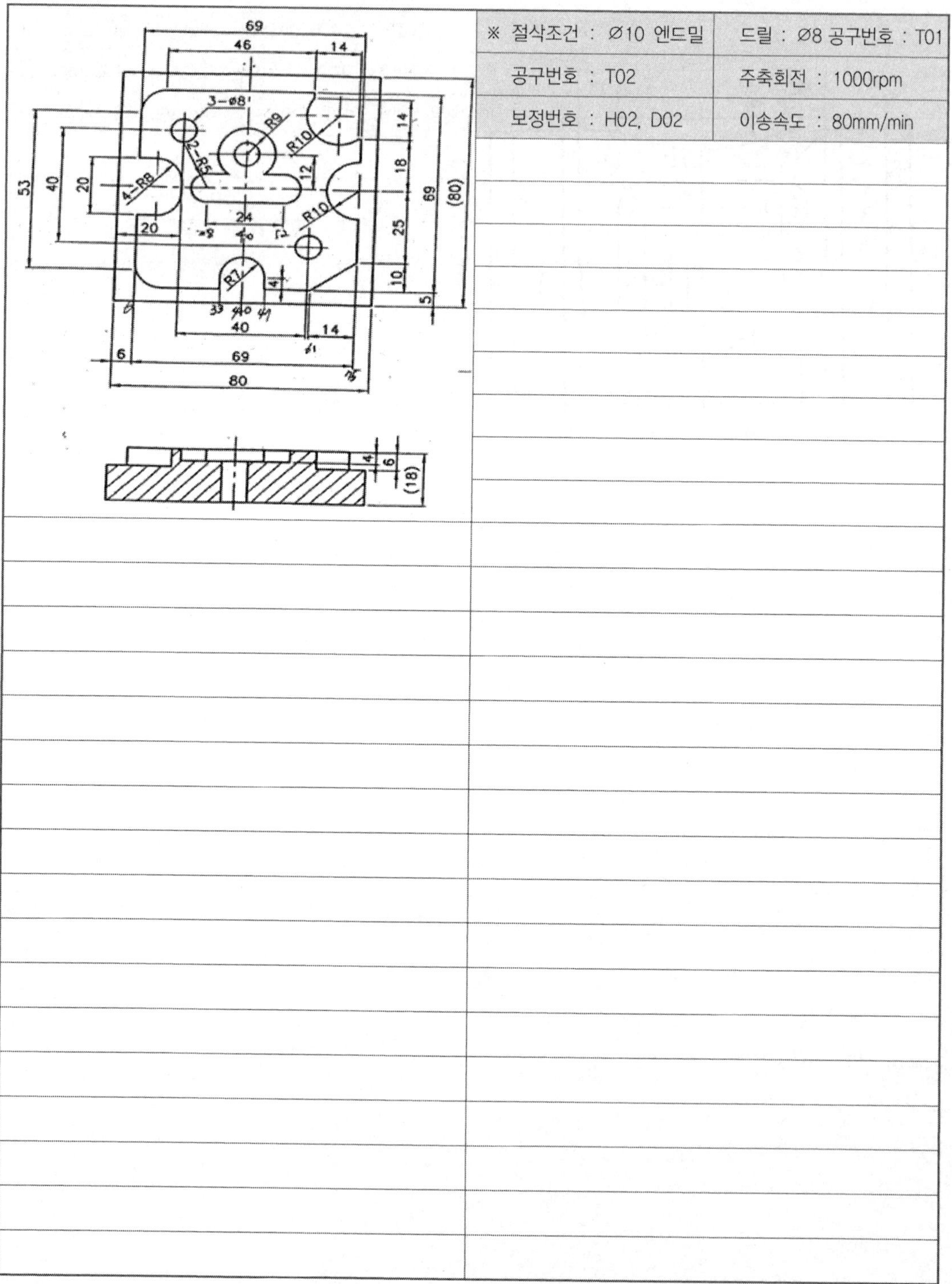

※ 절삭조건 : Ø10 엔드밀	드릴 : Ø8 공구번호 : T01
공구번호 : T02	주축회전 : 1000rpm
보정번호 : H02, D02	이송속도 : 80mm/min

28. 머시닝센터 일반프로그램 고급 연습도면 NO.56

※ 아래 도면을 보고 프로그램을 작성하세요.

※ 절삭조건 : Ø10 엔드밀	드릴 : Ø8 공구번호 : T01
공구번호 : T02	주축회전 : 1000rpm
보정번호 : H02, D02	이송속도 : 80mm/min

29. 머시닝센터 일반프로그램 고급 연습도면 NO.57

※ 아래 도면을 보고 프로그램을 작성하세요.

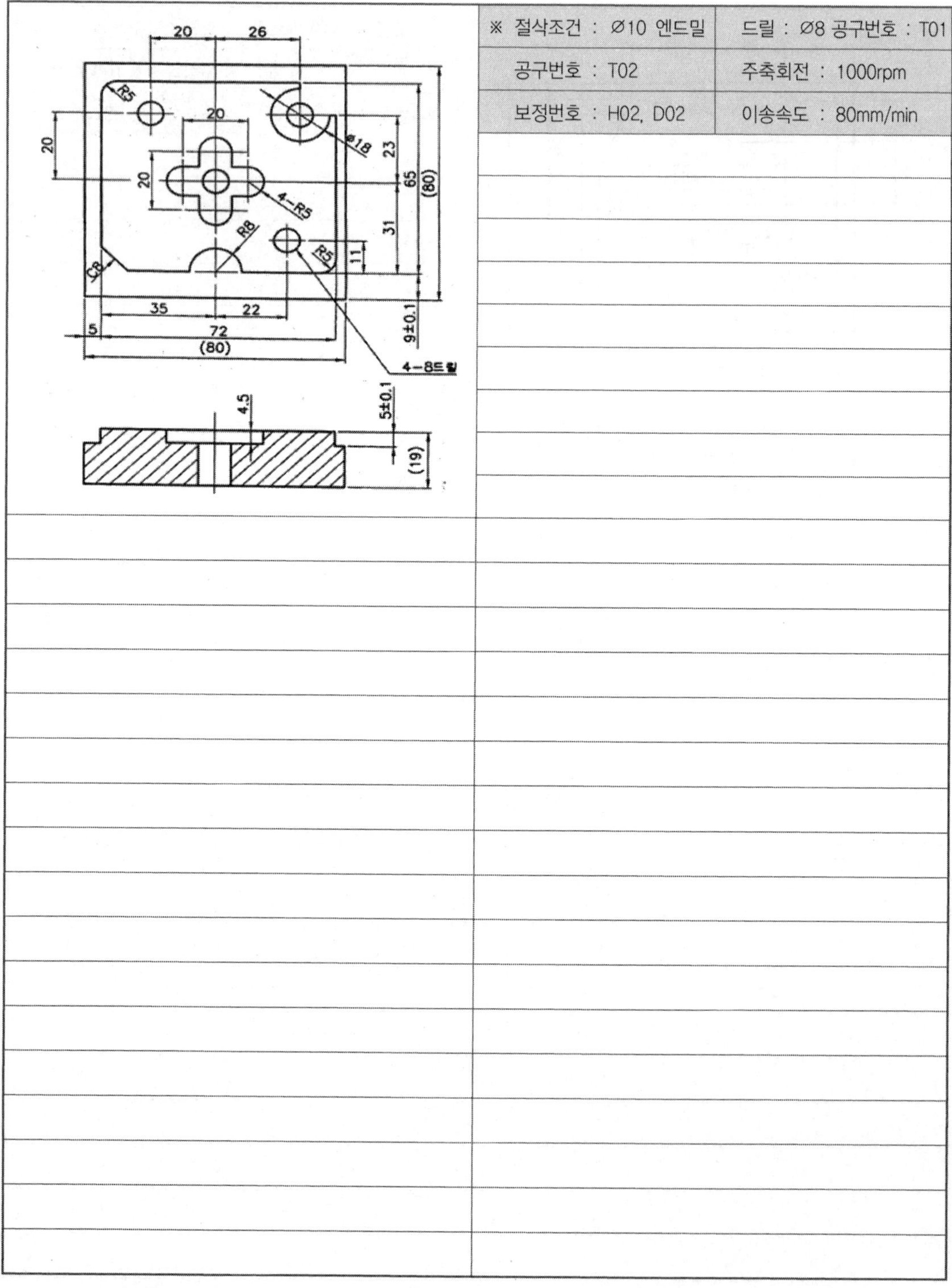

※ 절삭조건 : Ø10 엔드밀	드릴 : Ø8 공구번호 : T01
공구번호 : T02	주축회전 : 1000rpm
보정번호 : H02, D02	이송속도 : 80mm/min

30. 머시닝센터 일반프로그램 고급 연습도면 NO.58

※ 아래 도면을 보고 프로그램을 작성하세요.

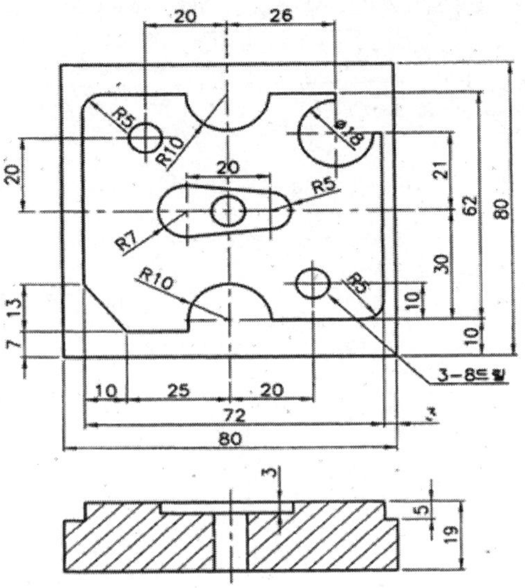

※ 절삭조건 : Ø10 엔드밀	드릴 : Ø8 공구번호 : T01
공구번호 : T02	주축회전 : 1000rpm
보정번호 : H02, D02	이송속도 : 80mm/min

31. 머시닝센터 일반프로그램 고급 연습도면 NO.59

※ 아래 도면을 보고 프로그램을 작성하세요.

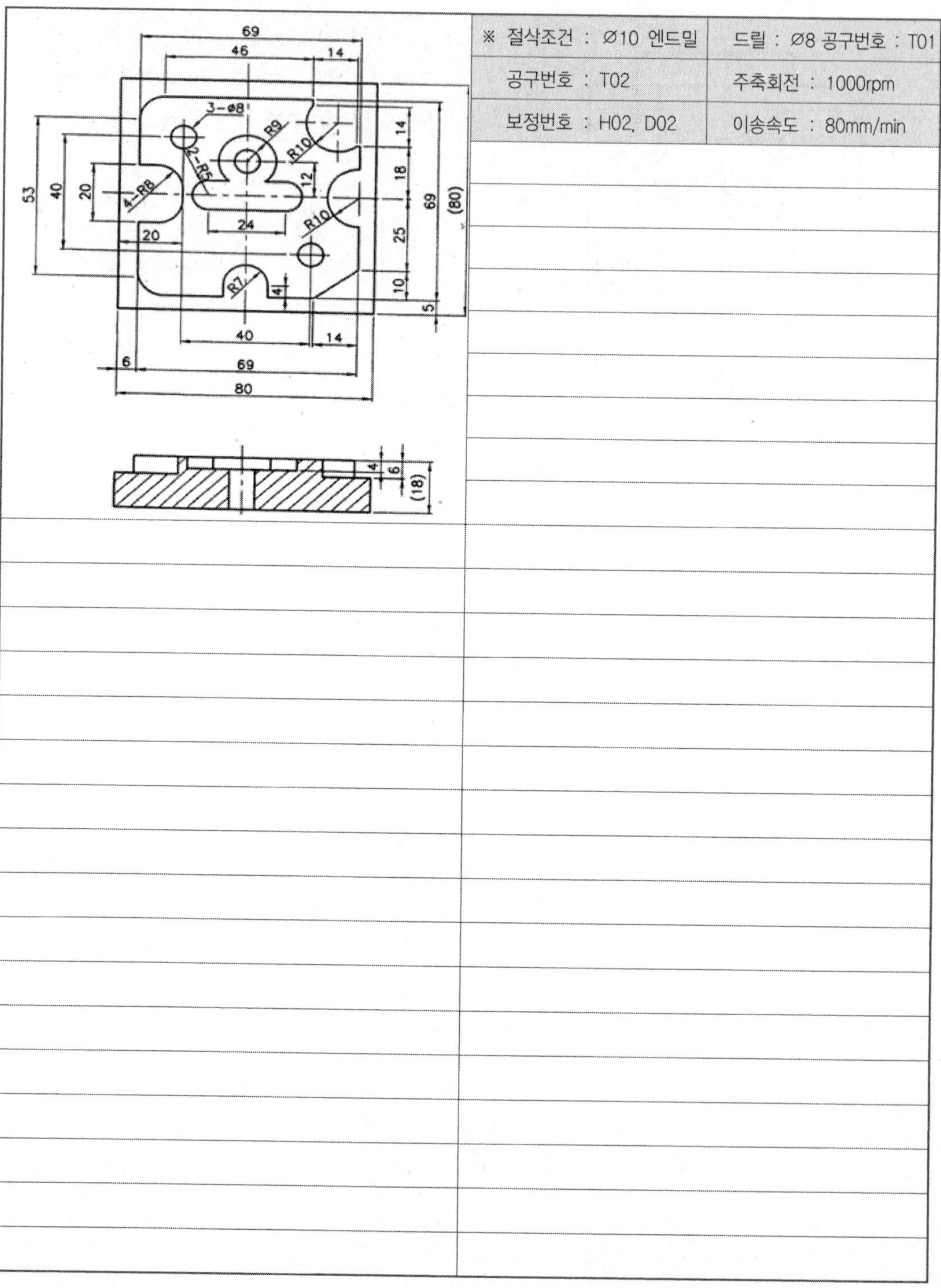

※ 절삭조건 : Ø10 엔드밀	드릴 : Ø8 공구번호 : T01
공구번호 : T02	주축회전 : 1000rpm
보정번호 : H02, D02	이송속도 : 80mm/min

32. 머시닝센터 일반프로그램 고급 연습도면 NO.60

※ 아래 도면을 보고 프로그램을 작성하세요.

※ 절삭조건 : Ø10 엔드밀	드릴 : Ø8 공구번호 : T01
공구번호 : T02	주축회전 : 1000rpm
보정번호 : H02, D02	이송속도 : 80mm/min

CNC 선반, 머시닝센터 프로그램 해독 및 조작 기술

초　판　　인 쇄 | 2017년 1월 5일
초　판 2쇄 발 행 | 2018년 8월 20일
개정1판 1쇄 발 행 | 2020년 2월 28일
개정1판 2쇄 발 행 | 2023년 10월 31일

저　　자 | 박승식
발 행 인 | 조규백
발 행 처 | **도서출판 구민사**
(07293) 서울특별시 영등포구 문래북로 116, 604호(문래동3가 46, 트리플렉스)
전　　화 | (02) 701-7421(~2)
팩　　스 | (02) 3273-9642
홈페이지 | www.kuhminsa.co.kr
신고번호 | 제2012-000055호(1980년 2월 4일)
I S B N | 979-11-5813-806-6 [13000]

값 20,000원